# 量子结构上的映射及其应用

贺 衎 著

科 学 出 版 社
北 京

## 内 容 简 介

对量子结构上映射的研究是数学与量子信息理论交叉领域中基础而重要的课题之一，这里的量子结构包括：量子态集合、可观测量代数与量子效应代数等. 许多量子信息基本概念就是某个量子结构上的映射，例如量子信道是保迹的完全正线性映射. 本书介绍作者近十年来在这一领域的研究成果. 全书共六章，第 1 章介绍书中涉及的算子理论预备知识与量子信息相关概念的数学表述；第 2 章给出几类一般算子结构上保零积映射的刻画，这一章中得到的结果将被本书后面章节中多次使用；第 3 章研究了量子可观测量的数值域(半径)的新性质以及其上保数值域(半径)映射的刻画；第 4 章探讨量子效应代数上几类同构的刻画；第 5 章给出量子态集合上几类映射的刻画和应用；第 6 章得到几类量子信道的刻画.

本书既可供相关研究人员作参考书，也可作为大学数学专业高年级本科生、研究生相关课程的教材或教学参考书.

**图书在版编目(CIP)数据**

量子结构上的映射及其应用/贺衎著. —北京：科学出版社，2018.9

ISBN 978-7-03-058857-9

Ⅰ. ①量…　Ⅱ. ①贺…　Ⅲ. ①量子论-研究　Ⅳ. ①O413

中国版本图书馆 CIP 数据核字(2018) 第 214287 号

责任编辑：李静科 / 责任校对：邹慧卿
责任印制：张　伟 / 封面设计：陈　敬

科学出版社出版
北京东黄城根北街 16 号
邮政编码：100717
http://www.sciencep.com

北京凌奇印刷有限责任公司印刷
科学出版社发行　各地新华书店经销
*
2018 年 9 月第　一　版　开本：720×1000　1/16
2019 年 1 月第二次印刷　印张：13 3/4
字数：275 000

**定价：98.00 元**

(如有印装质量问题，我社负责调换)

# 前　　言

“量子结构”一词被正式使用是在 L. Molnár 所著的*Selected Preserver Problems on Algebra Structures of Linear Operators and on Function Spaces* (Lecture Notes in Mathematics, Vol. 1895, Springer, 2007) 一书第二章. 这里的量子结构指由线性算子组成的几类算子集合, 包括量子态组成的凸集、有界量子可观测量组成的 Jordan 代数 (以下简称可观测量代数), 以及量子效应代数等. 这些算子集合也是本书研究内容中主要所涉及的量子结构.

对量子结构上映射研究的主要任务是刻画量子结构上保持某种关系、子集以及函数不变的映射, 并将刻画结果应用于解决量子信息科学中的问题. 在这个研究领域, 早期的代表性研究工作有刻画量子态同构 (R. Kadison 等, 20 世纪 70 年代)、量子效应同构 (Ludwig 等, 20 世纪 60—70 年代)、量子信道的算子和表示 (M. D. Choi 等, 20 世纪 70 年代) 等. 随后, 20 世纪 90 年代至 21 世纪初, 这期间对量子态集合、量子效应代数等量子结构上的保持问题进行了大量研究, 代表学者有: 匈牙利数学家 L. Molnár, 美国威廉玛丽大学 Chi-Kwong Li 教授等. 近十年来, 更多学者开始关注和涉足这一领域, 其研究成果已经广泛地渗透应用到量子信息理论研究中.

目前, 关于量子结构上映射理论的专著并不多见, 上面提到的 L. Molnár 的著作也只是在书中的第 2 章对其在这一研究领域 20 世纪 90 年代至 21 世纪初所获得的研究成果进行了总结. 此后的十年间, 正是这一研究领域快速发展, 研究成果急速积累的时期. 这个时间段也是作者攻读博士以及毕业后进入科研单位进行研究工作的十年. 在这期间, 作者把主要精力投入到对量子结构上各类映射的刻画及应用研究中, 取得了一些研究成果和心得, 现将其有选择地总结并展现给读者, 也希望以这些成果为主线, 给读者展现这一领域的主要研究方法和前沿问题.

全书围绕量子态集合、可观测量代数、量子效应代数这三类量子结构上映射的刻画及应用展开, 共六章. 第 1 章是预备知识, 介绍算子理论与算子代数、量子信息理论中的基本概念以及本书后面常用的一些性质与结论. 第 2 章专门讨论几类算子集合上保零积映射的刻画及应用. 本章获得的结论将在后面的章节中多次反复使用. 第 3 章主要讨论量子可观测量的数值域 (半径) 性质并刻画由其组成的 Jordan 代数上的保乘积数值域 (半径) 映射, 这里涉及的乘积包括算子乘积、Jordan 半三乘积、李积等. 进而也讨论一般算子集合上保乘积数值域 (半径) 映射的刻画问题. 注意到保乘积数值域映射往往是保零积映射, 因此可以首先转化应用第 2 章获得的结果来处理. 第 4 章刻画量子效应代数上的序列积同构和一类广义可乘同构, 并给出多体系统情形序列同构可分解的充要条件. 还对一类效应代数上保共生关系的映射进行了刻画. 在研究中, 我们发现效应代数上的乘积同构是保零积的, 因此也可以利用到第 2 章的结果. 第 5 章给出了量子态集合上几类映射的刻画及应用, 包括量子态上保凸双射的刻画及应用于揭示可逆量子测量映射的几何特征, 对量子态上保熵映射的刻画以及保上、下保真度映射的刻画. 注意到量子态是迹类算子空间的凸子集, 迹类算子即 Schatten-$p$ 类算子 ($p=1$). 在本章最后两节, 我们探讨 Schatten-$p$ 类算子空间及其子集上保距映射的刻画. 同样地, 研究本章各类映射的刻画问题也可以首先转化为第 2 章中相应的保零积映射的刻画. 第 6 章获得了无限维系统强纠缠破坏信道与高斯相干破坏信道的刻画, 同时利用保距映射的刻画结果获得了信道可完全恢复的充分必要条件.

本书的写作受到太原理工大学数学学院和数学所侯晋川教授的鼓励和支持. 本书所基于的研究工作得到了国家自然科学基金 (No. 11771011, 11201329, 11126127) 和山西省自然科学基金 (No. 201701D221011) 以及太原理工大学青年学术骨干培育计划项目的资助, 在此一并表示衷心的感谢.

由于作者水平有限, 缺陷与不足之处在所难免, 倘有纰漏, 热忱欢迎读者批评指正.

著　者

2018 年 5 月于太原理工大学

# 目　　录

# 第 1 章 算子理论预备知识与量子信息相关概念的数学表述

本章介绍书中涉及的算子理论知识以及量子信息理论相关概念和结论.

## 1.1 算子理论预备知识

本节我们将给出在后面章节中经常用到的算子理论与算子代数的一些概念和结论.

**定义 1.1.1** 设 $X$ 是实或复线性空间, 如果在 $X$ 上定义了非负函数 $\|\cdot\|$, 满足下列公理:

(1) $\|x\|=0$ 当且仅当 $x=0$;

(2) 对任意的 $x\in X$ 和任意数 $a$, 有 $\|ax\|=|a|\|x\|$;

(3) 三角不等式: 对任意的 $x, y\in X$, $\|x+y\|\leqslant\|x\|+\|y\|$,

称 $X$ 为赋范空间. 进而, 如果还满足:

(4) 对 $X$ 中的任意 Cauchy 序列 $\{x_n\}$ (即当 $n, m\to\infty$ 时, 有 $\|x_n-x_m\|\to 0$), 存在 $x\in X$ 使得 $\lim_{n\to\infty}\|x_n-x\|=0$.

则称 $X$ 是 Banach 空间.

满足 (1)—(3) 的非负函数 $\|\cdot\|$ 称为 $X$ 上的范数. 满足 (1)—(2) 的非负函数称为半范数.

设 $f$ 为 $X$ 上的线性泛函. 如果 $\|f\|=\sup_{\|x\|\leqslant 1}|f(x)|<\infty$, 称 $f$ 为 $X$ 上的有界线性泛函. 记 Banach 空间 $X$ 上的有界线性泛函全体为 $X^*$, 则 $X^*$ 按通常函数的加法和数乘成为线性空间. $(X^*, \|\cdot\|)$ 也是 Banach 空间, 称此空间为 $X$ 的共轭空间.

我们有时也用 $\langle x, f\rangle$ 表示泛函 $f$ 在 $x$ 处的值 $f(x)$.

设 $X$ 和 $Y$ 是 Banach 空间, $T: X\to Y$ 是线性映射. 如果 $\|T\|=\sup_{\|x\|\leqslant 1}\|Tx\|<\infty$, 称 $T$ 有界. $T$ 是连续的当且仅当 $T$ 是有界的, 而 $\|T\|$ 称为 $T$ 的范数.

在 Banach 空间理论中, 通常认为开映射定理、闭图定理、Hahn-Banach 延拓定理和一致有界原理是最基本的定理, 我们列举如下.

**定理 1.1.1** (开映射定理) 设 $T$ 是 Banach 空间 $X$ 到 Banach 空间 $Y$ 的有界线性算子, 且 $TX=Y$, 则 $T$ 为开映射.

**定理 1.1.2** (闭图定理) 设 $T: X \to Y$ 为 Banach 空间 $X$ 到 Banach 空间 $Y$ 的线性算子, 且 $T$ 的图像 $\{(x, Tx) \mid x \in X\}$ 为 $X \times Y$ 中的闭集, 那么 $T$ 是有界的.

**定理 1.1.3** (Hahn-Banach 延拓定理) 如果 $f$ 为 $X$ 的闭线性子空间上的有界线性泛函, 则 $f$ 可保范地延拓为 $X$ 上的有界线性泛函.

**定理 1.1.4** (一致有界原理或共鸣定理) 设 $\{T_\alpha\}_{\alpha\in\Lambda}$ 为 Banach 空间 $X$ 到 Banach 空间 $Y$ 中的一族线性算子. 如果对任意的 $x \in X$, 有 $\sup\{\|T_\alpha x\| \mid \alpha \in \Lambda\} < \infty$, 那么 $\sup\{\|T_\alpha\| \mid \alpha \in \Lambda\} < \infty$.

从 $X$ 到 $Y$ 的所有有界线性算子的集合记为 $\mathcal{B}(X,Y)$; 如果 $X = Y$, 简记为 $\mathcal{B}(X)$. 赋予算子范数, $\mathcal{B}(X,Y)$ 成为 Banach 空间.

设 $T \in \mathcal{B}(X,Y)$, 符号 $\mathrm{ran}(T)$ 和 $\ker(T)$ 分别代表 $T$ 的值域和零空间. 算子 $T \in \mathcal{B}(X,Y)$ 称为有限秩的, 如果 $T$ 的值域 $\mathrm{ran}(T)$ 是有限维子空间, $\mathrm{ran}(T)$ 的维数也称为 $T$ 的秩. 用 $\mathcal{F}(X,Y)$ 表示 $\mathcal{B}(X,Y)$ 中所有有限秩算子的集合. 设 $y \in Y$, $f \in X^*$ 非零, 则由 $x \mapsto \langle x, f\rangle y$ 定义的算子是秩一的, 通常记为 $y \otimes f$. $\mathcal{B}(X,Y)$ 中的每个秩一算子都可表示为这种形式.

**命题 1.1.5** $\mathcal{B}(X,Y)$ 中的秩 $n$ 算子可表示为 $n$ 个秩一算子的和.

**命题 1.1.6** $\mathcal{B}(X)$ 中有限秩算子理想在 $\mathcal{B}(X)$ 中按照弱算子拓扑是稠密的.

**命题 1.1.7** $\mathcal{B}(X)$ 的换位是平凡的, 即若 $T \in \mathcal{B}(X)$ 与 $\mathcal{B}(X)$ 中每个算子 $S$ 都交换 ($TS = ST$), 则存在数 $\lambda$ 使得 $T = \lambda I$, 其中 $I$ 表示 $X$ 上的恒等算子.

**定义 1.1.2** 令 $T \in \mathcal{B}(X,Y)$. 由 $T$ 按如下方式可得另一算子 $T^*$:

$$T^*(f)x = f(Tx), \quad \forall x \in X,\ f \in Y^*,$$

$T^*$ 是 $Y^*$ 到 $X^*$ 的线性算子, 称 $T^*$ 是 $T$ 的共轭算子. 易验证 $T^*$ 有界且 $\|T\| = \|T^*\|$.

**定义 1.1.3** 设 $X$ 是 Banach 空间且 $T \in \mathcal{B}(X)$. 如果存在多项式 $p(t)$ 使得 $p(T) = 0$, 称 $T$ 是代数算子; 如果对每个 $x \in X$, 存在与 $x$ 有关的多项式 $p_x(t)$ 使得 $p_x(T)x = 0$, 称 $T$ 是局部代数算子.

**定理 1.1.8** (局部代数算子的 Kaplansky 定理) 局部代数算子一定是代数算子.

**定义 1.1.4** 设 $X$ 是复 Banach 空间且 $T \in \mathcal{B}(X)$. 则 $T$ 的谱 $\sigma(T)$ 是集合 $\{\lambda \in \mathbb{C} \mid \lambda I - T$ 在 $\mathcal{B}(X)$ 中不可逆$\}$.

**定义 1.1.5** 设 $X$ 和 $Y$ 是 Banach 空间, $T \in \mathcal{B}(X,Y)$. 如果 $T$ 把有界集映为列紧集, 称 $T$ 是紧算子. $\mathcal{B}(X,Y)$ 中的紧算子全体之集合记为 $\mathcal{K}(X,Y)$(当 $X = Y$ 时简记为 $\mathcal{K}(X)$, 它是 $\mathcal{B}(X)$ 的范闭理想).

**定义 1.1.6** 设 $P, Q \in \mathcal{B}(H)$. 形式为 $PQ - QP$ 的算子称为交换子或换位子, 记为 $[P, Q]$.

**命题 1.1.9**[69] 紧算子和恒等算子非零常数倍的和不是交换子. 换句话说, 换位子的平移不是紧算子.

**定义 1.1.7** 设 $H$ 是线性空间, $\langle\cdot,\cdot\rangle$ 是其上的一个二元函数. 如果 $\langle\cdot,\cdot\rangle$ 关于第一个变元是线性的而关于第二个变元是共轭线性的, 且满足下列条件: 对任意 $x, y \in H$,

(1) $\langle x,x\rangle \geqslant 0$, 而 $\langle x,x\rangle = 0 \Leftrightarrow x = 0$;

(2) $\langle x,y\rangle = \overline{\langle y,x\rangle}$,

则称 $\langle\cdot,\cdot\rangle$ 为 $H$ 上的内积. 设 $H$ 是 Banach 空间且具有内积 $\langle\cdot,\cdot\rangle$, 如果 $H$ 上的范数 $\|\cdot\|$ 由此内积导出, 即对任意的 $x \in H$, 有 $\|x\| = \langle x,x\rangle^{\frac{1}{2}}$, 则称 $H$ 为 Hilbert 空间.

设 $H$ 为 Hilbert 空间, 如果 $x, y \in H$ 满足 $\langle x,y\rangle = 0$, 称 $x$ 与 $y$ 正交. 如果 $\{e_i \mid i \in \Lambda\}$ 是 $H$ 中一族相互正交的单位向量, 且其线性张在 $H$ 中稠密, 则称它为 $H$ 的一个标准正交基. 此时, 任意 $x \in H$ 可唯一表示为 $x = \sum_{i\in\Lambda}\langle x,e_i\rangle e_i$. 可分 Hilbert 空间存在可数标准正交基.

**定义 1.1.8** 设 $H$ 是 Hilbert 空间, 其内积为 $\langle\cdot,\cdot\rangle$. 令 $A \in \mathcal{B}(H)$. 则存在 $A^* \in \mathcal{B}(H)$ 使得对任意 $x, y \in H$ 都有 $\langle Ax,y\rangle = \langle x,A^*y\rangle$ 成立, 称 $A^*$ 为 $A$ 的共轭算子或伴随算子.

(1) 如果 $A^* = A$, 称 $A$ 是自伴算子.

(2) 如果 $A$ 自伴且对每个 $x \in H$, 有 $\langle Ax,x\rangle \geqslant 0$, 称 $A$ 是正算子.

(3) 如果 $A^k = A$, 称 $A$ 是 $k$-阶幂等算子, 其中 $k$ 是一自然数; 2- 阶幂等算子称为幂等算子.

(4) 如果存在自然数 $k$ 使 $A^k = 0$, 称 $A$ 是幂零算子; 如果 $A^k = 0$ 但 $A^{k-1} \neq 0$, 称 $A$ 为 $k$-阶幂零算子.

(5) 如果 $A$ 是正算子且 $A$ 是 2-阶幂等算子, 称 $A$ 是投影.

(6) 如果 $AA^* = A^*A$, 称 $A$ 是正规算子.

(7) 如果 $AA^* = A^*A = I$, 称 $A$ 是酉算子; 如果 $A^*A = I$, 称 $A$ 是等距算子; 如果 $A^*A$ 和 $AA^*$ 都是投影算子, 称 $A$ 是部分等距算子.

对 Banach 空间情形同样可定义幂零算子, $k$-阶幂零算子和 $k$-阶幂等算子的概念.

**命题 1.1.10**[167] 设 $H$ 是无限维的 Hilbert 空间. 则对任意的 $T \in \mathcal{B}(H)$, $T$ 可表示为 $\mathcal{B}(H)$ 中有限多个平方零算子的和以及有限多个幂等算子的和; 当 $H$ 为复空间时, $T$ 可表示为最多 5 个平方零算子的和以及最多 5 个幂等算子的和.

**命题 1.1.11**[42, 51] 设 $H$ 是 Hilbert 空间且 $T, S \in \mathcal{B}(H)$. 则下列等价:

(1) $\mathrm{ran}T \subseteq \mathrm{ran}S$.

(2) 存在算子 $R \in \mathcal{B}(H)$ 使得 $T = SR$.

(3) 存在正数 $\delta$ 使得 $TT^* \leqslant \delta SS^*$.

**定义 1.1.9**　设 $H$ 是 Hilbert 空间且设 $\{e_i \mid i \in \Lambda\}$ 是 $H$ 的一组标准正交基, $A \in \mathcal{B}(H)$. 对于 $1 \leqslant p < \infty$, 定义

$$\operatorname{tr}(A) = \sum_{i \in \Lambda} \langle Ae_i, e_i \rangle,$$

$$\|A\|_p = (\operatorname{tr}(|A|^p))^{\frac{1}{p}},$$

$\operatorname{tr}(A)$ 称为算子 $A$ 的迹, 它与标准正交基的选取无关. 如果 $\|A\|_p < \infty$, 称 $A$ 是 Schatten $p$-类算子. 当 $p = 1$ 时, 称 $A$ 为迹类算子; 如果 $p = 2$, 则称 $A$ 是 Hilbert-Schmidt 算子.

回顾若一个范数 $N : \mathcal{B}(H) \to [0, +\infty) \cup \{\infty\}$ 满足 $N(A) = \|A\|$ 对所有秩一算子 $A$ 成立且 $N(UAV) = N(A)$ 对所有酉算子或共轭酉算子 $U, V$ 成立, 则称 $N$ 是交叉范数. Schatten $p$-范数就是一类交叉范数.

$H$ 上全体有限秩算子、全体紧算子、全体 Schatten-$p$ 类算子分别记为 $\mathcal{F}(H)$, $\mathcal{K}(H)$ $(= \mathcal{C}_\infty(H))$ 和 $\mathcal{C}_p(H)$.

**命题 1.1.12**　设 $H$ 是 Hilbert 空间.

(1) $\|\cdot\|_p$ $(1 \leqslant p < \infty)$ 是 $\mathcal{C}_p(H)$ 上的范数.

(2) $(\mathcal{C}_p(H), \|\cdot\|_p)$ $(1 \leqslant p < \infty)$ 是 Banach 空间.

(3) 对任意的 $A, B \in \mathcal{C}_2(H)$, 定义 $\langle A, B \rangle = \operatorname{tr}(B^*A)$, 则 $\langle \cdot, \cdot \rangle$ 是 $\mathcal{C}_2(H)$ 上的内积, 且 $\|\cdot\|_2$ 是由 $\langle \cdot, \cdot \rangle$ 诱导出的范数, 故 $\mathcal{C}_2(H)$ 是 Hilbert 空间.

(4) $\mathcal{F}(H), \mathcal{K}(H), \mathcal{C}_p(H)$ 是 $\mathcal{B}(H)$ 的理想.

(5) $\mathcal{F}(H) \subseteq \mathcal{C}_1(H) \subseteq \mathcal{C}_2(H) \subseteq \cdots \subseteq \mathcal{C}_p(H) \subseteq \cdots \subseteq \mathcal{K}(H)$ 且 $\mathcal{F}(H)$ 在 $\mathcal{C}_p(H)$ $(1 \leqslant p < \infty)$ 中按照范数 $\|\cdot\|_p$ 稠密.

(6) 如果 $H$ 可分, 则紧算子理想 $\mathcal{K}(H)$ 是 $\mathcal{B}(H)$ 的唯一非平凡真闭理想.

**定义 1.1.10**　设 $A \in \mathcal{B}(H)$ 是紧算子. 则存在 $H$ 的一组标准正交向量列 $\{e_n\}$ 使得

$$|A|x = (A^*A)^{\frac{1}{2}}x = \sum_{n=1}^{\infty} \lambda_n \langle x, e_n \rangle e_n, \quad \forall x \in H,$$

其中 $\{\lambda_n\}$ 是非负不增且趋于零的数列. 我们把 $\{\lambda_n\}$ 称为 $A$ 的 $s$ 数, 即奇异数.

**命题 1.1.13**　设 $\{\lambda_n\}$ 是 $A \in \mathcal{K}(H)$ 的奇异数. 则对于 $1 \leqslant p < \infty$, 有

$$\|A\|_p = \left[\sum_{n=1}^{\infty} |\lambda_n|^p\right]^{\frac{1}{p}}.$$

**命题 1.1.14**[171]　令 $H$ 和 $K$ 是 Hilbert 空间且 $1 \leqslant p < \infty$. 则 $A \in \mathcal{B}(H, K)$ 属于 $\mathcal{C}_p(H)$ 当且仅当对所有的 $S \in \mathcal{B}(l_2, H)$ 及 $T \in \mathcal{B}(l_2, K)$, 有 $(\langle ASe_i, Te_i \rangle) \in l_p$, 其中 $\{e_i\}$ 是 $H$ 的一组标准正交基.

下面我们介绍算子的数值域和数值半径的概念与相关理论. 关于这两个概念更多的性质, 读者可参考文献 [89] 的第一章和文献 [69].

**定义 1.1.11** 设 $H$ 是 Hilbert 空间. 对任意的 $A \in \mathcal{B}(H)$, $A$ 的数值域和数值半径分别定义为

$$W(A) = \{\langle Ax, x\rangle \mid x \in H, \| x \| = 1\},$$

$$w(A) = \sup\{|\lambda| \mid \lambda \in W(A)\}.$$

**命题 1.1.15**[69] 设 $H$ 是 Hilbert 空间且 $A \in \mathcal{B}(H)$.

(1) $W(A) = W(A^{\mathrm{T}})$, 其中 $A^{\mathrm{T}}$ 表示 $A$ 关于 $H$ 的任意但预先固定的标准正交基的转置.

(2) 对任意的酉算子 $U \in \mathcal{B}(H)$, $W(A) = W(UAU^*)$.

(3) 对任意的 $\lambda \in \mathbb{C}$, $W(\lambda A) = \lambda W(A)$.

(4) 对任意的 $\lambda \in \mathbb{C}$, $W(\lambda I + A) = \lambda + W(A)$.

**命题 1.1.16**[69] 设 $A \in \mathcal{B}(H)$, 则 $W(A)$ 总是凸集. 特别地, 如果 $A \in M_2(\mathbb{C})$ 酉相似于 $\begin{pmatrix} \lambda_1 & b \\ 0 & \lambda_2 \end{pmatrix}$, 那么 $W(A)$ 是焦点为 $\lambda_1$ 和 $\lambda_2$, 短半轴长度为 $|b|$ 的椭圆盘, 其中 $M_2(\mathbb{C})$ 代表 $2 \times 2$ 复矩阵代数.

**命题 1.1.17**[69] 设 $A \in \mathcal{B}(H)$, 那么 $W(A) = \{\lambda\}$ 当且仅当 $A = \lambda I$.

**命题 1.1.18**[68] 设 $N \subseteq H$ 是闭子空间且 $A \in \mathcal{B}(H)$, 那么

$$W(P_N A|_N) \subseteq W(A) \quad 且 \quad w(P_N A|_N) \leqslant w(A).$$

**命题 1.1.19**[89] 设 $A \in M_n(\mathbb{C})$ 使得 $A + A^*$ 分别以 $\lambda_n$ 和 $\lambda_1$ 作为最大和最小特征值, 那么

$$[\lambda_1, \lambda_n] = \{z + \bar{z} \mid z \in W(A)\}.$$

**命题 1.1.20**[69] 如果 $A \in \mathcal{B}(H)$ 酉相似于 $A_1 \oplus A_2$, 那么

$$W(A) = \mathrm{conv}\{W(A_1) \cup W(A_2)\},$$

其中 $\mathrm{conv}(\Omega)$ 代表集合 $\Omega$ 的凸包.

下面是一些算子代数的基本结论, 这里主要涉及的算子代数有：Banach 代数、$C^*$-代数、von Neumann 代数和套代数的概念及一些在后面章节中经常用到的基本结论, 其证明及详细讨论, 参见文献 [34, 122, 127, 163].

**定义 1.1.12** $\mathcal{A}$ 称为 Banach 代数, 指 $\mathcal{A}$ 是具有范数 $\|\cdot\|$ 的 Banach 空间, 其中定义有乘法, 使得

$$\|AB\| \leqslant \|A\|\|B\|, \quad \forall A, B \in \mathcal{A}.$$

设 $\mathcal{A}$ 是 Banach 代数, 则存在 Banach 空间 $X$ 及同态 $\pi: \mathcal{A} \to \mathcal{B}(X)$ 使得 $\pi(\mathcal{A})$ 是 $\mathcal{B}(X)$ 的闭子代数, 称 $\pi$ 是 $\mathcal{A}$ 在 $X$ 上的表示. 因而 Banach 代数也可看作是算子代数.

**命题 1.1.21** 设 $\mathcal{A}$ 和 $\mathcal{B}$ 是包含单位元的 Banach 代数, $\mathcal{B} \subset \mathcal{A}$. 令 $A \in \mathcal{B}$, 则 $\sigma_{\mathcal{A}}(A) \subseteq \sigma_{\mathcal{B}}(A)$, $\partial\sigma_{\mathcal{B}}(A) \subseteq \partial\sigma_{\mathcal{A}}(A)$.

**定义 1.1.13** 设 $\mathcal{A}$ 是 Banach 代数.

(1) 如果 $\mathcal{A}$ 不包含任何非平凡闭理想, 称 $\mathcal{A}$ 是简单的.

(2) 对任意的 $T, S \in \mathcal{A}$, 如果 $T\mathcal{A}S = 0$ 蕴涵 $T = 0$ 或 $S = 0$, 称 $\mathcal{A}$ 是素的.

$\mathbb{R}$ 和 $\mathbb{C}$ 分别表示实数域和复数域. $\operatorname{rank}(A)$ 表示算子 $A$ 的秩. 设 $\tau$ 是数域上的可加函数, $A$ 是可加映射 (即满足 $A(x+y) = Ax + Ay, \forall x, y \in H$). 若 $A(\lambda x) = \tau(\lambda)Ax$ 对于所有 $x \in H$ 以及数 $\lambda$ 成立, 则称 $A$ 是 $\tau$ 线性的; 进而, 若 $\tau$ 为数域上的环同构, 则称 $A$ 为半线性算子; 若 $\tau(\lambda) \equiv \bar{\lambda}$, 则称 $A$ 为共轭线性算子. 若算子 $U$ 为共轭线性算子且 $U^*U = UU^* = I$, 我们称 $U$ 为共轭酉算子 (也称反酉算子), 其中 $U^*$ 是算子 $U$ 的伴随.

**命题 1.1.22** (1) 实数域到其自身的连续环同态是恒等映射.

(2) 复数域到其自身的连续环同态是恒等映射或共轭映射.

**定义 1.1.14** 设 $\mathcal{A}$ 是 Banach 代数. 如果 $\mathcal{A}$ 中具有对合运算 $*: \mathcal{A} \to \mathcal{A}$, 且满足下面的四个条件, 称 $\mathcal{A}$ 是 C*-代数:

(1) $(\alpha A + \beta B)^* = \bar{\alpha}A^* + \bar{\beta}B^*$.

(2) $(AB)^* = B^*A^*$.

(3) $(A^*)^* = A$.

(4) $\| A^*A \| = \| A \|^2$.

**定义 1.1.15** 设 $\mathcal{A}$ 是 C*- 代数, 且 $A, B \in \mathcal{A}$.

(1) 如果 $A^* = A$, 称 $A$ 是自伴元.

(2) 如果 $A$ 自伴且 $\sigma(A) \subseteq \mathbb{R}^+$, 称 $A$ 是正元, 其中 $\mathbb{R}^+$ 代表非负实数集合.

(3) 如果 $A^2 = A$, 称 $A$ 是幂等元.

(4) 如果 $A$ 是正幂等元, 称 $A$ 是投影.

(5) 如果 $A$ 和 $B$ 是投影且 $AB = 0$, 称 $A$ 和 $B$ 正交.

(6) 如果 $A^*A = AA^*$, 称 $A$ 是正规元.

**定义 1.1.16** 如果 $\mathcal{A}$ 是包含恒等算子的 $\mathcal{B}(H)$ 的 C*-子代数且具有前对偶, 即存在 Banach 空间 $Y$ 使得 $Y$ 的对偶空间是 $\mathcal{A}$, 则称 $\mathcal{A}$ 是 von Neumann 代数 (有时简记为 vN 代数), 其中 $H$ 是 Hilbert 空间.

**定义 1.1.17** 设 $\mathcal{A}$ 是 vN 代数, $E, F \in \mathcal{A}$ 是投影.

(1) 如果代数 $E\mathcal{A}E$ 是交换的, 称 $E$ 是交换投影.

(2) 如果存在部分等距 $V \in \mathcal{A}$ 使得 $VV^* = E$ 且 $V^*V = F$, 称 $E$ 和 $F$ 等价, 记为 $E \sim F$.

(3) 如果不存在 $E$ 的任何非零子投影与 $E$ 等价, 称 $E$ 是有限投影; 否则称 $E$ 是无限投影.

(4) 如果 $E$ 是无限投影且对每个中心投影 $P$, $PE$ 要么为零要么是无限投影, 称 $E$ 是真无限投影.

**定义 1.1.18** 设 $\mathcal{A}$ 是 vN 代数且 $T \in \mathcal{A}$, 则 $T$ 的中心覆盖 $\overline{T}$ 是投影 $I - P$, 其中 $P$ 是 $\mathcal{A}$ 中满足 $P_\alpha T = 0$ 的所有中心投影 $P_\alpha$ 的并, 即 $\overline{T}$ 是 $\mathcal{Z}(\mathcal{A})$ 中满足 $QT = T$ 的最小中心投影 $Q$, 其中 $\mathcal{Z}(\mathcal{A})$ 代表 $\mathcal{A}$ 的中心.

**定义 1.1.19** 设 $\mathcal{A}$ 是 vN 代数.

(1) 如果 $\mathcal{A}$ 包含一个交换投影且其中心覆盖是单位算子 $I$, 称 $\mathcal{A}$ 是 I 型的; 如果恒等算子 $I$ 可表示为 $n$ 个等价交换投影的和, 称 $\mathcal{A}$ 是 $\mathrm{I}_n$ 型的.

(2) 如果 $\mathcal{A}$ 不包含任何交换投影, 但有一个有限投影具有中心覆盖是单位算子 $I$, 称 $\mathcal{A}$ 是 II 型的; 如果 $I$ 是有限投影, 称 $\mathcal{A}$ 是 $\mathrm{II}_1$ 的; 如果 $I$ 真无限, 称 $\mathcal{A}$ 是 $\mathrm{II}_\infty$ 型的.

(3) 如果 $\mathcal{A}$ 没有任何非零有限投影, 称 $\mathcal{A}$ 是 III 型的.

(4) 如果 $\mathcal{A}$ 不是 III 型的, 则称 $\mathcal{A}$ 是半有限的.

(5) 如果恒等算子 $I$ 是真无限投影, 称代数 $\mathcal{A}$ 是真无限的.

(6) 如果 $\mathcal{A}$ 的中心 $\mathcal{Z}(\mathcal{A}) = \mathbb{C}I$, 称 $\mathcal{A}$ 是因子, 其中 $\mathbb{C}$ 代表复数域.

**定义 1.1.20** 设 $\mathcal{A}$ 是 vN 代数, $A \in \mathcal{M}$ 是自伴元. 则 $A$ 的 core 定义为 $\sup\{S \in \mathcal{Z}(\mathcal{M}) : S = S^*, S \leqslant A\}$, 记为 $\underline{A}$. 特别地, 若 $A = P$ 是投影, $\underline{P}$ 是 $\leqslant P$ 的最大中心投影. 称投影 $P$ 是 core-free 的, 如果 $\underline{P} = 0$.

易见, $\underline{P} = 0$ 当且仅当 $\overline{I - P} = I$.

下面是关于套代数的一些基本概念和结论, 具体可参见文献 [34].

**定义 1.1.21** 设 $\mathcal{N}$ 是 Banach 空间 $X$ 上的子空间格, 如果 $\mathcal{N}$ 是全序集, 则称 $\mathcal{N}$ 是套, 并称 $\mathrm{Alg}\mathcal{N} = \{T \in \mathcal{B}(X) | TN \subseteq N, \forall N \in \mathcal{N}\}$ 是套代数. 如果 $\mathcal{N} = \{\{0\}, X\}$, 则相应的套代数是平凡的, 因为 $\mathrm{Alg}\mathcal{N} = \mathcal{B}(X)$; 如果 $\mathcal{N} \neq \{\{0\}, X\}$, 称 $\mathcal{N}$ 是非平凡套, 相应的套代数称为非平凡套代数.

对于 $N \in \mathcal{N}$, 此时

$$\mathcal{N}_- = \bigvee\{M \in \mathcal{N} \mid M \subset N\},$$

$$N_+ = \bigwedge\{M \in \mathcal{N} \mid M \supset N\}.$$

易见 $N_- \subseteq N \subseteq N_+$.

注意到, 如果 $\mathcal{N}$ 是 $X$ 上的套, 则 $\mathcal{N}^{\perp} = \{N^{\perp} \mid N \in \mathcal{N}\}$ 是 $X^*$ 上的套, 且 $(\mathrm{Alg}\mathcal{N})^* \subseteq \mathrm{Alg}\mathcal{N}^{\perp}$.

**命题 1.1.23** 设 $\mathcal{N}$ 是 Banach 空间 $X$ 上的套, $\mathrm{Alg}\mathcal{N}$ 是相应的套代数, 则 $\mathrm{Alg}\mathcal{N}$ 是 $\mathcal{B}(X)$ 的弱闭子代数.

**命题 1.1.24** 对于 $x \in X$ 及 $f \in X^*$, 秩一算子 $x \otimes f \in \mathrm{Alg}_{\mathcal{F}}\mathcal{N}$ 当且仅当存在 $N \in \mathcal{N}$ 使得 $x \in N$ 且 $f \in N_-^{\perp}$.

**命题 1.1.25** 套代数中的秩 $n$ 算子可写为该套代数中 $n$ 个秩一算子的和, 且套代数中有限秩算子的集合在该代数中按照强算子拓扑是稠密的.

**命题 1.1.26** 套代数的换位是平凡的, 即套代数的换位由恒等算子的倍数组成.

**命题 1.1.27** 套代数不是半单的.

**命题 1.1.28** 设 $\mathcal{N}$ 和 $\mathcal{M}$ 分别是 Banach 空间 $X$ 和 $Y$ 上的两个非平凡套, 如果存在可逆算子 $S \in \mathcal{B}(X, Y)$ 使得 $S(\mathcal{N}) = \{S(N) \mid N \in \mathcal{N}\} = \mathcal{M}$, 称 $\mathcal{N}$ 和 $\mathcal{M}$ 相似, 显然由 $\theta_S(N) = S(N)$ 所定义的 $\theta_S$ 是 $\mathcal{N}$ 和 $\mathcal{M}$ 之间的保维序同构.

**定义 1.1.22** 设 $\mathcal{N}$ 是 Hilbert 空间 $H$ 上的套. 如果 $N \in \mathcal{N}$ 满足 $N \ominus N_- \neq 0$, 称 $N \ominus N_-$ 是 $\mathcal{N}$ 的原子; 如果 $H$ 由 $\mathcal{N}$ 的原子张成, 称 $\mathcal{N}$ 是原子套; 如果 $\mathcal{N}$ 不含任何原子, 称 $\mathcal{N}$ 是连续套; 如果原子套 $\mathcal{N}$ 的所有原子都是一维的, 称 $\mathcal{N}$ 是极大原子套.

最后回顾算子空间基本理论[178, 179]. 设 $H^n$ 表示 $n$ 个 $H$ 的直和, 则有 $\mathbb{M}_n(\mathcal{B}(H)) = \mathcal{B}(H^n)$.

**定义 1.1.23** $\|A\|_n$ 定义为算子 $A = [A_{ij}]_{n\times n} \in \mathbb{M}_n(\mathcal{B}(H))$ 的算子范数.

**定义 1.1.24** 设 $\mathcal{S} \subseteq \mathcal{B}(H)$, $\Phi : \mathcal{S} \to \mathcal{S}$ 为任意映射, 对每个自然数 $n$, $\Phi$ 可自然地延拓为如下定义的映射 $\Phi_n : \mathbb{M}_n(\mathcal{S}) \to \mathbb{M}_n(\mathcal{S})$: $\Phi_n(A) = \Phi([A_{ij}]_{n\times n}) = [\Phi(A_{ij})]_{n\times n}$, $A = [A_{ij}] \in \mathbb{M}_n(\mathcal{S})$, 则称 $\Phi_n$ 为 $\Phi$ 的诱导映射.

**定义 1.1.25** 若 $\|\Phi_n(A) - \Phi_n(B)\|_n = \|A - B\|_n$ 对所有 $A, B \in \mathbb{M}_n(\mathcal{S})$ 以及正整数 $n$ 都成立, 则称 $\Phi$ 为完全保距映射.

在定义 1.1.25 中, 当 $n = 2$, 则称 $\Phi$ 为 2-保距的. 若 $\mathcal{S}$ 是线性子空间且 $\Phi$ 为线性映射, 则相应地称 $\Phi$ 为完全等距 (2-等距). 完全保距映射必然为保距映射, 反之不然.

类似于上述过程, 如果用 $\mathcal{C}_p(H)$ 代替 $\mathcal{S}$, 则有

$$\mathbb{M}_n(\mathcal{C}_p(H)) = \mathcal{C}_p(H^n).$$

对于 $A \in \mathbb{M}_n(\mathcal{C}_p(H))$, $A$ 的 Schatten-$p$ 范数记为

$$\|A\|_{n,p} = \mathrm{tr}(|A|^p)^{1/p}.$$

易知, $(\mathcal{C}_p(H), \{\|A\|_{n,p}\}_{n=1}^{\infty})$ 是算子空间.

## 1.2 量子信息相关概念的数学表述

本节介绍书中涉及的量子信息概念. 在此之前作者首先说明一下, 尽管量子力学的数学框架是 Hilbert 空间及其上的算子理论, 但物理学采用了不同于数学表述习惯的符号系统. 因此在本章中将逐一对同一量子信息概念在两种符号系统中分别对应解释. 在本书的后面章节中, 凡是涉及量子力学概念时, 为了遵循物理学习惯, 作者还是采用物理学的符号系统.

在本节叙述量子力学基本概念时, 若没有特别说明, 我们总假设量子系统是有限维的. 在后面介绍作者研究工作的章节中, 由于研究需要往往要将有限维的概念推广到无限维情形. 值得指出的是, 这种推广很多情况下是不平凡的, 需要考虑无限维空间上算子的特殊性质.

量子力学是在三个基本假设的基础上建立起来的, 是认识微观世界的基本理论, 更详细的介绍参见文献 [161, 198, 210]. 这三个假设包括:

**假设 1.2.1** 一个封闭的量子系统由一个复 Hilbert 空间 $H$ 描述, 被称为态空间, 其上的内积记为 $\langle\cdot|\cdot\rangle$(物理学中的内积是对第一个变量共轭线性, 而对第二个变量线性, 这与数学习惯相反). 这个系统的量子状态 $|\phi\rangle$ 用态空间中的单位向量表示.

设有两个量子系统 $H_A, H_B$, 它们的复合系统即两个 Hilbert 空间的张量积 $H_A \otimes H_B$.

**假设 1.2.2** 一个封闭的量子系统上的演化是一个酉算子. 即, 从一个量子状态 $|\phi\rangle$ 到另一个量子状态 $|\psi\rangle$ 的变化是酉变换 $U$, $|\psi\rangle = U|\phi\rangle$.

**假设 1.2.3** 对量子态的测量由一组 $H$ 上满足 $\sum_m M_m^* M_m = I$ 的有界线性算子 $\{M_m\}$ 来表示. 每个 $M_j$ 叫做测量算子. 对于纯态 $|\phi\rangle$, 经测量得到第 $m$ 个结果的概率是 $p(m) = \langle\phi|M_m^* M_m|\phi\rangle$, 其中 $M_m^*$ 是有界线性算子 $M_m$ 的共轭算子. 测量后的量子态成为 $\dfrac{M_m|\phi\rangle}{\sqrt{\langle\phi|M_m^* M_m|\phi\rangle}}$. 注意到因为 $\sum_m M_m^* M_m = I$, 所以有 $\sum_m p(m) = 1$.

下面我们将从以上三个假设出发, 介绍量子态、量子可观测量等本书涉及的量子信息理论的基本概念. 首先介绍量子态 (密度算子) 的概念. 设 $\{p_i\}$ 是一组概率, $\{|\psi_i\rangle\}$ 是一组纯态, 称 $\{p_i, |\psi_i\rangle\}$ 为一个纯态系综. 密度算子 $\rho = \sum_i p_i|\psi_i\rangle\langle\psi_i|$, 其中, $|\psi_i\rangle\langle\psi_i|$ 即秩一投影 $\psi_i \otimes \psi_i$. 因此量子态即 Hilbert 空间上迹为 1 的正算子, 一般用 $\mathcal{S}(H)$ 表示量子态集合. 我们把秩一投影 $|\psi\rangle\langle\psi|$ 视同为纯态 $|\psi\rangle$, 与密度算子统称为量子态. 那么纯态就是秩为 1 的量子态, 否则为混合态. 对于混合态 $\rho$, 其酉

演化后的状态为 $U\rho U^*$, 执行测量算子 $M_j$ 后的量子态为 $\frac{M_j\rho M_j^*}{\mathrm{tr}(M_j\rho M_j^*)}$. 量子可观测量用 $H$ 上的自伴算子表示, 全体有界可观测量组成一个 Jordan 代数, 记为 $\mathcal{B}_s(H)$.

量子信道是完全正的保迹线性映射. 若用算子理论语言描述, $\Phi$ 是矩阵代数上的保迹线性映射, 且满足对任意正整数 $n$ 有 $\Phi\otimes I_n$ 总是正映射, 则 $\Phi$ 是一个量子信道. 根据加拿大算子理论学者 M. D. Choi 文献 [27] 的结果, 我们有如下结论.

**命题 1.2.1**[27]　一个量子信道 $\Phi$ 具有以下形式: $\Phi(\rho)=\sum_i M_i\rho M_i^*$, 其中 $\sum_i M_i^*M_i=I$. 我们把这种表示称为量子信道的算子和表示.

量子信道的另一种表示是利用物理学中的辅助系统给出的. 令 $\mathcal{B}(H_A\otimes H_B)$ 代表 $H_A\otimes H_B$ 上的有界线性算子全体, 定义对系统 $H_B$ 的偏迹运算 $\mathrm{tr}_B$ 为从 $\mathcal{B}(H_A\otimes H_B)$ 到 $\mathcal{B}(H_A)$ 的线性映射, 且 $\mathrm{tr}_B(A\otimes B)=\mathrm{tr}(B)A$. 事实上, $\mathrm{tr}_B=I\otimes\mathrm{tr}$.

**命题 1.2.2**[161]　一个量子信道 $\Phi$ 具有以下形式: $\Phi(\rho)=\mathrm{tr}_E(U(\rho\otimes\rho_E)U)$, 其中 $\mathrm{tr}_E$ 是对辅助系统 $E$ 的偏迹运算, $U$ 是复合系统上某个酉算子, $\rho_E$ 是辅助系统上的量子态.

量子态间的度量理论具有重要作用. 量子态 $\rho,\sigma$ 之间的迹距离定义为: $\|\rho-\sigma\|_1=\mathrm{tr}(|\rho-\sigma|)$, 其中 tr 为算子的迹, $|A|=\sqrt{A^*A}$. 迹距离是 Schatten-$p$ 距离的特例.

**定义 1.2.1**　量子态的保真度定义为: $F(\rho,\sigma)=\mathrm{tr}\sqrt{\sqrt{\rho}\sigma\sqrt{\rho}}$.

由于保真度的计算比较困难, 文献 [144] 引入了上保真度和下保真度的概念.

**定义 1.2.2**　对两个量子态 $\rho,\sigma$, 上保真度定义为

$$G(\rho,\sigma)=\mathrm{tr}(\rho\sigma)+\sqrt{(1-\mathrm{tr}(\rho^2))(1-\mathrm{tr}(\sigma^2))},$$

下保真度定义为

$$E(\rho,\sigma)=\mathrm{tr}(\rho\sigma)+\sqrt{2}\sqrt{(\mathrm{tr}(\rho\sigma))^2-\mathrm{tr}(\rho\sigma\rho\sigma)}.$$

上、下保真度容易计算, 且作为保真度平方的上下界可以对保真度做出估计.

**定义 1.2.3**　对于一个量子态 $\rho$ 而言, 其量子熵 $S(\rho)$ 定义如下:

$$S(\rho)=-\mathrm{tr}(\rho\log_2\rho),$$

其中 $0\log_2 0=0$ 和 $1\log_2 1=0$.

量子熵又叫做 von Neumann 熵, 其在量子信息理论中扮演着很重要的角色 (参见文献 [164]).

**命题 1.2.3**[164] 设$\{p_i\}_{i=1}^n$是$\rho\in\mathcal{S}(H)$的特征值, Shannon 熵定义为$H(\{p_i\}_{i=1}^n)=-\sum_{i=1}^n p_i\log_2 p_i$, 则 $\rho$ 的量子熵等于 Shannon 熵 $H(\{p_i\}_{i=1}^n)$, 也就是

$$S(\rho)=-\mathrm{tr}(\rho\log_2\rho)=-\sum_{i=1}^n p_i\log_2 p_i.$$

**定义 1.2.4** 量子态 $\rho,\sigma$ 的相对熵 $S(\rho||\sigma)$ 定义为 $S(\rho||\sigma)=\mathrm{tr}(\rho\log_2\rho)-\mathrm{tr}(\rho\log_2\sigma)$.

**命题 1.2.4** 量子相对熵是非负的, 即 $S(\rho||\sigma)\geqslant 0$, 当且仅当 $\rho=\sigma$ 时取等号.

量子纠缠是量子通信的重要资源. 下面以两体系统情形为例介绍其基本概念, 更详细的介绍请参见文献 [88].

**定义 1.2.5**[204] 对于两体复合系统 $H_A\otimes H_B$, 两体态 $\rho^{AB}\in\mathcal{S}(H_A\otimes H_B)$, 若 $\rho^{AB}=\sum_{i=1}^n p_i\rho_i^A\otimes\sigma_i^B$, 其中 $\rho_i^A$ 与 $\sigma_i^B$ 分别是系统 $H_A$, $H_B$ 上的量子态, 则称其为可分态. 否则为纠缠态.

注意到多体复合系统态的全可分性可由两体可分性定义类比得到.

量子相干被认为是一类量子资源, 其理论可参加文献 [194].

**定义 1.2.6** 对于量子系统 $H$ 以及其固定的标准正交基 $\{|i\rangle\}$, 如果量子态 $\rho$ 满足 $\rho=\sum_i\lambda_i|i\rangle\langle i|$, 则称其为非相干态. 否则为相干态.

量子不确定性关系是量子力学基本理论之一. 量子不确定性是量子信息科学区别于经典信息科学的基本特征之一, 参见文献 [52, 83, 139, 176, 183]. 在量子系统中, 可观测量 $A$ 由自伴算子表示. 纯态用单位向量 $|x\rangle$ 表示, 令 $\langle A\rangle=\langle x|A|x\rangle$, 即 $A|x\rangle$ 与 $|x\rangle$ 的内积; 对于混合态 $\rho$, $\langle A\rangle=\mathrm{tr}(A\rho)$. $A$ 的标准差 $\Delta_A=\sqrt{\langle A^2\rangle-\langle A\rangle^2}$. Heisenberg 在 1927 年首次提出对于量子系统中动量算符和位置算符的不确定性原理, 即得如下命题.

**命题 1.2.5**(Heisenberg 不确定性原理)[83] 用 $\hat{p},\hat{q}$ 分别表示动量算符和位置算符.

$$\Delta_{\hat{p}}\Delta_{\hat{q}}\geqslant\frac{\hbar}{2},$$

其中 $\hbar=\frac{1}{2}|\langle\hat{q}\hat{p}-\hat{p}\hat{q}\rangle|$ 为约化的普朗克常量.

Robertson 把 Heisenberg 不确定性原理推广到一般的自伴算子对情形.

**命题 1.2.6**[176] 对于两个自伴算子 $A,B$,

$$\Delta_A\Delta_B\geqslant\frac{1}{2}|\langle[A,B]\rangle|.$$

其中, $[A,B]=AB-BA$ 是 $A$ 与 $B$ 的李积.

Schrödinger 进一步加强了 Robertson 的不确定性关系, 得到如下命题.

**命题 1.2.7**[183]

$$\sigma_A\sigma_B \geqslant \sqrt{\frac{1}{4}|\langle[A,B]\rangle|^2 + \left|\frac{1}{2}\langle\{A,B\}\rangle - \langle A\rangle\langle B\rangle\right|^2},$$

其中, $\{A,B\}=AB+BA$.

我们把以上形如 $\Delta_A\Delta_B \geqslant \alpha$ 的不等式称为基于标准差乘积的不确定性关系; 把形如 $\Delta_A^2+\Delta_B^2 \geqslant \beta$ 的不等式称为基于方差和的不确定性关系. 进一步, 如果可观测量个数 $m$ 是大于等于 2 的任意整数, 我们把形如 $\prod_{i=1}^m \Delta_{A_i} \geqslant \alpha$ 或 $\sum_{i=1}^m \Delta_{A_i}^2 \geqslant \beta$ 的不等式称为多个可观测量的联合不确定性关系.

因需要我们下面介绍连续变量系统, 特别是高斯系统的基本理论. 连续变量系统是一类目前广泛地可应用于实验的重要无限维量子系统, 例如: 在量子光学中基础的量子谐振子系统就是典型的连续变量玻色系统[16]. 高斯态是连续变量系统上一类重要的量子态[199]. 下面介绍一般 $n$ 模高斯态的定义.

**定义 1.2.7**[199] 对于任意 $n$ 模连续变量系统 $H_1\otimes H_2\otimes\cdots\otimes H_n$, 令 $\hat{p}_i$ 与 $\hat{q}_i$ 分别代表第 $i$ 单模系统 $H_i$ 上的动量和位置算符,

$$R=\left[\sqrt{\omega}\hat{q}_1, \frac{\hat{p}_1}{\sqrt{\omega}}, \sqrt{\omega}\hat{q}_2, \frac{\hat{p}_2}{\sqrt{\omega}}, \cdots, \sqrt{\omega}\hat{q}_n, \frac{\hat{p}_n}{\sqrt{\omega}}\right]^{\mathrm{T}},$$

其中 $\omega$ 是常量. $H_1\otimes H_2\otimes\cdots\otimes H_n$ 上的态 $\rho$ 的特征函数 $\chi_n$ 定义为 $\chi_n(z)=\mathrm{tr}(\rho V(z))$, 其中实向量 $z\in\mathbb{R}^{2n}$ 且 $V(z)=\exp[iR^{\mathrm{T}}z]$. 用 $\gamma$ 表示 $\rho$ 的相关矩阵, 它是 $2n$ 阶实对称矩阵且满足矩阵形式不确定关系, 且实向量 $m\in\mathbb{R}^{2n}$ 代表 $\rho$ 的均值向量. 如果

$$\chi_n(z)=\exp\left[im^{\mathrm{T}}z-\frac{1}{2}z^{\mathrm{T}}\gamma z\right],$$

则称 $\rho$ 为 $n$ 模高斯态.

下面介绍量子效应代数的概念, 也称为 Hilbert 效应代数[62].

**定义 1.2.8** Hilbert 效应代数 $\mathcal{E}(H)=\{T\in\mathcal{B}(H): 0\leqslant T\leqslant I\}$.

Hilbert 效应代数具有丰富的运算结构. 序列积就是其中之一. 序列积的观点由 Gudder 与 Nagy 等提出 (参见文献 [64, 65]).

**定义 1.2.9** 一般的序列积定义为 $(E,0,1,\oplus)$ 上的双元运算 $\star$ 且满足下列条件:

(SEA1) 映射 $b\mapsto a\star b$ 对 $a\in E$ 可加, 即, 若 $b\perp c$, 则 $a\star b\perp a\star c$ 且 $a\star(b\oplus c)=a\star b\oplus a\star c$. 若 $b\oplus c\in E$, 则记为 $b\perp c$

(SEA2) $1\star a=a$ 对所有 $a\in E$ 成立.

(SEA3) 若 $a\star b=0$, 则 $a\star b=b\star a$.

(SEA4) 若 $a\star b=b\star a$, 则 $a\star b'=b'\star a$ 且 $a\star(b\star c)=(a\star b)\star c$ 对所有 $a\in E$ 成立 (若 $a\oplus b=I$, 则 $b=a'$).

(SEA5) 若 $c\star a=a\star c$ 且 $c\star b=b\star c$, 则 $c\star(a\star b)=(a\star b)\star c$ 且当 $a\perp b$ 时有 $c\star(a\oplus b)=(a\oplus b)\star c$.

早在文献 [62] 和 [64], Gudder, Nagy 和 Greechie 已证明如下命题.

**命题 1.2.8**[62] 对于 $A,B\in\mathcal{E}(H)$, 若定义 $A\bullet B=A^{1/2}BA^{1/2}$, 则运算 $\bullet$ 是 $\mathcal{E}(H)$ 上的一个序列积.

随后, Gudder 在文献 [65] 中提出一个问题: 运算 $\bullet$ 是否为 $\mathcal{E}(H)$ 上唯一的序列积. 为回答这一问题, 武俊德等在文献 [193] 中构造了一个新的序列积, 从而反面的回答了上述问题. 令 $A\diamond B=A^{1/2}f_i(A)Bf_{-i}(A)A^{1/2}$, 其中 $f_i(t)=\exp i\ln t$. 刘伟华和武俊德在文献 [134] 中证明了运算 $\diamond$ 在有限维情形是 $\mathcal{E}(H)$ 上的序列积. 与此同时, 许多学者关注 Hilbert 效应代数上的序列同构的刻画问题 (见文献 [62, 154, 155]).

**定义 1.2.10** 若双射 $\Phi:\mathcal{E}(H)\to\mathcal{E}(H)$ 满足 $\Phi(A\star B)=\Phi(A)\star\Phi(B)$ 对所有 $A,B\in\mathcal{E}(H)$ 成立, 则 $\Phi$ 为序列同构 ($\star$ 表示一般的序列积).

在文献 [62] 和 [154], Gudder 和 Molnár 分别证明:

**命题 1.2.9**[62, 154] $\Phi:\mathcal{E}(H)\to\mathcal{E}(H)$ 满足 $\Phi(A\bullet B)=\Phi(A)\bullet\Phi(B)$ 对所有 $A,B\in\mathcal{E}(H)$ 成立当且仅当存在酉或者反酉算子 $U$ 使得 $\Phi(A)=UAU^*$ 对所有 $A\in\mathcal{E}(H)$ 成立.

Wigner 定理给出了量子对称映射的结构, 是量子力学中的基本定理之一. 这一定理说明如下结论.

**命题 1.2.10**[202] 若双射 $T:H\to H$ 满足

$$|\langle Tx|Ty\rangle|=|\langle x|y\rangle|,$$

则有 $T(|x\rangle)=\varphi(|x\rangle)U|x\rangle$ 对所有 $|x\rangle\in H$ 成立, 其中 $U:H\to H$ 是酉算子或者反酉算子以及函数 $\varphi:H\to\mathbb{C}$ 值的模为 1.

在文献 [197] 中, Uhlhorn 弱化 Wigner 定理中的映射 $T$ 的条件为保正交, 证明了如下命题.

**命题 1.2.11**[197] 设 $\dim H\geqslant 3$, 双射 $T$ 满足

$$\langle Tx|Ty\rangle=0\Leftrightarrow\langle x|y\rangle=0$$

当且仅当 $T(|x\rangle)=\varphi(|x\rangle)U|x\rangle$ 对所有 $|x\rangle\in H$ 成立, 其中 $U:H\to H$ 是酉算子或者反酉算子以及函数 $\varphi:H\to\mathbb{C}$.

# 第 2 章　算子集合上的保零积映射

本章讨论几类算子集合上保各种零积映射的刻画问题, 这一章获得的结果将在本书以后章节中反复多次应用, 且具有独立的意义, 因此作者把这些结论摘录出来独立作为一章.

算子的零积关系是代数中广泛存在的基本的重要关系之一. 设 $\circ$ 是算子的某种乘积, 这里的乘积包括: $A\circ B = AB, ABA, AB^*, AB^*A, AB^\dagger, AB^\dagger A$, 其中, $A^\dagger = J^{-1}A^*J$, $J\in\mathcal{B}(H)$ 是可逆自伴算子. 算子 $A, B$ 间具有零积关系, 即满足乘积 $A\circ B = 0$. 若映射 $\Phi$ 满足 $A\circ B = 0 \Rightarrow (\Leftrightarrow)\Phi(A)\circ\Phi(B) = 0$, 则称映射 $\Phi$(双边) 保零积. 很多保持问题的研究可以首先转化为保零积映射的刻画, 特别是本书后续章节所涉及的问题, 大部分需要利用到本章所获得的结果. 本章各节分别探讨了不同算子集合上保持不同类型零积一般映射的结构. 特别提到, 在刻画各类保零积映射时, 我们采用了大致相同的证明思路. 但当零积类型不同时, 在证明细节上的处理却有很大不同且获得的刻画结果也不相同.

## 2.1　含纯量子态的自伴算子集合上的保零积映射

本节给出包含纯态的自伴算子集合上双边保算子零积的满射在纯态上的形式. 下面是本节的主要结果.

**定理 2.1.1**　设 $H$ 是实或复数域 $\mathbb{F}$ 上的 Hilbert 空间, $\dim H \geqslant 3$, $\mathcal{W},\mathcal{V}\subseteq\mathcal{B}_s(H)$ 为任意包含纯态的算子集合. $\Phi:\mathcal{W}\to\mathcal{V}$ 是满射. 若 $\Phi$ 满足 $AB = 0 \Leftrightarrow \Phi(A)\Phi(B) = 0$ 对所有 $A, B\in\mathcal{W}$ 成立, 则存在函数 $h:\mathcal{W}\to\mathbb{F}\setminus\{0\}$, 且

(1) 如果 $H$ 是实空间, 则存在正交算子 $U$ 使得 $\Phi(T) = h(T)UTU^{\mathrm{T}}$ 对所有纯态 $A\in\mathcal{W}$ 都成立;

(2) 如果 $H$ 是复空间, 则存在酉算子或者共轭酉算子 $U$ 使得 $\Phi(T) = h(T)UTU^*$ 对所有纯态 $A\in\mathcal{W}$ 都成立.

在证明上述定理之前, 需要以下引理. 下面的第一个引理被称为射影几何基本定理, 其本身是几何学的基础理论之一, 现在被应用在处理许多类算子代数上的非线性保持问题. 为了方便阅读, 下面我们用算子的语言给出此定理在 Banach 空间情形下的具体形式. 记 $\mathbf{P}X = \{[x]; x\in X\}$, $[x]$ 表示由向量 $x$ 张成的一维子空间. $[x]$ 称为 $\mathbf{P}X$ 中的点. 对 $x, y\in X$, 记 $[x]\vee[y] = \{[z]\mid z\in[x,y]\}$, 这样的集合称为 $\mathbf{P}X$ 中的线段.

**射影几何基本定理**[50] 设 $X,Y$ 是 $\mathbb{F}$ 上维数大于 2 的 Banach 空间. 映射 $\phi:\mathbf{P}X\to\mathbf{P}X$ 满足条件 $\phi$ 的值域不包含在任意线段中, 且 $[x]\subseteq[u]+[v]$ 当且仅当 $\phi([x])\subseteq\phi([u])+\phi([v])$, 则存在 $\mathbb{F}$ 上的环同态 $\tau$ 及 $\tau$- 线性映射 $A$ 使得 $\phi([x])=[Ax]$. 特别当 $X,Y$ 是有限维空间时, 则存在可逆矩阵 $A$ 使得 $\phi$ 具有形式 $\phi([x])=[Ax^\tau]$. 其中, $x^\tau$ 是 $\tau$ 作用在 $x$ 的每个分量后得到的向量.

下面的引理利用算子零积关系给出算子秩一性的等价刻画. 读者通过这个引理可以充分了解零积关系与秩一性的联系. 这种联系将在今后几节内容中再次出现. 我们规定, 对于 $S\in\mathcal{W}$, 令 $\{S\}^\perp=\{T\in\mathcal{W}:T\neq 0,TS=0\}$. 若对于任意 $N\in\mathcal{W}$, 都有 $\{A\}^\perp\subseteq\{N\}^\perp\Rightarrow\{A\}^\perp=\{N\}^\perp$, 则称集合 $\{A\}^\perp$ 是极大的.

**引理 2.1.2** 非零算子 $A\in\mathcal{W}$ 秩为一当且仅当算子集合 $\{A\}^\perp$ 是非空且极大的.

**证明** 若 $\{A\}^\perp$ 是非空且极大的, 且反设 $\operatorname{rank}(A)\geqslant 2$, 则存在两个向量 $x_1,x_2$ 满足 $\|Ax_1\|=1,\|Ax_2\|=1$ 使得 $\langle Ax_1,Ax_2\rangle=0$ 成立. 现在令 $P=Ax_1\otimes Ax_1$, 则有 $\{P\}^\perp\supseteq\{A\}^\perp$. 令 $B=Ax_2\otimes Ax_2$, 则 $BA\neq 0$ 但是 $BP=0$. 所以 $\{P\}^\perp\neq\{A\}^\perp$, 这与集合 $\{A\}^\perp$ 的极大性矛盾. 所以 $\operatorname{rank}(A)=1$.

另一方面, 若 $\operatorname{rank}(A)=1$, 则有 $A=\lambda x\otimes x$ 对于某个实数 $\lambda$ 和单位向量 $x$ 成立. 若 $N\in\mathcal{W}$ 满足 $\{A\}^\perp\subseteq\{N\}^\perp$ 成立, 则对于任意单位向量 $u\in\{x\}^\perp$ 都有 $u\otimes u\in\{A\}^\perp\subseteq\{N\}^\perp$. 所以 $Nu=0$. 这迫使 $\ker(N)\supseteq\{x\}^\perp$ 且因此 $[x]\supseteq\operatorname{ran}(N)$. 所以 $N,A$ 线性相关, 进一步 $\{N\}^\perp=\{A\}^\perp$. 所以集合 $\{A\}^\perp$ 是非空且极大的. □

**定理 2.1.1 的证明** 显然 $\Phi(A)=0$ 当且仅当 $A=0$. 下面我们断言 $\Phi$ 双边保 $\mathcal{W}$ 中的秩一算子. 由于映射 $\Phi$ 双边保零积, 所以 $\Phi(\{A\}^\perp)=\{\Phi(A)\}^\perp$ 对所有 $A\in\mathcal{W}$ 都成立. 因此 $\{A\}^\perp$ 是极大的当且仅当 $\{\Phi(A)\}^\perp$ 是极大的. 由引理 2.1.2 我们有 $\Phi$ 双边保 $\mathcal{W}$ 中的秩一算子. 因此对于任意单位向量 $x\in H$ 和实数 $\alpha$, 存在单位向量 $y$ 和实数 $\beta$ 使得 $\Phi(\alpha x\otimes x)=\beta y\otimes y$ 成立.

对于 $x\in H$, 令 $L_x=\{\alpha x\otimes x,\alpha\in\mathbb{R}\backslash\{0\}\}$. 设 $\mathbf{P}H=\{[x];x\in H\}$ 为 $H$ 的射影空间, 其中 $[x]$ 代表向量 $x$ 线性张成的一维线性子空间. $x,y$ 是线性无关的当且仅当 $L_x\cap L_y=\varnothing$.

对于秩一算子 $P,Q\in\mathcal{W}$, 记 $P=\alpha x\otimes x$, $Q=\beta y\otimes y$, 则有 $x,y$ 线性相关当且仅当对于任意秩一算子 $R\in\mathcal{W}$ 都有 $PR=0\Leftrightarrow QR=0$ 成立. 因此 $L_x=L_y$ 当且仅当 $x$ 与 $y$ 线性相关. 这迫使对于任意 $x\in H$, 存在 $y\in H$ 使得 $\Phi(L_x)=L_y$ 成立. 因此 $\Phi$ 诱导在 $\mathbf{P}H$ 上的双射 $\varphi$ 满足如果 $\Phi(L_x)=L_y$ 则 $\varphi([x])=[y]$. 进而对于 $x,u,v\in H\setminus\{0\}$ 满足 $[x]\subseteq[u]+[v]$, 令 $\varphi([x])=[x_1]$, $\varphi([v])=[v_1]$, $\varphi([u])=[u_1]$, 则任意秩一算子 $Q$,

$$\begin{aligned}QL_{u_1}=QL_{v_1}=\{0\}&\Rightarrow\Phi^{-1}(Q)L_u=\Phi^{-1}(Q)L_v=\{0\}\\&\Rightarrow\Phi^{-1}(Q)L_x=\{0\}\Rightarrow QL_{x_1}=\{0\},\end{aligned}$$

这推出 $[x_1] \subseteq [u_1] + [v_1] \Rightarrow \varphi([x]) \subseteq \varphi([u]) + \varphi([v])$. 因为 $\varphi^{-1}$ 与 $\varphi$ 具有相同的性质, 因此 $[x_1] \subseteq [u_1] + [v_1] \Leftarrow \varphi([x]) \subseteq \varphi([u]) + \varphi([v])$. 由射影几何基本定理, 存在 $H$ 上的半线性双射 $G$ 使得 $\varphi$ 由 $G$ 诱导, 即 $\varphi([x]) = [Gx]$ 对所有 $x \in H$ 成立. 因此对于秩一算子 $T = \delta x \otimes x \in \mathcal{W}$, 存在与 $T$ 有关的数 $\alpha_T \in \mathbb{R} \setminus \{0\}$ 使得

$$\Phi(T) = \alpha_T Gx \otimes Gx.$$

由于 $\Phi$ 双边保零积, 则对于所有向量 $x, y$, $x \perp y \Leftrightarrow Gx \perp Gy$. 这推出 $G$ 可选为酉或共轭酉算子 $U$. 现令 $h(T) = \alpha_T$. 证毕. □

## 2.2　含纯量子态的正算子集合上的保广义正交映射

本节讨论包含纯态的正算子集合上双边保算子广义正交性映射的刻画问题. 用 $\mathcal{P}_1(H)$ 代表所有秩一投影组成的集合. 主要结果如下.

**定理 2.2.1**　设 $H$ 是复 Hilbert 空间, $\dim H \geqslant 3$. 令 $\mathcal{W}$ 是包含秩一投影的正算子集合. 令 $T$ 是正可逆算子. 设 $\Phi : \mathcal{W} \to \mathcal{W}$ 是双射. 若 $\Phi$ 满足

$$ATB = 0 \Leftrightarrow \Phi(A)T\Phi(B) = 0$$

对所有 $A, B \in \mathcal{W}$ 都成立, 则存在正数 $\lambda$, 满足 $UT = \lambda TU$ 的酉或反酉算子 $U$ 以及函数 $h : \mathcal{W} \to \mathbb{R}_+$ 使得 $\Phi(P) = h(P)UPU^*$ 对所有秩一投影 $P \in \mathcal{W}$ 都成立.

**证明**　首先我们断言 $\Phi$ 双边保集合中的秩一元. 事实上, 令 $\{P\}^\perp = \{Q \in \mathcal{W} : \sqrt{P}T\sqrt{Q} = 0\}$. 若对于所有 $Q \in \mathcal{W}$, $\{P\}^\perp \subseteq \{Q\}^\perp \Rightarrow \{P\}^\perp = \{Q\}^\perp$, 我们称集合 $\{P\}^\perp$ 是极大的. 下证对于非零 $P \in \mathcal{W}$, $\mathrm{rank}(P) = 1$ 当且仅当集合 $\{P\}^\perp$ 是非空且极大的. 若 $\{P\}^\perp$ 是非空且极大的, 反设 $\mathrm{rank}(P) \geqslant 2$, 则 $\mathrm{rank}(\sqrt{P}) \geqslant 2$ 且存在向量 $e, f \in \mathrm{ran}(\sqrt{P})$ 使得 $\langle e, Tf\rangle = 0$. 现令 $P_e = e \otimes e \in \mathcal{P}_1(H)$, 则 $\sqrt{P_e} = P_e$ 且 $\{P_e\}^\perp \supseteq \{P\}^\perp$. 令 $P_f = f \otimes f \in \mathcal{P}_1(H)$. 由于 $T$ 是正可逆算子, 所以 $T(\mathrm{ran}P) \cap \ker P = \{0\}$. 从而 $\sqrt{P}TP_f \neq 0$ 且 $\{P_f\}^\perp \not\in \{P\}^\perp$. 但是 $\langle e, Tf\rangle = 0$ 使得 $\sqrt{P_e}T\sqrt{P_f} = P_eTP_f = 0$, 即, $P_f \in \{P_e\}^\perp$. 所以 $\{P_e\}^\perp \neq \{P\}^\perp$, 这与集合 $\{P\}^\perp$ 的极大性矛盾. 所以 $\mathrm{rank}(P) = 1$. 反过来, 若 $\mathrm{rank}(P) = 1$, 则在不考虑正数倍的情况下, $P = x \otimes x$ 对某个单位向量 $x \in H$ 成立. 若 $Q \in \mathcal{P}_1(H)$ 满足 $\{P\}^\perp \subseteq \{Q\}^\perp$, 则对满足 $Tu \in \{x\}^\perp$ 的任意单位向量 $u$, 都有 $u \otimes u \in \{P\}^\perp \subseteq \{Q\}^\perp$. 所以 $\sqrt{Q}Tu = 0$. 这使得 $\ker(\sqrt{Q}) \supseteq \{x\}^\perp$ 且因此 $[x] \supseteq \mathrm{ran}(\sqrt{Q})$. 所以 $\sqrt{Q}$ 是秩一算子且 $\{Q\}^\perp = \{P\}^\perp$. 于是, 集合 $\{P\}^\perp$ 是非空且极大的. 由题设条件, 我们有 $\Phi(\{P\}^\perp) = \{\Phi(P)\}^\perp$. 所以 $\{P\}^\perp$ 是极大的当且仅当 $\{\Phi(P)\}^\perp$ 是极大的. 因此由上述讨论可得 $\Phi$ 双边保秩一元.

对任意秩一投影 $P = x \otimes x \in \mathcal{W}$. 由于 $\Phi$ 双边保秩一算子, 可知存在单位向量 $\phi(x)$ 和正数 $\gamma_x$ 使得

$$\Phi(x \otimes x) = \gamma_x \phi(x) \otimes \phi(x).$$

可定义 $\phi(\lambda x) = \lambda\phi(x)$ 对任意 $\lambda \in \mathbb{C}$ 和单位向量 $x$ 成立, 仍记为 $\phi$. 由于 $\phi$ 是双射, 所以存在单位向量 $\phi(y)$ 和正数 $\delta_y$ 使得 $\Phi(y \otimes y) = \delta_y \phi(y) \otimes \phi(y)$ 对每个不同于 $x$ 的单位向量 $y$ 成立. 由题设条件, 对任意单位向量 $x, y$, 有

$$\gamma_x \delta_y \phi(x) \otimes \phi(x) T \phi(y) \otimes \phi(y) = 0 \Leftrightarrow x \otimes x T y \otimes y = 0,$$

即

$$\langle x, Ty \rangle = 0 \Leftrightarrow \langle \phi(x), T\phi(y) \rangle = 0$$

对所有单位向量 $x, y \in H$ 成立. 由推广的 Uhlhorn-Wigner 定理 (参见文献 [153] 推论 2), 存在常数 $\lambda$, 满足 $UTU^* = \lambda T$ 的酉算子或共轭酉算子 $U$ 使得 $\phi(x) = \mu_x Ux$. 显然 $\lambda > 0$. 定义正函数 $h : \mathcal{W} \to \mathbb{R}^+$ 为 $h(P) = |\mu_x|^2$. 则有 $\Phi(P) = h(P)UPU^*$ 对所有秩一投影 $P \in \mathcal{W}$ 都成立. □

## 2.3 应用: Wigner 定理的推广

本节利用 2.2 节的刻画结果对量子力学中的基本定理、Wigner 定理和 Uhlhorn-Wigner 定理进行推广. 本节的主要结果推广了文献 [151] 的结论.

**定理 2.3.1** 设 $H$ 是复 Hilbert 空间, $\dim H \geqslant 3$. 令 $\mathcal{P}_f(H)$ 表示 $H$ 上的全体有限秩投影集合, $\Omega$ 是 $\mathcal{P}_f(H)$ 的子集且包含所有秩一投影, $T$ 是正可逆算子且 $\langle\cdot|\cdot\rangle_T$ 是单调内积定义为

$$\langle \rho|\sigma \rangle_T = \mathrm{tr}(\rho T \sigma T). \tag{2.3.1}$$

设 $\Phi : \Omega \to \Omega$ 是双射. 则 $\Phi$ 满足

$$\langle \Phi(P)|\Phi(Q) \rangle_T = 0 \Leftrightarrow \langle P|Q \rangle_T = 0$$

对所有 $P, Q \in \Omega$ 都成立当且仅当存在正数 $\lambda$, 满足 $UT = \lambda TU$ 的酉算子或反酉算子 $U$ 使得 $\Phi(P) = UPU^*$ 对所有 $P \in \Omega$ 都成立.

**定理 2.3.2** 设 $H$ 是复 Hilbert 空间, $\dim H \geqslant 3$. $\mathcal{C}_1^+(H)$ 是 $H$ 上的正迹类算子全体组成的空间, $\mathcal{V}$ 是 $\mathcal{C}_1^+(H)$ 的子集且包含所有秩一投影. 令 $T$ 是可逆正算子且 $\langle\cdot|\cdot\rangle_T$ 是单调内积定义为

$$\langle \rho|\sigma \rangle_T = \mathrm{tr}(\rho T \sigma T) \tag{2.3.2}$$

对所有正迹类算子 $\rho, \sigma$ 成立. 设 $\Phi: \mathcal{V} \to \mathcal{V}$ 是双射. 则 $\Phi$ 满足

$$\langle \Phi(\rho) | \Phi(\sigma) \rangle_T = \langle \rho | \sigma \rangle_T$$

对所有 $\rho, \sigma \in \mathcal{V}$ 成立当且仅当存在正数 $\lambda$, 满足 $UT = \lambda TU$ 的酉算子或反酉算子 $U$ 使得 $\Phi(\rho) = \lambda U \rho U^*$ 对所有 $\rho \in \mathcal{V}$ 都成立.

**定理 2.3.1 的证明**　充分性显然, 只验证必要性. 注意到 $P$ 和 $\Phi(P)$ 是投影, 所以总有 $\sqrt{P} = P$ 且 $\sqrt{\Phi(P)} = \Phi(P)$.

首先证明 $\Phi$ 满足

$$\sqrt{P} T \sqrt{Q} = 0 \Leftrightarrow \sqrt{\Phi(P)} T \sqrt{\Phi(Q)} = 0$$

对于投影 $P, Q \in \Omega$ 都成立.

注意到

$$\operatorname{tr}(PTQT) = \operatorname{tr}(\sqrt{P} TQT \sqrt{P}). \tag{2.3.3}$$

由于 $\sqrt{P} TQT \sqrt{P} \geqslant 0$, 由式 (2.3.3) 得

$$\operatorname{tr}(PTQT) = 0 \Leftrightarrow \sqrt{P} TQT \sqrt{P} = 0. \tag{2.3.4}$$

进而, 由投影 $P, Q$ 的正性和式 (2.3.4), 则有

$$\begin{aligned} \operatorname{tr}(PTQT) = 0 &\Leftrightarrow \sqrt{P} TQT \sqrt{P} = 0 \\ &\Leftrightarrow \sqrt{P} T \sqrt{Q} \sqrt{Q} T \sqrt{P} = 0 \\ &\Leftrightarrow \sqrt{P} T \sqrt{Q} (\sqrt{P} T \sqrt{Q})^* = 0 \\ &\Leftrightarrow \sqrt{P} T \sqrt{Q} = 0. \end{aligned} \tag{2.3.5}$$

同理由 $\Phi(P), \Phi(Q)$ 的正性, 有

$$\operatorname{tr}(\Phi(P) T \Phi(Q) T) = 0 \Leftrightarrow \sqrt{\Phi(P)} T \sqrt{\Phi(Q)} = 0. \tag{2.3.6}$$

由式 (2.3.5), (2.3.6) 可得

$$\sqrt{P} T \sqrt{Q} = 0 \Leftrightarrow \sqrt{\Phi(P)} T \sqrt{\Phi(Q)} = 0.$$

所以 $\Phi$ 满足定理 2.2.1 的条件. 因此存在正数 $\lambda$, 满足 $UT = \lambda TU$ 的酉算子或反酉算子 $U$ 以及函数 $h: \mathcal{W} \to \mathbb{R}_+$ 使得 $\Phi(P) = h(P) U P U^*$ 对所有秩一投影 $P \in \mathcal{W}$ 都成立. 由于 $\Phi(P)$ 是投影且 $h(P)$ 是正数, 所以 $h(P) = 1$.

定义 $\Psi(P)=U^*\Phi(P)U$ 对任意 $P\in\Omega$ 成立. 显然 $\Psi$ 具有与 $\Phi$ 相同的性质且 $\Psi(R)=R$ 对所有秩一投影 $R$ 成立. 下面只需验证 $\Psi(P)=P$ 对所有 $P\in\Omega$ 成立. 因为对于秩一投影 $R=|x\rangle\langle x|$ 都有

$$\mathrm{tr}(\Psi(P)T\Psi(R)T)=0\Leftrightarrow \mathrm{tr}(PTRT)=0,$$

所以

$$\langle x|TPT|x\rangle=0\Leftrightarrow\langle x|T\Psi(P)T|x\rangle=0$$

对所有单位向量 $|x\rangle\in H$ 成立. 从而 $\mathrm{ker}P=\mathrm{ker}\Psi(P)$ 且 $\mathrm{ran}P=\mathrm{ran}\Psi(P)$. 因此由 $P$ 和 $\Psi(P)$ 都是投影可得 $\Psi(P)=P$. □

**定理 2.3.2 的证明** 充分性显然, 仅需验证必要性.

由题设条件知 $\Phi$ 满足 $\sqrt{\rho}T\sqrt{\sigma}=0\Leftrightarrow\sqrt{\Phi(\rho)}T\sqrt{\Phi(\sigma)}=0$ 对所有 $\rho,\sigma\in\mathcal{V}$ 成立, 所以 $\Phi$ 满足定理 2.2.1 的条件. 于是, 存在正数 $\lambda$, 满足 $UT=\lambda TU$ 的酉算子或反酉算子 $U$ 以及函数 $h:\mathcal{W}\to\mathbb{R}_+$ 使得 $\Phi(P)=h(P)UPU^*$ 对所有秩一投影 $P\in\mathcal{W}$ 都成立. 由于 $\Phi(P)$ 是投影且 $h(P)$ 是正数, 所以 $h(P)=1$. 在题设条件中取 $\sigma=\rho=|x\rangle\langle x|$, 有

$$h(|x\rangle\langle x|)^2\lambda^{-2}\mathrm{tr}(|x\rangle\langle x|T|x\rangle\langle x|T)=\mathrm{tr}(|x\rangle\langle x|T|x\rangle\langle x|T).$$

所以 $h(|x\rangle\langle x|)\equiv\lambda$.

设 $\Psi(\rho)=\lambda^{-1}U^\dagger\Phi(\rho)U$ 对所有 $\rho\in\mathcal{V}$ 成立. 则 $\Psi$ 仍满足题设条件且 $\Psi(P)=P$ 对所有秩一算子 $P\in\mathcal{V}$ 都成立. 下面仅需验证 $\Psi(\rho)=\rho$ 对所有 $\rho\in\mathcal{V}$ 都成立. 事实上, 由于 $\Psi$ 满足题设条件, 我们有对于任意秩一投影 $P=|x\rangle\langle x|$,

$$\mathrm{tr}(\Psi(P)T\Psi(\rho)T)=\mathrm{tr}(PT\rho T).$$

则

$$\langle x|T\rho T|x\rangle=\langle x|T\Psi(\rho)T|x\rangle.$$

因此 $T\Psi(\rho)T=T\rho T$, 进而 $\Psi(\rho)=\rho$. 定理得证. □

由定理 2.3.1 和定理 2.3.2 知, 下面的推论是显然的.

**推论 2.3.3** 设 $H$ 是复 Hilbert 空间, $\mathrm{dim}H\geqslant 3$. $\mathcal{C}_1^+(H)$ 是 $H$ 上的正迹类算子全体组成的空间. 令 $T$ 是可逆正算子且 $\langle\cdot|\cdot\rangle_T$ 是单调内积定义为

$$\langle\rho|\sigma\rangle_T=\mathrm{tr}(\rho T\sigma T)$$

对所有正迹类算子 $\rho,\sigma$ 成立. 假设 $\Phi:\mathcal{C}_1^+(H)\to\mathcal{C}_1^+(H)$ 是双射. 则 $\Phi$ 满足

$$\langle\Phi(\rho)|\Phi(\sigma)\rangle_T=\langle\rho|\sigma\rangle_T$$

对所有正迹类算子 $\rho, \sigma$ 成立当且仅当存在正数 $\lambda$, 满足 $UT = \lambda TU$ 的酉算子或反酉算子 $U$ 使得 $\Phi(\rho) = \lambda U\rho U^*$ 对所有 $\rho \in \mathcal{C}_1^+(H)$ 都成立.

**推论 2.3.4** 设 $H$ 是复 Hilbert 空间, $\dim H \geqslant 3$. $\mathcal{S}(H)$ 是量子态集合. 令 $T$ 是可逆正算子且 $\langle\cdot|\cdot\rangle_T$ 是单调内积定义为

$$\langle\rho|\sigma\rangle_T = \mathrm{tr}(\rho T\sigma T)$$

对所有正迹类算子 $\rho, \sigma$ 成立. 假设 $\Phi : \mathcal{S}(H) \to \mathcal{S}(H)$ 是双射. 则 $\Phi$ 满足

$$\langle\Phi(\rho)|\Phi(\sigma)\rangle_T = \langle\rho|\sigma\rangle_T$$

对所有量子态 $\rho, \sigma$ 都成立当且仅当存在正数 $\lambda$, 满足 $UT = \lambda TU$ 的酉算子或反酉算子 $U$ 使得 $\Phi(\rho) = U\rho U^*$ 对所有 $\rho \in \mathcal{S}(H)$ 都成立.

## 2.4 含秩一幂等元的算子集合上的保零积映射

本节主要给出包含秩一幂等元的算子集合上双边保算子零积满射的刻画. 注意到本节在讨论问题所在的空间一般化为 Banach 空间, 而不再是 Hilbert 空间, 因此很多证明细节上会不同. 下面是本节的主要结果.

**定理 2.4.1** 设 $X$ 是实数域或复数域 $\mathbb{F}$ 上的 Banach 空间, $\dim X \geqslant 3$, $\mathcal{W}, \mathcal{V} \subseteq \mathcal{B}(X)$ 为包含秩一幂等元的算子集合. $\Phi : \mathcal{W} \to \mathcal{V}$ 是满射. 若 $\Phi$ 满足 $AB = 0 \Leftrightarrow \Phi(A)\Phi(B) = 0$ 对所有 $A, B \in \mathcal{W}$ 成立, 则存在满足对于非秩一元 $A$ 有 $h(A) = 1$ 的函数 $h : \mathcal{W} \to \mathbb{F} \setminus \{0\}$, 且

(1) 如果 $X$ 是实空间, 则存在有界可逆线性算子 $T$ 使得 $\Phi(A) = h(A)TAT^{-1}$ 对所有秩一元 $A \in \mathcal{W}$ 都成立;

(2) 如果 $X$ 是复空间且 $\dim X = \infty$, 则存在有界可逆线性或共轭线性算子 $T$ 使得 $\Phi(A) = h(A)TAT^{-1}$ 对所有秩一元 $A \in \mathcal{W}$ 都成立;

(3) 如果 $X$ 是复空间且 $\dim X < \infty$, 则 $\mathcal{B}(X)$ 可表示为 $n \times n$ 复矩阵空间 $M_n(\mathbb{C})$ $(n = \dim X)$, 存在非奇异矩阵 $T \in M_n(\mathbb{C})$ 和一个复数域上的环自同构 $\tau$ 使得 $\Phi(A) = h(A)T\tau(A)T^{-1}$ 对所有秩一元 $A \in \mathcal{W}$ 都成立, 其中 $\tau(A)$ 表示 $\tau$ 作用于 $A$ 中的每个元得到的矩阵.

为证定理 2.4.1, 我们需要下面的引理. 这一节我们讨论的映射所定义的算子集合包含所有秩一幂等算子而且底空间被一般化为 Banach 空间, 与 2.1 节所讨论的算子集合有区别. 令 $\mathcal{V} \subseteq \mathcal{B}(X)$ 为包含秩一幂等元的算子集合. 对于算子 $A \in \mathcal{V}$, $\{A\}^\perp = \{B \in \mathcal{V}\backslash\{0\} : BA = 0\}$. 若对于任意 $N \in \mathcal{V}$, 都有 $\{A\}^\perp \subseteq \{N\}^\perp \Rightarrow \{A\}^\perp = \{N\}^\perp$, 则称集合 $\{A\}^\perp$ 是极大的.

**引理 2.4.2** 非零算子 $A \in \mathcal{V}$ 秩为一当且仅当算子集合 $\{A\}^{\perp}$ 是非空且极大的.

**证明** 若 $\{A\}^{\perp}$ 是非空且极大的, 反设 $\mathrm{rank}(A) \geqslant 2$, 则存在两个线性无关的向量 $x_1, x_2$ 使得 $X = [x_1, x_2] \bigoplus X_0$. 可取两个线性无关的向量 $f_1, f_2 \in X$ 满足 $f_i(x_j) = \delta_{ij}$, 其中 $i, j = 1, 2$, 且 $X_0 \subseteq \ker(f_1) \cap \ker(f_2)$. 现令秩一算子 $P = x_1 \otimes f_1$, 则有 $\{P\}^{\perp} \supseteq \{A\}^{\perp}$. 令 $B = x_2 \otimes f_2 \in \mathcal{V}$, 由 $BA \neq 0$ 且 $BP = 0$, 知 $\{P\}^{\perp} \neq \{A\}^{\perp}$. 这与算子集合 $\{A\}^{\perp}$ 的极大性矛盾. 所以 $\mathrm{rank}(A) = 1$.

另一方面, 若 $\mathrm{rank}(A) = 1$, 可设 $A = x \otimes f$. 注意到 $y \otimes g \in \{x \otimes f\}^{\perp} \Leftrightarrow g(x) = 0$. 如果算子 $N \in \mathcal{V}$ 满足 $\{A\}^{\perp} \subseteq \{N\}^{\perp}$, 注意到集合 $\mathcal{V}$ 包含 $\mathcal{I}_1(X)$, 对于任意秩一幂等算子 $u \otimes h$, 其中 $h(x) = 0$, 我们都有 $u \otimes h \in \{A\}^{\perp} \subseteq \{N\}^{\perp}$, 所以 $\{N\}^* h = 0$, 这蕴涵 $\ker(N^*) \supseteq [h]$ 对于所有向量 $h \in H$, 其中 $h(x) = 0$ 成立. 这使得 $[x] \supseteq \mathrm{ran}(N)$. 因此 $\mathrm{rank}(N) \leqslant 1$. 通过计算得到 $\{N\}^{\perp} = \{A\}^{\perp}$. 所以集合 $\{A\}^{\perp}$ 是极大的. □

**定理 2.4.1 的证明** 由引理 2.4.2, 类似于定理 2.1.1 的证明, 可得 $\Phi$ 双边保持秩一算子. 进一步, $\Phi$ 双边保持秩一幂零算子. 对于所有 $x \in X$ 和 $f \in X^*$, 记 $L_x = \mathcal{W} \cap \{x \otimes h : h \in X^*\}$ 且 $R_f = \mathcal{W} \cap \{z \otimes f : z \in X\}$. 注意到 $\{x \otimes f\}^{\perp} = \{y \otimes g\}^{\perp}$ 当且仅当 $x$ 与 $y$ 线性相关或者 $f$ 与 $g$ 线性相关. 所以对于所有 $x \in X$, 存在与 $x$ 有关的向量 $y_x \in X$ 使得 $\Phi(L_x) = L_{y_x}$. 类似地, $\Phi(R_f) = R_{g_f}$ 对于某个向量 $g_f \in X^*$ 成立. 此时利用射影几何基本定理以及文献 [29] 引理 2.2 可知定理成立. □

## 2.5 含秩一元的算子集合上的保不定零积映射

本节讨论包含秩一元的算子集合上双边保不定零积或不定 Jordan 半三零积映射的刻画问题. 主要结果表述如下.

**定理 2.5.1** 设 $H$ 是实或复数域上的 Hilbert 空间, $\dim H \geqslant 3$, $J \in \mathcal{B}(H)$ 是可逆自伴算子. 令 $\mathcal{W}, \mathcal{V}$ 是 $\mathcal{B}(H)$ 中包含所有秩一算子的集合. 设 $\Phi : \mathcal{W} \to \mathcal{V}$ 是双射. 若 $\Phi$ 满足 $AB^{\dagger} = 0 \Leftrightarrow \Phi(A)\Phi(B)^{\dagger} = 0$ 且 $A^{\dagger}B = 0 \Leftrightarrow \Phi(A)^{\dagger}\Phi(B) = 0$ 对所有 $A, B \in \mathcal{W}$ 都成立, 其中 $A^{\dagger} = J^{-1}A^*J$, 则下列之一成立:

(1) 如果 $H$ 是实空间, 则存在非零实数 $c, d$, 满足 $U^*JU = cJ$ 且 $V^*JV = dJ$ 的线性有界可逆算子 $U, V$ 和一个函数 $h : \mathcal{W} \to \mathbb{R} \setminus \{0\}$ 使得 $\Phi(T) = h(T)UTV$ 对所有秩一算子 $T \in \mathcal{W}$ 都成立;

(2) 如果 $H$ 是复空间, 则存在非零实数 $c, d$, 满足 $U^*JU = cJ$ 且 $V^*JV = dJ$ 的线性或共轭线性可逆算子 $U, V$ 和一个函数 $h : \mathcal{W} \to \mathbb{C} \setminus \{0\}$ 使得 $\Phi(T) = h(T)UTV$ 对所有秩一算子 $T \in \mathcal{W}$ 都成立.

**定理 2.5.2** 设 $H$ 是实或复数域上的 Hilbert 空间, $\dim H \geqslant 3$, $J \in \mathcal{B}(H)$ 是可逆自伴算子. 令 $\mathcal{W}, \mathcal{V}$ 是 $\mathcal{B}(H)$ 中包含所有秩一算子的集合. 设 $\Phi : \mathcal{W} \to \mathcal{V}$ 是双

射. 若 $\Phi$ 满足 $AB^\dagger A=0 \Leftrightarrow \Phi(A)\Phi(B)^\dagger\Phi(A)=0$ 对所有 $A,B\in\mathcal{W}$ 都成立, 其中 $A^\dagger=J^{-1}A^*J$, 则下列之一成立:

(1) 如果 $H$ 是实空间, 则存在非零实数 $c,d$, 满足 $U^*JU=cJ$ 且 $V^*JV=dJ$ 的线性有界可逆算子 $U,V$ 和一个函数 $h:\mathcal{W}\to\mathbb{R}\setminus\{0\}$, 使得 $\Phi(T)=h(T)UTV$ 对所有算子 $T\in\mathcal{W}$ 都成立, 或者 $\Phi(T)=h(T)UT^\dagger V$ 对所有算子 $T\in\mathcal{W}$ 都成立;

(2) 如果 $H$ 是复空间, 则存在非零实数 $c,d$, 满足 $U^*JU=cJ$ 且 $V^*JV=dJ$ 的线性或共轭线性可逆算子 $U,V$ 和一个函数 $h:\mathcal{W}\to\mathbb{C}\setminus\{0\}$, 使得 $\Phi(T)=h(T)UTV$ 对所有算子 $T\in\mathcal{W}$ 都成立, 或者 $\Phi(T)=h(T)UT^\dagger V$ 对所有算子 $T\in\mathcal{W}$ 都成立.

为证明上述主要结果, 我们需要以下引理. 首先利用算子的不定零积关系给出集合 $\mathcal{V}$ 中秩一元的刻画, 这个引理类似于引理 2.1.2, 但由于零积关系改变了, 因此在证明方法上有较大变化. 对于 $A\in\mathcal{V}$, 令 $\{A\}^\perp=\{B\in\mathcal{V}\setminus\{0\}:B^\dagger A=0\}$. 若对于任意元 $N\in\mathcal{V}$ 都有 $\{A\}^\perp\subseteq\{N\}^\perp\Rightarrow\{A\}^\perp=\{N\}^\perp$ 成立, 我们称集合 $\{A\}^\perp$ 是极大的.

**引理 2.5.3** 设 $H$ 是实或复数域上的 Hilbert 空间, $\dim H\geqslant 3$, $\mathcal{V}$ 是 $\mathcal{B}(H)$ 中包含所有秩一算子的集合. 对于非零算子 $A\in\mathcal{V}$, $\operatorname{rank}(A)=1$ 当且仅当集合 $\{A\}^\perp$ 是极大且非空的.

**证明** 若 $\{A\}^\perp$ 是非空且极大的, 反设 $\operatorname{rank}(A)\geqslant 2$, 则存在两个向量 $x_1,x_2$ 使得非零向量 $Ax_1,Ax_2$ 满足 $\langle Ax_1,Ax_2\rangle=0$. 由算子 $J$ 的可逆性, 存在向量 $y\in H$ 使得 $Jy=Ax_2$ 成立. 现在令 $P=Ax_1\otimes Ax_1\in\mathcal{V}$, 则有 $\{P\}^\perp\supseteq\{A\}^\perp$. 令 $B=y\otimes Ax_2\in\mathcal{V}$, 则有 $B^\dagger A\neq 0$, $B^\dagger P=0$, 即, $B\in\{P\}^\perp$ 但不属于 $\{A\}^\perp$. 因此 $P^\perp\neq\{A\}^\perp$. 这与集合 $\{A\}^\perp$ 的极大性矛盾. 所以 $\operatorname{rank}(A)=1$.

另一方面, 假设 $\operatorname{rank}(A)=1$, 记 $A=x\otimes f$. 注意到 $y\otimes g\in\{x\otimes f\}^\perp\Leftrightarrow\langle Jx,y\rangle=0$. 若 $N\in\mathcal{V}$ 满足 $\{A\}^\perp\subseteq\{N\}^\perp$, 则对任意满足 $\langle Jx,u\rangle=0$ 的秩一算子 $u\otimes h$, 有 $u\otimes h\in\{A\}^\perp\subseteq\{N\}^\perp$ 成立. 因此 $N^\dagger u=0$. 进而当 $\langle Jx,u\rangle=0$ 时有 $\ker(N^\dagger)\supseteq[u]$. 这迫使 $\operatorname{rank}(JN^*J^{-1})\leqslant 1$, 所以 $\operatorname{rank}(N)\leqslant 1$. 所以 $N=x\otimes g$ 对于某个 $g$ 成立. 计算可得, $\{N\}^\perp=\{A\}^\perp$. 所以集合 $\{A\}^\perp$ 是非空且极大的. □

对于 $A\in\mathcal{V}$, 令 ${}^\perp\{A\}=\{B\in\mathcal{V}\setminus\{0\}:AB^\dagger=0\}$. 类似上面的讨论, 我们有以下引理, 此引理证明略去.

**引理 2.5.4** 设 $H$ 是实或复数域上的 Hilbert 空间, $\dim H\geqslant 3$, $\mathcal{V}$ 是 $\mathcal{B}(H)$ 中包含所有秩一算子的集合. 对于非零算子 $A\in\mathcal{V}$, $\operatorname{rank}(A)=1$ 当且仅当集合 ${}^\perp\{A\}$ 是极大且非空的.

下面我们转而讨论算子的不定 Jordan 半三零积关系对算子秩一性的刻画. 注意到对于任意秩一算子 $P,Q$, $PQ^\dagger P=0\Leftrightarrow QP^\dagger Q=0$. 对于 $\mathcal{W}$ 的子集 $\Omega$, 定义:

$$\Omega^\perp=\{P\in\mathcal{F}_1(H):PQ^\dagger P=0,Q\in\Omega\}$$

$$= \{P \in \mathcal{F}_1(H) : QP^{\dagger}Q = 0, Q \in \Omega\},$$

其中 $\mathcal{F}_1(H)$ 表示由 $\mathcal{B}(H)$ 中全体秩一算子组成的集合.

**引理 2.5.5**　设 $P = x \otimes f$ 且 $Q = x \otimes g$, 则 $R \in \{\{P,Q\}^{\perp}\}^{\perp}$ 当且仅当存在常数 $\lambda, \mu$ 使得 $R = x \otimes (\lambda f + \mu g)$ 成立.

**证明**　对于任意秩一算子 $R = z \otimes h \in \{\{P,Q\}^{\perp}\}^{\perp}$, 首先我们断言 $z, x$ 线性相关, 否则, 存在向量 $h_1 \in H$ 使得 $\langle Jx, h_1\rangle = 0$ 且 $\langle Jz, h_1\rangle \neq 0$. 令 $S = h_1 \otimes e$ 且满足 $\langle J^{-1}e, h\rangle \neq 0$, 则有 $SP^{\dagger}S = 0 = SQ^{\dagger}S$, 所以 $S \in \{P,Q\}^{\perp}$. 然而 $SR^{\dagger}S \neq 0$, 矛盾. 因此 $z, x$ 线性相关. 不失一般性, 此时可设 $z = x$. 所以 $R = x \otimes h \in \{\{P,Q\}^{\perp}\}^{\perp}$. 反设向量 $h$ 不属于 $[f,g]$, 则存在向量 $z_0 \in [f]^{\perp} \cap [g]^{\perp}$ 使得 $\langle z_0, h\rangle \neq 0$ 成立. 取向量 $z_1$ 满足 $Jz_1 = z_0$. 令 $S = k \otimes z_1$ 满足 $\langle Jk, x\rangle \neq 0$. 则有 $S \in \{P,Q\}^{\perp}$ 但 $SR^{\dagger}S \neq 0$, 矛盾. 因此存在常数 $\lambda, \mu$ 使得 $h = \lambda f + \mu g$ 成立.

另一方面, 假设 $R = x \otimes (\lambda f + \mu g)$. 若 $S \in \{P,Q\}^{\perp}$, 则有 $SP^{\dagger}S = 0 = SQ^{\dagger}S$. 这使得 $P^{\dagger}S = Q^{\dagger}S = 0$ 或者 $SP^{\dagger} = SQ^{\dagger} = 0$. 即, $S^*Jx = 0$ 或者 $SJ^{-1}f = SJ^{-1}g = 0$. 因此 $SR^{\dagger}S = 0$, 得证. □

类似地我们有下述引理成立.

**引理 2.5.6**　设 $P = x \otimes f$ 且 $Q = y \otimes f$, 则 $R \in \{\{P,Q\}^{\perp}\}^{\perp}$ 当且仅当存在常数 $\lambda, \mu$ 使得 $R = (\lambda x + \mu y) \otimes f$ 成立.

对于秩一算子 $P, Q$, $P|Q$ 表示算子 $P, Q$ 的下列关系: 或者 $P, Q \in L_x = \{x \otimes g : g \in H\}$, 或者 $P, Q \in R_f = \{y \otimes f : y \in H\}$ 对某个向量 $x, f$ 成立. 用 $P \nmid Q$ 表示 $P, Q$ 不具有上述关系.

**引理 2.5.7**　假设 $P = x \otimes f$, $Q = y \otimes g$ 线性无关. 则 $P|Q$ 当且仅当 $\{\{P,Q\}^{\perp}\}^{\perp} \cup \{0\} = [P,Q]$ 是二维子空间; $P \nmid Q$ 当且仅当 $\{\{P,Q\}^{\perp}\}^{\perp} \cup \{0\} = [P] \cup [Q]$.

**证明**　若 $P|Q$, 则由定义可得, 或者 $P, Q \in L_x$ 或者 $P, Q \in R_f$ 对于某个向量 $x, f$ 成立. 不失一般性, 可设 $P, Q \in L_x$. 因为 $P, Q$ 线性无关, 所以 $f, g$ 线性无关. 由引理 2.5.5 知, $R \in \{\{P,Q\}^{\perp}\}^{\perp}$ 当且仅当 $R = x \otimes h$ 对某个向量 $h \in [f,g] \setminus \{0\}$ 成立. 因此 $\{\{P,Q\}^{\perp}\}^{\perp} \cup \{0\} = \{x \otimes h : h \in [f,g]\} = [P,Q]$ 是二维子空间.

反过来, 若 $\{\{P,Q\}^{\perp}\}^{\perp} \cup \{0\} = [P,Q]$, 反设 $P \nmid Q$, 即, 既不存在 $z$ 使得 $P, Q$ 属于 $L_z$, 也不存在某个 $h$ 使得 $P, Q$ 属于 $R_h$, 则有 $\{x, y\}$ 和 $\{f, g\}$ 都是线性无关集. 若 $R = z \otimes h \in \{\{P,Q\}^{\perp}\}^{\perp}$. 下证 $\{z, x, y\}$ 是线性相关集. 否则, 存在向量 $h_1 \in H$ 使得 $\langle Jx, h_1\rangle = 0 = \langle Jy, h_1\rangle$ 且 $\langle Jz, h_1\rangle \neq 0$. 令 $S = h_1 \otimes e$ 满足 $\langle J^{-1}e, h\rangle \neq 0$, 则有 $SP^{\dagger}S = 0 = SQ^{\dagger}S$. 因此 $S \in \{P,Q\}^{\perp}$. 然而, $SR^{\dagger}S \neq 0$, 矛盾. 这说明 $z = \lambda x + \mu y$ 对某个常数 $\lambda, \mu$ 成立. 相似地, 存在常数 $\alpha, \beta$ 使得 $h = \alpha f + \beta g$ 成立. 因此 $R = (\lambda x + \mu y) \otimes (\alpha f + \beta g)$.

反设 $\beta$ 和 $\lambda$ 都是非零数, 取 $z_1, h_1 \in H$ 满足 $\langle Jz_1, x\rangle \neq 0$, $\langle J^{-1}g, h_1\rangle \neq 0$ 且 $\langle Jz_1, y\rangle = \langle J^{-1}f, h_1\rangle = 0$. 令 $S = z_1 \otimes h_1$, 显然有 $S \in \{P, Q\}^{\perp}$ 但 $SR^{\dagger}S \neq 0$, 矛盾. 因此 $\beta\lambda = 0$. 类似有 $\alpha\mu = 0$. 这说明, 若 $\mu \neq 0$, 则 $\alpha = 0$, $\beta \neq 0$ 且 $\lambda = 0$, 即 $R \in [Q]$; 类似地, 若 $\lambda \neq 0$, 则 $R \in [P]$. 因此 $\{\{P, Q\}^{\perp}\}^{\perp} \cup \{0\} = [P] \cup [Q] \neq [P, Q]$, 矛盾. 引理得证. □

**引理 2.5.8** 设 $A \in \mathcal{B}(H)$, $A \neq \lambda I$. $\operatorname{rank}(A) = 1$ 当且仅当不存在 $N \in \mathcal{W}$, 使得 $NA^{\dagger}N = 0$ 且 $AN^{\dagger}A \neq 0$ 成立.

**证明** 由于 $A \neq \lambda I$, 所以 $\operatorname{rank}(A) \geqslant 2$ 迫使存在向量 $x$ 使得 $x, Ax$ 线性无关, 且存在向量 $y$ 使得 $Ax, Ay$ 是线性无关的. 因此存在向量 $h$ 使得 $\langle JAx, h\rangle = 0$, $\langle Jx, h\rangle \neq 0$ 且 $\langle JAy, h\rangle \neq 0$ 成立. 取向量 $g$ 满足 $J^{-1}g = x$, 令 $N = h \otimes g$, 可验证 $NA^{\dagger}N = 0$ 且 $AN^{\dagger}A \neq 0$, 矛盾.

另一方面, 若 $A = x \otimes f$ 且 $NA^{\dagger}N = 0$, 则或者 $N^*Jx = 0$ 或者 $NJ^{-1}f = 0$. 这迫使 $AN^{\dagger}A = \langle J^{-1}N^*Jx, f\rangle A = 0$, 问题得证. □

**定理 2.5.1 的证明** 首先我们验证映射 $\Phi$ 双边保秩一算子. 对于秩一算子 $A = x \otimes f \in \mathcal{W}$, 由引理 2.5.3, $\{A\}^{\perp}$ 是非空且极大的. 由于映射 $\Phi$ 是双射且满足 $B^{\dagger}A = 0 \Leftrightarrow \Phi(B)^{\dagger}\Phi(A) = 0$, 则有 $\Phi(\{A\}^{\perp}) = \{\Phi(A)\}^{\perp}$ 且 $\{\Phi(A)\}^{\perp}$ 是非空且极大的. 再由引理 2.5.3 知, $\operatorname{rank}(\Phi(A)) = 1$. 类似可证反面成立.

记 $\mathbf{P}H = \{[x]; x \in H\}$, 其中 $[x]$ 代表由向量 $x$ 张成的一维子空间, 且 $L_x = \{x \otimes y : y \in H\}$. $x, y$ 线性无关当且仅当 $L_x \bigcap L_y = \varnothing$; $x, y$ 线性相关当且仅当 $L_x = L_y$. 注意到 $Q \perp P \Leftrightarrow \langle Jx, y\rangle = 0$ 对所有秩一算子 $P = x \otimes f \in L_x$, $Q = y \otimes g \in L_y$ 成立. 因此 $x, y$ 线性相关当且仅当 $R^{\dagger}L_x = 0 \Leftrightarrow R^{\dagger}L_y = 0$ 对任意秩一算子 $R$ 成立. 由对 $\Phi$ 的假设, 则存在向量 $y_x$ 使得 $\Phi(L_x) = L_{y_x}$ 对所有向量 $x \in H$ 成立. 因此映射 $\Phi$ 诱导投影空间 $\mathbf{P}H$ 的一个映射 $\varphi$. 由于 $\Phi$ 双边保持秩一算子, 因此 $\varphi$ 是双射.

下证 $[x] \subseteq [u] + [v] \Leftrightarrow \varphi([x]) \subseteq \varphi([u]) + \varphi([v])$. 注意到 $[x] \subseteq [u] + [v]$ 当且仅当 $P^{\dagger}L_u = P^{\dagger}L_v = 0 \Rightarrow P^{\dagger}L_x = 0$ 对所有秩一算子 $P \in \mathcal{W}$ 成立. 令 $\varphi([x]) = [x_1]$, $\varphi([v]) = [v_1]$, $\varphi([u]) = [u_1]$. 因为 $\Phi$ 双边保持不定零积关系且双边保持秩一算子, 所以 $Q^{\dagger}L_{u_1} = Q^{\dagger}L_{v_1} = 0 \Rightarrow Q^{\dagger}L_{x_1} = 0$. 因此 $\varphi([x]) \subseteq \varphi([u]) + \varphi([v])$. 反面可类似得到.

由射影几何基本定理知, $\varphi$ 由半线性映射 $A$ 诱导, 即, $\varphi([x]) = [Ax]$ 对所有 $x \in H$ 成立. 更确切地, 在实空间情形 $A$ 是线性的; 在复空间情形且当 $\dim H = \infty$, 则 $A$ 是线性或共轭线性可逆算子. 进而由 $\Phi$ 双边保持不定零积关系, 则有 $\langle Jx, y\rangle = 0 \Leftrightarrow \langle JAx, Ay\rangle = 0$ 对所有 $x, y \in H$ 成立. 所以 $AU^*JUx$ 与 $Jx$ 是线性相关的. 因此存在常数 $c$ 使得 $U^*JU = cJ$ 成立. 显然 $c$ 是实数.

若 $H$ 是复空间且 $\dim H = n < \infty$, 则存在自同构 $\tau : \mathbb{C} \to \mathbb{C}$ 和可逆线性算子

$U$ 使得 $Ax=Ux_\tau$ 成立, 其中 $x_\tau=(\tau(x_1),\tau(x_2),\cdots,\tau(x_n))$ 对于 $x=(x_1,x_2,\cdots,x_n)$ 成立. 由于 $\Phi$ 双边保不定正交, 所以有 $\langle Jx,y\rangle=0\Leftrightarrow\langle JUx_\tau,Uy_\tau\rangle=0$ 对所有 $x,y\in H$ 成立. 这迫使 $\langle Jx,y\rangle=0\Leftrightarrow\langle U^*JUx_\tau,y_\tau\rangle=0$ 对所有 $x,y\in H$ 成立. 因为 $U^*JU$ 是自伴可逆算子, 所以可设 $U^*JU=\mathrm{diag}(d_1,d_2,\cdots,d_n)$, 其中 $d_i$ 是非零实数. 我们断言 $J=(a_{ij})$ 也是对角算子. 否则, 存在一个 $a_{ij}\neq 0(i\neq j)$, 不妨设 $a_{21}\neq 0$. 取 $x=(\xi,0,\cdots,0)\neq 0$, 则 $Jx=\xi(a_{11},a_{21},\cdots,a_{n1})$, 因此存在 $y=(\eta_1,\eta_2,\cdots,\eta_n)(\eta_1\neq 0)$ 使得 $\langle Jx,y\rangle=0$ 成立. 所以 $\langle U^*JUx_\tau,y_\tau\rangle=d_1\tau(\xi)\overline{\tau(\eta_1)}=0$, 因此 $\tau(\eta_1)=0$, 矛盾. 所以 $J=\mathrm{diag}(a_1,a_2,\cdots,a_n)$, 其中 $a_i$ 是非零实数. 对于实数 $\xi$, 令 $x=(\xi,1,0,\cdots,0)$ 且 $y=(a_1^{-1},-a_2^{-1}\xi,0,\cdots,0)$, 则有 $\langle Jx,y\rangle=0$. 因此我们有 $d_1\tau(\xi)\overline{\tau(a_1^{-1})}-d_2\tau(a_2^{-1})\overline{\tau(\xi)}=\langle U^*JUx_\tau,y_\tau\rangle=0$. 所以存在一个常数 $\delta$ 使得 $\dfrac{\overline{\tau(\xi)}}{\tau(\xi)}=\delta$ 对所有非零实数 $\xi$ 成立. 注意到 $\tau(r)=r$ 对全体有理数 $r$ 成立. 所以 $\delta$ 是实数且 $\tau(\xi)$ 是实数对于所有实数 $\xi$ 成立. 因此 $\tau$ 是恒等映射或者共轭映射, 进而 $A$ 是线性或者共轭线性算子, 且满足 $A^*JA=cJ$.

现在我们有: 存在线性或共轭线性有界算子 $U$ 和某个向量 $g_{x,f}\in H$ 使得, 对于任意秩一算子 $x\otimes f\in\mathcal{W}$, 有

$$\Phi(x\otimes f)=Ux\otimes g_{x,f}.$$

另一方面, 由引理 2.5.4 且与上述讨论相似, 可得存在线性或共轭线性有界算子 $V$ 满足 $V^*JV=dJ$ 使得

$$\Phi(x\otimes f)=y_{x,f}\otimes V^*f$$

对所有秩一算子 $x\otimes f$ 成立.

综合以上讨论可知存在非零数 $h_1(x\otimes f)$ 使得 $\Phi(x\otimes f)=h_1(x\otimes f)Ux\otimes V^*f=h_1(x\otimes f)U(x\otimes f)V$ 对所有秩一算子 $x\otimes f$ 都成立. 由于 $\Phi(x\otimes f)$ 是线性算子, 所以 $U$ 和 $V$ 或者是线性或者是共轭线性算子. 令 $h$ 是集合 $\mathcal{W}$ 的函数, 定义为: 若 $T$ 为秩一算子, $h(T)=h_1(T)$; 若 $T$ 非秩一算子, $h(T)=1$. 定理得证. □

**定理 2.5.2 的证明** 首先我们验证映射 $\Phi$ 双边保秩一算子. 对于秩一算子 $A=x\otimes f\in\mathcal{W}$, 由引理 2.5.8, 不存在 $N\in\mathcal{W}$, 使得 $NA^\dagger N=0$ 且 $AN^\dagger A\neq 0$ 成立. 由于映射 $\Phi$ 是双射且双边保持不定 Jordan 半三零积关系, 则不存在 $T\in\mathcal{W}$, 使得 $\Phi(T)\Phi(A)^\dagger\Phi(T)=0$ 且 $\Phi(A)\Phi(T)^\dagger\Phi(A)\neq 0$ 成立. 其次利用引理 2.5.8 知, $\mathrm{rank}(\Phi(A)^\dagger)=1$, 即 $\mathrm{rank}(\Phi(A))=1$. 类似可证反面成立.

对于秩一算子 $P$ 和 $Q$, 首先有 $P$ 和 $Q$ 线性相关当且仅当 $\{\{P,Q\}^\perp\}^\perp\cup\{0\}=[P]$. 若 $Q=\alpha P$, 则由引理 2.5.5 得 $R\in\{\{P,Q\}^\perp\}^\perp$ 当且仅当 $R\in[P]$. 反过来, 若 $\{\{P,Q\}^\perp\}^\perp\cup\{0\}=[P]$, 则由 $Q\in\{\{P,Q\}^\perp\}^\perp$ 得 $Q\in[P]$.

下证若 $H$ 是复空间, 则 $\Phi(\mathbb{C}P)=\mathbb{C}\Phi(P)$ 对所有秩一算子 $P$ 成立. 事实上, 对于任意秩一算子 $R$, $\Phi(R)\Phi(\lambda P)^\dagger\Phi(R)=0\Leftrightarrow\Phi(R)\Phi(P)^\dagger\Phi(R)=0$, 因此由映射的保秩一性知 $\Phi(\lambda P)$ 和 $\Phi(P)$ 是线性相关的. 所以 $\Phi(\mathbb{C}P)=\mathbb{C}\Phi(P)$. 类似地, 若 $H$ 是实空间, 则有 $\Phi(\mathbb{R}P)=\mathbb{R}\Phi(P)$ 对所有秩一算子 $P$ 成立.

注意到 $\Phi(\{\{P,Q\}^\perp\}^\perp)=\{\{\Phi(P),\Phi(Q)\}^\perp\}^\perp$. 因此 $P,Q$ 是线性相关的当且仅当 $\{\{P,Q\}^\perp\}^\perp\subset[P]$, 当且仅当 $\{\{\Phi(P),\Phi(Q)\}^\perp\}^\perp\subset[\Phi(P)]$, 当且仅当 $\Phi(P),\Phi(Q)$ 是线性相关的.

若 $P,Q$ 线性无关, 则由引理 2.5.7 知, $P\nmid Q$ 当且仅当 $\{\{P,Q\}^\perp\}^\perp\cup\{0\}=[P]\cup[Q]$, 当且仅当 $\{\{\Phi(P),\Phi(Q)\}^\perp\}^\perp=[\Phi(P)]\cup[\Phi(Q)]$, 当且仅当 $\Phi(P)\nmid\Phi(Q)$.

因此, 对于任意向量 $x$, 或者存在向量 $y_x$ 使得 $\Phi(L_x)\subseteq L_{y_x}$ 成立, 或者存在向量 $f_x$ 使得 $\Phi(L_x)\subseteq R_{f_x}$ 成立.

注意到 $x,y$ 线性无关, 则存在线性无关算子对 $\{P_1,P_2\}$ 和 $\{Q_1,Q_2\}$, 其中 $P_1,P_2\in L_x$ 且 $Q_1,Q_2\in L_y$, 使得 $P_i|Q_i(i=1,2)$ 成立. 另一方面, 对于任意向量 $x,f$, 以及线性无关算子对 $P_1,P_2\in L_x$ 与 $Q_1,Q_2\in R_f$, 若 $P_i|Q_i$ $(i=1,2)$, 则 $\{P_1,Q_2\}$ 或 $\{P_2,Q_1\}$ 是线性无关的.

下证或者 $\Phi(L_x)\subseteq L_{y_x}$ 对所有向量 $x\in H$ 成立, 或者 $\Phi(L_x)\subseteq R_{f_x}$ 对所有向量 $x\in H$ 成立. 反设 $\Phi(L_x)\subseteq L_y$ 对某个向量 $x$ 成立, 但存在 $x_0$ 使得 $\Phi(L_{x_0})\subseteq R_f$ 成立. 则存在 $P_1,P_2\in L_x$ 和 $Q_1,Q_2\in L_{x_0}$ 使得 $P_i|Q_i$ $(i=1,2)$ 且 $\{P_i,Q_j\}$ 线性无关对于 $i\neq j$ 成立. 由于 $\Phi$ 双边保持秩一算子的关系 $|$ 和线性无关性, 所以 $\{\Phi(P_i),\Phi(Q_j)\}$ 是线性无关的对于 $i,j=1,2$ 成立. 然而由于 $\Phi(P_1),\Phi(P_2)\in L_y$ 是线性无关的, 所以 $\Phi(Q_1),\Phi(Q_2)\in R_f$ 线性无关, 且 $\Phi(P_i)|\Phi(Q_i)$ $(i=1,2)$. 由此可得, 或者 $\{\Phi(P_i),\Phi(Q_2)\}$ 或者 $\{\Phi(P_2),\Phi(Q_1)\}$ 是线性相关的, 矛盾.

设 $\Omega\subseteq\mathcal{B}(H)$, 记 $\Omega^\dagger=\{T^\dagger:T\in\Omega\}$. 接下来我们分两种情形考虑.

**情形 1** 对所有 $x\in H$, 存在向量 $y_x$ 使得 $\Phi(L_x)\subseteq L_{y_x}$ 成立.

对任意秩一算子 $P=x\otimes f$ 和 $Q=z\otimes g$, 记 $\Phi(P)=y_x\otimes h_1$ 且 $\Phi(Q)=y_z\otimes h_2$, 显然有

$$\begin{aligned}P^\dagger Q=0&\Leftrightarrow(L_x)^\dagger Q=\{0\}\Leftrightarrow Q(L_x)^\dagger Q=\{0\}\\&\Leftrightarrow\Phi(Q)(\Phi(L_x))^\dagger\Phi(Q)=\{0\}\Leftrightarrow(y_z\otimes h_2)(L_{y_x})^\dagger y_z\otimes h_2=\{0\}\\&\Leftrightarrow(L_{y_x})^\dagger y_z\otimes h_2=\{0\}\Leftrightarrow\Phi(P)^\dagger\Phi(Q)=0.\end{aligned}$$

类似地有 $QP^\dagger=0\Leftrightarrow\Phi(Q)\Phi(P)^\dagger=0$.

因为 $\Phi$ 满足定理 2.5.1 的条件, 所以可得若 $H$ 是实空间, 则存在非零实数 $c,d$, 满足 $U^*JU=cJ$ 且 $V^*JV=dJ$ 的有界线性可逆算子 $U$, $V$ 和一个函数 $h:\mathcal{W}\to\mathbb{R}\setminus\{0\}$ 使得 $\Phi(T)=h(T)UTV$ 对所有秩一算子 $T\in\mathcal{W}$ 成立; 若 $H$ 是复空间, 则存在非零实数 $c,d$, 满足 $U^*JU=cJ$ 且 $V^*JV=dJ$ 的有界线性或者共轭线性

可逆算子 $U, V$ 和一个函数 $h: \mathcal{W} \to \mathbb{C}\backslash\{0\}$ 使得 $\Phi(T) = h(T)UTV$ 对所有秩一算子 $T \in \mathcal{W}$ 成立. 若 $U, V$ 是线性的, 定义 $\Psi: \mathcal{W} \to \mathcal{V}_1 = \left\{\frac{1}{cdh(A)}U^\dagger\Phi(A)V^\dagger : A \in \mathcal{W}\right\}$ 为

$$\Psi(A) = \frac{1}{cdh(A)}U^\dagger\Phi(A)V^\dagger;$$

若 $U, V$ 是共轭线性的, 定义 $\Psi$ 为

$$\Psi(A) = \frac{1}{cd\overline{h(A)}}U^\dagger\Phi(A)V^\dagger.$$

则可以验证对于所有 $A, B \in \mathcal{W}$ 有 $\Psi(B)\Psi(A)^\dagger\Psi(B) = 0 \Leftrightarrow BA^\dagger B = 0$ 成立. 另外 $\Psi(T) = T$ 对所有秩一算子 $T$ 成立. 则对于所有 $A \in \mathcal{W}$ 和秩一算子 $x \otimes f$ 有

$$(x \otimes f)A^\dagger(x \otimes f) = 0 \Leftrightarrow (x \otimes f)\Psi(A)^\dagger(x \otimes f) = 0.$$

因此,

$$\langle A^\dagger x, f\rangle = 0 \Leftrightarrow \langle\Psi(A)^\dagger x, f\rangle = 0$$

对所有 $x, f \in H$ 都成立. 所以 $\Psi(A)^\dagger x \in [A^\dagger x]$ 对所有 $x \in H$ 成立. 因此, 存在数 $\lambda_A$ 使得 $\Psi(A) = \lambda_A A$ 成立. 此时, 若 $U, V$ 是线性的, 则用 $cd\lambda_A h(A)$ 代替 $h(A)$, 若 $U, V$ 是共轭线性的, 则用 $cd\overline{\lambda_A}h(A)$ 代替 $h(A)$, 则有

$$\Phi(A) = h(A)UAV$$

对所有 $A \in \mathcal{W}$ 都成立.

**情形 2** $\Phi(L_x) \subseteq R_{f(x)}$ 对所有 $x \in H$ 成立.

定义 $\Phi^\dagger$ 为 $\Phi^\dagger(A) = \Phi(A)^\dagger$. 则 $BA^\dagger B = 0 \Leftrightarrow \Phi^\dagger(B)(\Phi^\dagger(A))^\dagger\Phi^\dagger(B) = 0$ 且 $\Phi^\dagger(L_x) \subseteq L_{y_x}$ 对所有 $x \in H$ 成立. 因此由情形 1, 存在实数 $c, d$, 线性或共轭线性有界可逆算子 $U, V$ 满足 $U^*JU = cJ$ 且 $V^*JV = dJ$ 和函数 $h$ 使得

$$\Phi(A) = h(T)UA^\dagger V$$

对所有 $A \in \mathcal{W}$ 成立. 定理得证. □

## 2.6 含秩一元的算子集合上的保斜正交性映射

本节讨论含秩一元的算子集合上保斜正交性满射的刻画问题. 两个算子 $A, B$ 满足 $A^*B = AB^* = 0$, 则称它们是斜正交的. 得到的主要结果表述如下.

**定理 2.6.1** 设 $H$ 为复 Hilbert 空间, $\dim H \geqslant 3$, $\mathcal{W} \subseteq \mathcal{B}(H)$ 包含所有秩一算子, $\Phi: \mathcal{W} \to \mathcal{W}$ 是满射. 若 $\Phi$ 满足 $A^*B = AB^* = 0 \Leftrightarrow \Phi(A)^*\Phi(B) =$

$\Phi(A)\Phi(B)^*=0$ 对所有 $A,B\in\mathcal{W}$ 都成立, 则存在酉算子或共轭酉算子 $U$, $V$ 及数 $c_A$ 使得 $\Phi(A)=c_AUAV$ 对所有秩一算子 $A\in\mathcal{W}$ 都成立, 或 $\Phi(A)=c_AUA^*V$ 对所有秩一算子 $A\in\mathcal{W}$ 都成立.

**定理 2.6.2** $H$ 为复 Hilbert 空间, $\dim H\geqslant 3$, $\mathcal{W}\subseteq\mathcal{B}_s(H)$ 包含所有秩一算子, $\Phi:\mathcal{W}\to\mathcal{W}$ 是双射. 若 $\Phi$ 满足 $AB=BA=0\Leftrightarrow\Phi(A)\Phi(B)=\Phi(B)\Phi(A)=0$ 对所有 $A,B\in\mathcal{W}$ 都成立, 则存在酉算子或共轭酉算子 $U$ 及实函数 $h:\mathcal{W}\to\mathbb{R}$ 使得 $\Phi(A)=h(A)UAU^*$ 对所有秩一算子 $A\in\mathcal{W}$ 都成立.

为证明以上定理, 需下面的引理. 这里我们先探讨算子斜正交性与秩一性的关系. 回顾 $\mathcal{V}\subseteq\mathcal{B}(H)$ 是包含所有秩一算子的集合. 若 $A\in\mathcal{V}$, 记 $\{A\}^\perp=\{B\in\mathcal{V}\backslash\{0\}:A^*B=AB^*=0\}$. 如果对于所有 $N\in\mathcal{V}$, $\{A\}^\perp\subseteq\{N\}^\perp\Rightarrow\{A\}^\perp=\{N\}^\perp$, 则称 $\{A\}^\perp$ 是极大的.

**引理 2.6.3** 对非零元 $A\in\mathcal{V}$, $\mathrm{rank}(A)=1$ 当且仅当 $\{A\}^\perp$ 是非空且极大的.

**证明** 若 $\{A\}^\perp$ 是非空且极大的, 反设 $\mathrm{rank}(A)\geqslant 2$, 则存在向量 $x_1,x_2$ 满足 $Ax_1,Ax_2\neq 0$, $\langle Ax_1,Ax_2\rangle=0$, 则我们能找到 $f_1,f_2\in\ker(A)^\perp$ 使得 $\langle f_1,f_2\rangle=0$. 令 $P=Ax_1\otimes f_1$, 则有 $\{P\}^\perp\supseteq\{A\}^\perp$. 设 $B=Ax_2\otimes f_2\in\mathcal{V}$, 则 $P^*B=PB^*=0$ 但是 $AB^*\neq 0$, 即 $B\in\{P\}^\perp$ 而不属于 $\{A\}^\perp$. 这与 $\{A\}^\perp$ 的极大性矛盾. 反设不成立, 因此 $\mathrm{rank}(A)=1$.

另一方面, 若 $\mathrm{rank}(A)=1$, 不妨设 $A=x\otimes f$. 如果 $N\in\mathcal{V}$ 满足 $\{A\}^\perp\subseteq\{N\}^\perp$, 则对所有 $u\in\{x\}^\perp$ 及 $h\in\{f\}^\perp$, 都有 $u\otimes h\in\{A\}^\perp\subseteq\{N\}^\perp$. 所以 $N^*h=0$ 对所有 $h\in\{f\}^\perp$ 都成立, 进而 $(\mathrm{ran}N)^\perp=\ker(N^*)\supseteq[f]^\perp$. 这迫使 $[f]\supseteq\mathrm{ran}(N)$, 所以 $\mathrm{rank}(N)=1$. 因此 $N$ 和 $A$ 线性相关, 计算可得 $\{N\}^\perp=\{A\}^\perp$. 因此 $\{A\}^\perp$ 是非空且极大的. □

回顾 $\mathcal{W}\subseteq\mathcal{B}_s(H)$ 包含所有秩一投影算子, 且对于 $A\in\mathcal{W}$, 记 $\{A\}^\perp=\{B\in\mathcal{W}\backslash\{0\}:AB=0\}$. 如果对于所有 $N\in\mathcal{W}$, 有 $\{A\}^\perp\subseteq\{N\}^\perp\Rightarrow\{A\}^\perp=\{N\}^\perp$, 则称 $\{A\}^\perp$ 是极大的. 相似于引理 2.6.3 的证明, 我们也有下列引理成立.

**引理 2.6.4** 对非零元 $A\in\mathcal{W}$, $\mathrm{rank}(A)=1$ 当且仅当 $\{A\}^\perp$ 是非空且极大的.

**定理 2.6.1 的证明** 因 $\Phi$ 满足 $A^*B=AB^*=0\Leftrightarrow\Phi(A)^*\Phi(B)=\Phi(A)\Phi(B)^*=0$ 对所有 $A,B\in\mathcal{W}$ 都成立, 故 $\{\Phi(A)\}^\perp=\Phi(\{A\}^\perp)$. 由引理 2.6.3 可知, $\Phi$ 双边保秩一算子. 到此我们类似于定理 2.5.1 的证明以及 $\Phi$ 保斜正交性可知结论成立. □

**定理 2.6.2 的证明** 由于 $\Phi$ 满足 $AB=0\Leftrightarrow\Phi(A)\Phi(B)=0$ 对所有 $A,B\in\mathcal{W}$ 都成立, 因此 $\{\Phi(A)\}^\perp=\Phi(\{A\}^\perp)$. 由引理 2.6.4 可得, $\Phi$ 双边保 $\mathcal{W}$ 中的秩一自伴算子. 设 $L_x=\{\alpha x\otimes x:x\in H,\alpha\in\mathbb{R},\|x\|=1\}$, 则存在单位向量 $y_x$ 使得 $\Phi(L_x)\subseteq L_{y_x}$. 令 $\mathbf{P}H=\{[x]:x\in H\}$, 则 $\Phi$ 诱导 $\mathbf{P}H$ 上的双射 $\phi$, 即 $\phi([x]=[y_x])$. 再次利用 $\Phi$ 保持正交性, 易证 $[x_1]\subseteq[x_2]+[x_3]\Leftrightarrow\phi([x_1])\subseteq\phi([x_2])+\phi([x_3])$. 利用射

影几何基本定理, 存在半线性算子 $T$ 使得 $\phi([x]) = [Tx]$, 即 $\Phi(\alpha x \otimes x) = \alpha_x Tx \otimes Tx$. $\Phi$ 保正交性, 故 $T$ 保持 $H$ 中向量的正交性, 因此存在酉算子或共轭酉算子 $U$ 及复数 $\lambda$ 使得 $T = \lambda U$. 对于秩一算子 $A = \alpha x \otimes x \in \mathcal{W}$, 令 $h(A) = \alpha_x|\lambda|^2$, 则定理成立. □

## 2.7 注 记

某些保持问题的研究往往可以首先转化为保零积关系映射的刻画问题. 在本章所述保零积映射的刻画问题中, 若映射是线性或者可加的, 即问题转化为对线性或者可加保零积映射的刻画问题, 此类映射的刻画已经被许多国内外学者研究并且得到了很好的解决 (见文献 [90] 及其参考文献). 近年来, 随着研究的深入, 人们开始关注非线性保持问题的研究, 此时所研究的映射不具有线性性或可加性. 同样许多非线性保持问题也可以转化为保零积映射的刻画问题. 因此许多学者探讨保零积的一般映射的刻画及其应用. 在文献 [29] 中, 崔建莲和侯晋川教授给出了标准算子代数上双边保零积映射限制在秩一算子上的刻画 (同时举例说明此类映射在秩大于等于二的算子上不具有统一的形式), 并利用这一结果给出了标准算子代数上保算子乘积函数值映射的完全刻画. 在文献 [153] 中, Molnár 给出了秩一幂等元集合上双边保零积映射的刻画, 并利用这一保零积映射的刻画结果, 推广量子力学基本定理 Wigner 定理到不定度规空间情形. 在文献 [37] 中, Dobovisek 等讨论了算子集合上双边保 Jordan 半三零积映射的刻画问题. 本章主要讨论几类算子集合上保持不同种类零积关系映射的刻画问题. 注意到, 对这些映射的刻画往往只能得到秩一元上的形式. 是否能在某些条件下得到保零积一般映射在非秩一元上的刻画, 这依然是一个未解决的问题. 但是对于保零李积映射和保 Jordan 半三零积映射已经有部分的回答 ([37, 38, 39, 187]). 本章旨在探讨保持其他类型零积关系映射的刻画. 2.1, 2.2, 2.4, 2.5, 2.6 节的内容分别节选自 [70, 72, 96, 97, 99]. 这些保零积映射的研究结果在作者的其他研究工作中也多次被使用.

近十年来, 许多学者致力于推广 Wigner 定理以及 Uhlhorn-Wigner 定理于不同的算子结构 (见文献 [18—19, 149—151, 182] 及其相关参考文献). van den Broek 和 Molnár 在文献 [18], [19] 中推广 Wigner 定理于不定度规空间情形. 特别是 Molnár 在文献 [153] 中利用保零积映射的刻画结果给出了不定度规空间上的 Uhlhorn-Wigner 定理. 此外, Molnár 在文献 [149] 中推广 Wigner 定理于 Hilbert C* 模情形. 在文献 [150] 和 [151] 中, Molnár 在高维投影集合和二型 von Neumann 代数上得到了 Wigner 型定理. 2.3 节主要介绍著者在推广 Wigner 定理方面的工作, 主要取材于 [70] 与 [71], 同时本节也是 2.2 节中保零积映射刻画结果的一个直接应用.

# 第 3 章　量子可观测量的数值域 (半径) 与其上保数值域 (半径) 的映射

设 $\Omega$ 为 $\mathcal{B}(H)$ 的一个子集. 对于任意的 $A, B \in \Omega$, 用符号 $A \circ B$ 表示 $A, B$ 的乘积运算之一, 例如: 算子乘积 $AB$、算子的 Jordan 半三乘积 $ABA$、算子乘积 $AB^{\dagger}$ 或 $A^{\dagger}B$、算子的不定 Jordan 半三乘积 $AB^{\dagger}A$、算子李积 $AB - BA$. $W(w)$ 表示数值域 (半径). 若 $\Omega$ 上的一个映射 $\Phi$ 满足 $W(A \circ B) = W(\Phi(A) \circ \Phi(B))$ 或 $w(A \circ B) = w(\Phi(A) \circ \Phi(B))$, 则称 $\Phi$ 保持乘积数值域或数值半径. 本章主要讨论量子可观测量的数值域 (半径) 及其在量子信息理论中的应用, 给出可观测量代数上保几类乘积数值域 (半径) 映射的刻画. 其中获得了诸多可观测量数值域 (半径) 的新性质, 这些性质往往具有独立的意义, 特别是在 3.2 节, 我们利用可观测量李积的数值半径性质改进了量子不确定性原理. 用 $\mathcal{B}_s(H)$ 代表有界量子可观测量代数.

## 3.1　可观测量代数上保李积数值域 (半径) 的映射

保李积数值域 (半径) 映射的刻画问题相较于其他乘积问题往往更为困难, 在同类保持问题中也是被最晚研究的. 近年来, 作者与课题组成员对该问题在无限维情形进行了探讨并取得了阶段性的突破. 首先给出保可观测量乘积数值半径满射的刻画.

**定理 3.1.1**　设 $H$ 是维数大于 2 的可分复 Hilbert 空间, 则满射 $\Phi\colon \mathcal{B}_s(H) \to \mathcal{B}_s(H)$ 满足

$$w(AB - BA) = w(\Phi(A)\Phi(B) - \Phi(B)\Phi(A))$$

对所有 $A, B \in \mathcal{B}_s(H)$ 成立当且仅当存在 $H$ 上的酉算子或共轭酉算子 $U$, 函数 $h : \mathcal{B}_s(H) \to \{1, -1\}$ 和实线性泛函 $f : \mathcal{B}_s(H) \to \mathbb{R}$ 使得

$$\Phi(T) = h(T)UTU^* + f(T)I$$

对所有 $T \in \mathcal{B}_s(H)$ 成立.

在证明主要定理之前, 我们先证明下面的引理. 以下引理利用可观测量李积的数值半径作为条件给出两个可观测量相互表示的充分必要条件.

**引理 3.1.2** 设 $H$ 是维数大于 2 的可分复 Hilbert 空间, $A, B$ 是 $H$ 上的可观测量. 则下列叙述等价:

(1) $w(AC-CA)=w(BC-CB)$ 对所有 $C\in\mathcal{B}_s(H)$ 成立;

(2) $w(AP-PA)=w(BP-PB)$ 对所有秩一投影 $P$ 成立.

(3) $A+B$ 或者 $A-B$ 是单位算子的倍数.

**证明** (3)⇒(1)⇒(2) 显然. 下证 (2)⇒(3).

若 (2) 成立, 令秩一投影 $P=x\otimes x$, 记 $Ax=\alpha x+\beta y$, 其中单位向量 $y$ 与 $x$ 正交. 因为 $A$ 是自伴算子, 所以 $\alpha=\langle Ax,x\rangle\in\mathbb{R}$. $A$ 的自伴性还说明 $Ax\otimes x-x\otimes xA=Ax\otimes x-x\otimes(Ax)$. 因此在空间分解 $H=[x,y]\oplus H_1$ 下, 二秩算子 $Ax\otimes x-x\otimes xA$ 可表示为

$$\begin{pmatrix}0 & -\bar{\beta}\\ \beta & 0\end{pmatrix}\oplus 0.$$

利用数值域的性质计算可得 $W(Ax\otimes x-x\otimes xA)=i[-|\beta|,|\beta|]$ 且 $w(Ax\otimes x-x\otimes xA)=|\beta|$.

记 $Bx=\alpha'x+\beta'z$, 重复上面的讨论, 可得 $W(Bx\otimes x-x\otimes xB)=i[-|\beta'|,|\beta'|]$, 其数值半径 $[B,x\otimes x]=|\beta'|$. 此时利用 (2) 得到 $|\beta|=|\beta'|$.

因为 $A$ 是自伴算子, 所以 $\alpha=\langle Ax,x\rangle\in\mathbb{R}$, 进而 $|\beta|^2=\|(Ax-\langle Ax,x\rangle x)\|^2=\langle(Ax-\langle Ax,x\rangle x),(Ax-\langle Ax,x\rangle x)\rangle=\langle A^2x,x\rangle-\langle Ax,x\rangle^2$. 相似地, 对于自伴算子 $B$, 我们有 $|\beta'|^2=\langle B^2x,x\rangle-\langle Bx,x\rangle^2$. 因此由 $|\beta|^2=|\beta'|^2$ 得到

$$\langle A^2x,x\rangle-\langle B^2x,x\rangle=\langle Ax,x\rangle^2-\langle Bx,x\rangle^2 \tag{3.1.1}$$

对于任意单位向量 $x$ 成立. 取正交单位向量 $y,z$ 使得 $x=\frac{\sqrt{2}}{2}(e^{i\xi}y+z)$, 对于任意 $\xi\in[-\pi,\pi]$. 把这种形式的 $x$ 代入上式可得

$$\begin{aligned}0=&\,2\langle A^2(e^{i\xi}y+z),e^{i\xi}y+z\rangle-2\langle B^2(e^{i\xi}y+z),e^{i\xi}y+z\rangle\\&-\big(\langle A(e^{i\xi}y+z),e^{i\xi}y+z\rangle\big)^2+\big(\langle B(e^{i\xi}y+z),e^{i\xi}y+z\rangle\big)^2.\end{aligned} \tag{3.1.2}$$

将上式右边展开并观察 $e^{2i\xi}$ 的系数, 这个系数应为零, 即

$$\langle By,z\rangle^2=\langle Ay,z\rangle^2 \tag{3.1.3}$$

对任意正交单位向量 $y,z$ 成立. 所以对于任意向量 $x\in H$ 和向量 $f\in[Ax,x]^\perp$, 有 $\langle Bx,f\rangle=0$. 这蕴涵 $Bx\in[Ax,x]$. 所以对于任意向量 $x\in H$, 存在与之有关的系数 $\alpha_x,\beta_x\in\mathbb{C}$ 使得 $Bx=\alpha_xAx+\beta_xx$. 再利用 (3.1.3) 可得 $\langle Ax,f\rangle^2=\langle\alpha_xAx,f\rangle^2=\alpha_x^2\langle Ax,f\rangle^2$ 对所有向量 $f\in[x]^\perp$ 成立. 这蕴涵 $\alpha_x=\pm1$. 所以 $|\beta_x|\|x\|\leqslant\|Bx\|+\|\alpha_xAx\|\leqslant(\|B\|+\|A\|)\|x\|$ 且 $|\beta_x|\leqslant\|B\|+\|A\|$. 因此我们证

明了 $B$ 是 $A$ 和单位算子 $I$ 的局部线性组合, 进而 $B$ 是 $A$ 与 $I$ 的线性组合. 记为 $B=\alpha A+\beta I$, 其中 $\alpha\in\{-1,1\}$ 且 $\beta\in\mathbb{R}$, 引理得证. □

**定理 3.1.1 的证明** 充分性可直接验证, 下证必要性.

我们首先假设 $\Phi$ 是单射 (留在最后部分证明其单射性), 则 $\Phi$ 是双射. 由于 $\Phi$ 保持李积的数值半径, 所以它保持交换性, 即零李积关系. 因此利用文献 [147] 主要定理可知, 存在酉算子或共轭酉算子 $U$ 使得对于任意秩一投影 $P=x\otimes x$, 有

$$\Phi(P)=U(\lambda_P P+\mu_P I)U^*,$$

其中 $\lambda_P,\mu_P\in\mathbb{R}$. 不失一般性, 假设 $U=I$. 取任意两个正交单位向量 $x,y$, 设 $Q=y\otimes y$ 且 $Z=(x+y)\otimes(x+y)$. 我们进行空间分解 $H=[x,y]\oplus H_1$, 按照此空间分解可得下列二阶算子矩阵运算结果, $PZ-ZP=\begin{pmatrix}0&1\\-1&0\end{pmatrix}\oplus 0$. 这是一个正规算子, 其数值域是 $[-i,i]$ 且数值半径为 1. 同样地, 计算 $QZ-ZQ$, 其数值域也是 $[-i,i]$ 且数值半径为 1. 利用映射 $\Phi$ 保持李积数值半径的性质可得

$$1=w(\Phi(P)\Phi(Z)-\Phi(Z)\Phi(P))=|\lambda_P\lambda_Z|w(PZ-ZP)=|\lambda_P\lambda_Z|.$$

注意到 $\lambda_P,\lambda_Z\in\mathbb{R}$, 所以由上式可得 $\lambda_P\lambda_Z=\pm1$. 类似可得 $\lambda_Q\lambda_Z=\pm1$. 这蕴涵 $\lambda_P=\pm\lambda_Q$ 对所有正交的 $P,Q$ 成立. 现在对于任意秩一自伴算子 $R$, 它一定是某个秩一投影的实数倍. 由于空间维数大于 2, 因此可以找到与 $R$ 和 $P$ 都正交的秩一自伴算子 $T$. 重复上面的讨论, 有 $\lambda_T=\pm\lambda_R$ 且 $\lambda_T=\pm\lambda_P$, 所以 $\lambda_P=\pm\lambda_R$ 对任意 $P,R$ 都成立. 这蕴涵 $\lambda_P=\pm1$.

现在考虑任意自伴算子 $A$, 有

$$w(Ax\otimes x-x\otimes xA)=|\lambda_P|w(\Phi(A)x\otimes x-x\otimes x\Phi(A))=w(\Phi(A)x\otimes x-x\otimes x\Phi(A))\tag{3.1.4}$$

对所有秩一投影 $P=x\otimes x$ 成立. 由引理 3.1.2 可知, $\Phi(A)=\lambda_A A+\delta_A I$ 对某个数 $\lambda_A\in\{-1,1\}$ 和 $\delta_A$ 成立.

最后我们来说明 $\Phi$ 只要是满射就具有定理中的形式. 当 $\Phi(A)=\Phi(B)$ 时, 有

$$\begin{aligned}w(AC-CA)&=w(\Phi(A)\Phi(C)-\Phi(C)\Phi(A))\\&=w(\Phi(B)\Phi(C)-\Phi(C)\Phi(B))=w(BC-CB)\end{aligned}$$

对所有 $C\in\mathcal{B}_s(H)$ 成立. 由引理 3.1.2 可得 $B=\alpha A+\beta I$, 其中 $\alpha\in\{-1,1\},\beta\in\mathbb{R}$. 另一方面, 对任意自伴算子 $A$, 由 $\Phi$ 的满射性, 存在自伴算子 $D$ 使得 $\Phi(D)=-\Phi(A)$. 所以我们有 $w(DC-CD)=w(\Phi(D)\Phi(C)-\Phi(C)\Phi(D))=w(\Phi(A)\Phi(C)-\Phi(C)\Phi(A))=w(AC-CA)$ 对所有自伴算子 $C$ 成立. 再利用引理 3.1.2, 有 $D=$

$\lambda A+\gamma I$, 其中 $\lambda\in\{-1,1\}$ 且 $\gamma\in\mathbb{R}$. 现在对任意 $A,B\in\mathcal{B}_s(H)$, 若 $w(AC-CA)=w(BC-CB)$ 对所有 $C\in\mathcal{B}_s(H)$ 成立, 记 $A\sim B$. 由引理 3.1.2 可得 $\sim$ 是一个等价关系且 $A\sim B$ 当且仅当 $B=\alpha A+\beta I$ 对某个数 $\alpha\in\{-1,1\}$ 以及 $\beta\in\mathbb{R}$ 成立. 令 $\mathcal{E}_A=\{B\in\mathcal{B}_s(H):B\sim A\}$. 对于每个等价类 $\mathcal{E}_A$ 由 $\Phi$ 的满射性, $\mathcal{E}_A$ 与 $\Phi^{-1}(\mathcal{E}_A)$ 有相同基数 $c$. 因此存在从 $\Phi^{-1}(\mathcal{E}_A)$ 到 $\mathcal{E}_A$ 的双射 $\Psi:\mathcal{B}_s(H)\to\mathcal{B}_s(H)$, 且 $\Psi(A)\sim\Phi(A)$ 对所有 $A\in\mathcal{B}_s(H)$ 成立. 进而有

$$w(\Psi(A)\Psi(B)-\Psi(B)\Psi(A))=w(\Phi(A)\Phi(B)-\Phi(B)\Phi(A))=w(AB-BA)$$

对所有 $A,B\in\mathcal{B}_s(H)$ 成立. 因此 $\Psi$ 是双射且保持李积数值半径. 此时重复上面对 $\Phi$ 是双射情形的证明可得 $\Psi$ 具有定理中的形式. 由 $\Phi(A)\sim\Psi(A)$ 可知 $\Phi$ 具有定理中的形式. □

尽管我们在上面的定理中获得了可观测量代数上保李积数值半径满射的等价刻画. 但映射最终的形式中函数 $h$ 的结构并不令人满意. 下面我们证明了可观测量代数上保李积数值域的满射具有更清楚的形式, 特别是定理 3.1.1 中函数 $h$ 具有更具体的形式. 我们先考虑空间维数大于 2 的情形, 再处理 $\dim H=2$ 的情形.

令 $\mathcal{D}$ 是由全部投影与单位算子的实线性组合构成的集合, 即, $\mathcal{D}=\{\alpha P+\delta I:P$ 是任意投影, $\alpha,\delta\in\mathbb{R}\}\subset\mathcal{B}_s(H)$. 事实上, $\mathcal{D}$ 即自伴的二次代数算子组成的集合.

**定理 3.1.3** 设 $H$ 是维数大于 2 的可分复 Hilbert 空间, 则满射 $\Phi$: $\mathcal{B}_s(H)\to\mathcal{B}_s(H)$ 满足

$$W(AB-BA)=W(\Phi(A)\Phi(B)-\Phi(B)\Phi(A))$$

对所有 $A,B\in\mathcal{B}_s(H)$ 成立当且仅当存在 $H$ 上的酉算子 $U$, $\varepsilon\in\{1,-1\}$, 某个集合 $\mathcal{S}\subseteq\mathcal{D}$ 与实函数 $f:\mathcal{B}_s(H)\to\mathbb{R}$ 使得

$$\Phi(A)=\begin{cases}\varepsilon UAU^*+f(A)I & (A\in\mathcal{B}_s(H)\setminus\mathcal{S}),\\ -\varepsilon UAU^*+f(A)I & (A\in\mathcal{S}).\end{cases}$$

为了证明上面的定理我们需要以下引理. 这个引理将利用李积的数值域刻画一个算子什么时候是一个二次代数算子.

**引理 3.1.4** 设 $H$ 是维数大于 2 的可分复 Hilbert 空间, $A\in\mathcal{B}_s(H)$. 则下列叙述等价:

(1) $A\in\mathcal{D}$.

(2) $W(AB-BA)=-W(AB-BA)$ 对所有 $B\in\mathcal{B}_s(H)$ 成立.

(3) $W(AB-BA)=-W(AB-BA)$ 对所有秩小于等于 2 的算子 $B\in\mathcal{B}_s(H)$ 成立.

**证明** 先验证 (1)⇒(2). 假设 $A\in\mathcal{D}$, 则 $A=\alpha P+\gamma I$, 其中 $P$ 是投影且 $\alpha,\gamma\in\mathbb{R}$. 当 $A=\alpha I$ 时结论显然成立, 因此下面讨论余下的情形. 我们取空

间分解 $H=H_1\oplus H_2$ 使得 $A=\begin{pmatrix}\alpha I_{H_1} & 0\\ 0 & \beta I_{H_2}\end{pmatrix}$, 其中 $\dim H_i>0$, $i=1,2$, $\alpha\neq\beta$. 在同样空间分解下设 $B=\begin{pmatrix}B_{11} & B_{12}\\ B_{12}^* & B_{22}\end{pmatrix}\in\mathcal{B}_s(H_1\oplus H_2)$, $AB-BA=(\alpha-\beta)\begin{pmatrix}0 & B_{12}\\ -B_{12}^* & 0\end{pmatrix}$. 取酉算子 $U=\begin{pmatrix}I_{H_1} & 0\\ 0 & -I_{H_2}\end{pmatrix}$, 有 $U(AB-BA)U^*=-(AB-BA)$. 所以 $W(AB-BA)=-W(AB-BA)$, 即, (2) 成立.

由于 (2)⇒(3) 显然. 下面验证 (3)⇒(1). 注意到 $A\in\mathcal{B}_s(H)\setminus\mathcal{D}$ 当且仅当算子 $A$ 的谱集 $\sigma(A)$ 至少有三个不同的点, 换言之, 必存在单位向量 $x$ 使得 $\{x,Ax,A^2x\}$ 是线性无关的. 取一组子空间 $[x,Ax,A^2x]$ 的标准正交集 $\{e_1,e_2,e_3\}$, 其满足 $e_1\in[x]$ 且 $e_2\in[x,Ax]$. 则在空间分解 $H=[e_1]\oplus[e_2]\oplus[e_3]\oplus\{e_1,e_2,e_3\}^\perp$ 下, $A$ 表示为下列算子矩阵

$$A=\begin{pmatrix}a_{11} & a_{21} & 0 & 0\\ a_{21} & a_{22} & a_{32} & 0\\ 0 & a_{32} & a_{33} & A_{34}\\ 0 & 0 & A_{34}^* & A_{44}\end{pmatrix},$$

上式中 $a_{11},a_{22},a_{33}$ 均为实数, $a_{21}>0$, $a_{32}>0$ 且 $A_{44}=A_{44}^*$. 设

$$B=\begin{pmatrix}1 & \beta & 0 & 0\\ \bar{\beta} & 0 & 0 & 0\\ 0 & 0 & 0 & 0\\ 0 & 0 & 0 & 0\end{pmatrix},$$

其中 $\mathrm{Im}\beta=\frac{1}{2i}(\beta-\bar{\beta})\neq 0$. $B$ 是秩二算子且

$$AB-BA=\begin{pmatrix}-2(\mathrm{Im}\beta)a_{21} & -a_{21}+\beta(a_{11}-a_{22}) & -\beta a_{32} & 0\\ a_{21}-\bar{\beta}(a_{11}-a_{22}) & 2(\mathrm{Im}\beta)a_{21} & 0 & 0\\ \bar{\beta}a_{32} & 0 & 0 & 0\\ 0 & 0 & 0 & 0\end{pmatrix},$$

这是一个秩为 3 且迹为零的自伴算子. 所以 $W(AB-BA)\neq -W(AB-BA)$. 因此由 (3) 可得 (1) 成立. □

**定理 3.1.3 的证明** 注意到此时 $\Phi$ 保持乘积数值域, 所以保持相应乘积的数值半径, 因此满足定理 3.1.1 的条件. 故存在 $H$ 上的酉算子或共轭酉算子 $U$ 和符号函数 $h:\mathcal{B}_s(H)\to\{1,-1\}$ 与实函数 $f:\mathcal{B}_s(H)\to\mathbb{R}$ 使得 $\Phi(T)=h(T)UTU^*+f(T)I$ 对所有 $T\in\mathcal{B}_s(H)$ 成立.

下面我们断言 $U$ 是共轭酉算子的情况不会发生. 用反证法, 设有

$$\Phi(T) = h(T)UTU^* + f(T)I$$

对所有 $T \in \mathcal{B}_s(H)$ 成立, 其中 $U$ 是共轭酉算子. 固定 $H$ 中的任意一组标准正交基, 可找到一个酉算子 $V$ 使得我们可以重写上面的表达式为 $\Phi(T) = h(T)VT^{\mathrm{T}}V^* + f(T)I$, 其中 $T^{\mathrm{T}}$ 表示 $T$ 的转置. 因此, 利用数值域的酉相似不变性, 有

$$\begin{aligned} W(AB - BA) &= W(\Phi(A)\Phi(B) - \Phi(B)\Phi(A)) \\ &= h(A)h(B)W(VA^{\mathrm{T}}B^{\mathrm{T}}V^* - VB^{\mathrm{T}}A^{\mathrm{T}}V^*) \\ &= h(A)h(B)W((BA - AB)^{\mathrm{T}}) \\ &= -h(A)h(B)W(AB - BA). \end{aligned} \tag{3.1.5}$$

下面我们取 $H$ 的一组标准正交集 $\{x, y, z\}$ 以及空间分解 $H = [x, y, z] \oplus [x, y, z]^{\perp}$. 对于满足 $\alpha\beta\bar{\gamma} - \bar{\alpha}\bar{\beta}\gamma \neq 0$ 的任意一组数 $\alpha, \beta, \gamma$ 以及任意实数 $b_{11}, b_{22}, b_{33}$, 构造算子

$$B = \begin{pmatrix} b_{11} & \alpha & \gamma \\ \bar{\alpha} & b_{22} & \beta \\ \bar{\gamma} & \bar{\beta} & b_{33} \end{pmatrix} \oplus 0 \in \mathcal{B}_s(H). \tag{3.1.6}$$

则对于具有以下形式的自伴算子

$$A = \begin{pmatrix} a_1 & 0 & 0 \\ 0 & a_2 & 0 \\ 0 & 0 & a_3 \end{pmatrix} \oplus A_2, \tag{3.1.7}$$

其中 $a_1, a_2, a_3$ 互异, 计算可得 $AB - BA = C_1 \oplus 0$, 其中

$$C_1 = \begin{pmatrix} 0 & (a_1 - a_2)\alpha & (a_1 - a_3)\gamma \\ (a_2 - a_1)\bar{\alpha} & 0 & (a_2 - a_3)\beta \\ (a_3 - a_1)\bar{\gamma} & (a_3 - a_2)\bar{\beta} & 0 \end{pmatrix}.$$

注意到算子 $C_1$ 的行列式 $\det(C_1) = (a_1 - a_2)(a_2 - a_3)(a_3 - a_1)(\alpha\beta\bar{\gamma} - \bar{\alpha}\bar{\beta}\gamma) \neq 0$, 它的谱集 $\sigma(C_1) = \{it_1, it_2, it_3\}$, 其中 $t_i \neq 0, i = 1, 2, 3$, $t_1 \leqslant t_2 \leqslant t_3$ 且 $t_1 + t_2 + t_3 = 0$. 所以有 $W(AB - BA) = i[t_1, t_3]$ 且 $t_1 \neq -t_3$. 由 (3.1.5) 有

$$-h(A)h(B)[it_1, it_3] = [it_1, it_3].$$

这说明 $-h(A)h(B) = 1$. 若 $h(B) = -1$, 则 $h(A) = 1$ 对所有具有形式 (3.1.7) 的算子 $A$ 成立且 $h(B) = -1$ 对所有具有形式 (3.1.6) 的算子 $B$ 成立. 因此 $h(B)h(B') = 1$

对所有具有形式 (3.1.6) 的算子 $B, B'$ 成立. 现在我们考虑下列秩二算子

$$B = \begin{pmatrix} 0 & i & 1 \\ -i & 0 & 2 \\ 1 & 2 & 0 \end{pmatrix} \oplus 0, \quad B' = \begin{pmatrix} 0 & 1+i & 1 \\ 1-i & 0 & 2i \\ 1 & -2i & 0 \end{pmatrix} \oplus 0.$$

注意到 $i(BB' - B'B)$ 是秩三自伴算子且 $W(BB' - B'B) \neq -W(BB' - B'B) = -h(B)h(B')W(BB' - B'B)$, 这与 (3.1.5) 矛盾. 这说明 $U$ 只能是酉算子.

现在可知存在酉算子 $U$ 使得

$$\Phi(A) = h(A)UAU^* + f(A)I$$

对所有 $A \in \mathcal{B}_s(H)$ 成立. 由引理 3.1.4 可知, 若 $A \in \mathcal{D}$, 则 $h(A)$ 可任意取值 $-1$ 和 1. 因此下面主要验证, 当 $A \in \mathcal{B}_s(H) \setminus \mathcal{D}$ 时, $h\colon \mathcal{B}_s(H) \to \{-1, 1\}$ 是常数. 再利用引理 3.1.4, 对任意 $A \in \mathcal{B}_s(H) \setminus \mathcal{D}$, 存在秩二算子 $B \in \mathcal{B}_s(H) \setminus \mathcal{D}$ 使得 $W(AB - BA) \neq -W(AB - BA)$. 所以为了证明上述结论, 只要验证 $h(A) = h(B)$ 对所有秩二算子 $A, B \in \mathcal{B}_s(H) \setminus \mathcal{D}$ 成立. 我们分以下几个断言来证明.

**断言 1** 对于任意标准正交集 $\{x, y, z\}$ 和任意的非零实数 $a, b, c, d, e, f$, 若 $a \neq b, c \neq d$ 且 $e \neq f$, 则 $h(ax \otimes x + by \otimes y) = h(cx \otimes x + dz \otimes z) = h(ey \otimes y + fz \otimes z)$.

若 $A$ 的秩为 2 且不属于 $\mathcal{D}$, 则存在标准正交向量 $x, y \in H$ 以及空间分解 $H = [x, y] \oplus [x, y]^\perp$, 与非零实数 $a, b$ 使得 $A = \begin{pmatrix} a & 0 \\ 0 & b \end{pmatrix} \oplus 0$. 取任意两个单位向量 $z, z' \in [x, y]^\perp$ 与非零复数 $\alpha, \beta, \gamma, \alpha', \beta', \gamma'$ 使其满足 $\mathrm{Re}(\alpha\beta\bar{\gamma}) = 0$ 且 $\mathrm{Re}(\alpha'\beta'\bar{\gamma}') = 0$. 进一步令 $B = B(x, y, z; \alpha, \beta, \gamma) = \mathrm{Re}(x \otimes (\alpha y + \gamma z) + \beta y \otimes z)$, $B' = B(x, y, z'; \alpha', \beta', \gamma') = \mathrm{Re}(x \otimes (\alpha' y + \gamma' z') + \beta' y \otimes z')$. 则算子 $A$ 具有形式 (3.1.7) 且 $B, B'$ 具有形式 (3.1.6). 由前面的讨论可知 $B, B'$ 的秩为 2 且由 $W(AB - BA) \neq -W(AB - BA)$ 与 $W(AB' - B'A) \neq -W(AB' - B'A)$ 可知 $h(B) = h(A) = h(B')$. 由此可得

$$h(ax \otimes x + by \otimes y) = h(B(x, y, z; \alpha, \beta, \gamma)) = h(B(\pi(x, y, z); \alpha_1, \beta_1, \gamma_1)),$$

其中, $\pi(x, y, z)$ 是关于正交向量组 $(x, y, z)$ 的任意参数, $\alpha_1, \beta_1, \gamma_1$ 是满足 $\mathrm{Re}\alpha_1\beta_1\bar{\gamma}_1 = 0$ 的任意实数. 特殊地, 有

$$h(ax \otimes x + by \otimes y) = h(B(x, y, z; \alpha, \beta, \gamma)) = h(B(z, x, y; \alpha_1, \beta_1, \gamma_1)).$$

由此可得

$$h(ax \otimes x + by \otimes y) = h(cx \otimes x + dz \otimes z) = h(ey \otimes y + fz \otimes z) \tag{3.1.8}$$

对任意标准正交向量集 $\{x,y,z\}$ 以及任意满足 $a\neq b, c\neq d$ 且 $e\neq f$ 的数 $a,b,c,d,e,f$ 成立. 所以断言 1 成立.

**断言 2** 若 $\dim H\geqslant 4$, 则有 $h(A)=h(B)$ 对所有秩二算子 $A,B\in\mathcal{B}_s(H)\setminus\mathcal{D}$ 成立.

对于任意的单位向量 $x\perp y$ 且 $u\perp v$, 令 $A=ax\otimes x+by\otimes y$, $B=cu\otimes u+dv\otimes v$, 这是两个秩二自伴算子且不属于 $\mathcal{D}$. 由于 $\dim H\geqslant 4$, 所以 $[x,y,u]\neq H$. 则可取得向量 $y'\in[x,y,u]^{\perp}$. 利用断言 1 可得

$$\Phi(ax\otimes x+by\otimes y)=\Phi(by\otimes y+cy'\otimes y').$$

因此不妨设 $y\perp u$. 下面分情况讨论.

当 $[x,y,u,v]\neq H$ 时, 可取得一个单位向量 $z\in[x,y,u,v]^{\perp}$. 由断言 1 与式 (3.1.8) 可得

$$\begin{aligned}h(A)&=h(ax\otimes x+by\otimes y)=h(ay\otimes y+bz\otimes z)\\&=h(cu\otimes u+bz\otimes z)=h(cu\otimes u+dv\otimes v)=h(B).\end{aligned}$$

当 $[x,y,u,v]=H$ 时, $\dim H=4$. 取单位向量 $z\in[x,y,u]^{\perp}$ 且 $z'\in[y,u,v]^{\perp}$. 再利用断言 1, 得到

$$\begin{aligned}h(A)&=h(ax\otimes x+by\otimes y)=h(ay\otimes y+bz\otimes z)\\&=h(ay\otimes y+bu\otimes u)=h(cu\otimes u+dz'\otimes z')\\&=h(cu\otimes u+dv\otimes v)=h(B).\end{aligned}$$

下面考虑 $\dim H=3$ 的情形.

**断言 3** 若 $\dim H=3$, 则 $h(A)=h(B)$ 对任意秩二算子 $A,B\in\mathcal{B}_s(H)\setminus\mathcal{D}$ 成立.

现在 $\dim H=3$, 写 $A=ax\otimes x+by\otimes y$, $B=cu\otimes u+dv\otimes v$, 其中 $x\perp y, u\perp v$. 倘若 $[x,y,u,v]\neq H$, 则 $\dim H=3$ 蕴涵 $[x,y]=[u,v]$. 所以当 $u$ 与 $x$ 或者 $y$ 无关时 $h(A)=h(B)$. 由此我们可以假设 $u,v\notin[x]\cup[y]$. 取单位向量 $z\in[x,y]^{\perp}$. 由断言 1 可得 $h(A)=h(ax\otimes x+by\otimes y)=h(az\otimes z+by\otimes y)$ 且 $h(B)=h(cu\times u+dv\otimes v)=h(cz\otimes z+dv\otimes v)$. 若需要, 我们可以代替地考虑 $A'=az\otimes z+by\otimes y$, $B'=cz\otimes z+dv\otimes v$. 注意到 $[z,y,v]=H$. 所以总可以设 $[x,y,u,v]=H$.

取单位向量 $z\in[x,y]^{\perp}$, 则 $A$ 与 $B$ 有下列表示

$$A=\begin{pmatrix}a&0&0\\0&b&0\\0&0&0\end{pmatrix},\quad B=\begin{pmatrix}\xi_1&\alpha&\gamma\\\bar{\alpha}&\xi_2&\beta\\\bar{\gamma}&\bar{\beta}&\xi_3\end{pmatrix},$$

其中 $a, b, 0$ 互异, $B$ 有三个互异的特征值, $(\gamma, \beta, \xi_3) \neq (0,0,0)$. 若 $\alpha = \beta = \gamma = 0$, $\mathrm{Im}(\alpha\beta\bar{\gamma}) \neq 0$, 此时有 $h(B) = h(A)$ (此处类似于 (3.1.7), (3.1.8) 的讨论).

下面我们处理接下来的情形: $(\alpha, \beta, \gamma) \neq (0,0,0)$ 但 $\mathrm{Im}(\alpha\beta\bar{\gamma}) = 0$. 下面分情况讨论.

**子情形 1** $\alpha, \beta, \gamma$ 有两个为零.

不失一般性, 设 $\beta = \gamma = 0$. 则由 $\mathrm{rank}(B) = 2$ 知存在 $k \neq 0$ 和 $\xi_3 \neq 0$,

$$B = \begin{pmatrix} \frac{\bar{\alpha}}{k} & \alpha & 0 \\ \bar{\alpha} & k\alpha & 0 \\ 0 & 0 & \xi_3 \end{pmatrix}$$

对于非零数 $t, s \in \mathbb{R}$, 令

$$C_{t,s} = \begin{pmatrix} 0 & t & i \\ t & 0 & s \\ -i & s & 0 \end{pmatrix},$$

由前面的讨论可得 $h(A) = h(C_{t,s})$. 计算可得

$$BC_{t,s} - C_{t,s}B = \begin{pmatrix} t(\alpha - \bar{\alpha}) & t\left(\frac{\bar{\alpha}}{k} - k\alpha\right) & \frac{i\bar{\alpha}}{k} + s\alpha - i\xi_3 \\ -t\left(\frac{\bar{\alpha}}{k} - k\alpha\right) & -t(\alpha - \bar{\alpha}) & i\bar{\alpha} + sk\alpha - s\xi_3 \\ \frac{i\bar{\alpha}}{k} - s\bar{\alpha} - i\xi_3 & i\alpha - sk\alpha + s\xi_3 & 0 \end{pmatrix}.$$

则无论 $\alpha \notin \mathbb{R}$ 或者 $k\alpha \neq \frac{\bar{\alpha}}{k}$ 或者 $k\alpha \neq \xi_3$ 或者 $\xi_3 \neq \frac{\bar{\alpha}}{k}$, 都有 $\det(BC_{t,s} - C_{t,s}B) \neq 0$ 对某数 $t, s$ 成立. 此时我们有 $h(B) = h(C_{t,s}) = h(A)$. 倘若 $\alpha$ 是实数或者 $k\alpha = \frac{\bar{\alpha}}{k} = \xi_3$, 则不考虑实数倍的情况下,

$$B = \begin{pmatrix} 1 & 1 & 0 \\ 1 & 1 & 0 \\ 0 & 0 & 1 \end{pmatrix}.$$

令

$$C = \begin{pmatrix} 1 & 1 & 1+i \\ 1 & 2 & 1-i \\ 1-i & 1+i & 0 \end{pmatrix}.$$

则 $\mathrm{Im}(1 \cdot (1-i)\overline{(1+i)}) = -2i \neq 0$, 因此 $h(C) = h(A)$. 由 $\det(BC - CB) = -4i \neq 0$ 可得 $h(B) = h(C)$. 所以仍有 $h(B) = h(A)$.

**子情形 2** $\alpha,\beta,\gamma$ 中有一个数为 0.

不失一般性, 设 $\beta=0$. 则由 $\mathrm{rank}B=2$ 可知 $\det B=\xi_1\xi_2\xi_3-|\gamma|^2\xi_2-|\alpha|^2\xi_3=0$. 所以存在数 $c$ 以及非零数 $d$ 使得 $c\xi_1=\bar{\gamma}-d\alpha$, $\xi_2=-\frac{c}{d}\alpha$ 且 $\xi_3=c\gamma$.

显然, $\xi_2=0\Leftrightarrow\xi_3=0\Leftrightarrow c=0$, 且此时有

$$B=\begin{pmatrix}\xi_1 & \alpha & \gamma\\ \bar{\alpha} & 0 & 0\\ \bar{\gamma} & 0 & 0\end{pmatrix}.$$

对于非零实数 $t,s,p$, 令

$$C_{t,s,p}=\begin{pmatrix}0 & t & ip\\ t & 0 & s\\ -ip & s & 0\end{pmatrix},\tag{3.1.9}$$

则有 $h(A)=h(C_{t,s,p})$. 通过计算

$$BC_{t,s,p}-C_{t,s,p}B=\begin{pmatrix}t(\alpha-\bar{\alpha})-ip(\gamma+\bar{\gamma}) & \xi_1t+\gamma s & i\xi_1p+\alpha s\\ -\xi_1t-\bar{\gamma}s & -t(\alpha-\bar{\alpha}) & i\bar{\alpha}p-\gamma t\\ i\xi_1p-\bar{\alpha}s & t\bar{\gamma}+i\alpha p & ip(\gamma+\bar{\gamma})\end{pmatrix}.$$

此时若 $\xi_1\neq0$ (注意到此时行列式 $\det(BC_{t,s,p}-C_{t,s,p}B)$ 中的 $sp^2$ 与 $t^2s$ 项的系数均不为零), 或者当 $\xi_1=0$ 但 $\alpha-\bar{\alpha}$ 与 $\gamma+\bar{\gamma}$ 是非零的 (此时上述行列式中的 $t^3$ 或者 $p^3$ 系数是非零的), 以上两种情形均可得 $BC_{t,s,p}-C_{t,s,p}B$ 是秩三算子, 因此 $h(B)=h(C_{t,s,p})=h(A)$. 倘若对于某些非零实数 $\alpha,\delta$,

$$B=\begin{pmatrix}0 & \alpha & i\delta\\ \alpha & 0 & 0\\ -i\delta & 0 & 0\end{pmatrix},$$

则对于非零实数 $t,s,p$, 可令

$$D_{t,s,p}=\begin{pmatrix}0 & it & p\\ -it & 0 & s\\ p & s & 0\end{pmatrix}.\tag{3.1.10}$$

因此

$$BD_{t,s,p}-D_{t,s,p}B=\begin{pmatrix}2i(\delta p-\alpha t) & i\delta s & \alpha s\\ i\delta s & 2i\alpha t & \alpha p-\delta t\\ -\alpha s & \delta t-\alpha p & -2i\delta p\end{pmatrix},$$

适当选择参数 $t,s,p$ 的值使得行列式 $\det(BD_{t,s,p}-D_{t,s,p}B)$ 中三次项 $t^3$ 与 $p^3$ 系数不为零, 则上述算子的李积 $BD_{t,s,p}-D_{t,s,p}B$ 秩为 3. 因此 $h(B)=h(D_{t,s,p})=h(A)$.

若 $c\neq 0$, 则 $\xi_1=\frac{1}{c}(\bar{\gamma}-d\bar{\alpha}),\xi_2=-\frac{c}{d}\alpha,\xi_3=c\gamma$, 且均为实数. 对于

$$B=\begin{pmatrix}\frac{1}{c}(\bar{\gamma}-d\bar{\alpha}) & \alpha & \gamma\\ \bar{\alpha} & -\frac{c}{d}\alpha & 0\\ \bar{\gamma} & 0 & c\gamma\end{pmatrix}$$

以及 (3.1.9) 中的算子 $C_{t,s,p}$, 有

$$\begin{aligned}&BC_{t,s,p}-C_{t,s,p}B\\ =&\begin{pmatrix} t(\alpha-\bar{\alpha})-ip(\gamma+\bar{\gamma}) & \left(\frac{\bar{\gamma}}{c}-\frac{d\bar{\alpha}}{c}+\frac{c\alpha}{d}\right)t+\gamma s & i\left(\frac{\bar{\gamma}}{c}-\frac{d\bar{\alpha}}{c}-c\gamma\right)p+\alpha s\\ -\left(\frac{\bar{\gamma}}{c}-\frac{d\bar{\alpha}}{c}+\frac{c\alpha}{d}\right)t-\bar{\gamma}s & -t(\alpha-\bar{\alpha}) & i\bar{\alpha}p-\gamma t-c\left(\frac{\alpha}{d}+\gamma\right)s\\ i\left(\frac{\bar{\gamma}}{c}-\frac{d\bar{\alpha}}{c}-c\gamma\right)p-\bar{\alpha}s & i\alpha p+t\bar{\gamma}+c\left(\frac{\alpha}{d}+\gamma\right)s & ip(\gamma+\bar{\gamma})\end{pmatrix}.\end{aligned}$$

观察可得行列式 $\det(BC_{t,s,p}-C_{t,s,p}B)$ 中三次项 $t^3,s^3$ 与 $p^3$ 的系数分别是 $|\gamma|^2(\alpha-\bar{\alpha}),c\left(\frac{\alpha}{d}+\gamma\right)(\bar{\alpha}\gamma-\alpha\bar{\gamma})$ 以及 $-i|\alpha|^2(\gamma+\bar{\gamma})$.

显然若 $\alpha$ 或者 $i\gamma$ 之一为非实数; 或者 $\alpha$ 与 $i\gamma$ 均为实数但是 $\xi_2\neq\xi_3$, 那么可以适当选择 $t,s,p$ 使得 $BC_{t,s,p}-C_{t,s,p}B$ 是秩三算子. 因此 $h(B)=h(C_{t,s,p})=h(A)$.

若 $\alpha,i\gamma$ 均为实数且 $\xi_2=\xi_3$ 但是 $\xi_1\neq\xi_2$, 则有

$$\begin{aligned}&BC_{t,s,p}-C_{t,s,p}B\\ =&\begin{pmatrix} 0 & \left(\frac{\bar{\gamma}}{c}-\frac{d\bar{\alpha}}{c}+\frac{c\alpha}{d}\right)t+\gamma s & i\left(\frac{\bar{\gamma}}{c}-\frac{d\bar{\alpha}}{c}-c\gamma\right)p+\alpha s\\ -\left(\frac{\bar{\gamma}}{c}-\frac{d\bar{\alpha}}{c}+\frac{c\alpha}{d}\right)t-\bar{\gamma}s & 0 & i\bar{\alpha}p-\gamma t\\ i\left(\frac{\bar{\gamma}}{c}-\frac{d\bar{\alpha}}{c}-c\gamma\right)p-\bar{\alpha}s & i\alpha p+t\bar{\gamma} & 0\end{pmatrix}.\end{aligned}$$

由于行列式 $\det(BC_{t,s,p}-C_{t,s,p}B)$ 中项 $t^2p$ 是 $-i(\xi_1-\xi_2)^2\bar{\gamma}\neq 0$, 仍有 $h(B)=h(A)$.

若 $\alpha,i\gamma$ 是实数且 $\xi_1=\xi_2=\xi_3$, 则 $B$ 有下列形式

$$B=\begin{pmatrix}\pm\sqrt{\alpha^2+\delta^2} & \alpha & i\delta\\ \alpha & \pm\sqrt{\alpha^2+\delta^2} & 0\\ -i\delta & 0 & \pm\sqrt{\alpha^2+\delta^2}\end{pmatrix},$$

其中 $\alpha, \delta \in \mathbb{R}$ 是非零的. 这蕴涵, 对于式 (3.1.10) 中的算子 $D_{t,s,p}$, 考虑

$$BD_{t,s,p} - D_{t,s,p}B = \begin{pmatrix} 2i(\delta p - \alpha t) & i\delta s & \alpha s \\ i\delta s & 2i\alpha t & \alpha p - \delta t \\ -\alpha s & \delta t - \alpha p & -2i\delta p \end{pmatrix}.$$

此时行列式 $\det(BD_{t,s,p} - D_{t,s,p}B)$ 的项 $t^3$ 的系数是 $-2i\alpha\delta^2 \neq 0$. 此时仍有 $h(B) = h(A)$.

**断言 4** $\alpha, \beta, \gamma$ 都是非零数.

由于 $\det(B) = 0$, 所以存在数 $c, d$ 使得 $(\bar{\gamma}, \bar{\beta}, \xi_3) = (c\xi_1 + d\bar{\alpha}, c\alpha + d\xi_2, c\gamma + d\beta)$. 这蕴涵

$$\begin{cases} \gamma = \bar{c}\xi_1 + \bar{d}\alpha, \\ \beta = \bar{c}\bar{\alpha} + \bar{d}\xi_2, \\ \xi_3 = |c|^2\xi_1 + c\bar{d}\alpha + \bar{c}d\bar{\alpha} + |d|^2\xi_2. \end{cases} \tag{3.1.11}$$

由于 $\alpha\beta\bar{\gamma} \in \mathbb{R}$, 有

$$(c\bar{d}\alpha - \bar{c}d\bar{\alpha})(|\alpha|^2 - \xi_1\xi_2) = 0.$$

倘若由 $|\alpha|^2 - \xi_1\xi_2 = 0$, 可得 $\xi_1 = \dfrac{\bar{\alpha}}{k}$, $\xi_2 = k\alpha$ 对某个倍数 $k$ 成立. 这蕴涵 $\beta = k\gamma$, 由此可得 $B$ 是秩一算子, 这是一个矛盾. 所以 $|\alpha|^2 - \xi_1\xi_2 \neq 0$ 且 $c\bar{d}\alpha - \bar{c}d\bar{\alpha} = 0$. 类似的讨论可得

$$\begin{cases} |\alpha|^2 - \xi_1\xi_2 \neq 0, \\ |\beta|^2 - \xi_2\xi_3 \neq 0, \\ |\gamma|^2 - \xi_1\xi_3 \neq 0. \end{cases} \tag{3.1.12}$$

设算子 $C_{t,s,p}$ 形如式 (3.1.9). 则

$$\begin{aligned} &BC_{t,s,p} - C_{t,s,p}B \\ =& \begin{pmatrix} (\alpha - \bar{\alpha})t - i(\gamma + \bar{\gamma})p & (\xi_1 - \xi_2)t + \gamma s - i\bar{\beta}p & i(\xi_1 - \xi_3)p + \alpha s - \beta t \\ -(\xi_1 - \xi_2)t - \bar{\gamma}s - i\beta p & -(\alpha - \bar{\alpha})t + (\beta - \bar{\beta})s & (\xi_2 - \xi_3)s + i\bar{\alpha}p - \gamma t \\ i(\xi_1 - \xi_3)p + \bar{\beta}t - \bar{\alpha}s & -(\xi_2 - \xi_3)s + \bar{\gamma}t + i\alpha p & i(\gamma + \bar{\gamma})p - (\beta - \bar{\beta})s \end{pmatrix}, \end{aligned}$$

此时行列式 $\det(BC_{t,s,p} - C_{t,s,p}B)$ 中项 $t^3, s^3, p^3$ 的系数分别是

$$\begin{cases} c_t = (\xi_1 - \xi_2)(\beta\bar{\gamma} - \bar{\beta}\gamma) + (\alpha - \bar{\alpha})(|\gamma|^2 - |\beta|^2), \\ c_s = (\xi_2 - \xi_3)(\alpha\bar{\gamma} - \bar{\alpha}\gamma) + (\beta - \bar{\beta})(|\alpha|^2 - |\gamma|^2), \\ c_p = i(\xi_1 - \xi_3)(\bar{\alpha}\bar{\beta} + \alpha\beta) + i(\bar{\gamma} + \gamma)(|\beta|^2 - |\alpha|^2). \end{cases} \tag{3.1.13}$$

现在若 $c_t, c_s, c_p$ 均是非零数, 则可适当选择 $t, s, p$ 使得 $\det(BC_{t,s,p} - C_{t,s,p}B) \neq 0$. 这蕴涵 $h(B) = h(C_{t,s,p}) = h(A)$. 倘若

$$c_t = c_s = c_p = 0.$$

考虑 $\det(BD_{t,s,p} - D_{t,s,p}B)$ 中项 $t^3, s^3$ 与 $p^3$ 的系数 $d_t, d_s$ 与 $d_p$, 其中 $D_{t,s,p}$ 形如 (3.1.10), 因此有

$$\begin{cases} d_t = i(\xi_1 - \xi_2)(\beta\bar{\gamma} + \bar{\beta}\gamma) + i(\alpha + \bar{\alpha})(|\gamma|^2 - |\beta|^2), \\ d_s = (\xi_2 - \xi_3)(\alpha\bar{\gamma} - \bar{\alpha}\gamma) + (\beta - \bar{\beta})(|\alpha|^2 - |\gamma|^2) = 0, \\ d_p = (\xi_1 - \xi_3)(\bar{\alpha}\bar{\beta} - \alpha\beta) + (\bar{\gamma} - \gamma)(|\beta|^2 - |\alpha|^2). \end{cases} \tag{3.1.14}$$

若 $d_t, d_p$ 之一非零, 则 $h(B) = h(A)$. 倘若

$$d_t = d_s = d_p = 0.$$

利用非零实数 $t, s, p$ 构造算子

$$E_{t,s,p} = \begin{pmatrix} 0 & t & p \\ t & 0 & is \\ p & -is & 0 \end{pmatrix}. \tag{3.1.15}$$

则行列式 $\det(BE_{t,s,p} - E_{t,s,p}B)$ 中项 $t^3, s^3$ 与 $p^3$ 的系数 $e_t, e_s$ 与 $e_p$ 分别是

$$\begin{cases} e_t = (\xi_1 - \xi_2)(\beta\bar{\gamma} - \bar{\beta}\gamma) + (\alpha - \bar{\alpha})(|\gamma|^2 - |\beta|^2) = 0, \\ e_s = i(\xi_2 - \xi_3)(\alpha\bar{\gamma} + \bar{\alpha}\gamma) + i(\beta + \bar{\beta})(|\alpha|^2 - |\gamma|^2), \\ e_p = (\xi_1 - \xi_3)(\bar{\alpha}\bar{\beta} - \alpha\beta) + (\bar{\gamma} - \gamma)(|\beta|^2 - |\alpha|^2) = 0. \end{cases} \tag{3.1.16}$$

此时如果 $e_s \neq 0$, 则有 $h(B) = h(A)$. 倘若 $e_s = 0$, 则由 (3.1.13)—(3.1.14), 以及式 (3.1.16), 可得

$$\begin{cases} (\xi_1 - \xi_2)\beta\bar{\gamma} + \alpha(|\gamma|^2 - |\beta|^2) = 0, \\ (\xi_2 - \xi_3)\alpha\bar{\gamma} + \beta(|\alpha|^2 - |\gamma|^2) = 0, \\ (\xi_1 - \xi_3)\alpha\beta + \gamma(|\beta|^2 - |\alpha|^2) = 0. \end{cases} \tag{3.1.17}$$

由于 $\alpha\beta\bar{\gamma}$ 是实数, 由式 (3.1.17) 可得 $\alpha^2, \beta^2$ 是实数且 $\alpha \in \mathbb{R}$ 或者 $\alpha \in i\mathbb{R}$ ($\beta \in \mathbb{R}$ 或者 $\beta \in i\mathbb{R}$). 这说明下列四种情况之一发生

$$\begin{cases} 1^\circ \quad \alpha, \beta, \gamma \in \mathbb{R}, \\ 2^\circ \quad \alpha, \beta \in i\mathbb{R}, \gamma \in \mathbb{R}, \\ 3^\circ \quad \beta, \gamma \in i\mathbb{R}, \alpha \in \mathbb{R}, \\ 4^\circ \quad \alpha, \gamma \in i\mathbb{R}, \beta \in \mathbb{R}. \end{cases} \tag{3.1.18}$$

若 $\xi_1 = \xi_2 = \xi_3 = \xi$, 则由式 (3.1.17) 可得 $|\alpha| = |\beta| = |\gamma|$. 另一方面, 由式 (3.1.11) 可得 $\xi(1 - |c|^2 - |d|^2) = 2c\bar{d}\alpha$. 所以 $\xi = 0$ 或者 $1 - |c|^2 - |d|^2 = 0$. 这蕴涵 $c = 0$ 或者 $d = 0$. 不失一般性, 令 $c = 0$, 则有 $d \neq 0$ 且 $\xi = |d|^2\xi \neq 0$. 所以有

$d=e^{i\theta}$ 且 $|\xi|=|d\beta|=|\alpha|$. 但由式 (3.1.12) 可得 $|\alpha|^2\neq\xi_1\xi_2=\xi^2=|\xi|^2$. 矛盾. 所以 $\xi(1-|c|^2-|d|^2)=2c\bar{d}\alpha\neq 0$,

$$\xi=\frac{\gamma-\bar{d}\alpha}{c}=\frac{\beta-\bar{c}\bar{\alpha}}{\bar{d}}=\frac{2c\bar{d}\alpha}{1-|c|^2-|d|^2}=\frac{2\bar{c}d\bar{\alpha}}{1-|c|^2-|d|^2},$$

且

$$B=\begin{pmatrix}\dfrac{2c\bar{d}\alpha}{1-|c|^2-|d|^2} & \alpha & (2|c|^2+1)\bar{d}\alpha\\ \bar{\alpha} & \dfrac{2c\bar{d}\alpha}{1-|c|^2-|d|^2} & (2|d|^2+1)\bar{c}\bar{\alpha}\\ (2|c|^2+1)d\bar{\alpha} & (2|d|^2+1)c\alpha & \dfrac{2c\bar{d}\alpha}{1-|c|^2-|d|^2}\end{pmatrix}.$$

再由 $|\alpha|=|\beta|=|\gamma|$ 可知 $(2|c|^2+1)|d|=(2|d|^2+1)|c|=1$. 所以 $2|c|+\dfrac{1}{|c|}=2|d|+\dfrac{1}{|d|}=\dfrac{1}{|cd|}$. 注意到 $|c|=\dfrac{1}{2|d|^2+1}$ 且 $|d|=\dfrac{1}{2|c|^2+1}$. 因此我们有 $(|c|+|d|)(|c|-|d|)=|c|-|d|$. 这蕴涵 $|c|=|d|$ 或者 $|c|+|d|=1$. 若 $|c|\neq|d|$, 必有 $|c|+|d|=1$. 因此 $0<1-|c|=|d|=\dfrac{1}{2|c|^2+1}$. 则我们有 $|c|(2|c|^2-2|c|+1)=0$. 由于总有 $2|c|^2-2|c|+1>0$, 这蕴涵 $c=0$, 矛盾. 因此有 $|c|=|d|=k$. 由 $(2k^2+1)k=1$ 可知 $k\approx 0.5898$. 记 $\alpha=|\alpha|e^{i\theta_1}$, $c=ke^{i\theta_2}$ 且 $d=ke^{i\theta_3}$. 现由 $c\bar{d}\alpha$ 为实数可知 $\theta_1+\theta_2-\theta_3$ 为零或者 $\pi$. 下面如果必要可用 $-B$ 代替 $B$, 可设 $\theta_1+\theta_2-\theta_3=0$, 且由此可得 $d=ke^{i(\theta_1+\theta_2)}$. 不失一般性, 设 $|\alpha|=1$. 由 $(2k^2+1)k=1$ 可知 $B$ 有如下形式

$$B=\begin{pmatrix}\dfrac{2k^2}{1-2k^2} & e^{i\theta_1} & e^{-i\theta_2}\\ e^{-i\theta_1} & \dfrac{2k^2}{1-2k^2} & e^{-i(\theta_1+\theta_2)}\\ e^{i\theta_2} & e^{i(\theta_1+\theta_2)} & \dfrac{2k^2}{1-2k^2}\end{pmatrix},$$

其中 $\dfrac{2k^2}{1-2k^2}\approx 2.2868$. 所以 $0=\det(B)=\left(\dfrac{2k^2}{1-2k^2}\right)^3-3\left(\dfrac{2k^2}{1-2k^2}\right)+2\approx 7.0983>0$, 矛盾. 因此 $\xi_1,\xi_2,\xi_3$ 并不全相等. 利用上述证明思路, 我们可以验证 $h(B)=h(A)$.

例如考虑情形 (3.1.18) 中的 2°, 即, $\alpha\in\mathbb{R},\beta,\gamma\in i\mathbb{R}$. 此时 $t,s,p\in\mathbb{C}$, 令

$$F_{t,s,p}=\begin{pmatrix}0 & t & p\\ \bar{t} & 0 & s\\ \bar{p} & \bar{s} & 0\end{pmatrix}.$$

所以

$$
\begin{aligned}
&BF_{t,s,p} - F_{t,s,p}B \\
=&\begin{pmatrix} \alpha(\bar{t}-t)+i\gamma(p+\bar{p}) & (\xi_1-\xi_2)t+i\gamma\bar{s}+i\beta p & (\xi_1-\xi_3)p-\alpha s-i\beta t \\ (\xi_2-\xi_1)\bar{t}+i\beta\bar{p}+i\gamma s & -\alpha(\bar{t}-t)+i\beta(s+\bar{s}) & (\xi_2-\xi_3)s+\alpha p-i\gamma\bar{t} \\ (\xi_3-\xi_1)\bar{p}-i\beta\bar{t}-\alpha\bar{s} & (\xi_3-\xi_2)\bar{s}-i\gamma t-\alpha\bar{p} & -i\gamma(p+\bar{p})-i\beta(s+\bar{s}) \end{pmatrix}.
\end{aligned}
$$

行列式 $\det([B,F_{t,s,p}])$ 中只含有 $t$ 的项系数为零, 即, $(\xi_1-\xi_2)\beta\gamma+\alpha(\gamma^2-\beta^2)=(\xi_1-\xi_2)(i\beta)\bar{i\gamma}+\alpha(|i\gamma|^2-|i\beta|^2)=0$. 所以由 (3.1.17) 可知,

$$((\xi_1-\xi_2)\beta\gamma+\alpha(\beta^2-\gamma^2))(t^2\bar{t}-\bar{t}^2t)=2(\xi_1-\xi_2)\beta\gamma(t^2\bar{t}-\bar{t}^2t),$$

若 $\xi_1\neq\xi_2$, 则 $(\xi_1-\xi_2)\beta\gamma\neq 0$. 可取满足 $ts\bar{p}\notin\mathbb{R}$ 的数 $t,s,p$ 使得 $\det([B,F_{t,s,p}])\neq 0$. 所以 $h(B)=h(F_{t,s,p})=h(A)$. 倘若 $\xi_1=\xi_2$, 则必有 $\xi_2\neq\xi_3$. 现在行列式 $\det([B,F_{t,s,p}])$ 中只包含 $s$ 的项为零, 即, 由 (3.1.17) 得 $(\xi_2-\xi_3)\alpha\bar{i\gamma}+(i\beta)(|\alpha|^2-|i\gamma|^2)=0$,

$$i(\xi_2-\xi_3)\alpha\gamma(s^2\bar{s}-\bar{s}^2s)+i\beta(\alpha^2-\gamma^2)(s^2\bar{s}+\bar{s}^2s)=2i(\xi_2-\xi_3)\alpha\gamma s^2\bar{s}.$$

由 $(\xi_2-\xi_3)\alpha\gamma\neq 0$ 可知存在满足 $ts\bar{p}\notin\mathbb{R}$ 的数 $t,s,p$ 使得 $\det([B,F_{t,s,p}])\neq 0$. 这蕴涵 $h(B)=h(F_{t,s,p})=h(A)$.

我们可以相似地处理情形 1°, 3° 和 4°. 至此完成了断言 4 的证明.

**断言 5** 对于任意 $A,B\in\mathcal{B}_s(H)\setminus\mathcal{D}$, $h(A)=h(B)$.

由引理 3.1.4 可知存在秩不大于 2 的算子 $E,F\in\mathcal{B}_s(H)\setminus\mathcal{D}$ 使得 $W(AE-EF)\neq -W(AE-EF)$ 且 $W(BF-FB)\neq -W(BF-FB)$. 因此有 $h(A)=h(E)$ 且 $h(B)=h(F)$. 另一方面, 由断言 2-4 知总有 $h(E)=h(F)$. 所以 $h(A)=h(B)$.

最终有 $\mathcal{S}=\{S\in\mathcal{D}:h(S)\neq h(A),\ A\notin\mathcal{D}\}$. 定理得证. □

接下来我们专门对 $\dim H=2$ 的情形进行讨论. 在这种情况所采用的证明方案与 $\dim H>2$ 的情形完全不同, 所得到映射的刻画也非常不同.

现在设 $\dim H=2$, 视 $\mathcal{B}_s(H)$ 为 $\mathbf{H}_2=\mathbf{H}_2(\mathbb{C})$, 即所有 $2\times 2$ Hermitian 复矩阵全体. 则我们有如下的刻画结果. 下面用 $\sigma$ 代表算子的谱集.

**定理 3.1.5** 对于任意映射 $\Phi:\mathbf{H}_2(\mathbb{C})\to\mathbf{H}_2(\mathbb{C})$, 下列叙述等价.

(1) $\sigma([\Phi(A),\Phi(B)])=\sigma([A,B])$ 对任意 $A,B\in\mathbf{H}_2(\mathbb{C})$ 成立.

(2) $W([\Phi(A),\Phi(B)])=W([A,B])$ 对任意 $A,B\in\mathbf{H}_2(\mathbb{C})$ 成立.

(3) $w([\Phi(A),\Phi(B)])=w([A,B])$ 对任意 $A,B\in\mathbf{H}_2(\mathbb{C})$ 成立.

(4) 存在酉矩阵 $U\in M_2(\mathbb{C})$, 符号函数 $h:\mathbf{H}_2\to\{-1,1\}$, $\eta\in\{-1,1\}$, 实函数 $f:\mathbf{H}_2(\mathbb{C})\to\mathbb{R}$, 一个由实矩阵构成的子集 $\mathcal{S}\subseteq\mathbf{H}_2(\mathbb{C})$ 使得下列情形之一发生: 对于 $A=\begin{pmatrix} a & c+id \\ c-id & b \end{pmatrix}$,

$$(1^\circ)\ \Phi(A)=\begin{cases} h(A)U\begin{pmatrix} \eta a & \eta c+id \\ \eta c-id & \eta b\end{pmatrix}U^*+f(A)I_2 & (A\in \mathbf{H}_2(\mathbb{C})\setminus\mathcal{S}),\\ -\eta h(A)U\begin{pmatrix} a & c \\ c & b\end{pmatrix}U^*+f(A)I_2 & (\ A\in\mathcal{S}).\end{cases}$$

$$(2^\circ)\ \Phi(A)=\begin{cases} h(A)U\begin{pmatrix} \eta a & -\eta c+id \\ -\eta c-id & \eta b\end{pmatrix}U^*+f(A)I_2 & (A\in \mathbf{H}_2(\mathbb{C})\setminus\mathcal{S}),\\ -\eta h(A)U\begin{pmatrix} a & -c \\ -c & b\end{pmatrix}U^*+f(A)I_2 & (A\in\mathcal{S}).\end{cases}$$

这里我们应该注意到 $(1^\circ)$ 等价于下列所述情形:

$$\Phi(A)=\begin{cases} h(A)UAU^*+f(A)I_2 & (A\in \mathbf{H}_2(\mathbb{C})\setminus\mathcal{S}),\\ -h(A)UAU^*+f(A)I_2 & (A\in\mathcal{S});\end{cases}$$

或者

$$\Phi(A)=\begin{cases} h(A)UA^{\mathrm{T}}U^*+f(A)I_2 & (A\in \mathbf{H}_2(\mathbb{C})\setminus\mathcal{S}),\\ -h(A)UA^{\mathrm{T}}U^*+f(A)I_2 & (A\in\mathcal{S}).\end{cases}$$

可见以上形式与定理 3.1.1 中的形式相同. 然而 $(2^\circ)$ 中的形式与 $\dim H\geqslant 3$ 的情形差别很大.

**定理 3.1.5 的证明** (4)⇒(1)⇔(2)⇔(3) 显然.

下面证明 (3)⇒(4). 此时注意到 $\Phi:\mathbf{H}_2\to\mathbf{H}_2$ 保矩阵李积的数值半径. 若 (4) 成立, 我们可以通过调整 $f(A)$ 的值使得 $\Phi(A)$ 的迹为零. 因此我们下面讨论迹为零的矩阵子集 $\mathbf{H}_2^0$ 上的映射即可.

若 (3) 成立, 考虑下面的矩阵

$$\begin{aligned} &X=\frac{1}{\sqrt{2}}\begin{pmatrix} 0 & 1\\ 1 & 0\end{pmatrix},\qquad Y=\frac{1}{\sqrt{2}}\begin{pmatrix} 0 & -i\\ i & 0\end{pmatrix},\\ &Z=\frac{1}{\sqrt{2}}\begin{pmatrix} 1 & 0\\ 0 & -1\end{pmatrix}.\end{aligned}\tag{3.1.19}$$

则有:

(i) 基于内积 $\langle A,B\rangle=\mathrm{tr}(AB^*)$, $\{X,Y,Z\}$ 是 $\mathbf{H}_2^0$ 的一组标准正交基, 其中 $\mathbf{H}_2^0$ 即所有迹为零的 $2\times 2$ Hermitian 复矩阵的集合.

(ii) $A=a_1X+a_2Y+a_3Z\in\mathbf{H}_2^0$ 当且仅当 $(a_1,a_2,a_3)^{\mathrm{T}}\in\mathbb{R}^3$.

(iii) $XY=\dfrac{i}{\sqrt{2}}Z=-YX, YZ=\dfrac{i}{\sqrt{2}}X=-ZY, ZX=\dfrac{i}{\sqrt{2}}Y=-XZ$.

(iv) $W([X,Y]) = W([Y,Z]) = W([Z,X]) = i[-1,1]$.

(v) 若 $A = a_1X + a_2Y + a_3Z$ 且 $B = b_1X + b_2Y + b_3Z$, 则

$$[A,B] = \sqrt{2}i(c_1X + c_2Y + c_3Z),$$

其中

$$c_1 = a_2b_3 - a_3b_2, \quad c_2 = -(a_1b_3 - a_3b_1), \quad c_3 = a_1b_2 - a_2b_1.$$

换言之, $(c_1, c_2, c_3)^{\mathrm{T}} = (a_1, a_2, a_3)^{\mathrm{T}} \times (b_1, b_2, b_3)^{\mathrm{T}}$, $\times$ 是向量的交叉积.

(vi) 每个酉相似变换 $a_1X + a_2Y + a_3Z = A \mapsto UAU^* = b_1X + b_2Y + b_3Z$ 可由一个满足 $T(a_1, a_2, a_3)^{\mathrm{T}} = (b_1, b_2, b_3)^{\mathrm{T}}$ 的实正交矩阵 $T \in M_3(\mathbb{C})$ 表示.

**断言 1** 存在酉矩阵 $U \in M_2(\mathbb{C})$ 使得

$$\Phi(A) = \varepsilon_A UAU^*$$

对所有 $A \in \{X, Y, Z\}$ 成立, 其中 $\varepsilon_A \in \{-1, 1\}$.

现设 $X, Y, Z$ 在映射下的像分别是

$$X_1 = a_{11}X + a_{21}Y + a_{31}Z, \quad Y_1 = a_{12}X + a_{22}Y + a_{32}Z, \quad Z_1 = a_{13}X + a_{23}Y + a_{33}Z.$$

且 $a_{pq}(p, q = 1, 2, 3)$ 都是实数. 令 $T = (a_{pq}) \in M_3(\mathbb{R})$. 我们将显示 $T$ 是实正交矩阵. 因此 $\Phi$ 有断言 1 的形式.

注意到对于任意实正交矩阵 $P, Q \in M_3(\mathbb{C})$, 用 $PTQ$ 代替 $T$ 我们的定理中的假设和结论仍然成立. 因此对应地, 可将映射 $\Phi$ 转化为下列形式

$$A \mapsto \varepsilon_P U_P \Phi(\varepsilon_Q U_Q A U_Q^*) U_{\mathrm{P}}^*$$

对于某些酉矩阵 $U_P, U_Q \in M_2(\mathbb{C})$ 以及数 $\varepsilon_P, \varepsilon_Q \in \{1, -1\}$.

根据实矩阵的奇异值分解, 存在实正交矩阵 $P, Q$ 使得 $PTQ = \mathrm{diag}(s_1, s_2, s_3)$, $s_1 \geqslant s_2 \geqslant s_3 \geqslant 0$. 现在用 $PTQ$ 代替 $T$ 使得 $T = \mathrm{diag}(s_1, s_2, s_3)$. 因此存在实正交矩阵 $U \in M_2(\mathbb{C})$ 使得

$$\Phi(X) = s_1UXU^*, \quad \Phi(Y) = s_2UYU^*, \quad \Phi(Z) = s_3UZU^*.$$

这蕴涵

$$1 = w(XY - YX) = w(\Phi(X)\Phi(Y) - \Phi(Y)\Phi(X)) = |s_1s_2|w(XY - YX) = |s_1s_2|.$$

类似可得 $|s_1s_3| = |s_2s_3| = 1$, 因此 $s_1, s_2, s_3 \in \{-1, 1\}$. 所以断言成立.

在下面的证明中不妨设 $U=I_2$. 注意到对于任意的符号函数 $h:\mathbf{H}_2\to\{-1,1\}$, 令 $\Psi(A)=h(A)\Phi(A)$, $\Psi$ 仍保持算子李积的数值半径. 因此乘以适当的符号函数, 可认为

$$\Phi(C)=C$$

对所有的 $C\in\{X,Y,Z\}$ 成立.

**断言 2** 存在符号函数 $\varepsilon_1,\varepsilon_2,\varepsilon_3:\mathbf{H}_2\to\{-1,1\}$ 与实函数 $f:\mathbf{H}_2\to\mathbb{R}$ 使得对于任意形如 $A=\begin{pmatrix} a & c+id \\ c-id & b\end{pmatrix}$ 的 $\mathbf{H}_2$ 中的元, 有

$$\Phi(A)=\begin{pmatrix} \varepsilon_1(A)a & \varepsilon_2(A)c+i\varepsilon_3(A)d \\ \varepsilon_2(A)c+i\varepsilon_3(A)d & \varepsilon_1(A)b\end{pmatrix}+f(A)I_2.$$

记 $A=\begin{pmatrix} a & c+id \\ c-id & b\end{pmatrix}$ 且 $\Phi(A)=\begin{pmatrix} x & w+iv \\ w-iv & y\end{pmatrix}$, 其中 $a,b,c,d,x,y,w,v$ 均为实数. 注意到对于任意 $E,F\in\mathbf{H}_2$, $w(EF-FE)=\delta$ 当且仅当 $\sigma(EF-FE)=i[-\delta,\delta]$. 这蕴涵 $w(AC-CA)=w(BC-CB)$ 当且仅当 $\sigma(AC-CA)=\sigma(BC-CB)$. 由于

$$\begin{aligned}
\sqrt{2}(AX-XA)&=\begin{pmatrix} i2d & a-b \\ b-a & -i2d\end{pmatrix},\\
\sqrt{2}(\Phi(A)X-X\Phi(A))&=\begin{pmatrix} 2iv & x-y \\ y-x & -2iv\end{pmatrix};\\
\sqrt{2}(AY-YA)&=i\begin{pmatrix} 2c & b-a \\ b-a & -2c\end{pmatrix},\\
\sqrt{2}(\Phi(A)Y-Y\Phi(A))&=i\begin{pmatrix} 2w & y-x \\ y-x & -2w\end{pmatrix};\\
\sqrt{2}(AZ-ZA)&=2\begin{pmatrix} 0 & -c-id \\ c-id & 0\end{pmatrix},\\
\sqrt{2}(\Phi(A)Z-Z\Phi(A))&=2\begin{pmatrix} 0 & -w-iv \\ w-iv & 0\end{pmatrix},
\end{aligned}$$

所以

$$\begin{cases} 4v^2+(x-y)^2=4d^2+(a-b)^2, \\ 4w^2-(x-y)^2=4c^2-(a-b)^2, \\ w^2+v^2=c^2+d^2. \end{cases} \tag{3.1.20}$$

这蕴涵 $\Phi$ 映射形如 $\begin{pmatrix} a & 0 \\ 0 & b \end{pmatrix} = \begin{pmatrix} \frac{a-b}{2} & 0 \\ 0 & -\frac{a-b}{2} \end{pmatrix} + \frac{a+b}{2} I_2$ 的算子为

$$\begin{pmatrix} \varepsilon_1 \frac{a-b}{2} & 0 \\ 0 & -\varepsilon_1 \frac{a-b}{2} \end{pmatrix} + \lambda' I_2 = \begin{pmatrix} \varepsilon_1 a & 0 \\ 0 & \varepsilon_1 b \end{pmatrix} + \lambda I_2,$$

且把形如 $\begin{pmatrix} 0 & c+id \\ c-id & 0 \end{pmatrix}$ 的算子映为

$$\begin{pmatrix} 0 & \varepsilon_2 c + i\varepsilon_3 d \\ \varepsilon_2 c - i\varepsilon_3 d & 0 \end{pmatrix} + \lambda_2 I_2,$$

其中 $\varepsilon_1, \varepsilon_2, \varepsilon_3 \in \{-1, 1\}$.

综上,

$$\Phi\left(\begin{pmatrix} a & 0 \\ 0 & b \end{pmatrix} + \mathbb{R}I_2\right) \subseteq \varepsilon_1 \begin{pmatrix} a & 0 \\ 0 & b \end{pmatrix} + \mathbb{R}I_2,$$

且

$$\Phi\left(\begin{pmatrix} 0 & c+id \\ c-id & 0 \end{pmatrix} + \mathbb{R}I_2\right) \subseteq \begin{pmatrix} 0 & \varepsilon_2 c + i\varepsilon_3 d \\ \varepsilon_2 c - i\varepsilon_3 d & 0 \end{pmatrix} + \mathbb{R}I_2,$$

其中 $\varepsilon_1, \varepsilon_2, \varepsilon_3 \in \{-1, 1\}$ 的选取依赖于 $a, c, d$.

下面考虑一般的算子 $A = \begin{pmatrix} a & c+id \\ c-id & b \end{pmatrix}$. 对于任意单位向量 $x \in \mathbb{C}^2$, 取单位向量 $y \perp x$. 在这组标准正交基 $\{x, y\}$ 下, 令

$$X' = \frac{1}{\sqrt{2}}(x \otimes y + y \otimes x), \quad Y' = \frac{1}{\sqrt{2}} i(-x \otimes y + y \otimes x), \quad Z' = \frac{1}{\sqrt{2}}(x \otimes x - y \otimes y).$$

重复断言 1 的证明以及上面对特殊算子的讨论, 可知存在酉矩阵 $U_x$ 使得

$$\Phi(ax \otimes x + by \otimes y + \mathbb{R}I_2) \subseteq \varepsilon_1(x, a, b)(aU_x x \otimes U_x x + bU_x y \otimes U_x y) + \mathbb{R}I_2 \quad (3.1.21)$$

对任意实数 $a, b \in \mathbb{R}$ 成立, 且

$$\begin{aligned} &\Phi((c+id)x \otimes y + (c-id)y \otimes x + \mathbb{R}I_2) \\ \subseteq &(\varepsilon_2(x, c, d)c + i\varepsilon_3(x, c, d)d)u_x x \otimes U_x y \\ &+ (\varepsilon_2(x, c, d)c - i\varepsilon_3(x, c, d)d)U_x y \otimes U_x x + \mathbb{R}I_2, \end{aligned} \quad (3.1.22)$$

其中 $\varepsilon_1(x,a,b),\varepsilon_2(x,c,d),\varepsilon_3(x,c,d))\in\{-1,1\}$. 尤其, 利用式 (3.1.21), 不失一般性, 我们可设

$$\sigma(\Phi(A))=\sigma(A) \tag{3.1.23}$$

对所有 $A\in\mathbf{H}_2$ 成立. 所以, 当 $b=-a$(这等价于 $A\in\mathbf{H}_2^0$), 则有

$$x^2+w^2+v^2=a^2+c^2+d^2, \tag{3.1.24}$$

再由式 (3.1.20) 可得

$$x^2=a^2,\quad w^2=c^2,\quad v^2=d^2.$$

所以

$$x=\varepsilon_1 a,\quad w=\varepsilon_2 c,\quad v=\varepsilon_3 d$$

对 $\varepsilon_1,\varepsilon_2,\varepsilon_3\in\{-1,1\}$ 成立. 现在有

$$\Phi\left(\begin{pmatrix} a & c+id\\ c-id & b\end{pmatrix}\right)\in\begin{pmatrix}\varepsilon_1 a & \varepsilon_2 c+i\varepsilon_3 d\\ \varepsilon_2 c+i\varepsilon_3 d & \varepsilon_1 b\end{pmatrix}+\mathbb{R}I_2, \tag{3.1.25}$$

其中 $\varepsilon_1,\varepsilon_2,\varepsilon_3\in\{-1,1\}$. 所以断言 2 成立.

若需要则用 $\varepsilon_3(\Phi-f)$ 来代替 $\Phi$, 由断言 2 可知 $\varepsilon_3\equiv 1$ 且

$$\Phi(A)=\Phi\left(\begin{pmatrix} a & c+id\\ c-id & b\end{pmatrix}\right)=\begin{pmatrix}\varepsilon_1(A)a & \varepsilon_2(A)c+id\\ \varepsilon_2(A)c-id & \varepsilon_1(A)b\end{pmatrix} \tag{3.1.26}$$

对所有 $A\in\mathbf{H}_2$ 成立.

下面我们在集合 $\mathbf{H}_2^0$ 上讨论 $\varepsilon_1,\varepsilon_2$ 的形式.

令 $\mathcal{M}=\{A\in\mathbf{H}_2^0:\varepsilon_1(A)=\varepsilon_2(A)\}$ 且 $\mathcal{N}=\{B\in\mathbf{H}_2^0:\varepsilon_1(B)\neq\varepsilon_2(B)\}$.

**断言 3** 或者 $\mathcal{M}=\mathbf{H}_2^0$ 或者 $\mathcal{N}=\mathbf{H}_2^0$.

对于任意 $A=\begin{pmatrix} a & c+id\\ c-id & -a\end{pmatrix}, B=\begin{pmatrix} b & e+if\\ e-if & -b\end{pmatrix}\in\mathbf{H}_2^0$, 记 $\varepsilon_1=\varepsilon_j(A)$ 且 $\eta_j=\varepsilon_j(B)$, 计算可得

$$AB-BA=2\begin{pmatrix} i(de-cf) & ae-bc+i(af-bd)\\ -ae+bc+i(af-bd) & -i(de-cf)\end{pmatrix}$$

且

$$\begin{aligned}&\Phi(A)\Phi(B)-\Phi(B)\Phi(A)\\ =&2\begin{pmatrix} i(\eta_2 de-\varepsilon_2 cf) & \varepsilon_1\eta_2 ae-\varepsilon_2\eta_1 bc+i(\varepsilon_1 af-\eta_1 bd)\\ -\varepsilon_1\eta_2 ae+\varepsilon_2\eta_1 bc+i(\varepsilon_1 af-\eta_1 bd) & -i(\eta_2 de-\varepsilon_2 cf)\end{pmatrix}.\end{aligned}$$

由于 $w(\Phi(A)\Phi(B)-\Phi(B)\Phi(A))=w(AB-BA)$, 有

$$(\eta_2 de-\varepsilon_2 cf)^2+(\varepsilon_1\eta_2 ae-\varepsilon_2\eta_1 bc)^2+(\varepsilon_1 af-\eta_1 bd)^2 \\ =(de-cf)^2+(ae-bc)^2+(af-bd)^2,$$

即,

$$d^2e^2+c^2f^2+a^2f^2+b^2d^2-2df(\varepsilon_2\eta_2 ce+\varepsilon_1\eta_1 ab)-2\varepsilon_1\varepsilon_2\eta_1\eta_2 abce \\ =d^2e^2+c^2f^2+a^2f^2+b^2d^2-2df(ce+ab)-2abce,$$

这蕴涵

$$df(\varepsilon_2\eta_2 ce+\varepsilon_1\eta_1 ab)+\varepsilon_1\varepsilon_2\eta_1\eta_2 abce=df(ce+ab)+abce. \tag{3.1.27}$$

下面分情况讨论, 若 $\mathcal{M}$ 且 $\mathcal{N}$ 是非空的. 当 $ac=0$ 时, 则 $\varepsilon_1(A)=\varepsilon_2(A)$. 令 $\mathcal{Q}=\left\{A=\begin{pmatrix} a & c+id \\ c-id & -a \end{pmatrix}\in \mathbf{H}_2^0 : ac=0\right\}\subseteq \mathcal{M}\cap\mathcal{N}$. 若 $\mathcal{M}$ 且 $\mathcal{N}$ 是 $\mathcal{Q}$ 的子集, 则断言成立. 若 $\mathcal{M}$ 且 $\mathcal{N}$ 都不是 $\mathcal{Q}$ 的子集, 设 $\mathcal{N}_1=\mathcal{N}\setminus\mathcal{Q}$. 则 $\mathcal{N}_1$ 非空, 且 $B=\begin{pmatrix} b & e+if \\ e-if & -b \end{pmatrix}\in\mathcal{N}_1$. 所以 $be\neq 0$. 对于任意 $A=\begin{pmatrix} a & c+id \\ c-id & -a \end{pmatrix}\in\mathcal{M}$, $B=\begin{pmatrix} b & e+if \\ e-if & -b \end{pmatrix}\in\mathcal{N}$, 由 $\varepsilon_2=\varepsilon_1=\varepsilon\in\{-1,1\}$, $\eta_2=-\eta_1=\eta\in\{-1,1\}$ 以及式 (3.1.27) 可知

$$df\varepsilon\eta(ab-ce)-abce=df(ab+ce)+abce.$$

所以, 若 $\varepsilon\eta=1$, 则 $dfce=-abce$. 由 $dfc=-abc$, 若 $\varepsilon\eta=-1$, 则 $dfab=-abce$. 由 $be\neq 0$ 可知 $adf=-ace$.

设在 $\begin{pmatrix} b & e+if \\ e-if & -b \end{pmatrix}\in\mathcal{N}_1$ 中的 $f=0$, 则有 $ac=0$ 对所有 $\begin{pmatrix} a & c+id \\ c-id & -a \end{pmatrix}\in\mathcal{M}$ 成立. 这是一个矛盾. 所以对于所有 $B=\begin{pmatrix} b & e+if \\ e-if & -b \end{pmatrix}\in\mathcal{N}_1$, 有 $bef\neq 0$. 这蕴涵对任意 $A\in\mathcal{M}, B\in\mathcal{N}_1$,

$$\varepsilon(A)\varepsilon_1(B)=1,\quad c\neq 0\Rightarrow df=-ab;$$

$$\varepsilon(A)\varepsilon_1(B)=-1,\quad a\neq 0\Rightarrow df=-ce.$$

对于形如上述形式的矩阵 $A, B$, 取 $D=\begin{pmatrix} x & y+iz \\ y-iz & -x \end{pmatrix}\in\mathbf{H}_2^0$ 使得 $xyz\neq 0$, $\dfrac{z}{x}\notin\left\{\dfrac{d}{a},\dfrac{f}{b}\right\}$ 且 $\dfrac{z}{y}\notin\left\{\dfrac{d}{c},\dfrac{f}{e}\right\}$, 所以 $D\neq\mathcal{M}\cup\mathcal{N}=\mathbf{H}_2^0$. 这是一个矛盾. 所以 $\mathcal{M},\mathcal{N}$ 均为 $\mathbf{H}_2^0$ 的子集. 从而 $\mathcal{M}=\mathbf{H}_2^0$ 或者 $\mathcal{N}=\mathbf{H}_2^0$.

**断言 4** 若 $\mathcal{M} = \mathbf{H}_2^0$, 则 $\Phi$ 有 1° 中的形式; 若 $\mathcal{N} = \mathbf{H}_2^0$, 则 $\Phi$ 有 2° 中的形式.

在证明中我们仅讨论 $\mathcal{N} = \mathbf{H}_2^0$ 的情形, $\mathcal{M} = \mathbf{H}_2^0$ 的情形可以类似的证明.

令 $\mathcal{N}_+ = \{B \in \mathcal{N} : \varepsilon_1(B) = 1\}$ 且 $\mathcal{N}_- = \{B \in \mathcal{N} : \varepsilon_1(B) = -1\}$. 所以 $\mathbf{H}_2^0 = \mathcal{N} = \mathcal{N}_+ \cup \mathcal{N}_-$ 且 $\mathcal{N}_+ \cap \mathcal{N}_- = \left\{\begin{pmatrix} b & e+if \\ e-if & -b \end{pmatrix} \in \mathcal{N} : b = 0\right\}$.

注意到对任意 $B_1, B_2 \in \mathcal{N}_+$ 或者 $B_1, B_2 \in \mathcal{N}_-$, 总有 $w([B_1, B_2]) = w([\Phi(B_1), \Phi(B_2)])$. 若 $\mathcal{N}_+$ 和 $\mathcal{N}_-$ 其中之一等于 $\mathcal{N}_+ \cap \mathcal{N}_-$, 则 $B_j = \begin{pmatrix} b_j & e_j + if_j \\ e_j - if_j & -b_j \end{pmatrix} \notin \mathcal{N}_+ \cap \mathcal{N}_-$, 其中 $B_1 \in \mathcal{N}_+$ 且 $B_2 \in \mathcal{N}_-$, 由 (3.1.27) 可知

$$e_1 e_2 f_1 f_2 = -b_1 b_2 f_1 f_2.$$

现在若取 $B_j$ 使得 $f_j \neq 0$, 则

$$\frac{e_1}{b_1} = -\frac{b_2}{e_2}.$$

取 $D = \begin{pmatrix} x & y+iz \\ y-iz & -x \end{pmatrix} \in \mathbf{H}_2^0$, 其中 $xyz \neq 0$, $\frac{y}{x} \notin \left\{\frac{e_1}{b_1}, \frac{e_2}{b_2}\right\}$. 可验证 $D \notin \mathcal{N}_+ \cup \mathcal{N}_- = \mathbf{H}_2^0$, 这是一个矛盾. 所以或者 $f_1 = 0$ 对所有 $B_1 \in \mathcal{N}_+$ 成立或者 $f_2 = 0$ 对所有 $B_2 \in \mathcal{N}_-$ 成立. 这蕴涵 $\mathcal{N}_-$ 是 $\mathbf{H}_2^0$ 的实矩阵子集, 所以 $\Phi$ 有 2° 中的形式, 且 $\eta = 1$, $\mathcal{S} = \mathcal{N}_- \setminus \mathcal{N}_+$. 得证. □

## 3.2 应用: 改进量子不确定性原理

简单回顾现有量子不确定性原理与关系, 并借此介绍一些记号. Heisenberg 不确定性原理是[83]

$$\sigma_q \sigma_p \geqslant \frac{\hbar}{2}, \tag{3.2.1}$$

其中 $\sigma_q$ 与 $\sigma_p$ 分别表示位移算符 $\hat{q}$ 与动量算符 $\hat{p}$ 的标准差, $\hbar = \frac{1}{2}|\langle \hat{q}\hat{p} - \hat{p}\hat{q}\rangle|$ 是约化的普朗克常量. 对于一个量子可观测量 $A$, 它对纯态 $|x\rangle$ 的观测值是 $\langle A\rangle = \langle x|A|x\rangle$. Robertson 在 1929 年推广 Heisenberg 不确定性原理为下列形式: 对于任意可观测量 $A, B$ 以及纯态 $|x\rangle$,

$$\sigma_A \sigma_B \geqslant \frac{1}{2}|\langle [A, B]\rangle|, \tag{3.2.2}$$

其中 $[A, B] = AB - BA$,

$$\sigma_A = \sqrt{\langle A^2\rangle - \langle A\rangle^2}, \quad \sigma_B = \sqrt{\langle B^2\rangle - \langle B\rangle^2}$$

即 $A$ 与 $B$ 的标准差[176]. 另外一个更强的量子不确定性关系是由 Schrödinger 给出:

$$\sigma_A\sigma_B \geqslant \sqrt{\frac{1}{4}|\langle[A,B]\rangle|^2 + \left|\frac{1}{2}\langle\{A,B\}\rangle - \langle A\rangle\langle B\rangle\right|^2}, \tag{3.2.3}$$

其中 $\{A,B\} = AB + BA$[183].

对于混合态 $\rho$, 可观测量 $A$ 对混合态的测量值 $\langle A\rangle = \operatorname{tr}(A\rho)$ 且标准差 $\sigma_A = \sqrt{\langle A^2\rangle - \langle A\rangle^2} = \sqrt{\operatorname{tr}(A^2\rho) - \operatorname{tr}(A\rho)^2}$, 由于本节涉及的可观测量可以是无界的, 这里我们假设 $\operatorname{tr}(A\rho)$ 与 $\operatorname{tr}(A^2\rho)$ 是有限的. 需要指出的是 Robertson 与 Schrödinger 的不确定性关系对混合态也成立.

对于三个或三个以上的可观测量不确定性关系具有何种表达形式?

下面我们首先介绍一些量子力学三可观测量的不确定性关系例子. 事实上, 有些简单的数学方法可以使我们从两个可观测量不确定性关系得到三可观测量情形的关系. 譬如, 对三个可观测量 $A,B,C$, 利用 Robertson 的不确定性关系可得

$$\sigma_A^2\sigma_B^2\sigma_C^2 \geqslant \frac{1}{8}|\langle[A,B]\rangle\langle[B,C]\rangle\langle[A,C]\rangle|. \tag{3.2.4}$$

但是这类不确定性关系较弱, 原因是其下界不够大. 设 $A=\hat{q}, B=\hat{p}$ 且 $C=\hat{r}=-\hat{p}-\hat{q}$, 计算可得 $[p,q]=[q,r]=[r,p]=\frac{\hbar}{i}$, 所以

$$\sigma_q^2\sigma_p^2\sigma_r^2 \geqslant \left(\frac{\hbar}{2}\right)^3.$$

一个更紧凑的关系是

$$\sigma_q^2\sigma_p^2\sigma_r^2 \geqslant \left(\tau\frac{\hbar}{2}\right)^3, \tag{3.2.5}$$

其中 $\tau = \frac{2}{\sqrt{3}} > 1$[124].

另外, 对于 Pauli 矩阵 $X,Y,Z$. 由 $[X,Y]=2iZ$ 可知 $\frac{1}{2}|\langle[X,Y]\rangle| = |\langle Z\rangle|$. 类似有 $\frac{1}{2}|\langle[X,Z]\rangle| = |\langle Y\rangle|$ 且 $\frac{1}{2}|\langle[Y,Z]\rangle| = |\langle X\rangle|$. 所以有

$$\sigma_X^2\sigma_Y^2\sigma_Z^2 \geqslant |\langle X\rangle\langle Y\rangle\langle Z\rangle|.$$

但另一个更紧凑的关系是

$$\sigma_X^2\sigma_Y^2\sigma_Z^2 \geqslant \frac{8}{3\sqrt{3}}|\langle X\rangle\langle Y\rangle\langle Z\rangle|. \tag{3.2.6}$$

上述不等式等号成立是当 $\rho = \frac{1}{2}\left(I + \frac{1}{\sqrt{3}}X + \frac{1}{\sqrt{3}}Y + \frac{1}{\sqrt{3}}Z\right)$.

从上述的例子可见, 要想获得更强的多可观测量不确定性关系, 我们需要发展更巧妙的数学方法以改进相关不等式. 设 $A_1, A_2, \cdots, A_k$ 是 $k$ 个可观测量. 下面我

们将利用算子李积的数值半径性质获得 $\sigma_{A_1}\sigma_{A_2}\cdots\sigma_{A_k}$ 的更紧凑的一个下界, 从而获得一类新的量子不确定性关系.

我们提升量子不确定性原理的主要数学技巧是利用了算子李积 $[A, |x\rangle\langle x|]$ 的数值半径与 $A$ 对 $|x\rangle$ 的标准差相等的思想. 下面我们给出这一主要关系的证明.

**引理 3.2.1** 对于纯态 $|x\rangle$ 以及可观测量 $A$,

$$\sigma_A = \|[A, |x\rangle\langle x|]\| = w([A, |x\rangle\langle x|]).$$

**证明** 设纯态 $|x\rangle \in H$, $A$ 是其可观测量. 记 $A|x\rangle = \alpha|x\rangle + \beta|y\rangle$, 其中单位向量 $|y\rangle$ 与 $|x\rangle$ 正交. 因为 $A$ 是自伴算子, 所以 $\alpha = \langle x|A|x\rangle \in \mathbb{R}$. 进一步, 基于空间分解 $H = [x] \oplus [y] \oplus \{x, y, \}^{\perp}$, $A$ 与秩一投影 $|x\rangle\langle x|$ 的李积

$$[A, |x\rangle\langle x|] = \begin{pmatrix} 0 & -\bar{\beta} \\ \beta & 0 \end{pmatrix} \oplus 0.$$

注意到 $[A, |x\rangle\langle x|]^* = -[A, |x\rangle\langle x|]$, $[A, |x\rangle\langle x|]$ 是一个斜自伴算子. 所以 $W([A, |x\rangle\langle x|]) = i[-|\beta|, |\beta|]$, 且 $w([A, |x\rangle\langle x|]) = \|[A, x \otimes x]\| = |\beta|$. 所以

$$\begin{aligned} w([A, |x\rangle\langle x|])^2 &= \|[A, |x\rangle\langle x|]\| = |\beta|^2 \\ &= \|A|x\rangle - \langle x|A|x\rangle\, |x\rangle\|^2 \\ &= \langle x|(A - \langle x|A|x\rangle)^2|x\rangle \\ &= \langle x|A^2|x\rangle - (\langle x|A|x\rangle)^2 \\ &= \langle A^2\rangle - \langle A\rangle^2 = \sigma_A^2. \end{aligned}$$

因此 $\sigma_A = w([A, |x\rangle\langle x|]) = \|[A, |x\rangle\langle x|]\|$, 得证. □

由引理 3.2.1, 对于纯态 $|x\rangle$ 的可观测量 $A_1, A_2, \cdots, A_k$, 有

$$\prod_{j=1}^{k} \sigma_{A_j} = \prod_{j=1}^{k} \|[A_j, |x\rangle\langle x|]\| \geqslant \left\| \prod_{j=1}^{k} [A_j, |x\rangle\langle x|] \right\| \geqslant w\left( \prod_{j=1}^{k} [A_j, |x\rangle\langle x|] \right). \qquad (3.2.7)$$

注意到算子 $\prod_{j=1}^{k} \sigma_{A_j}$ 与可观测量的排列顺序无关, 但是 $w(\prod_{j=1}^{k}[A_j, |x\rangle\langle x|])$ 却与该顺序有关. 所以, 由 (3.2.7) 可得

$$\prod_{j=1}^{k} \sigma_{A_j} \geqslant \max_{\pi} w\left( \prod_{j=1}^{k} [A_{\pi(j)}, |x\rangle\langle x|] \right), \qquad (3.2.8)$$

其中最大值是取遍所有 $(1, 2, \cdots, k)$ 的置换 $\pi$. 所以, 要获得 $k$ 个可观测量的不确定性关系, 可转化为发现下列秩小于等于 2 的算子的数值半径不等式

$$D_k^{(\pi)} = \prod_{j=1}^{k} [A_{\pi(j)}, |x\rangle\langle x|]. \qquad (3.2.9)$$

$w(D_k^{(\pi)})$ 的值是可以准确计算的, 所以我们能够通过 (3.2.8) 获得新的不确定性关系. 为了便于讨论, 我们从 $\pi = \mathrm{id}$ 情形讨论. 也许有读者会问是否可以通过算子范数不等式来获得更强的不确定关系？事实上, 后面我们将说明利用数值半径不等式是更优的. 下面就是我们获得的主要结果. 注意到当 $\Lambda = \varnothing$ 时, 我们记 $\prod_{j\in\Lambda} a_j = 1$. 有趣的是, 我们的结果对可观测量个数是奇数或偶数情形下的形式并不相同.

**定理 3.2.2** 令 $A_1, A_2, \cdots, A_k$ 是 $k$ 个可观测量, 其中 $k \geqslant 2$.

(1) 若 $k = 2n$, 则

$$\prod_{j=1}^{2n} \sigma_{A_j} \geqslant \frac{1}{2}\left(\prod_{j=1}^{n-1} |\langle A_{2j}A_{2j+1}\rangle - \langle A_{2j}\rangle\langle A_{2j+1}\rangle|\right)(|\langle A_1A_{2n}\rangle - \langle A_1\rangle\langle A_{2n}\rangle| + \sigma_{A_1}\sigma_{A_{2n}}). \tag{3.2.10}$$

(2) 若 $k = 2n+1$, 则

$$\begin{aligned}\prod_{j=1}^{2n+1} \sigma_{A_j} \geqslant \frac{1}{2}\Bigg[&2\prod_{j=1}^{2n+1} |\langle A_jA_{j+1}\rangle - \langle A_j\rangle\langle A_{j+1}\rangle| \\ &+ \sigma_{A_1}^2 \prod_{j=1}^{n} |\langle A_{2j}A_{2j+1}\rangle - \langle A_{2j}\rangle\langle A_{2j+1}\rangle|^2 \\ &+ \sigma_{A_{2n+1}}^2 \prod_{j=1}^{n} |\langle A_{2j-1}A_{2j}\rangle - \langle A_{2j-1}\rangle\langle A_{2j}\rangle|^2\Bigg]^{\frac{1}{2}}.\end{aligned} \tag{3.2.11}$$

(3.2.10) 与 (3.2.11) 等号成立的条件是

$$\prod_{j=1}^{k} \|[A_j, |x\rangle\langle x|]\| = \left\|\prod_{j=1}^{k}[A_j, |x\rangle\langle x|]\right\| = w\left(\prod_{j=1}^{k}[A_j, |x\rangle\langle x|]\right). \tag{3.2.12}$$

若式 (3.2.12) 对某些可观测量 $A_1, A_2, \cdots, A_k$ 与某个态成立, 我们称定理中所述不确定性关系就是紧凑的. 在本节后面我们将讨论定理中不确定性关系的紧凑性问题.

为了证明定理 3.2.2, 我们需要下面的引理.

**引理 3.2.3** 设

$$E_1 = \begin{pmatrix} 0 & a & b \\ c & 0 & 0 \\ 0 & 0 & 0 \end{pmatrix}, \quad E_2 = \begin{pmatrix} 0 & a \\ c & 0 \end{pmatrix}.$$

则

$$w(E_1) = \frac{1}{2}\sqrt{|b|^2 + (|a| + |c|)^2}$$

且

$$w(E_2) = \frac{1}{2}(|a| + |c|).$$

**证明** 记 $ac = |ac|e^{2i\theta}$, 则 $\sigma(E_1) = \{\pm\sqrt{|ac|}e^{i\theta}, 0\}$. 因此 $W(E_1)$ 是一个以 $\{\pm\sqrt{|ac|}e^{i\theta}\}$ 为焦点的椭圆盘. 所以 $w(E_1)$ 是这个椭圆盘的长半轴.

令 $F = e^{-i\theta}E_1$, 则 $w(F) = w(E_1)$. 因为 $\sigma(F) = \{\pm\sqrt{|ac|}, 0\}$, 所以

$$w(F) = \|\mathrm{Re}(F)\|.$$

注意到

$$\sigma(\mathrm{Re}(F)) = \left\{0, \pm\frac{1}{2}\sqrt{|b|^2 + |ae^{-i\theta} + \bar{c}e^{i\theta}|^2}\right\}.$$

通过计算可得

$$|ae^{-i\theta} + \bar{c}e^{i\theta}|^2 = (|a| + |c|)^2.$$

所以

$$w(E_1) = w(F) = \frac{1}{2}\sqrt{|b|^2 + (|a| + |c|)^2}.$$

因此有

$$w(E_2) = \frac{1}{2}|ae^{-i\theta} + \bar{c}e^{i\theta}| = \frac{1}{2}(|a| + |c|).$$ □

**定理 3.2.2 的证明** 我们首先证明定理对于纯态成立, 然后推广到任意量子态情形.

对于 $k \geqslant 2$, 可观测量 $A_1, A_2, \cdots, A_k$, 令 $D_k = \prod_{j=1}^{k}[A_j, |x\rangle\langle x|]$, 其具有如下形式

$$D_k = a_k|x\rangle\langle x| + b_k|A_1x\rangle\langle x| + c_k|x\rangle\langle xA_k| + d_k|A_1x\rangle\langle xA_k|.$$

直接计算可得

$$\begin{cases} a_2 = -\langle A_1A_2\rangle, \\ b_2 = \langle A_2\rangle, \\ c_2 = \langle A_1\rangle, \\ d_2 = -1. \end{cases} \tag{3.2.13}$$

对于 $k \geqslant 3$, 由 $D_k = D_{k-1}[A_k, |x\rangle\langle x|]$ 可知

$$\begin{cases} a_k = a_{k-1}\langle A_k\rangle + c_{k-1}\langle A_{k-1}A_k\rangle, \\ b_k = b_{k-1}\langle A_k\rangle + d_{k-1}\langle A_{k-1}A_k\rangle, \\ c_k = -a_{k-1} - c_{k-1}\langle A_{k-1}\rangle, \\ d_k = -b_{k-1} - d_{k-1}\langle A_{k-1}\rangle. \end{cases} \tag{3.2.14}$$

取正交单位向量 $|y\rangle, |z\rangle$, 并使其满足 $\{|x\rangle, |y\rangle, |z\rangle\}$ 正交且

$$\begin{cases} |A_1x\rangle = \langle A_1\rangle|x\rangle + \sigma_{A_1}|y\rangle, \\ |A_kx\rangle = \langle A_k\rangle|x\rangle + \beta'|y\rangle + \gamma'|z\rangle. \end{cases}$$

则

$$\beta' = \sigma_{A_1}^{-1}(\langle A_1A_k\rangle - \langle A_1\rangle\langle A_k\rangle), \quad \sigma_{A_k} = \sqrt{|\beta'|^2 + |\gamma'|^2}, \tag{3.2.15}$$

且

$$\begin{aligned} D_k =&(a_k + b_k\langle A_1\rangle + c_k\langle A_k\rangle + d_k\langle A_1\rangle\langle A_k\rangle)|x\rangle\langle x| + (c_k + d_k\langle A_1\rangle)\bar{\beta}'|x\rangle\langle y| \\ &+ (c_k + d_k\langle A_1\rangle)\bar{\gamma}'|x\rangle\langle z| + (b_k + d_k\langle A_k\rangle)\sigma_{A_1}|y\rangle\langle x| \\ &+ d_k\sigma_{A_1}\bar{\beta}'|y\rangle\langle y| + d_k\sigma_{A_1}\bar{\gamma}'|y\rangle\langle z| \\ =&f_{11}^{(k)}|x\rangle\langle x| + f_{12}^{(k)}|x\rangle\langle y| + f_{13}^{(k)}|x\rangle\langle z| \\ &+ f_{21}^{(k)}|y\rangle\langle x| + f_{22}^{(k)}|y\rangle\langle y| + f_{23}^{(k)}|y\rangle\langle z|. \end{aligned} \tag{3.2.16}$$

注意到, 由 (3.2.14) 可知

$$\begin{aligned} f_{11}^{(k)} &= c_{k-1}(\langle A_{k-1}A_k\rangle - \langle A_{k-1}\rangle\langle A_k\rangle) + d_{k-1}(\langle A_1\rangle\langle A_{k-1}A_k\rangle - \langle A_1\rangle\langle A_{k-1}\rangle\langle A_k\rangle) \\ &= -f_{11}^{(k-2)}(\langle A_{k-1}A_k\rangle - \langle A_{k-1}\rangle\langle A_k\rangle) \end{aligned}$$

且

$$\begin{aligned} &c_k + d_k\langle A_1\rangle \\ &= -c_{k-2}(\langle A_{k-2}A_{k-1}\rangle - \langle A_{k-2}\rangle\langle A_{k-1}\rangle) \\ &\quad -d_{k-2}(\langle A_1\rangle\langle A_{k-2}A_{k-1}\rangle - \langle A_1\rangle\langle A_{k-2}\rangle\langle A_{k-1}\rangle) \\ &= -f_{11}^{(k-1)}, \end{aligned}$$

以及

$$d_k = -b_{k-1} - d_{k-1}\langle A_{k-1}\rangle = d_{k-2}(\langle A_{k-2}\rangle\langle A_{k-1}\rangle - \langle A_{k-2}A_{k-1}\rangle),$$

$$b_k + d_k\langle A_k\rangle = d_{k-1}(\langle A_{k-1}A_k\rangle - \langle A_{k-1}\rangle\langle A_k\rangle) = -d_{k+1}.$$

以上关系蕴涵

$$\begin{aligned} f_{11}^{(k)} &= -f_{11}^{(k-2)}(\langle A_{k-1}A_k\rangle - \langle A_{k-1}\rangle\langle A_k\rangle), \\ f_{12}^{(k)} &= -f_{11}^{(k-1)}\bar{\beta}', \\ f_{13}^{(k)} &= -f_{11}^{(k-1)}\bar{\gamma}', \\ f_{21}^{(k)} &= -d_{k+1}\sigma_{A_1} = (\langle A_{k-1}A_k\rangle - \langle A_{k-1}\rangle\langle A_k\rangle)f_{21}^{(k-2)}, \\ f_{22}^{(k)} &= d_k\sigma_{A_1}\bar{\beta}' = (\langle A_{k-2}A_{k-1}\rangle - \langle A_{k-2}\rangle\langle A_{k-1}\rangle)d_{k-2}\sigma_{A_1}\bar{\beta}', \\ f_{23}^{(k)} &= d_k\sigma_{A_1}\bar{\gamma}' = (\langle A_{k-2}A_{k-1}\rangle - \langle A_{k-2}\rangle\langle A_{k-1}\rangle)d_{k-2}\sigma_{A_1}\bar{\gamma}'. \end{aligned} \tag{3.2.17}$$

若 $\dim H \geqslant 3$, 可验证

$$D_2 = \begin{pmatrix} \langle A_1\rangle\langle A_2\rangle - \langle A_1A_2\rangle & 0 & 0 \\ 0 & -\sigma_{A_1}\beta' & -\sigma_{A_1}\gamma' \\ 0 & 0 & 0 \end{pmatrix} \oplus 0$$

且

$$D_3 = \begin{pmatrix} 0 & (\langle A_1A_2\rangle - \langle A_1\rangle\langle A_2\rangle)\beta' & (\langle A_1A_2\rangle - \langle A_1\rangle\langle A_2\rangle)\gamma' \\ (\langle A_2\rangle\langle A_3\rangle - \langle A_2A_3\rangle)\sigma_{A_1} & 0 & 0 \\ 0 & 0 & 0 \end{pmatrix} \oplus 0;$$

若 $\dim H = 2$,

$$D_2 = \begin{pmatrix} \langle A_1\rangle\langle A_2\rangle - \langle A_1A_2\rangle & 0 \\ 0 & -\sigma_{A_1}\sigma_{A_2} \end{pmatrix}$$

和

$$D_3 = \begin{pmatrix} 0 & (\langle A_1A_2\rangle - \langle A_1\rangle\langle A_2\rangle)\sigma_{A_2} \\ (\langle A_2\rangle\langle A_3\rangle - \langle A_2A_3\rangle)\sigma_{A_1} & 0 \end{pmatrix}.$$

注意到 $\dim H = 2$ 的情形等价于 $\gamma' = 0$. 所以最终 $D_2$ 和 $D_3$ 分别具有下列形式

$$\begin{pmatrix} * & 0 & 0 \\ 0 & * & 0 \\ 0 & 0 & 0 \end{pmatrix} \oplus 0 \tag{3.2.18}$$

和

$$\begin{pmatrix} 0 & * & 0 \\ * & 0 & 0 \\ 0 & 0 & 0 \end{pmatrix} \oplus 0. \tag{3.2.19}$$

所以由式 (3.2.17) 可知当 $k = 2n$, $D_{2n}$ 具有形式 (3.2.18); 当 $k = 2n+1$, $D_{2n+1}$ 具有形式 (3.2.19).

下面我们首先计算 $w(D_2)$. 易验证

$$\sigma_{A_1}\sigma_{A_2} \geqslant w(D_2) = \max\left\{|\langle A_1A_2\rangle - \langle A_1\rangle\langle A_2\rangle|, \frac{1}{2}|\langle A_1A_2\rangle - \langle A_1\rangle\langle A_2\rangle| + \frac{\sigma_{A_1}\sigma_{A_2}}{2}\right\}.$$

所以

$$\sigma_{A_1}\sigma_{A_2} \geqslant |\langle A\rangle\langle B\rangle - \langle AB\rangle| \tag{3.2.20}$$

且

$$w(D_2) = \frac{1}{2}(|\langle A_1A_2\rangle - \langle A_1\rangle\langle A_2\rangle| + \sigma_{A_1}\sigma_{A_2}).$$

若 $k=2n$, 由 (3.2.17) 可得

$$|f_{11}^{(2n)}|=|(\langle A_1A_2\rangle-\langle A_1\rangle\langle A_1\rangle)\cdots(\langle A_{k-1}A_k\rangle-\langle A_{k-1}\rangle\langle A_k\rangle)|. \tag{3.2.21}$$

因为 $D_{2n}$ 具有式 (3.2.18), 再利用 (3.2.17) 与 (3.2.20) 可知

$$\|D_{2n}\|=\max\left\{|f_{11}^{(2n)}|,\sqrt{|f_{22}^{(2n)}|^2+|f_{23}^{(2n)}|^2}\right\}=|d_{2n}|\sigma_{A_1}\sigma_{A_{2n}}$$

且

$$\begin{aligned}w(D_{2n})=&\max\left\{|f_{11}^{(2n)}|,\frac{1}{2}\left(|f_{22}^{(2n)}|+\sqrt{|f_{22}^{(2n)}|^2+|f_{23}^{(2n)}|^2}\right)\right\}\\=&\frac{1}{2}|d_{2n}|(|\langle A_1A_{2n}\rangle-\langle A_1\rangle\langle A_{2n}\rangle|+\sigma_{A_1}\sigma_{A_{2n}}).\end{aligned}$$

现在有 $d_2=-1$ 且

$$|d_{2n}|=|d_{2n-2}|\cdot|\langle A_{2n-2}A_{2n-1}\rangle-\langle A_{2n-2}\rangle\langle A_{2n-1}\rangle|.$$

这蕴涵

$$w(D_{2n})=\frac{1}{2}\left(\prod_{j=1}^{n-1}|\langle A_{2j}A_{2j+1}\rangle-\langle A_{2j}\rangle\langle A_{2j+1}\rangle|\right)(|\langle A_1A_{2n}\rangle-\langle A_1\rangle\langle A_{2n}\rangle|+\sigma_{A_1}\sigma_{A_{2n}}). \tag{3.2.22}$$

所以 $\prod_{j=1}^{2n}\sigma_{A_j}\geqslant w(D_{2n})$, (3.2.10) 对纯态成立.

若 $k=2n+1$, $D_{2n+1}$ 有 (3.2.19) 的形式. 利用引理 3.2.3 可知

$$\begin{aligned}w(D_{2n+1})=&\frac{1}{2}\sqrt{(|f_{12}^{(2n+1)}|+|f_{21}^{(2n+1)}|)^2+|f_{13}^{(2n+1)}|^2}\\=&\frac{1}{2}\sqrt{(|f_{11}^{(2n)}\beta'|+|d_{(2n+2)}|\sigma_{A_1})^2+|f_{11}^{(2n)}\gamma'|^2}\\=&\frac{1}{2}\sqrt{2|f_{11}^{(2n)}d_{(2n+2)}|\sigma_{A_1}\beta'|+|d_{(2n+2)}|^2\sigma_{A_1}^2+|f_{11}^{(2n)}|^2(|\beta'|^2+|\gamma'|^2)}.\end{aligned}$$

所以

$$w(D_{2n+1})=\frac{1}{2}\sqrt{2\pi_1\pi_2|\langle A_1A_{2n+1}\rangle-\langle A_1\rangle\langle A_{2n+1}\rangle|+\pi_2^2\sigma_{A_1}^2+\pi_1^2\sigma_{A_{2n+1}}^2}, \tag{3.2.23}$$

其中

$$\pi_1=\prod_{j=1}^{n}|\langle A_{2j-1}A_{2j}\rangle-\langle A_{2j-1}\rangle\langle A_{2j}\rangle|$$

且

$$\pi_2=\prod_{j=1}^{n}|\langle A_{2j}A_{2j+1}\rangle-\langle A_{2j}\rangle\langle A_{2j+1}\rangle|.$$

因此 $\prod_{j=1}^{2n+1}\sigma_{A_j}\geqslant w(D_{2n+1})$, 再由 (3.2.23) 知 (3.2.11) 对纯态成立.

下证定理 3.2.2 对任意满足 $|\mathrm{tr}(A_j\rho)|<\infty$ 且 $\mathrm{tr}(A_j^2\rho)<\infty$, $j=1,2,\cdots,k$ 的量子态 $\rho$ 成立. 为此, 用 $\mathcal{C}_2(H)$ 代表 $H$ 上 Hilbert-Schmidt 算子全体组成的空间, 其内积 $\langle T,S\rangle=\mathrm{tr}(T^*S)$. 在这个 Hilbert 空间中, 一个正算子 $\rho$ 是量子态当且仅当 $\sqrt{\rho}$ 是空间 $\mathcal{C}_2(H)$ 的单位向量. 对于 $H$ 上的自伴算子 $A$, 定义 $\mathcal{C}_2(H)$ 上线性变换 $L_A$ 为 $L_AT=AT$, 其中 $\mathrm{tr}(T^*A^2T)<\infty$. 由 $L_A^*=L_{A^*}=L_A$ 可知 $L_A$ 是自伴算子. 注意到

$$\langle A\rangle=\mathrm{tr}(A\rho)=\langle\sqrt{\rho}|L_A|\sqrt{\rho}\rangle=\langle L_A\rangle$$

且

$$\sigma_A=\sigma_{L_A},\quad \langle L_AL_B\rangle=\langle L_{AB}\rangle=\langle AB\rangle.$$

所以, 对 $L_{A_1},L_{A_2},\cdots,L_{A_k}$ 以及纯态 $|\sqrt{\rho}\rangle$ 利用 (3.2.7) 可知定理 3.2.2 对所有量子态成立. □

下面我们介绍定理 3.2.2 在 $k=2$ 情形的应用. 首先在 $k=2$ 情形的表达式如下.

**推论 3.2.4** 设 $A$ 与 $B$ 是对一个量子态的两个可观测量. 则

$$\sigma_A\sigma_B\geqslant|\langle AB\rangle-\langle A\rangle\langle B\rangle|. \tag{3.2.24}$$

下面我们将上述结果与 Robertson, Schrödinger 不确定性关系进行比较. 首先看到从形式上看我们的结果更简洁. 接下来验证我们的结果中的下界与 Schrödinger 不确定性关系中的下界是相等的. 但推论 3.2.4 中不确定性关系比 Robertson 不确定性原理更紧凑. 为说明这一事实, 记 $\langle A\rangle\langle B\rangle=r$, $\langle AB\rangle=s+it$, 其中 $s,t,r\in\mathbb{R}$. 则 $\langle BA\rangle=s-it$. 计算可得

$$|\langle AB\rangle-\langle A\rangle\langle B\rangle|=\sqrt{(s-r)^2+t^2},$$

$$\sqrt{\frac{1}{4}|\langle[A,B]\rangle|^2+\left|\frac{1}{2}\langle\{A,B\}\rangle-\langle A\rangle\langle B\rangle\right|^2}=\sqrt{(s-r)^2+t^2}$$

且

$$\frac{1}{2}|\langle[A,B]\rangle|=|t|.$$

所以有

$$\begin{aligned}\sigma_A\sigma_B&\geqslant|\langle A\rangle\langle B\rangle-\langle AB\rangle|\\&=\sqrt{\frac{1}{4}|\langle[A,B]\rangle|^2+\left|\frac{1}{2}\langle\{A,B\}\rangle-\langle A\rangle\langle B\rangle\right|^2}\\&\geqslant\frac{1}{2}|\langle[A,B]\rangle|.\end{aligned}\tag{3.2.25}$$

下面我们介绍并比较一类用其他不等式获得的多可观测量不确定性关系. 为此, 设 $A_1, A_2, \cdots, A_k$ 是一组可观测量.

若 $k = 2n$,

$$\begin{aligned}\prod_{j=1}^{k}\sigma_{A_j} &= \left(\prod_{j=1}^{n-1}(\sigma_{A_{2j}}\sigma_{A_{2j+1}})\right)(\sigma_{A_1}\sigma_{A_{2n}})\\ &\geqslant \left(\prod_{j=1}^{n-1}|\langle A_{2j}A_{2j+1}\rangle - \langle A_{2j}\rangle\langle A_{2j+1}\rangle|\right)|\langle A_1A_{2n}\rangle - \langle A_1\rangle\langle A_{2n}\rangle|\\ &\geqslant \frac{1}{2^n}\left(\prod_{j=1}^{n-1}|\langle[A_{2j}, A_{2j+1}]\rangle|\right)|\langle[A_1, A_{2n}]\rangle|,\end{aligned} \tag{3.2.26}$$

由于 $\sigma_{A_1}\sigma_{A_{2n}} \geqslant |\langle A_1A_{2n}\rangle - \langle A_1\rangle\langle A_{2n}\rangle|$, 上述不等式较 (3.2.10) 更弱.

若 $k = 2n + 1$, 再利用 (3.2.25) 可知

$$\begin{aligned}\prod_{j=1}^{k}\sigma_{A_j}^2 =&\left(\prod_{j=1}^{n}(\sigma_{A_{2j-1}}\sigma_{A_{2j}})\right)\left(\prod_{j=1}^{n}(\sigma_{A_{2j}}\sigma_{A_{2j+1}})\right)(\sigma_{A_1}\sigma_{A_{2n+1}})\\ \geqslant&\left(\prod_{j=1}^{n}|(\langle A_{2j-1}A_{2j}\rangle - \langle A_{2j-1}\rangle\langle A_{2j}\rangle)(\langle A_{2j}A_{2j+1}\rangle - \langle A_{2j}\rangle\langle A_{2j+1}\rangle)|\right)\\ &\cdot|\langle A_1A_{2n+1}\rangle - \langle A_1\rangle\langle A_{2n+1}\rangle|\\ \geqslant&\frac{1}{2^{2(2n+1)}}\left(\prod_{j=1}^{n}(|\langle[A_{2j-1}, A_{2j}]\rangle\langle[A_{2j}, A_{2j+1}]\rangle|)\right)|\langle[A_1, A_{2n+1}]\rangle|,\end{aligned} \tag{3.2.27}$$

由 $a^2 + b^2 \geqslant 2ab$ 且 $\sigma_{A_1}\sigma_{A_{2n+1}} \geqslant |\langle A_1A_{2n+1}\rangle - \langle A_1\rangle\langle A_{2n+1}\rangle|$ 可知上述不等式比 (3.2.11) 弱.

下面我们将对我们结论中关于三或四个可观测量的不确定性关系与现有的不确定性关系比较. 利用定理 3.2.2 我们可以得到如下推论.

**推论 3.2.5** 设 $A, B, C$ 是对量子态 $\rho$ 的可观测量, 则

$$\begin{aligned}\sigma_A^2\sigma_B^2\sigma_C^2 \geqslant&\frac{1}{4}(\sigma_C^2|\langle AB\rangle - \langle A\rangle\langle B\rangle|^2 + \sigma_A^2|\langle BC\rangle - \langle B\rangle\langle C\rangle|^2)\\ &+\frac{1}{2}|(\langle AB\rangle - \langle A\rangle\langle B\rangle)(\langle BC\rangle - \langle B\rangle\langle C\rangle)(\langle AC\rangle - \langle A\rangle\langle C\rangle)|.\end{aligned} \tag{3.2.28}$$

特别是在情形 $\sigma_A\sigma_C = |\langle AC\rangle - \langle A\rangle\langle C\rangle|$ 或者情形 $\langle AB\rangle = \langle A\rangle\langle B\rangle$ 或者情形 $\dim H = 2$, 有

$$\sigma_A\sigma_B\sigma_C \geqslant \frac{1}{2}(\sigma_A|\langle BC\rangle - \langle B\rangle\langle C\rangle| + \sigma_C|\langle AB\rangle - \langle A\rangle\langle B\rangle|). \tag{3.2.29}$$

下面计算对于可观测量是 Pauli 矩阵时, 以上两个不等式 (3.2.28) 与 (3.2.29) 的表达式.

**例 3.2.6** 令 $X,Y,Z$ 是三个 Pauli 矩阵, 即

$$X=\begin{pmatrix}0&1\\1&0\end{pmatrix},\qquad Y=\begin{pmatrix}0&-i\\i&0\end{pmatrix},\qquad Z=\begin{pmatrix}1&0\\0&-1\end{pmatrix}.$$

对于任意量子态 $\rho\in M_2(\mathbb{C})$, $\rho$ 具有表示

$$\rho=\frac{1}{2}(I_2+r_1X+r_2Y+r_3Z),$$

其中 Bloch 向量 $(r_1,r_2,r_3)^{\mathrm{T}}\in\mathbb{R}^3$ 且 $r_1^2+r_2^2+r_3^2\leqslant 1$; 进一步, $\rho$ 是纯态当且仅当 $r_1^2+r_2^2+r_3^2=1$. 注意到 $XY=iZ$, $YZ=iX$ 且 $\sigma_A^2=1-\langle A\rangle^2$, $\langle X^2\rangle=\langle Y^2\rangle=\langle Z^2\rangle=1$ 且 $(\langle X\rangle,\langle Y\rangle,\langle Z\rangle)=(r_1,r_2,r_3)$.

通过对 $X,Y,Z$ 应用 (3.2.29) 可知

$$\begin{aligned}&\sigma_X\sigma_Y\sigma_Z\\\geqslant&\frac{1}{2}(\sigma_X|i\langle X\rangle-\langle Y\rangle\langle Z\rangle|+\sigma_Z|i\langle Z\rangle-\langle X\rangle\langle Y\rangle|)\\=&\frac{1}{2}(\sqrt{(1-\langle X\rangle^2)(\langle X\rangle^2+\langle Y\rangle^2\langle Z\rangle^2)}+\sqrt{(1-\langle Z\rangle^2)(\langle Z\rangle^2+\langle X\rangle^2\langle Y\rangle^2)}\ ).\end{aligned}\tag{3.2.30}$$

显然 (3.2.30) 中的不确定性关系是紧凑的且等号成立当且仅当 $|r_1|=|r_3|=\dfrac{1}{\sqrt{2}}$ 且 $r_2=0$.

上述讨论也说明定理 3.2.2 中的不确定性关系对三个可观测量情形是紧凑的.

此外, 由推论 3.2.5 知

$$(1-\langle Z\rangle^2)(1-\langle X\rangle^2)\geqslant\langle Y\rangle^2+\langle X\rangle^2\langle Z\rangle^2,$$

所以

$$\begin{aligned}&\sigma_X^2\sigma_Y^2\sigma_Z^2\\\geqslant&\frac{1}{4}[(1-\langle X\rangle^2)(\langle X\rangle^2+\langle Y\rangle^2\langle Z\rangle^2)+(1-\langle Z\rangle^2)(\langle Z\rangle^2+\langle X\rangle^2\langle Y\rangle^2)]\\&+\frac{1}{2}\sqrt{(1-\langle Z\rangle^2)(1-\langle X\rangle^2)(\langle X\rangle^2+\langle Y\rangle^2\langle Z\rangle^2)(\langle Z\rangle^2+\langle X\rangle^2\langle Y\rangle^2)}\\\geqslant&\frac{1}{4}[(1-\langle X\rangle^2)(\langle X\rangle^2+\langle Y\rangle^2\langle Z\rangle^2)+(1-\langle Z\rangle^2)(\langle Z\rangle^2+\langle X\rangle^2\langle Y\rangle^2)]\\&+\frac{1}{2}\sqrt{(\langle Y\rangle^2+\langle X\rangle^2\langle Z\rangle^2)(\langle X\rangle^2+\langle Y\rangle^2\langle Z\rangle^2)(\langle Z\rangle^2+\langle X\rangle^2\langle Y\rangle^2)}\\\geqslant&\sqrt{(\langle Y\rangle^2+\langle X\rangle^2\langle Z\rangle^2)(\langle X\rangle^2+\langle Y\rangle^2\langle Z\rangle^2)(\langle Z\rangle^2+\langle X\rangle^2\langle Y\rangle^2)}\\\geqslant&2\sqrt{2}|\langle X\rangle\langle Y\rangle\langle Z\rangle|^{\frac{3}{2}}.\end{aligned}\tag{3.2.31}$$

特别是

$$\sigma_X^2\sigma_Y^2\sigma_Z^2\geqslant 2\sqrt{2}|\langle X\rangle\langle Y\rangle\langle Z\rangle|^{\frac{3}{2}}.\tag{3.2.32}$$

由于函数 $(1-r_1^2)(1-r_2^2)(1-r_3^2)$ 在 $|r_1|=|r_2|=|r_3|=\frac{1}{\sqrt{3}}$ 处取得最小值 $\frac{8}{27}$ 且当 $\rho=\frac{1}{2}I_2$ 时取得最大值 1, 所以总有

$$1 \geqslant \sigma_X^2\sigma_Y^2\sigma_Z^2=(1-r_1^2)(1-r_2^2)(1-r_3^2) \geqslant \frac{8}{27}.$$

此外, $|r_1r_2r_3|$ 在 $|r_1|=|r_2|=|r_3|=\frac{1}{\sqrt{3}}$ 取到最大值 $\frac{1}{3\sqrt{3}}$. (3.2.32) 可转化为

$$\sigma_X^2\sigma_Y^2\sigma_Z^2 \geqslant \frac{8\sqrt[4]{3}}{3}|\langle X\rangle\langle Y\rangle\langle Z\rangle|^{\frac{3}{2}}. \tag{3.2.33}$$

在上式中, 当 $|r_1|=|r_2|=r_3|=\frac{1}{\sqrt{3}}$, 不等式 (3.2.33) 等号成立, 所以是紧凑的.

下面我们对 (3.2.30), (3.2.6) 与 (3.2.33) 进行比较. 首先这三个不确定性关系都是紧凑的, (3.2.30) 具有明显的优点, 即, 就算某些 $\langle X\rangle,\langle Y\rangle,\langle Z\rangle$ 为零, 其 $\sigma_X\sigma_Y\sigma_Z$ 下界也可以是一个正数. 譬如当 $\langle Y\rangle=0$, 有

$$\sigma_X\sigma_Y\sigma_Z \geqslant \frac{1}{2}\left(\sqrt{(1-\langle X\rangle^2)\langle X\rangle^2}+\sqrt{(1-\langle Z\rangle^2)\langle Z\rangle^2}\right),$$

即 $\langle Y\rangle=\langle Z\rangle=0$, 所以

$$\sigma_X\sigma_Y\sigma_Z \geqslant \frac{1}{2}\sqrt{(1-\langle X\rangle^2)\langle X\rangle^2}.$$

然而此时 (3.2.6) 与 (3.2.33) 的下界都是零.

接下来我们讨论定理 3.2.2 对于四个可观测量的表达式.

**推论 3.2.7** 令 $A_1,A_2,A_3,A_4$ 是可观测量. 则

$$\begin{aligned}&\sigma_{A_1}\sigma_{A_2}\sigma_{A_3}\sigma_{A_4}\\ \geqslant&\frac{1}{2}|\langle A_2A_3\rangle-\langle A_2\rangle\langle A_3\rangle|(|\langle A_1A_4\rangle-\langle A_1\rangle\langle A_4\rangle|+\sigma_{A_1}\sigma_{A_4}).\end{aligned} \tag{3.2.34}$$

(3.2.34) 中的不确定性关系是紧凑的. 譬如我们考虑两体连续变量系统. 令

$$(A_1,A_4,A_2,A_3)=(\hat{q}_1,\hat{p}_1,\hat{q}_2,\hat{p}_2),$$

其中 $\hat{q}_i,\hat{p}_i$ 是第 $i$ 模系统上的位移和动量算符. 由于 Heisenberg 不确定性原理是紧凑的, 有下列不等式是紧凑的:

$$\begin{aligned}&\sigma_{q_1}\sigma_{p_1}\sigma_{q_2}\sigma_{p_2}\\ \geqslant&\frac{1}{2}|\langle\hat{q}_2\hat{p}_2\rangle-\langle\hat{q}_2\rangle\langle\hat{p}_2\rangle|(|\langle\hat{q}_1\hat{p}_1\rangle-\langle\hat{q}_1\rangle\langle\hat{p}_1\rangle|+\sigma_{q_1}\sigma_{p_4}).\end{aligned} \tag{3.2.35}$$

等号成立的充分必要条件是 $\rho=e$.

类似地考虑 $n$ 体系统的算符对 $(\hat{q}_1,\hat{p}_1,\hat{q}_2,\hat{p}_2,\cdots,\hat{q}_n,\hat{p}_n)$, 可得不确定性关系 (3.2.10) 是紧凑的.

这里有一个未解决问题是不确定性关系 (3.2.11) 对于 $k=2n+1\geqslant 5$ 是否是紧凑的.

最后我们说明相比数值半径, 由下列范数不等式不能得到更强的不确定性关系:

$$\prod_{j=1}^{k}\sigma_{A_j}\geqslant\|D_k\|. \tag{3.2.36}$$

当 $k=2n$, 则由 (3.2.17) 与 (3.2.18) 可得

$$\|D_{2n}\|=\sigma_{A_1}\sigma_{A_{2n}}\prod_{j=1}^{n-1}|\langle A_{2j}A_{2j+1}\rangle-\langle A_{2j}\rangle\langle A_{2j+1}\rangle|.$$

再由 (3.2.36) 可知

$$\prod_{j=2}^{2n-1}\sigma_{A_j}\geqslant\prod_{j=1}^{n-1}|\langle A_{2j}A_{2j+1}\rangle-\langle A_{2j}\rangle\langle A_{2j+1}\rangle|,$$

显然上式比 (3.2.10) 弱.

若 $k=2n+1$, 则由 (3.2.17) 与 (3.2.19) 可得

$$\begin{aligned}\|D_{2n+1}\|&=\max\left\{\sqrt{|f_{12}^{(2n+1)}|^2+|f_{13}^{(2n+1)}|^2},|f_{21}^{(2n+1)}|\right\}\\&=\max\left\{|f_{11}^{(2n)}|\sigma_{A_{2n+1}},|d_{2n+2}|\sigma_{A_1}\right\},\end{aligned}$$

所以

$$\prod_{j=1}^{2n}\sigma_{A_j}\geqslant\prod_{j=1}^{n}|\langle A_{2j-1}A_{2j}\rangle-\langle A_{2j-1}\rangle\langle A_{2j}\rangle|$$

或

$$\prod_{j=2}^{2n+1}\sigma_{A_j}\geqslant\prod_{j=1}^{n}|\langle A_{2j}A_{2j+1}\rangle-\langle A_{2j}\rangle\langle A_{2j+1}\rangle|,$$

也比 (3.2.11) 弱.

## 3.3 可观测量代数上保乘积数值半径的映射

回顾如果 $\mathcal{B}(H)$ 上的一个映射 $F$ 满足 $F(A)=F(UAU^*)$ 对于任意的酉算子 (共轭酉算子)$U$ 都成立, 则称映射 $F$ 是酉 (共轭酉) 相似不变映射; 如果映射 $F$ 满

足 $F(A) = F(UAV)$ 对于任意的酉算子 (共轭酉算子)$U, V$ 都成立, 则称映射 $F$ 是酉 (共轭酉) 不变映射. 注意到数值半径是一类酉相似不变函数. 算子的交叉范数就是一类酉不变函数. 本节首先刻画可观测量代数上保算子乘积或 Jordan 半三乘积数值半径的双射, 然后给出其上保算子乘积或 Jordan 半三乘积交叉范数双射的刻画, 比较两类问题的结果的不同.

以下为本节主要定理. 对于数值半径情形, 我们有如下定理.

**定理 3.3.1** 设 $H$ 是复 Hilbert 空间, $\dim H \geqslant 3$, $\mathcal{B}_s(H)$ 是 $H$ 上的可观测量代数, $\Phi : \mathcal{B}_s(H) \to \mathcal{B}_s(H)$ 是双射. 则下列情形等价:

(1) $w(\Phi(A)\Phi(B)) = w(AB)$ 对所有 $A, B \in \mathcal{B}_s(H)$ 成立.

(2) $w(\Phi(A)\Phi(B)\Phi(A)) = w(ABA)$ 对所有 $A, B \in \mathcal{B}_s(H)$ 成立.

(3) 存在酉算子或共轭酉算子 $U$ 和函数 $h : \mathcal{B}_s(H) \to \{1, -1\}$ 使得 $\Phi(T) = h(T)UTU^*$ 对所有 $T \in \mathcal{B}_s(H)$ 都成立.

下列定理中 $N$ 表示交叉算子范数.

**定理 3.3.2** 设 $H$ 是复 Hilbert 空间, $\dim H \geqslant 3$, $\mathcal{B}_s(H)$ 是 $H$ 上的可观测量代数, $\Phi : \mathcal{B}_s(H) \to \mathcal{B}_s(H)$ 是双射. 则 $\Phi$ 满足 $N(\Phi(A)\Phi(B)) = N(AB)$ 对所有 $A, B \in \mathcal{B}_s(H)$ 成立当且仅当存在酉算子或共轭酉算子 $U$ 和映射 $\phi : \mathcal{B}_s(H) \to \mathcal{U}(H)$ 使得 $\Phi(A) = U\phi(A)AU^*$ 对所有 $A \in \mathcal{B}_s(H)$ 成立, 其中 $\mathcal{U}(H)$ 是 $\mathcal{B}(H)$ 中酉算子群, 且 $\phi$ 满足 $\phi(A)A = A\phi(A)^*$ 和 $\phi(A)A^2 = A^2\phi(A)$ 以及 $N(\phi(A)A\phi(B)B) = N(AB)$.

**定理 3.3.3** 设 $H$ 是复 Hilbert 空间, $\dim H \geqslant 3$, $\mathcal{B}_s(H)$ 是 $H$ 上的可观测量代数, $\Phi : \mathcal{B}_s(H) \to \mathcal{B}_s(H)$ 是双射. 则 $\Phi$ 满足 $N(\Phi(A)\Phi(B)\Phi(A)) = N(ABA)$ 对所有 $A, B \in \mathcal{B}_s(H)$ 成立当且仅当存在酉算子或共轭酉算子 $U$ 和函数 $h : \mathcal{B}_s(H) \to \{-1, 1\}$ 使得 $\Phi(A) = h(A)UAU^*$ 对所有 $A \in \mathcal{B}_s(H)$ 成立.

从上述主要定理的表述, 我们看到可观测量代数上保算子乘积或 Jordan 半三乘积数值半径的双射具有相同的表达形式, 但其上保算子乘积或 Jordan 半三乘积的交叉范数双射形式并不相同. 这体现了作为酉相似不变函数的数值半径与作为酉不变函数的交叉范数对映射刻画影响的差异.

为了证明上述定理, 我们需要下面的引理. 在引理 3.3.4 中给出了任意的秩一算子的数值半径的一个较为简练的公式, 这个结果将在本章节中多处使用, 且具有独立的意义.

**引理 3.3.4** 令 $H$ 为实或复 Hilbert 空间，则对于任意的秩一算子 $T$，$T$ 的数值半径

$$w(T) = \frac{1}{2}(|\mathrm{tr}(T)| + \|T\|).$$

**证明** 我们通过讨论下列情形来完成证明.

若 $\langle x, f\rangle = 1$，取向量 $f_0 \in [x]^\perp$ 使得 $f = x + f_0$ 且有 $H = [x] \bigoplus [f_0] \bigoplus [x, f_0]^\perp$.

则

$$T = x \otimes f = \begin{pmatrix} 1 & \|f_0\|^2 \\ 0 & 0 \end{pmatrix} \oplus 0.$$

由于秩一算子 $T$ 的数值域为一椭圆, 且它的焦点分别是 1,0, 短半轴的长度为 $\dfrac{\|f_0\|^2}{2}$. 注意到 $1+\|f_0\|^2 = \|f\|^2$, 由算子数值半径的定义及几何意义, 得 $w(x\otimes f) = \dfrac{1}{2}(1+\|x\|\|f\|)$.

若 $\langle x, f\rangle \neq 0$,

$$\begin{aligned} w(x\otimes f) &= |\langle x, f\rangle| w\left(\frac{x}{\|x\|} \otimes \frac{\|x\|}{|\langle x, f\rangle|} f\right) = \frac{1}{2}|\langle x, f\rangle| \left(1 + \frac{\|x\|\|f\|}{|\langle x, f\rangle|}\right) \\ &= \frac{1}{2}(|\langle x, f\rangle| + \|x\|\|f\|). \end{aligned}$$

若 $\langle x, f\rangle = 0$, 令 $H = [x] \bigoplus [f] \bigoplus [x, f]^{\perp}$,

$$T = x \otimes f = \begin{pmatrix} 0 & \|x\|\|f\| \\ 0 & 0 \end{pmatrix} \oplus 0.$$

因此 $w(x\otimes f) = \dfrac{1}{2}\|x\|\|f\|$. 注意到 $x \otimes f$ 的迹为 $\langle x, f\rangle$. 我们完成了引理的证明. □

由上述引理, 所有范数相等的一秩幂等元或一秩幂零元都有相同的数值半径.

引理 3.3.5 给出了 $\mathcal{B}_s(H)$ 上的双边保算子零积双射的局部刻画, 这事实上就是本书定理 2.1.1, 所以在此给出结果叙述而不再详细证明. 注意到映射满足 $w(\Phi(A)\Phi(B)) = w(AB)$ 或 $N(\Phi(A)\Phi(B)) = N(AB)$, 必然双边保持算子的零积, 因此该结果是主要定理证明的基础.

**引理 3.3.5** 令 $H$ 为实或复 Hilbert 空间, $\dim H \geqslant 3$, 设 $\Phi: \mathcal{B}_s(H) \to \mathcal{B}_s(H)$ 为双射且双边保零积, 则

(1) 当 $H$ 是实空间时, 存在 $H$ 上的酉算子 $U$ 和函数 $h: \mathcal{B}_s(H) \to \mathbb{R}$ 使得 $\Phi(T) = h(T)UTU^{\mathrm{T}}$ 对任意的秩一算子 $T \in \mathcal{B}_s(H)$ 都成立.

(2) 当 $H$ 是复空间时, 存在 $H$ 上的酉算子或共轭酉算子 $U$ 和函数 $h: \mathcal{B}_s(H) \to \mathbb{R}$ 使得 $\Phi(T) = h(T)UTU^*$ 对任意的秩一算子 $T \in \mathcal{B}_s(H)$ 都成立.

注意到数值半径是酉相似不变的. 下面引理给出保持乘积酉相似不变函数映射的局部刻画.

**引理 3.3.6** 令 $H$ 为复 Hilbert 空间, $\dim H \geqslant 3$. 令 $F: \mathcal{B}(H) \to [0, +\infty]$ 满足:

(1) $F$ 是酉相似且共轭酉相似不变映射.

(2) 对于任意数 $\lambda$, 都有 $F(\lambda A) = |\lambda| F(A)$ 成立.

(3) $F(A) = 0 \Leftrightarrow A = 0$.

设 $\Phi:\mathcal{B}_s(H)\to\mathcal{B}_s(H)$ 为双射, 且满足 $F(\Phi(A)\Phi(B))=F(AB)$ 对于任意算子 $A,B\in\mathcal{B}_s(H)$ 都成立，则存在 $H$ 上的酉算子或共轭酉算子 $U$ 和函数 $h:\mathcal{B}_s(H)\to\{1,-1\}$ 使得 $\Phi(T)=h(T)UTU^*$ 对任意的秩一元 $T\in\mathcal{B}_s(H)$ 都成立.

**证明** 由函数 $F$ 的条件 (3), 以及 $F(\Phi(A)\Phi(B))=F(AB)$ 对于任意算子 $A,B\in\mathcal{B}_s(H)$ 都成立，知映射 $\Phi$ 双边保自伴算子的零积. 现在利用引理 3.3.5，知存在 $H$ 上的酉算子或共轭酉算子 $U$ 和函数 $h:\mathcal{B}_s(H)\to\mathbb{R}$ 使得 $\Phi(T)=h(T)UTU^*$ 对任意的秩一算子 $T\in\mathcal{B}_s(H)$ 都成立.

因此我们只需验证 $|h(A)|=1$ 对于任意秩一自伴算子 $A$ 都成立. 对任意的秩一算子 $x\otimes x,y\otimes y$，其中 $\|x\|=\|y\|=1$. 令

$$F(x\otimes xy\otimes y)=|\langle x,y\rangle|F(x\otimes y)=\alpha_0,$$

则

$$\begin{aligned}\alpha_0&=F(\Phi(x\otimes x)\Phi(y\otimes y))=F(h(x\otimes x)h(y\otimes y)|\langle Ux,Uy\rangle|Ux\otimes Uy)\\&=\|h(x\otimes x)h(y\otimes y)\||\langle Ux,Uy\rangle|F(Ux\otimes Uy).\end{aligned}$$

因此

$|h(x\otimes x)|=|h(y\otimes y)|^{-1}\Rightarrow|h(x\otimes x)|=1$，对任意单位向量 $x\in H$ 都成立.

对于任意秩一自伴算子 $T$，存在 $x\in H$，其中 $\|x\|=1$，与 $\lambda\in\mathbb{R}$ 使得 $T=\lambda x\otimes x$，

$$F(\lambda x\otimes xx\otimes x)=F(\lambda x\otimes x)=|\lambda||h(x\otimes x)|F(Ux\otimes Ux)$$

且

$$\begin{aligned}F(\lambda x\otimes xx\otimes x)&=|h(\lambda x\otimes x)||h(x\otimes x)||\langle U\mu x,Ux\rangle|F(U\mu x\otimes Ux)\\&=|h(\lambda x\otimes x)||\lambda||Ux\otimes Ux||F(Ux\otimes Ux)|(\lambda x\otimes x\mu x\otimes\mu x).\end{aligned}$$

所以 $h(T)=h(\lambda x\otimes x)=1$. □

接下来的引理, 利用算子乘积的数值半径性质给出了两个可观测量线性相关的充分必要条件.

**引理 3.3.7** 令 $H$ 是复 Hilbert 空间且 $A,B\in\mathcal{B}(H)$ 是自伴算子. 若

$$|\langle Ax,x\rangle|+\|Ax\|\|x\|=|\langle Bx,x\rangle|+\|Bx\|\|x\| \tag{3.3.1}$$

对所有 $x\in H$ 成立, 则 $A=\pm B$.

**证明** 由等式 (3.3.1) 可知,

$$2|\langle Bx,x\rangle|\leqslant|\langle Bx,x\rangle|+\|Bx\|\|x\|\leqslant 2\|Ax\|\|x\|\leqslant 2\|A\|\|x\|^2,$$

有 $\|B\|\leqslant\|A\|$. 进而由 $A,B$ 的对称性可知 $\|B\|=\|A\|$. 不失一般性, 可设 $\|A\|=\|B\|=1$.

**断言 1** 首先处理空间是可分的情形, 即, $\dim H < \infty$ 时引理成立.

注意到, 此时, $A$ 的谱集 $\sigma(A)$ 是至多可数集合且聚点只可能为 0. 因此存在相互正交的投影 $P_i$ 使得 $A = \sum_{i=1}^{n} \alpha_i P_i$, 且满足当 $i < j$ 时 $|\alpha_i| \geqslant |\alpha_j|$, 令 $H = \bigoplus_{i=1}^{n} H_i$, 其中 $H_i = P_i(H)$, $I_i$ 表示 $H_i$ 上的单位算子. 对任意单位向量 $x \in H_1$, 有 $|\langle Ax, x\rangle| = \|Ax\| = |\alpha_1|\|x\| = \|A\| = \|B\|$. 由等式 (3.3.1) 可知,

$$2|\alpha_1|\|x\|^2 = |\langle Bx, x\rangle| + \|Bx\|\|x\|.$$

所以 $|\langle Bx, x\rangle| = \|B\|$, 这说明存在满足 $|\delta_x| = \|B\|$ 的正数 $\delta_x$ 使得 $Bx = \delta_x x$ 对所有 $x \in H_1$ 成立. 因此 $H_1$ 是算子 $B$ 的不变子空间且 $B = B_1 \oplus B_1'$ 满足 $B_1 = B|_{H_1}$ 和 $B_1 = \xi_1 \alpha_1 I_1$, 其中 $\xi_1 = 1$ 或 $-1$. 相似地, 考虑 $B_1'$ 和 $A_1' = \sum_{i=2}^{n} \alpha_i P_i$, 可得 $H_2$ 是 $B$ 的不变子空间且 $B_2 = B|_{H_2} = \xi_2 \alpha_2 I_2$. 重复上述讨论, 可得 $H_i$ 是 $B$ 的不变子空间对每个 $i$ 都成立且 $B|_{H_i} = \xi_i \alpha_i I_i$ 满足 $\xi_i = 1$ 或 $-1$. 因此可设 $B = \sum_{i=1}^{n} \xi_i \alpha_i P_i$. 下面我们断言 $\xi_i = \xi_1$ 对所有 $i$ 都成立. 反设 $\xi_1 = 1$ 但 $\xi_i = -1$. 取 $x = x_1 + x_i$, 其中 $x_1 \in H_1$ 且 $x_i \in H_i$ 满足 $\|x_1\| = \|x_i\| = 1$. 则有

$$\|Bx\| = \|Ax\|.$$

但是

$$|\langle Ax, x\rangle| = |\alpha_1 + \alpha_i| \neq |\alpha_1 - \alpha_i| = |\langle Bx, x\rangle|,$$

这与等式 (3.3.1) 矛盾. 所以 $B = \pm A$.

接下来我们处理任意维情形.

**断言 2** 若 $B \geqslant 0$ 或 $B \leqslant 0$, 且 $A \geqslant 0$ 或 $A \leqslant 0$, 则 $A = \pm B$.

由等式 (3.3.1), 且不妨设 $A \geqslant 0$ 且 $B \geqslant 0$, 则有

$$\langle Ax, x\rangle + \|Ax\|\|x\| = \langle Bx, x\rangle + \|Bx\|\|x\|. \tag{3.3.2}$$

令 $T = A - B$. 则 $T$ 是自伴算子且 $\|T\| \leqslant 2$. 所以 $T$ 的谱 $\sigma(T) \subseteq [-2, 2]$. 记 $E_T$ 为 $T$ 的谱投影, 且令 $H_+ = \int_{[0,2]} dE_T$, $H_- = \int_{[-2,0)} dE_T$. 则 $H = H_+ \oplus H_-$, 且关于这一空间分解我们有 $A = \begin{pmatrix} A_1 & C \\ C^* & A_2 \end{pmatrix}$ 且 $B = \begin{pmatrix} B_1 & C \\ C^* & B_2 \end{pmatrix}$, 其中 $A_i \geqslant 0$, $B_i \geqslant 0$ 且

$$T = A - B = \begin{pmatrix} A_1 - B_1 & 0 \\ 0 & A_2 - B_2 \end{pmatrix}.$$

下证 $A_i - B_i = 0$, $i = 1, 2$. 否则, 不失一般性, 可设 $A_1 - B_1 \neq 0$, 则由 $A_1 \geqslant B_1$ 知存在单位向量 $x \in H_+$ 使得 $\langle A_1^2 x, x\rangle > \langle B_1^2 x, x\rangle$. 由式 (3.3.2), 有

$$\begin{aligned}\langle A_1 x, x\rangle + (\|A_1 x\|^2 + \|C^* x\|^2)^{\frac{1}{2}} &= \langle Ax, x\rangle + \|Ax\| \\ = \langle Bx, x\rangle + \|Bx\| &= \langle B_1 x, x\rangle + (\|B_1 x\|^2 + \|C^* x\|^2)^{\frac{1}{2}},\end{aligned}$$

但是 $\langle A_1x, x\rangle \geqslant \langle B_1x, x\rangle$, $\|A_1x\|^2 = \langle A_1^2x, x\rangle > \langle B_1^2x, x\rangle = \|B_1x\|^2$, 矛盾. 所以 $A_1 = B_1$. 类似可得 $A_2 = B_2$. 即, $A = B$.

**断言 3** 若 $B \geqslant 0$ 或者 $B \leqslant 0$, 则 $A = \pm B$.

不失一般性, 可设 $B \geqslant 0$. 由断言 2 的讨论, 我们只需验证当 $A$ 的谱中至少有一对互异点谱的情形结论成立即可, 此时, 存在空间分解 $H = H_1 \oplus H_2$ 使得 $A = \begin{pmatrix} A_1 & 0 \\ 0 & -A_2 \end{pmatrix}$, 其中 $A_i \geqslant 0$ 且 $A_i \neq 0$, $i = 1, 2$. 可设 $0 < \|A_2\| \leqslant \|A_1\| = 1$. 同理, $B = \begin{pmatrix} B_1 & B_{12} \\ B_{12}^* & B_2 \end{pmatrix}$. 由 $B \geqslant 0$ 可知 $B_i \geqslant 0$, $i = 1, 2$.

取 $\{x_n\}_{n=1}^{\infty} \subset H_1$ 且 $\{y_n\}_{n=1}^{\infty} \subset H_2$ 使得

$$\lim_{n\to\infty} \|A_1x_n\| = 1, \quad \lim_{n\to\infty} \|A_2y_n\| = \|A_2\|,$$

则由等式 (3.3.1) 可知

$$2 \geqslant \lim_{n\to\infty} (|\langle Bx_n, x_n\rangle| + \|Bx_n\|) = \lim_{n\to\infty} (|\langle A_1x_n, x_n\rangle| + \|A_1x_n\|) = 2,$$

所以

$$\lim_{n\to\infty} \langle B_1x_n, x_n\rangle = \lim_{n\to\infty} \|Bx_n\| = 1.$$

因此当 $n \to \infty$ 时有

$$\|B_1^{\frac{1}{2}}x_n\| \to 1, \quad \|B_{12}^*x_n\| \to 0. \tag{3.3.3}$$

因为 $B \geqslant 0$ 且 $n \to \infty$ 时

$$\langle B_2y_n, y_n\rangle + \|By_n\| = \langle A_2y_n, y_n\rangle + \|A_2y_n\| \to 2\|A_2\|,$$

必要时我们可选取其子序列代替原来的序列使得

$$\begin{aligned} &\lim_{n\to\infty} \langle B_2y_n, y_n\rangle = \gamma \leqslant 1, \quad \lim_{n\to\infty} \|By_n\| = \beta \leqslant 1, \\ &\lim_{n\to\infty} \|B_2y_n\| = \beta_1 \leqslant 1, \quad \lim_{n\to\infty} \|B_{12}y_n\| = \beta_2 \leqslant 1, \end{aligned} \tag{3.3.4}$$

其中

$$\gamma + \beta = 2\|A_2\|, \quad \beta_1^2 + \beta_2^2 = \beta^2. \tag{3.3.5}$$

因此对于任意数 $0 < \varepsilon < \|A_2\|$, 存在 $N_\varepsilon$ 使得

$$\min\{\|A_1x_n\|, \|A_1^{\frac{1}{2}}x_n\|, \|B_1x_n\|, \|B_1^{\frac{1}{2}}x_n\|\} > 1 - \varepsilon$$

且当 $n \geqslant N_\varepsilon$ 时

$$\min\{\|A_2y_n\|, \|A_2^{\frac{1}{2}}y_n\|\} > \|A_2\| - \varepsilon.$$

因此对于任意 $n$, 存在 $t_n \in (0,1)$ 使得 $z_n = t_n x_n + \sqrt{1-t_n^2} y_n$, $z_n$ 满足 $\langle Az_n, z_n\rangle = 0$. 所以若 $n \geqslant N_\varepsilon$, 可得

$$\|A_2\| - \varepsilon \leqslant \frac{t_n^2}{1-t_n^2} = \frac{\langle A_2 y_n, y_n\rangle}{\langle A_1 x_n, x_n\rangle} \leqslant \frac{\|A_2\|}{1-\varepsilon}.$$

这说明

$$\frac{\|A_2\| - \varepsilon}{1 + \|A_2\| - \varepsilon} \leqslant t_n^2 \leqslant \frac{\|A_2\|}{1 + \|A_2\| - \varepsilon}.$$

因此 $\{t_n\}$ 的极限是

$$t_0 = \lim_{n\to\infty} t_n = \sqrt{\frac{\|A_2\|}{1+\|A_2\|}}. \tag{3.3.6}$$

现在

$$\begin{aligned}|\langle Az_n, z_n\rangle| + \|Az_n\| = \|Az_n\| &= \sqrt{t_n^2\|A_1x_n\|^2 + (1-t_n^2)\|A_2y_n\|^2} \\ &\to \sqrt{t_0^2 + (1-t_0^2)\|A_2\|^2}\end{aligned} \tag{3.3.7}$$

且由等式 (3.3.3)—(3.3.5) 可得当 $n\to\infty$ 时,

$$\begin{aligned}\langle Bz_n, z_n\rangle &= t_n^2\langle B_1x_n, x_n\rangle + t_n\sqrt{1-t_n^2}\langle B_{12}y_n, x_n\rangle \\ &\quad + t_n\sqrt{1-t_n^2}\langle x_n, B_{12}y_n\rangle + (1-t_n^2)\langle B_2y_n, y_n\rangle \\ &\to t_0^2 + (1-t_0^2)\gamma = t_0^2 + (1-t_0^2)(2\|A_2\| - \beta).\end{aligned} \tag{3.3.8}$$

此时考虑 $\|Bz_n\|$, 利用引理 3.3.4 的结论和式 (3.3.4) 可知, $\lim_{n\to\infty}\|B_1^s x_n\| = 1$ 对所有 $s > 0$ 成立. 再由 (3.3.1) 得

$$\begin{aligned}2 \geqslant &|\langle AB_1x_n, B_1x_n\rangle| + \|AB_1x_n\|\|B_1x_n\| \\ =&|\langle BB_1x_n, B_1x_n\rangle| + \|BB_1x_n\|\|B_1x_n\| \\ =&\|B_1^{\frac{3}{2}}x_n\|^2 + (\|B_1^2x_n\|^2 + \|B_{12}^*B_1x_n\|^2)^{\frac{1}{2}}\|B_1x_n\|,\end{aligned}$$

上式说明

$$\lim_{n\to\infty}\|B_{12}^*B_1x_n\| = 0. \tag{3.3.9}$$

所以由式 (3.3.3)—(3.3.5) 与 (3.3.9) 可得当 $n\to\infty$ 时

$$\begin{aligned}\|Bz_n\|^2 = &t_n^2\|B_1x_n\|^2 + (1-t_n^2)\|B_{12}y_n\|^2 \\ &+ 2t_n\sqrt{1-t_n^2}\mathrm{Re}\langle B_{12}^*B_1x_n, y_n\rangle + t_n^2\|B_{12}^*x_n\|^2 \\ &+ (1-t_n^2)\|B_2y_n\|^2 + 2t_n\sqrt{1-t_n^2}\mathrm{Re}\langle B_{12}^*x_n, B_2y_n\rangle \\ \to &t_0^2 + (1-t_0^2)\beta_2^2 + (1-t_0^2)\beta_1^2 = t_0^2 + (1-t_0^2)\beta^2.\end{aligned} \tag{3.3.10}$$

再联合式 (3.3.1), (3.3.7), (3.3.8) 和 (3.3.10) 可知

$$\sqrt{t_0^2+(1-t_0^2)\|A_2\|^2}=t_0^2+(1-t_0^2)(2\|A_2\|-\beta)+\sqrt{t_0^2+(1-t_0^2)\beta^2}.$$

比较式 (3.3.6) 且由 $\beta\leqslant 2\|A_2\|$, 可知

$$\begin{aligned}0&=3\|A_2\|-\beta+\sqrt{1+\|A_2\|}\sqrt{\|A_2\|+\beta^2}-(1+\|A_2\|)\sqrt{\|A_2\|}\\&=(2\|A_2\|-\beta)+(\|A_2\|-\|A_2\|^{\frac{3}{2}})+(\sqrt{1+\|A_2\|}\sqrt{\|A_2\|+\beta^2}-\sqrt{\|A_2\|})>0,\end{aligned}$$

矛盾. 所以 $A\geqslant 0$ 或者 $A\leqslant 0$. 现在利用断言 2 可知 $A=\pm B$.

**断言 4** 若存在 $\beta_i\in\sigma(B)(i=1,2)$ 使得 $\beta_1\in(0,1]$ 且 $\beta_2\in[-1,0)$, 则有 $A=\pm B$.

由断言 2,3, 我们不妨设 $A$ 至少有两个互异谱. 因此可设 $A=\begin{pmatrix}A_1 & 0\\ 0 & -A_2\end{pmatrix}$, 其中 $0\leqslant A_i\in\mathcal{B}(H_i)$ $(i=1,2)$, $\|A_1\|=1$, 且 $\|A_2\|>0$. 相应地, 我们记 $B=\begin{pmatrix}B_{11} & B_{12}\\ B_{12}^* & B_{22}\end{pmatrix}$. 下证 $B_{12}=0$.

类似于断言 3 的证明, 取单位向量序列 $\{x_n\}_{n=1}^{\infty}\subset H_1$ 使得

$$\lim_{n\to\infty}\|A_1x_n\|=1.$$

则由式 (3.3.1) 可知

$$2\geqslant\lim_{n\to\infty}(|\langle Bx_n,x_n\rangle|+\|Bx_n\|)=\lim_{n\to\infty}(|\langle A_1x_n,x_n\rangle|+\|A_1x_n\|)=2,$$

所以

$$\lim_{n\to\infty}\langle B_{11}x_n,x_n\rangle=\lim_{n\to\infty}\|Bx_n\|=1,\ \lim_{n\to\infty}\|B_{12}^*x_n\|=0. \tag{3.3.11}$$

对所有满足 $\langle A_2y,y\rangle=\alpha_1\neq 0$ 的向量 $y\in H_2$, 有 $\alpha_1\leqslant\|A_2y\|=\alpha_2\leqslant\sqrt{\alpha_1}$, 且由等式 (3.3.1) 得

$$|\langle B_{22}y,y\rangle|+(\|B_{22}y\|^2+\|B_{12}y\|^2)^{\frac{1}{2}}=\alpha_1+\alpha_2.$$

记

$$\gamma=|\langle B_{22}y,y\rangle|,\quad \beta_1=\|B_{22}y\|,\quad \beta_2=\|B_{12}y\|,\quad \beta=(\beta_1^2+\beta_2^2)^{\frac{1}{2}}.$$

则

$$0<2\gamma\leqslant\gamma+\beta=\alpha_1+\alpha_2\leqslant 2\alpha_2\leqslant 2\sqrt{\alpha_1}. \tag{3.3.12}$$

现对所有 $n$, 存在 $z_n=t_nx_n+\sqrt{1-t_n^2}y(t_n\in(0,1))$ 使得 $\langle Az_n,z_n\rangle=0$. 同时由于 $\dfrac{t_n^2}{1-t_n^2}=\dfrac{\langle A_2y,y\rangle}{\langle A_1x_n,x_n\rangle}=\dfrac{\alpha_1}{\langle A_1x_n,x_n\rangle}$, 也有

$$t_0=\lim_{n\to\infty}t_n=\sqrt{\frac{\alpha_1}{1+\alpha_1}}. \tag{3.3.13}$$

因此

$$\begin{aligned}|\langle Az_n, z_n\rangle| + \|Az_n\| = \|Az_n\| &= \sqrt{t_n^2\|A_1x_n\|^2 + (1-t_n^2)\|A_2y\|^2} \\ &\to \sqrt{t_0^2 + (1-t_0^2)\alpha_2^2}.\end{aligned} \tag{3.3.14}$$

且由式 (3.3.11)—(3.3.12) 知当 $n\to\infty$ 时有

$$\begin{aligned}\langle Bz_n, z_n\rangle &= t_n^2\langle B_{11}x_n, x_n\rangle + t_n\sqrt{1-t_n^2}\langle B_{12}y, x_n\rangle \\ &\quad + t_n\sqrt{1-t_n^2}\langle x_n, B_{12}y\rangle + (1-t_n^2)\langle B_{22}y, y\rangle \\ &\to t_0^2 \pm (1-t_0^2)\gamma.\end{aligned} \tag{3.3.15}$$

注意到若 $T$ 自伴, 取 $x_n\in H$ 满足 $\|x_n\|=1$, 且使得 $\lim_{n\to\infty}\langle Tx_n, x_n\rangle = \|T\|$, 则对于任意正数 $k$ 有 $\lim_{n\to\infty}\langle T^kx_n, x_n\rangle = \|T\|^k$. 事实上可设 $\|T\|=1$, $1\in\sigma(T)$, $T=\int_{-1}^{1}\lambda dE_T$ 是 $T$ 的谱积分. 令 $H_+=\int_{[0,1]}dE_T$, $H_-=\int_{[-1,0)}dE_T$ 且 $T_\pm = T|_{H_\pm}$. 则 $x_n = x_n'\oplus y_n$, 其中 $x_n'\in H_+$ 且 $y_n\in H_-$. 当 $n\to\infty$ 时, 有

$$1\geqslant \langle T_+x_n', x_n'\rangle \geqslant \langle T_+x_n', x_n'\rangle - \langle T_-y_n, y_n\rangle = \langle Tx_n, x_n\rangle \to 1.$$

这说明当 $n\to\infty$ 时,

$$\langle T_+x_n', x_n'\rangle \to 1,\ \|x_n'\|\to 1.$$

所以 $\|y_n\|\to 0$. 取 $\varepsilon_n>0$, 满足 $1>\varepsilon_n\to 0$ 且 $\langle T_+x_n', x_n'\rangle > 1-\varepsilon_n$. 令 $H_n = \int_{1-\sqrt{\varepsilon_n}}^{1}dE_T$, 则 $x_n' = w_n + v_n$ 满足 $w_n\in H_n$ 且 $v_n\in H_n^\perp\ominus H_-$. 因此

$$\begin{aligned}1-\varepsilon_n &< \langle T_+x_n', x_n'\rangle \leqslant \langle T_+w_n, w_n\rangle + \langle T_+v_n, v_n\rangle \\ &\leqslant \|w_n\|^2 + (1-\sqrt{\varepsilon_n})\|v_n\|^2 = \|x_n'\|^2 - \sqrt{\varepsilon_n}\|v_n\|^2 \leqslant 1-\sqrt{\varepsilon_n}\|v_n\|^2.\end{aligned}$$

所以

$$\|v_n\|^2 < \sqrt{\varepsilon_n}.$$

进而 $\lim_{n\to\infty}\|v_n\|=0$, $\lim_{n\to\infty}\|w_n\|=1$, $\lim_{n\to\infty}\langle T_+w_n, w_n\rangle=1$. 故 $\lim_{n\to\infty}\|T_+^s w_n\| = 1$ 对所有 $s>0$ 成立. 特别地

$$\lim_{n\to\infty}\langle T^kx_n, x_n\rangle = \lim_{n\to\infty}\langle T_+^k w_n, w_n\rangle = \lim_{n\to\infty}\|T_+^{\frac{k}{2}}w_n\| = 1.$$

运用上述结论于 $B_{11}$ 且由式 (3.3.11), 有

$$\lim_{n\to\infty}\langle B_{11}^3x_n, x_n\rangle = \lim_{n\to\infty}\langle B_{11}^4x_n, x_n\rangle = 1.$$

因此

$$\begin{aligned}2 &\geqslant |\langle AB_{11}x_n, B_{11}x_n\rangle| + \|AB_{11}x_n\|\|B_{11}x_n\| \\ &= |\langle BB_{11}x_n, B_{11}x_n\rangle| + \|BB_{11}x_n\|\|B_{11}x_n\| \\ &= \langle B_{11}^3x_n, x_n\rangle + (\langle B_{11}^4x_n, x_n\rangle + \|B_{12}^*B_{11}x_n\|^2)^{\frac{1}{2}}\|B_{11}x_n\|,\end{aligned}$$

所以可得

$$\lim_{n\to\infty}\|B_{12}^*B_{11}x_n\| = 0.$$

因此当 $n\to\infty$ 时可得

$$\begin{aligned}\|Bz_n\|^2 &= t_n^2\|B_{11}x_n\|^2 + (1-t_n^2)\|B_{12}y\|^2 \\ &\quad + 2t_n\sqrt{1-t_n^2}\mathrm{Re}\langle B_{12}^*B_{11}x_n, y\rangle + t_n^2\|B_{12}^*x_n\|^2 \\ &\quad + (1-t_n^2)\|B_{22}y\|^2 + 2t_n\sqrt{1-t_n^2}\mathrm{Re}\langle B_{12}^*x_n, B_{22}y\rangle \\ &\to t_0^2 + (1-t_0^2)\beta_2^2 + (1-t_0^2)\beta_1^2 = t_0^2 + (1-t_0^2)\beta^2. \end{aligned} \tag{3.3.16}$$

再由式 (3.3.1), (3.3.14)—(3.3.16) 可得

$$\sqrt{t_0^2+(1-t_0^2)\alpha_2^2} = t_0^2 \pm (1-t_0^2)\gamma + \sqrt{t_0^2+(1-t_0^2)\beta^2}.$$

反设 $\langle B_{22}y, y\rangle = \gamma$ 对某个单位向量 $y$ 成立, 则有

$$f_+ = \alpha_1 + \gamma + \sqrt{1+\alpha_1}(\sqrt{\alpha_1+\beta^2} - \sqrt{\alpha_1+\alpha_2^2}\,) = 0.$$

注意到由式 (3.3.12) 可知若 $\gamma \leqslant \alpha_1$ 则有 $\beta \geqslant \alpha_2$ 且 $f_+ > 0$; 若 $\gamma > \alpha_1$ 则有 $\beta < \alpha_2$ 且

$$\begin{aligned}&(\sqrt{\alpha_1+\beta^2} + \sqrt{\alpha_1+\alpha_2^2}\,)f_+ \\ &= (\sqrt{\alpha_1+\beta^2} + \sqrt{\alpha_1+\alpha_2^2}\,)(2\alpha_1+\alpha_2-\beta) - \sqrt{1+\alpha_1}(\alpha_2^2-\beta^2) \\ &> (\beta+\alpha_2)(2\alpha_1+\alpha_2-\beta) - (1+\sqrt{\alpha_1})(\alpha_2^2-\beta^2) \\ &= (\beta+\alpha_2)(2\alpha_1 - \sqrt{\alpha_1}\alpha_2 + \sqrt{\alpha_1}\beta) \\ &= (\alpha_2+\beta)\sqrt{\alpha_1}(\sqrt{\alpha_1}-\alpha_2+\sqrt{\alpha_1}+\beta) > 0,\end{aligned}$$

所以由 $\beta < \alpha_2 \leqslant \sqrt{\alpha_1}$ 可得 $f_+ > 0$, 矛盾. 因此我们有 $\langle B_{22}y, y\rangle = -\gamma \leqslant 0$ 对所有 $y \in H_2$ 成立, 即 $B_{22} \leqslant 0$. 若 $\gamma = -\langle B_{22}y, y\rangle < \langle A_2y, y\rangle = \alpha_1$ 对于某个单位向量

$y \in H_2$ 成立, 则 $|t_0^2-(1-t_0^2)\gamma| = \dfrac{\alpha_1}{1+\alpha_1} - \dfrac{\gamma}{1+\alpha_1}$ 且

$$\sqrt{t_0^2+(1-t_0^2)\alpha_2^2} = t_0^2 \pm (1-t_0^2)\gamma + \sqrt{t_0^2+(1-t_0^2)\beta^2},$$

所以

$$f_- = \alpha_1 - \gamma + \sqrt{1+\alpha_1}(\sqrt{\alpha_1+\beta^2} - \sqrt{2\alpha_1}\ ) = 0.$$

然而由式 (3.3.12) 可知 $\beta > \alpha_2$ 且因此 $f_- > 0$, 矛盾. 因此 $-\langle B_{22}y, y\rangle \geqslant \langle A_2 y, y\rangle$ 对所有 $y \in H_2$ 成立, 进而 $-B_{22} \geqslant A_2 \geqslant 0$. 另一方面由式 (3.3.12), 有

$$\|B_{22}y\|^2 \leqslant \|B_{12}y\|^2 + \|B_{22}y\|^2 = \beta^2 \leqslant \alpha_2^2 = \|A_2 y\|^2$$

对所有单位向量 $y \in H_2$ 都成立, 则有 $B_{22}^2 \leqslant A_2^2$, 即 $-B_{22} \leqslant A_2$. 综上

$$B_{22} = -A_2.$$

现在我们可由式 (3.3.1) 得到 $B_{12} = 0$. 因此 $B = \begin{pmatrix} B_{11} & 0 \\ 0 & -A_2 \end{pmatrix}$. 由于 $A_1$ 和 $B_{11}$ 限制在 $H_1$ 上满足 (3.3.1), 则由断言 3 可知 $B_{11} = A_1$. 所以 $B = A$. □

**引理 3.3.8** 令 $H$ 为复 Hilbert 空间, $\dim H \geqslant 3$. 令 $F: \mathcal{B}(H) \to [0, +\infty]$ 满足:

(1) $F$ 是酉相似且共轭酉相似不变映射.

(2) 对于任意数 $\lambda$, 都有 $F(\lambda A) = |\lambda| F(A)$ 成立.

(3) $F(A) = 0 \Leftrightarrow A = 0$.

设 $\Phi: \mathcal{B}_s(H) \to \mathcal{B}_s(H)$ 为双射, 若 $F(\Phi(A)\Phi(B)\Phi(A)) = F(ABA)$ 对于任意 $A, B \in \mathcal{B}_s(H)$ 都成立, 则存在 $H$ 上的酉算子或共轭酉算子 $U$ 和函数 $h: \mathcal{B}_s(H) \to \{1, -1\}$ 使得 $\Phi(T) = h(T)UTU^*$ 对任意的秩一算子 $T \in \mathcal{B}_s(H)$ 都成立.

**证明** 由函数 $F$ 的条件 (3), 以及 $F(\Phi(A)\Phi(B)\Phi(A)) = F(ABA)$ 对于任意算子 $A, B \in \mathcal{B}_s(H)$ 都成立, 知映射 $\Phi$ 双边保自伴算子的 Jordan 半三乘零积. 由文献 [37] 可知, 存在 $H$ 上的酉算子或共轭酉算子 $U$ 和函数 $h: \mathcal{B}_s(H) \to \mathbb{R}$ 使得下列陈述之一成立:

(i) $\Phi(T) = h(T)UTU^*$ 对任意的具有至少两个不同符号的谱点的算子 $T \in \Omega$ 都成立.

(ii) $\ker \Phi(T) = \ker UTU^*$ 且 $\mathrm{ran}\Phi(T) = \mathrm{ran}UTU^*$. 特别地, 存在 $H$ 上的酉算子或共轭酉算子 $U$ 和函数 $h: \mathcal{B}_s(H) \to \mathbb{R}$ 使得 $\Phi(T) = h(T)UTU^*$ 对任意的秩一算子 $T \in \mathcal{B}_s(H)$ 都成立.

下面我们断言 $|h(A)| = 1$ 对于任意秩一自伴算子 $A$ 都成立. 对于任意秩一投影算子 $x \otimes x, y \otimes y$, $\|x\| = \|y\| = 1$ 且 $\langle x, y\rangle \neq 0$, 则有

$$F(x \otimes xy \otimes yx \otimes x) = |\langle x, y\rangle|^2 F(x \otimes x) = \alpha_0,$$

$$\begin{aligned}\alpha_0 &= F(\Phi(x\otimes x)\Phi(y\otimes y)\Phi(x\otimes x))\\ &= F(h(x\otimes x)^2 h(y\otimes y)|\langle Ux,Uy\rangle|^2 Ux\otimes Ux)\\ &= |h(x\otimes x)^2 h(y\otimes y)||\langle Ux,Uy\rangle|^2 F(Ux\otimes Ux).\end{aligned}$$

注意到

$$F(Ux\otimes Ux)=F(x\otimes x),$$

通过比较得到

$$|h(x\otimes x)|^2|h(y\otimes y)|=1.$$

现取 $x=y$，得 $|h(x\otimes x)|=1$. 对于任意 $T\in\mathcal{S}_1(H)$，知存在向量 $x\in H$，$\|x\|=1$ 且 $\lambda\in R$ 使得 $T=\lambda x\otimes x$. 所以有

$$F(\lambda x\otimes xx\otimes xx\otimes x)=F(\lambda x\otimes x)=|\lambda||h(x\otimes x)|F(Ux\otimes Ux),$$

且

$$F(x\otimes x\lambda x\otimes xx\otimes x)=|h(\lambda x\otimes x)||h(x\otimes x)|^2|\lambda|F(Ux\otimes Ux).$$

比较以上两式，得到 $h(T)=h(\lambda x\otimes x)=1$. □

下面我们证明定理 3.3.1.

**定理 3.3.1 的证明** (3) ⇒ (1), (3) ⇒ (2) 易证. 只证 (1) ⇒ (3), (2) ⇒ (3).

首先验证 (1) ⇒ (3). 由于数值半径是酉且共轭相似不变函数, 所以映射 $\Phi$ 满足引理 3.3.6 的假设. 因此存在酉或共轭酉算子 $U$ 和函数 $h':\mathcal{B}_s(H)\to\{1,-1\}$ 使得 $\Phi(T)=h'(T)UTU^*$ 对所有秩一算子 $T\in\mathcal{B}_s(H)$ 成立. 定义 $\Psi:\mathcal{B}_s(H)\to\mathcal{B}_s(H)$ 为 $\Psi(A)=h'(A)U^*\Phi(A)U$. 显然, $\Psi$ 仍然保算子乘积的数值半径且 $\Psi(T)=T$ 对所有秩一算子 $T\in\mathcal{B}_s(H)$ 成立. 所以可得 $w(Ax\otimes x)=w(\Psi(A)x\otimes x)$ 对所有 $x\in H$ 和 $A\in\mathcal{B}_s(H)$ 都成立. 由引理 3.3.4 的结论计算可得

$$|\langle Ax,x\rangle|+\|Ax\|\|x\|=|\langle\Psi(A)x,x\rangle|+\|\Psi(A)x\|\|x\|$$

对所有 $x\in H$ 成立. 利用引理 3.3.7 的结论于 $A,\Psi(A)$, 有 $\Psi(A)=\xi_A A$ 对所有 $A\in\mathcal{B}_s(H)$ 成立, 其中 $\xi_A\in\{-1,1\}$. 令 $h(A)=h'(A)\xi_A$, 可得 (3) 成立.

(2) ⇒ (3) 可由引理 3.3.8 以及类似于 (1) ⇒ (3) 的讨论得到. □

接下来我们给出定理 3.3.2 与定理 3.3.3 的证明, 在此之前, 我们需要下面的引理. 注意到一个酉不变函数必是酉相似不变，反之不然. 由引理 3.3.6 得到下面的引理.

**引理 3.3.9** 令 $H$ 为复 Hilbert 空间，$\dim H\geqslant 3$. 令 $G:\mathcal{B}(H)\to[0,+\infty]$ 满足:

(1) $G$ 是酉且共轭酉不变映射.

(2) 对于任意数 $\lambda$，都有 $G(\lambda A)=|\lambda|G(A)$ 成立.

(3) $G(A)=0\Leftrightarrow A=0$.

设 $\Phi:\mathcal{B}_s(H)\to\mathcal{B}_s(H)$ 为双射满足 $G(\Phi(A)\Phi(B))=G(AB)$ 对于任意算子 $A,B\in\mathcal{B}_s(H)$ 都成立，则存在 $H$ 上的酉算子或共轭酉算子 $U$ 和函数 $h:\mathcal{B}_s(H)\to\{1,-1\}$ 使得 $\Phi(T)=h(T)UTU^*$ 对任意秩一元 $T\in\mathcal{B}_s(H)$ 都成立.

令 $N$ 表示交叉算子范数.

**引理 3.3.10** 令 $H$ 为复 Hilbert 空间，$\dim H\geqslant 3$，设 $\Phi:\mathcal{B}_s(H)\to\mathcal{B}_s(H)$ 为双射, 且满足 $N(\Phi(A)\Phi(B))=N(AB)$ 对于任意 $A,B\in\mathcal{B}_s(H)$ 都成立，则存在 $H$ 上的酉算子或共轭酉算子 $U$ 和函数 $h:\mathcal{B}_s(H)\to\{1,-1\}$ 使得 $\Phi(T)=h(T)UTU^*$ 对任意的秩一算子 $T\in\mathcal{B}_s(H)$ 都成立.

类似于引理 3.3.8 的证明, 我们有如下引理.

**引理 3.3.11** 令 $H$ 为复 Hilbert 空间，$\dim H\geqslant 3$. 令 $G:\mathcal{B}(H)\to[0,+\infty]$ 满足:

(1) $G$ 是酉且共轭酉不变映射.

(2) 对于任意数 $\lambda$，都有 $G(\lambda A)=|\lambda|G(A)$ 成立.

(3) $G(A)=0\Leftrightarrow A=0$.

设 $\Phi:\mathcal{B}_s(H)\to\mathcal{B}_s(H)$ 为双射, 若 $G(\Phi(A)\Phi(B)\Phi(A))=G(ABA)$ 对于任意算子 $A,B\in\mathcal{B}_s(H)$ 都成立，则存在 $H$ 上的酉算子或共轭酉算子 $U$ 和函数 $h:\mathcal{B}_s(H)\to\{1,-1\}$ 使得 $\Phi(T)=h(T)UTU^*$ 对任意的秩一自伴算子 $T$ 都成立.

令 $N$ 表示交叉算子范数, 由上述引理我们得如下定理.

**引理 3.3.12** 令 $H$ 为复 Hilbert 空间，$\dim H\geqslant 3$，设 $\Phi:\mathcal{B}_s(H)\to\mathcal{B}_s(H)$ 为双射，若 $N(\Phi(A)\Phi(B)\Phi(A))=N(ABA)$ 对于任意 $A,B\in\mathcal{B}_s(H)$ 都成立，则存在 $H$ 上的酉算子或共轭酉算子 $U$ 和函数 $h:\mathcal{B}_s(H)\to\{1,-1\}$ 使得 $\Phi(T)=h(T)UTU^*$ 对任意的秩一算子 $T\in\mathcal{B}_s(H)$ 都成立.

**定理 3.3.2 的证明** 充分性显然, 只需验证必要性. 首先由引理 3.3.11 知存在 $H$ 上的酉算子或共轭酉算子 $U$ 和函数 $h:\mathcal{B}_s(H)\to\{1,-1\}$ 使得 $\Phi(T)=h(T)UTU^*$ 对任意的秩一算子 $T\in\mathcal{B}_s(H)$ 都成立. 令 $\Psi(A)=h(A)^{-1}U^*\Phi(A)U$ 对于任意 $A\in\mathcal{B}_s(H)$ 都成立. 可知，映射 $\Psi$ 与 $\Phi$ 有相同的性质，对于任意算子 $A\in\mathcal{B}_s(H)$，我们有 $N(Ax\otimes x)=N(\Psi(A)x\otimes x)$，且 $\Psi(A)=A$ 对于任意秩一自伴算子 $A$ 成立. 所以，由算子交叉范数的定义，知 $\|\Psi(A)x\|=\|Ax\|$ 对于任意向量 $x\in H$ 都成立. 进一步由 $\Psi(A)$ 与 $A$ 的自伴性得到 $\Psi(A)^2=A^2$.

令 $U_A:Ax\mapsto\Psi(A)x$，则 $U_A$ 可延拓为整个空间上的酉算子. 因此有 $\Psi(A)=U_AA$ 且 $U_AA=AU_A$. 定义 $\phi:\mathcal{B}_s(H)\to\mathcal{U}(H)$, $A\mapsto h(A)U_A$, $h:\mathcal{B}_s(H)\to\mathbb{R}\backslash\{0\}$, 则有 $|h(A)|=1$. 进一步, $\phi(A)A=A\phi(A)^*$，$\phi(A)A^2=A^2\phi(A)$ 以及 $N(\phi(A)A\phi(B)B)=N(AB)$, 所以 $\Phi$ 具有定理的形式. □

**定理 3.3.3 的证明** 充分性显然, 只验证必要性. 由引理 3.3.12 知存在 $H$ 上

的酉算子或共轭酉算子 $U$ 和函数 $h:\mathcal{B}_s(H)\to\{1,-1\}$ 使得 $\Phi(T)=h(T)UTU^*$ 对任意的秩一自伴算子 $T$ 都成立. 令 $\Psi(A)=h(A)^{-1}U^*\Phi(A)U$，则映射 $\Psi$ 与 $\Phi$ 有相同的性质. 对于任意算子 $A\in\mathcal{B}_s(H)$，我们有 $N(Ax\otimes xA)=N(\Psi(A)x\otimes x\Psi(A))$，且 $\Psi(A)=A$ 对于任意秩一算子 $A$ 都成立. 由交叉范数的定义，注意到秩一算子的交叉范数等于其算子的范数，则有 $\|\Psi(A)x\|=\|Ax\|$ 对于任意的向量 $x\in H$ 都成立. 由 $\Psi(A)$ 与 $A$ 的自伴性，知 $\Psi(A)^2=A^2$ 对于任意算子 $A\in\mathcal{B}_s(H)$ 都成立.

下面我们只需验证 $\Psi(T)=T$ 或 $-T$. 令 $\mathcal{S}_1=\{T\in\mathcal{B}_s(H):T$ 至少有两个异号的谱点$\}$，并且 $\mathcal{S}_2=\mathcal{B}_s(H)\backslash\mathcal{S}_1$，由文献 [37] 可知

$$\Psi(\mathcal{S}_1)=\mathcal{S}_1,$$

$$\Psi(\mathcal{S}_2)=\mathcal{S}_2.$$

对于任意算子 $T\in\mathcal{B}_s(H)$，若 $T\in\mathcal{S}_1$，$\Psi(T)=T$. 同时，若 $T\in\mathcal{S}_2$，由 $\Psi(T)^2=T^2$，且算子集合 $\mathcal{S}_2$ 的定义，知 $\Psi(T)=T$ 或 $-T$. □

## 3.4 可观测量代数上保因子乘积数值域的映射

本节给出可观测量代数上保因子乘积数值域的满射, 下面是主要结果.

**定理 3.4.1** 设 $H$ 是复 Hilbert 空间, $\mathcal{B}_s(H)$ 是 $H$ 上的可观测量代数, $\Phi:\mathcal{B}_s(H)\to\mathcal{B}_s(H)$ 是满射, $\xi,\eta\in\mathbb{C}\setminus\{1\}$. 则 $\Phi$ 满足

$$W(AB-\xi BA)=W(\Phi(A)\Phi(B)-\eta\Phi(B)\Phi(A)) \tag{3.4.1}$$

对所有 $A,B\in\mathcal{B}_s(H)$ 成立, 当且仅当存在酉算子或共轭酉算子使得 $\Phi(A)=UAU^*$ 对所有 $A\in\mathcal{B}_s(H)$ 成立或者 $\Phi(A)=-UAU^*$ 对所有 $A\in\mathcal{B}_s(H)$ 成立.

为证明主要结果, 需要以下引理. 证明这一引理的思想来源于 [55].

**定理 3.4.2** 设 $A\in\mathcal{B}_s(H)$, $A\geqslant 0$ 且 $W(A)=[0,t]$ 对于某个正数 $t$ 成立. 则

(I) 若 $A=tP$ 对于某个秩一投影 $P$ 成立, 则 $\{Z\geqslant 0|YZ-\alpha ZY=0\}\subseteq\{Z\geqslant 0|AZ-\alpha ZA=0\}$ 对满足 $W(YA-\alpha AY)=[0,\beta](\beta\in\mathbb{C})$ 成立的所有正算子 $Y$ 以及复数 $\alpha\in\mathbb{C}\setminus\{1\}$ 都成立.

(II) 若存在某个复数 $\alpha\in\mathbb{C}\setminus\{1\}$ 使得 $\{Z\geqslant 0|YZ-\alpha ZY=0\}\subseteq\{Z\geqslant 0|AZ-\alpha ZA=0\}$ 对满足 $W(YA-\alpha AY)=[0,\beta]$ ( $\beta\in\mathbb{C}$) 成立的所有正算子 $Y$ 都成立, 则 $A=tQ$ 对于某个秩一投影 $Q$ 成立.

**证明** 首先证明 (I). 若 $A=tP$ 对于秩一投影 $P=x\otimes x$ 成立, 可取空间分解 $H=[x]\oplus[x]^{\perp}$, 则有 $A=\begin{pmatrix} t & 0\\ 0 & 0\end{pmatrix}$. 此时正算子 $Y=\begin{pmatrix} y_{11} & Y_{12}\\ Y_{21} & Y_{22}\end{pmatrix}$, 其中

$Y_{12}=Y_{21}^*$ 且 $y_{11}\geqslant 0$, 则对于任意 $\alpha\in\mathbb{C}\setminus\{1\}$,

$$\begin{aligned}[0,\beta]=W(YA-\alpha AY)=&W\left(\begin{pmatrix} y_{11} & Y_{12}\\ Y_{21} & Y_{22}\end{pmatrix}\begin{pmatrix} t & 0\\ 0 & 0\end{pmatrix}\right.\\ &\left.-\alpha\begin{pmatrix} t & 0\\ 0 & 0\end{pmatrix}\begin{pmatrix} y_{11} & Y_{12}\\ Y_{21} & Y_{22}\end{pmatrix}\right)\\ =&W\left(\begin{pmatrix} (1-\alpha)ty_{11} & -\alpha tY_{12}\\ tY_{21} & 0\end{pmatrix}\right).\end{aligned}$$

再由 $\beta\neq 0$ 可得 $[0,1]=W\left(\begin{pmatrix} \dfrac{(1-\alpha)ty_{11}}{\beta} & -\dfrac{\alpha tY_{12}}{\beta}\\ \dfrac{tY_{21}}{\beta} & 0\end{pmatrix}\right)$. 则 $\begin{pmatrix} \dfrac{(1-\alpha)ty_{11}}{\beta} & -\dfrac{\alpha tY_{12}}{\beta}\\ \dfrac{tY_{21}}{\beta} & 0\end{pmatrix}$ $\geqslant 0$, 进而有 $Y_{12}=Y_{21}=0$ 且 $\dfrac{1-\alpha}{\beta}>0$. 所以存在正数 $\gamma$ 使得 $Y=\gamma\oplus Y_0$, 其中 $Y_0\geqslant 0$.

如果正算子 $Z=\begin{pmatrix} z_{11} & Z_{12}\\ Z_{21} & Z_{22}\end{pmatrix}(Z_{12}=Z_{21}^*)$ 满足 $YZ-\alpha ZY=0$, 则有

$$\begin{aligned}0=YZ-\alpha ZY&=\begin{pmatrix} \gamma & 0\\ 0 & Y_0\end{pmatrix}\begin{pmatrix} z_{11} & Z_{12}\\ Z_{21} & Z_{22}\end{pmatrix}-\alpha\begin{pmatrix} z_{11} & Z_{12}\\ Z_{21} & Z_{22}\end{pmatrix}\begin{pmatrix} \gamma & 0\\ 0 & Y_0\end{pmatrix}\\ &=\begin{pmatrix} \gamma z_{11}-\alpha\gamma z_{11} & \gamma Z_{12}-\alpha Z_{12}Y_0\\ Y_0Z_{21}-\alpha\gamma Z_{21} & Y_0Z_{22}-\alpha Z_{22}Y_0\end{pmatrix}.\end{aligned}$$

所以有 $\gamma z_{11}-\alpha\gamma z_{11}=0$, 再由 $\alpha\neq 1$ 可得 $z_{11}=0$. 由于 $Z$ 是正算子, 所以 $Z_{12}=Z_{21}=0$. 因此 $AZ-\alpha ZA=0$. 进而 $\{Z\geqslant 0|YZ-\alpha ZY=0\}\subseteq\{Z\geqslant 0|AZ-\alpha ZA=0\}$.

现在证明 (II). 反设对于任意 $t$, $A/t$ 并非秩一投影, 则由 $W(A)=[0,t]$ 以及 $A$ 是正算子, 可得 $t$ 是 $A$ 的一个特征值, 即存在单位向量 $x\in H$ 使得 $Ax=tx$ 成立. 取空间分解 $H=[x]\oplus H_0$ 且 $A=t\oplus A_0(A_0>0)$. 取 $Y=1\oplus 0_{H_0}$, 则 $Y$ 满足 $W(YA-\alpha AY)=[0,t-t\alpha]$. 然而 $Z=0\oplus I_{H_0}$, 则 $YZ-\alpha ZY=0$ 且 $AZ-\alpha ZA\neq 0$. 这与已知 $\{Z\geqslant 0|YZ-\alpha ZY=0\}\subseteq\{Z\geqslant 0|AZ-\alpha ZA=0\}$ 矛盾. □

**定理 3.4.1 的证明**　充分性显然, 仅验证必要性.

我们首先断言 $A=0\Leftrightarrow\Phi(A)=0$. 为此在 (3.4.1) 式中取 $A=B=0$, 则有 $\{0\}=W(AB-\xi BA)=W(\Phi(A)\Phi(B)-\eta\Phi(B)\Phi(A))=W(\Phi(0)^2-\eta\Phi(0)^2)=(1-\eta)W(\Phi(0)^2)$. 由 $\eta\neq 1$ 可得 $\Phi(0)^2=0$, 进而由 $\Phi(0)$ 是自伴算子可得 $\Phi(0)=0$. 类似地, 由 $\Phi(A)=0$, 也可得 $W(A^2-\xi A^2)=W(\Phi(A)^2-\eta\Phi(A)^2)=\{0\}$. 所以 $A^2=0$, 即 $A=0$.

下面断言 $\Phi(I)=\pm\sqrt{\frac{1-\xi}{1-\eta}}I$, 其中 $\frac{1-\xi}{1-\eta}>0$. 在式 (3.4.1) 中取 $A=B=I$, 则有

$$\begin{aligned}\{1-\xi\}=W(I-\xi I)=W(AB-\xi BA)&=W(\Phi(A)\Phi(B)-\eta\Phi(B)\Phi(A))\\&=W(\Phi(I)^2-\eta\Phi(I)^2)=(1-\eta)W(\Phi(I)^2).\end{aligned}$$

所以 $W(\Phi(I)^2)=\left\{\frac{1-\xi}{1-\eta}\right\}$. 由于 $\Phi(I)^2$ 是正算子, 所以 $\frac{1-\xi}{1-\eta}>0$. 进而我们可设 $\Phi(I)=\sqrt{\frac{1-\xi}{1-\eta}}I_{H_1}\oplus -I_{H_2}$, 其中 $H=H_1\oplus H_2$. 下证要么 $I_{H_1}=0, I_{H_2}\neq 0$, 要么 $I_{H_2}=0, I_{H_1}\neq 0$. 否则, 取单位向量 $f_1\in H_1$, $f_2\in H_2$, $Y=f_1\otimes f_2+f_2\otimes f_1$, 则由 $\Phi$ 的满射性知存在 $X\in\mathcal{B}_s(H)$ 使得 $\Phi(X)=Y$. 所以

$$\begin{aligned}(1-\xi)W(X)&=W(XI-\xi IX)=W(\Phi(I)\Phi(X)-\eta\Phi(I)\Phi(X))\\&=\sqrt{\frac{1-\xi}{1-\eta}}W\left(\left(\begin{array}{cc}0&f_1\otimes f_2\\f_2\otimes f_1&0\end{array}\right)\left(\begin{array}{cc}I_{H_1}&0\\0&-I_{H_2}\end{array}\right)\right.\\&\quad\left.-\eta\left(\begin{array}{cc}I_{H_1}&0\\0&-I_{H_2}\end{array}\right)\left(\begin{array}{cc}0&f_1\otimes f_2\\f_2\otimes f_1&0\end{array}\right)\right)\\&=\sqrt{\frac{1-\xi}{1-\eta}}W\left(\left(\begin{array}{cc}0&-(1+\eta)f_1\otimes f_2\\(1+\eta)f_2\otimes f_1&0\end{array}\right)\right).\end{aligned}$$

注意到

$$\begin{aligned}W\left(\left(\begin{array}{cc}0&-(1+\eta)f_1\otimes f_2\\(1+\eta)f_2\otimes f_1&0\end{array}\right)\right)&=W\left(\left(\begin{array}{cc}0&-(1+\eta)\\(1+\eta)&0\end{array}\right)\right)\\&=(1+\eta)W\left(\left(\begin{array}{cc}i&0\\0&-i\end{array}\right)\right)\ (i^2=-1).\end{aligned}$$

则 $W(X)=\sqrt{\frac{1-\xi}{1-\eta}}\frac{1+\eta}{1-\xi}W\left(\left(\begin{array}{cc}i&0\\0&-i\end{array}\right)\right)$. 由于 $\sqrt{\frac{1-\xi}{1-\eta}}>0$ 以及 $W(X)\subseteq\mathbb{R}$, 所以 $\frac{1+\eta}{1-\xi}\in\mathbb{R}i$. 因此 $W(X)=\left[\sqrt{\frac{1-\xi}{1-\eta}}\frac{1+\eta}{1-\xi}i,-\sqrt{\frac{1-\xi}{1-\eta}}\frac{1+\eta}{1-\xi}i\right]$. 然而由 $(1-\xi)W(X^2)=(1-\eta)W(Y^2)=[0,1-\eta]$, 可得 $W(X^2)=\left[0,\frac{1-\eta}{1-\xi}\right]$. 所以

$$\left(\sqrt{\frac{1-\xi}{1-\eta}}\frac{1+\eta}{1-\xi}\right)^2=\frac{1-\eta}{1-\xi}.$$

因此 $1+\eta=\pm(1-\eta)$, 进而有 $\eta=0$, 这是一个矛盾. 所以 $\Phi(I)=\pm\sqrt{\frac{1-\xi}{1-\eta}}I$.

下面我们处理 $\Phi(I)=\sqrt{\frac{1-\xi}{1-\eta}}I$ 的情形, $\Phi(I)=-\sqrt{\frac{1-\xi}{1-\eta}}I$ 的情形可以类似处理. 注意到由 $W(IA-\xi AI)=W(\Phi(I)\Phi(A)-\eta\Phi(A)\Phi(I))$ 可得 $W(\Phi(A))=\sqrt{\frac{1-\xi}{1-\eta}}W(A)$. 再由 $\frac{1-\xi}{1-\eta}>0$ 可得 $\Phi$ 双边保正性.

若 $P$ 是秩一投影, 设 $P=x\otimes x$, 则 $W(P)=[0,1]$. 由定理 3.4.2 中 (I) 知, $\{Z\geqslant 0|XZ-\xi ZX=0\}\subseteq\{Z\geqslant 0|PZ-\xi ZP=0\}$ 对满足 $[0,\beta]=W(PX-\xi XP)$ 对某个数 $\beta$ 成立的所有正算子 $X$ 都成立. 利用 $\Phi$ 保算子因子乘积数值半径以及保正性可得 $\Phi(P)$ 是正算子且有

$$W(\Phi(P))=\sqrt{\frac{1-\xi}{1-\eta}}W(P)=\left[0,\sqrt{\frac{1-\xi}{1-\eta}}\right].$$

此外由 $\Phi$ 的满射性以及双边保正性可得 $\{\Phi(Z)\geqslant 0|\Phi(X)\Phi(Z)-\eta\Phi(Z)\Phi(X)=0\}\subseteq\{\Phi(Z)\geqslant 0|\Phi(P)\Phi(Z)-\eta\Phi(Z)\Phi(P)=0\}$ 对满足 $[0,\beta]=W(PX-\xi XP)=W(\Phi(P)\Phi(X)-\eta\Phi(X)\Phi(P))$ 的所有正算子 $\Phi(X)$ 成立. 再利用定理 3.4.2 中的 (II) 可得 $\Phi(P)=\sqrt{\frac{1-\xi}{1-\eta}}Q$ 对某个秩一投影 $Q$ 成立. 类似的若 $\Phi(P)$ 是秩一投影, 则 $P=\sqrt{\frac{1-\eta}{1-\xi}}R$ 对某个秩一投影 $R$ 成立.

设 $P=x\otimes x$, $Q=y\otimes y$ 是两个秩一投影, 则由 $\Phi(x\otimes x)=\sqrt{\frac{1-\xi}{1-\eta}}f_x\otimes f_x$, $\Phi(y\otimes y)=\sqrt{\frac{1-\xi}{1-\eta}}g_y\otimes g_y$, 所以

$$W(x\otimes xy\otimes y-\xi y\otimes yx\otimes x)=\frac{1-\xi}{1-\eta}W(f_x\otimes f_xg_y\otimes g_y-\eta g_y\otimes g_yf_x\otimes f_x).$$

因此

$$\operatorname{tr}(x\otimes xy\otimes y-\xi y\otimes yx\otimes x)=\frac{1-\xi}{1-\eta}\operatorname{tr}(f_x\otimes f_xg_y\otimes g_y-\eta g_y\otimes g_yf_x\otimes f_x),$$

进而 $(1-\xi)|\langle x,y\rangle|^2=\frac{1-\xi}{1-\eta}(1-\eta)|\langle f_x,g_y\rangle|^2$. 这蕴涵

$$|\langle x,y\rangle|=|\langle f_x,g_y\rangle|.$$

由 Wigner 定理 (参见文献 [202]) 可知存在酉算子或共轭酉算子 $U$ 使得

$$\Phi(x\otimes x)=\sqrt{\frac{1-\xi}{1-\eta}}Ux\otimes xU^*.$$

现对于任意 $A\in\mathcal{B}_s(H)$, 有

$$W(Ax\otimes x-\xi x\otimes xA)=\sqrt{\frac{1-\xi}{1-\eta}}W(\Phi(A)Ux\otimes xU^*-\eta Ux\otimes xU^*\Phi(A)),$$

所以

$$\mathrm{tr}(Ax\otimes x-\xi x\otimes xA)=\sqrt{\frac{1-\xi}{1-\eta}}\mathrm{tr}(\Phi(A)Ux\otimes xU^*-\eta Ux\otimes xU^*\Phi(A)).$$

进一步可得 $\langle U^*\Phi(A)Ux,x\rangle=\sqrt{\frac{1-\xi}{1-\eta}}\langle x,x\rangle$, 即 $\Phi(A)=\sqrt{\frac{1-\xi}{1-\eta}}UAU^*$ 对所有 $A\in\mathcal{B}_s(H)$ 成立.

最后我们断言 $\xi=\eta$. 反设 $\xi\neq\eta$, 取单位向量 $x,y$, 其中 $\langle x,y\rangle=1$, 由

$$\begin{aligned}W(x\otimes xy\otimes y-\xi y\otimes yx\otimes x)&=W(\Phi(x\otimes x)\Phi(y\otimes y)-\eta\Phi(y\otimes y)\Phi(x\otimes x))\\&=\frac{1-\xi}{1-\eta}W(Ux\otimes UxUy\otimes Uy-\eta Uy\otimes UyUx\otimes Ux),\end{aligned}$$

则有

$$W(x\otimes y-\xi y\otimes x)=\frac{1-\xi}{1-\eta}W(x\otimes y-\eta y\otimes x).$$

设 $y=x+x_0$, 且 $x_0\perp x$, 可得

$$W(x\otimes x+x\otimes x_0-\xi x\otimes x-\xi x_0\otimes x)=\frac{1-\xi}{1-\eta}W(x\otimes x+x\otimes x_0-\eta x\otimes x-\eta x_0\otimes x).$$

取空间分解 $H=[x]\oplus[x_0]\oplus[x,x_0]^\perp$, 有

$$W\left(\begin{pmatrix}1-\xi&1&0\\-\xi&0&0\\0&0&0\end{pmatrix}\right)=\frac{1-\xi}{1-\eta}W\left(\begin{pmatrix}1-\eta&1&0\\-\eta&0&0\\0&0&0\end{pmatrix}\right).$$

所以 $x^2+(\xi-1)x+\left(\frac{1-\xi}{1-\eta}\right)^2\eta=0$ 与 $x^2+(\xi-1)x+\xi=0$ 有相同的根. 因此 $\left(\frac{1-\xi}{1-\eta}\right)^2\eta=\xi$, 进而

$$\left(\frac{1-\xi}{1-\eta}\right)^2=\frac{\xi}{\eta}.$$

进一步计算上式可得 $\eta+\xi^2\eta=\xi+\eta^2\xi$, 即 $\eta-\xi=(\eta-\xi)\eta\xi$. 由反设 $\eta\neq\xi$, 则有 $\eta\xi=1$, 即 $\eta=\frac{1}{\xi}$. 取满足 $f\perp g$ 的单位向量 $f,g$. 令 $P=f\otimes g+g\otimes f$ 且 $Q=f\otimes f-g\otimes g$, 由于

$$W(PQ-\xi QP)=W\left(\Phi(P)\Phi(Q)-\frac{1}{\xi}\Phi(Q)\Phi(P)\right)=\frac{1-\xi}{1-\eta}W\left(PQ-\frac{1}{\xi}QP\right),$$

所以

$$
\begin{aligned}
&W\left(\begin{pmatrix} 0 & -1-\xi \\ 1+\xi & 0 \end{pmatrix}\right)\\
=&W\left(\begin{pmatrix} 0 & 1 \\ 1 & 0 \end{pmatrix}\begin{pmatrix} 1 & 0 \\ 0 & -1 \end{pmatrix}-\xi\begin{bmatrix} 1 & 0 \\ 0 & -1 \end{bmatrix}\begin{bmatrix} 0 & 1 \\ 1 & 0 \end{bmatrix}\right)\\
=&W(PQ-\xi QP)\\
=&\frac{1-\xi}{1-\eta}W\left(PQ-\frac{1}{\xi}QP\right)\\
=&W\left(\begin{pmatrix} 0 & 1 \\ 1 & 0 \end{pmatrix}\begin{pmatrix} 1 & 0 \\ 0 & -1 \end{pmatrix}-\frac{1}{\xi}\begin{pmatrix} 1 & 0 \\ 0 & -1 \end{pmatrix}\begin{pmatrix} 0 & 1 \\ 1 & 0 \end{pmatrix}\right)\\
=&\frac{1-\xi}{1-\eta}W\left(\begin{pmatrix} 0 & -\dfrac{1+\xi}{\xi} \\ \dfrac{1+\xi}{\xi} & 0 \end{pmatrix}\right)\\
=&\frac{1-\xi}{\xi(1-\eta)}W\left(\begin{pmatrix} 0 & -1-\xi \\ 1+\xi & 0 \end{pmatrix}\right).
\end{aligned}
$$

因此 $\dfrac{1-\xi}{\xi(1-\eta)}=1$. 但再利用 $\eta=\dfrac{1}{\xi}$ 可得 $\dfrac{1-\xi}{\xi(1-\eta)}=-1$, 矛盾. 所以 $\xi=\eta$. □

## 3.5 算子集合上保乘积数值半径的映射

本节探讨包含秩一幂等元的一般算子集合上保乘积或 Jordan 半三乘积数值半径映射的刻画问题. 令 $\mathcal{V}$ 是包含 $\mathcal{B}(H)$ 中的全部秩一幂等元的算子集合，$F$ 代表算子的数值半径或交叉范数，本节完全分类了算子集合 $\mathcal{V}$ 上保两类算子乘积（即算子乘积或算子的 Jordan 半三乘积）的函数 $F$ 值的满射. 以下为本节的主要结果. 我们首先处理数值半径情形. 用 $\mathbb{T}$ 表示复平面的单位圆周.

**定理 3.5.1** 令 $H$ 为复 Hilbert 空间，$\dim H\geqslant 3$, $\mathcal{W},\mathcal{V}\subseteq\mathcal{B}(H)$ 包含所有秩一幂等算子. 设 $\Phi:\mathcal{W}\to\mathcal{V}$ 为双射，则下列陈述等价：

(1) $w(\Phi(A)\Phi(B))=w(AB)$ 对于任意 $A,B\in\mathcal{W}$ 都成立.

(2) 存在 $H$ 上的酉算子或共轭酉算子 $U$ 和函数 $h:\mathcal{W}\to\mathbb{T}$ 使得 $\Phi(T)=h(T)UTU^*$ 对任意的 $T\in\mathcal{W}$ 都成立.

**定理 3.5.2** 设 $H$ 是复 Hilbert 空间, $\dim H\geqslant 3$ 且 $\mathcal{W},\mathcal{V}\subseteq\mathcal{B}(H)$ 包含所有秩一幂等算子. 假设 $\Phi:\mathcal{W}\to\mathcal{V}$ 是满射. 则 $\Phi$ 满足 $w(ABA)=w(\Phi(A)\Phi(B)\Phi(A))$ 对所有 $A$, $B\in\mathcal{W}$ 成立当且仅当存在函数 $\varphi:\mathcal{W}\to\mathbb{T}$ 和酉算子或共轭酉算子 $U$ 使得下列性质之一成立：

(1) $\Phi(A)=\varphi(A)UAU^*$ 对所有 $A\in\mathcal{W}$ 都成立.

(2) $\Phi(A)=\varphi(A)UA^*U^*$ 对所有 $A\in\mathcal{W}$ 都成立.

为了证明上述结果, 我们需要下面的引理.

第一个引理即本书定理 2.4.1, 为了读者方便, 我们重述如下.

**引理 3.5.3** 设 $X$ 是实数域或复数域上的 Banach 空间, $\dim X \geqslant 3$, $\mathcal{W}, \mathcal{V} \subseteq \mathcal{B}(X)$ 为包含秩一幂等元的算子集合. $\Phi : \mathcal{W} \to \mathcal{V}$ 是满射. 若 $\Phi$ 满足 $AB = 0 \Leftrightarrow \Phi(A)\Phi(B) = 0$ 对所有 $A, B \in \mathcal{W}$ 成立, 则存在满足对于非秩一元 $A$ 有 $h(A) = 1$ 成立的函数 $h : \mathcal{W} \to \mathbb{F} \setminus \{0\}$, 且

(1) 如果 $X$ 是实空间, 则存在有界可逆线性算子 $T$ 使得 $\Phi(A) = h(A)TAT^{-1}$ 对所有秩一元 $A \in \mathcal{W}$ 都成立;

(2) 如果 $X$ 是复空间且 $\dim X = \infty$, 则存在有界可逆线性或共轭线性算子 $T$ 使得 $\Phi(A) = h(A)TAT^{-1}$ 对所有秩一元 $A \in \mathcal{W}$ 都成立;

(3) 如果 $X$ 是复空间且 $\dim X = n < \infty$, 则 $\mathcal{B}(X)$ 可表示为 $n \times n$ 复矩阵空间 $M_n(\mathbb{C})$ $(n = \dim X)$, 存在非奇异矩阵 $T \in M_n(\mathbb{C})$ 和一个复数域上的环自同构 $\tau$ 使得 $\Phi(A) = h(A)T\tau(A)T^{-1}$ 对所有秩一元 $A \in \mathcal{W}$ 都成立, 其中 $\tau(A)$ 表示 $\tau$ 作用于矩阵 $A$ 的每个元得到的矩阵.

**引理 3.5.4**[37] 令 $H$ 为复 Hilbert 空间, $\dim H \geqslant 3$. $\mathcal{W}, \mathcal{V} \subseteq \mathcal{B}(H)$ 为包含秩一幂等元的算子集合. $\Phi : \mathcal{W} \to \mathcal{V}$ 是双射. 若 $\Phi$ 满足 $ABA = 0 \Leftrightarrow \Phi(A)\Phi(B)\Phi(A) = 0$ 对所有 $A, B \in \mathcal{W}$ 成立, 则存在线性或共轭线性可逆算子 $A$ 与函数 $h : \mathcal{W} \to \mathbb{C}$, 使得 $\Phi(T) = h(T)ATA^{-1}$ 对所有秩一元 $T \in \mathcal{W}$ 或者 $\Phi(T) = h(T)AT^*A^{-1}$ 对所有秩一元 $T \in \mathcal{W}$ 都成立.

**引理 3.5.5** 令 $H$ 为复 Hilbert 空间, $\dim H \geqslant 3$. $\mathcal{W}, \mathcal{V} \subseteq \mathcal{B}(H)$ 为包含秩一幂等元的算子集合. 令函数 $F : \mathcal{B}(H) \to [0, +\infty]$ 满足 $F(A) < \infty$ 对于所有秩一算子 $A$ 成立且满足下列条件

(i) 对于 $A \in \mathcal{B}(H)$ 且 $\lambda \in \mathbb{C}$ 都有 $F(\lambda A) = |\lambda| F(A)$ 成立;

(ii) $F(A) = 0 \Leftrightarrow A = 0$.

假设 $\Phi : \mathcal{W} \to \mathcal{V}$ 是双射满足 $F(\Phi(A)\Phi(B)) = F(AB)$ 对所有 $A, B \in \mathcal{W}$ 成立, 则 $\Phi$ 具有引理 3.5.3 的形式 (2), (3), 进而存在 $\alpha > 0$ 和 $\gamma > 0$ 使得 $|h(G)| \equiv \alpha$ 对所有秩一幂等元 $G$ 成立且 $F(\Phi(P)) \equiv \gamma$ 对所有秩一投影 $P$ 成立.

**证明** 由条件 (ii) 可知 $\Phi(A)\Phi(B) = 0 \Leftrightarrow AB = 0$ 对于所有 $A, B \in \mathcal{W}$ 成立. 因此, 限制在集合 $\mathcal{W}$ 中的秩一元上, $\Phi$ 具有引理 3.5.3 中的形式 (2) 或 (3).

对任意固定的 $H$ 的正交基 $\{e_i\}_{i \in \Gamma}$, $x \in H$, 可记 $x = \sum_{i \in \Gamma} \xi_i e_i$, 且令 $Jx = \bar{x} = \sum_{i \in \Gamma} \bar{\xi}_i e_i$. 则有 $J^2 = I$ 且对于所有 $x \otimes f \in \mathcal{F}_1(H)$ 都有 $J(x \otimes f)J = Jx \otimes Jf = \bar{x} \otimes \bar{f} = \tau(x) \otimes \overline{\tau(\bar{f})} = \tau(x \otimes f)$, 其中 $\tau(\lambda) = \bar{\lambda}$. 现在设存在函数 $h : \mathcal{A} \to \mathbb{C}$ 和有界可逆共轭线性算子 $T$ 使得 $\Phi(A) = h(A)TAT^{-1}$ 对所有 $A \in \mathcal{F}_1(H) \cap \mathcal{W}$ 成立, 其中 $\mathcal{F}_1(H)$ 是由全体秩一算子组成的集合. 令 $S = TJ$, 则 $S \in \mathcal{B}(H)$ 且 $\Phi(A) = h(A)SJAJS^{-1} = h(A)S\tau(A)S^{-1}$ 对所有 $A \in \mathcal{F}_1(H) \cap \mathcal{W}$ 成立, 其中 $\tau : \mathbb{C} \to \mathbb{C}$ 是

共轭映射. 若 $\tau:\mathbb{C}\to\mathbb{C}$ 是恒等映射, 则定义 $\tau(A)=A$. 所以, 若 $\Phi$ 有形式 (2), 则 $\Phi(A)=h(A)T\tau(A)T^{-1}$ 对所有 $A\in\mathcal{F}_1(H)\cap\mathcal{W}$ 成立, 其中 $T$ 为有界可逆线性算子且 $\tau:\mathbb{C}\to\mathbb{C}$ 是恒等或共轭映射. 因此, 无论当 $\dim H=\infty$ 或者 $\dim H=n<\infty$, $\Phi$ 都满足

$$\Phi(x\otimes f)=h(x\otimes f)T\tau(x\otimes f)T^{-1}=h(x\otimes f)T(\tau(x)\otimes\overline{\tau(\bar{f})})T^{-1}$$

对所有 $x\otimes f\in\mathcal{W}$ 成立, 其中 $T$ 为有界可逆线性算子.

对任意秩一算子 $x\otimes f\in\mathcal{W}$ 且 $\|x\|=1$, 注意到 $\langle\tau(x),\overline{\tau(\bar{f})}\rangle=\tau(\langle x,f\rangle)=1$, 则有

$$F(x\otimes f)=F(\Phi(x\otimes f)\Phi(x\otimes f))=|h(x\otimes f)|^2F(T(\tau(x)\otimes\overline{\tau(\bar{f})})T^{-1}).$$

另一方面,

$$F(x\otimes f)=F(\Phi(x\otimes x)\Phi(x\otimes f))=|h(x\otimes x)h(x\otimes f)|F(T(\tau(x)\otimes\overline{\tau(\bar{f})})T^{-1}).$$

因此我们有 $|h(x\otimes x)|=|h(x\otimes f)|$. 记 $x\otimes f=\|f\|x\otimes\frac{f}{\|f\|}$, 已验证 $\left|h\left(\frac{f}{\|f\|}\otimes\frac{f}{\|f\|}\right)\right|=|h(x\otimes f)|$. 因此

$$|h(x\otimes x)|=|h(f\otimes f)|$$

对所有 $x,f\in H$ 成立, 其中 $\|x\|=\|f\|=1$ 且 $\langle x,f\rangle\neq0$. 若 $\langle x,f\rangle=0$, 取 $y\in H$ 满足 $\langle x,y\rangle=\langle y,f\rangle=1$, 则我们有 $|h(x\otimes x)|=\left|h\left(\frac{y}{\|y\|}\otimes\frac{y}{\|y\|}\right)\right|=|h(f\otimes f)|$. 所以, 存在正数 $\alpha$ 使得对所有单位向量 $x$ 有

$$|h(x\otimes x)|=\alpha.$$

所以, 对所有秩一幂等元 $x\otimes f$ 都有

$$|h(x\otimes f)|=\alpha.$$

因为任意两个秩一投影是酉相似的, 所以 $F(x\otimes x)=F(f\otimes f)$ 对所有 $x,f\in H$ 成立, 其中 $\|x\|=\|f\|=1$. 利用函数 $F$ 的性质 (i) 知存在正数 $\beta$ 使得 $F(x\otimes x)=\beta$ 对所有单位向量 $x$ 成立. 因此,

$$\beta=\alpha^2F(T(\tau(x)\otimes\overline{\tau(\bar{x})})T^{-1})=\alpha F(\Phi(x\otimes x))$$

对所有单位向量 $x\in H$ 都成立. □

对于 Jordan 半三乘积情形我们有下列引理成立.

**引理 3.5.6** 令 $H$ 是复 Hilbert 空间, $\dim H \geqslant 3$, $\mathcal{W}, \mathcal{V} \subseteq \mathcal{B}(H)$ 是包含所有秩一幂等元的集合. 令函数 $F: \mathcal{B}(H) \to [0, +\infty]$ 满足 $F(A) < \infty$ 对于所有秩一算子 $A$ 成立且满足下列条件

(i) 对于 $A \in \mathcal{B}(H)$ 且 $\lambda \in \mathbb{C}$ 都有 $F(\lambda A) = |\lambda| F(A)$ 成立;

(ii) $F(A) = 0 \Leftrightarrow A = 0$.

假设 $\Phi: \mathcal{W} \to \mathcal{V}$ 是双射且满足 $F(\Phi(A)\Phi(B)\Phi(A)) = F(ABA)$ 对所有 $A, B \in \mathcal{W}$ 成立. 则存在函数 $h: \mathcal{W} \to \mathbb{C} \setminus \{0\}$ 使得下列性质之一成立:

(1) 存在线性或共轭线性可逆算子 $T: X \to X$ 使得 $\Phi(A) = h(A)TAT^{-1}$ 对所有 $A \in \mathcal{W}$ 成立;

(2) 存在线性或共轭线性可逆算子 $T: X^* \to X$ 使得 $\Phi(A) = h(A)TA^*T^{-1}$ 对所有 $A \in \mathcal{W}$ 成立.

**证明** 由 $F$ 的条件 (ii) 可知, $\Phi(A)\Phi(B)\Phi(A) = 0 \Leftrightarrow ABA = 0$, 因此 $\Phi$ 具有引理 3.5.4 中映射的形式. 进而, 若 $\dim H < \infty$, $\tau$ 是连续的. 因此, 或者 $\Phi(A) = h(A)TAT^{-1}$ 对所有 $A \in \mathcal{W}$ 成立; 或者 $\Phi(A) = h(A)TA^*T^{-1}$ 对所有 $A \in \mathcal{W}$ 成立, 其中 $T$ 是线性或者共轭线性的. □

下面的引理即引理 3.3.4, 在此重新叙述.

**引理 3.5.7** 令 $H$ 为实或复 Hilbert 空间, 则对于任意的秩一算子 $T$, $T$ 的数值半径

$$w(T) = \frac{1}{2}(|\mathrm{tr}(T)| + \|T\|).$$

下面的引理即文献 [29] 中的引理 2.4.

**引理 3.5.8** 令 $H$ 是复 Hilbert 空间且 $T \in \mathcal{B}(H)$ 是正算子. 则 $T$ 是单位元的倍数当且仅当存在常数 $\alpha > 0$ 使得 $\|Tx\|\|T^{-1}x\| = \alpha$ 对所有单位向量 $x \in H$ 成立.

**定理 3.5.1 的证明** (2)⇒(1) 显然, 我们只验证 (1)⇒(2).

由于 $\Phi: \mathcal{W} \to \mathcal{V}$ 满足 $w(AB) = w(\Phi(A)\Phi(B))$ 对所有 $A, B \in \mathcal{W}$ 成立, 且数值半径 $w$ 满足引理 3.5.5 中函数 $F$ 的条件, 所以 $\Phi$ 具有引理 3.5.5 中映射的形式, 即, 存在常数 $\alpha > 0, \gamma > 0$, 一个函数 $h: \mathcal{W} \to \mathbb{C}$, 一个自同构 $\tau: \mathbb{C} \to \mathbb{C}$ 和有界可逆线性算子 $T$ 使得

$$\Phi(x \otimes f) = h(x \otimes f)T(\tau(x) \otimes \overline{\tau(\bar{f})})T^{-1}$$

对所有秩一算子 $x \otimes f \in \mathcal{W}$ 都成立; 此外,

$$|h(x \otimes f)| \equiv \alpha$$

对所有秩一幂等算子 $x \otimes f$ 都成立且

$$\alpha w(T(\tau(x) \otimes \overline{\tau(\bar{x})})T^{-1}) \equiv \gamma = \frac{w(x \otimes x)}{\alpha} = \frac{1}{\alpha}$$

对所有单位向量 $x$ 都成立.

令 $T=U|T|$ 是算子 $T$ 的极分解, 则 $U$ 是酉算子且 $|T|$ 是可逆正算子, 不妨设 $T>0$, 下面只要证明 $T$ 是单位算子的倍数, 则可知原来的算子 $T$ 是酉的. 现在由引理 3.5.7 可得

$$|\langle T\tau(x),T^{-1}\rangle|+\|T\tau(x)\|\cdot\|T^{-1}\overline{\tau(\bar{x})}\|=\frac{2}{\alpha^2},$$

即

$$\|T\tau(x)\|\cdot\|T^{-1}\overline{\tau(\bar{x})}\|=\frac{2}{\alpha^2}-1$$

对所有单位向量 $x$ 都成立.

若 $\dim H=\infty$, 则 $\tau$ 是恒等映射或者共轭映射, 且因此 $\overline{\tau(\bar{x})}=\tau(x)$. 所以由上式可得 $\|Tx\|\|T^{-1}x\|=\dfrac{2}{\alpha^2}-1$ 对所有单位向量 $x$ 都成立, 且由引理 3.5.8, $T=cI$ 对于某个常数 $c>0$ 成立.

若 $\dim H=n<\infty$, 可以假设 $T$ 是对角矩阵, 即, $T=\mathrm{diag}\{a_1,a_2,\cdots,a_n\}(a_i>0)$ 对 $i=1,2,\cdots,n$ 成立. 不妨设 $a_1=a_2=\cdots=a_n$. 否则, 反设 $a_1\neq a_2$. 由于 $\|T\tau(x)\|\cdot\|T^{-1}\overline{\tau(\bar{x})}\|=\dfrac{2}{\alpha^2}-1$, 令 $x=\begin{pmatrix}1&0&\cdots&0\end{pmatrix}^{\mathrm{T}}\in\mathbb{C}^n=H$, 可得 $\dfrac{2}{\alpha^2}-1=1$. 所以 $\alpha=1$ 且 $\|T\tau(x)\|\|T^{-1}\overline{\tau(\bar{x})}\|=1$ 对所有单位向量 $x\in\mathbb{C}^n$ 都成立. 注意到 $\left|\tau\left(\dfrac{1}{\sqrt{2}}\right)\right|^4=\tau\left(\dfrac{1}{\sqrt{2}}\right)^2\overline{\tau\left(\dfrac{1}{\sqrt{2}}\right)}^2=\dfrac{1}{4}$. 所以取 $x=\begin{pmatrix}\dfrac{1}{\sqrt{2}}&\dfrac{1}{\sqrt{2}}&\cdots&0\end{pmatrix}^{\mathrm{T}}$ 可得 $\dfrac{1}{4}\left(a_1^2a_2^{-2}+a_1^{-2}a_2^2+2\right)=1$. 这迫使 $a_1=a_2$, 矛盾. 所以我们必有 $T=cI$ 对于某个数 $c>0$ 成立. 由 $\alpha=1$ 可得

$$w(x\otimes f)=w(\Phi(x\otimes f)\Phi(x\otimes f))=w(\tau(x)\otimes\overline{\tau(\bar{f})})$$

对所有向量 $x,f\in H(\langle x,f\rangle=1)$ 成立. 由引理 3.5.7, 有

$$\|x\|\|f\|=\|\tau(x)\|\|\tau(\bar{f})\|$$

对所有向量 $x,f\in H(\langle x,f\rangle=1)$ 成立. 令 $x=(1\ \ 0\ \ \cdots\ \ 0)^{\mathrm{T}}$ 且 $f=(1\ \ \bar{\lambda}\ \ \cdots\ \ 0)^{\mathrm{T}}$, 则有 $1+|\lambda|^2=\|f\|^2=\|\tau(\bar{f})\|^2=1+|\tau(\lambda)|^2$. 所以 $|\tau(\lambda)|=|\lambda|$ 对所有 $\lambda\in\mathbb{C}$ 成立, 所以 $\tau$ 是连续的, 即或者 $\tau(\lambda)=\lambda$ 对所有 $\lambda$ 成立或者 $\tau(\lambda)=\bar{\lambda}$ 对所有 $\lambda$ 成立.

到此为止, 我们已经证明了 $T$ 是酉算子或者共轭酉算子 $U$ 的倍数, 因此,

$$\Phi(x\otimes f)=h(x\otimes f)U(x\otimes f)U^*$$

对所有 $x\otimes f\in\mathcal{W}$ 成立, 其中当 $\langle x,f\rangle=1$ 时 $|h(x\otimes f)|=1$.

下面我们断言 $|h(A)|=1$ 对所有算子 $A\in\mathcal{W}$ 成立. 事实上, 取 $x,f$ 满足 $\langle x,f\rangle=1$, 则 $w(Ax\otimes f)=|h(A)|w(U(Ax\otimes f)U^*)=|h(A)|w(Ax\otimes f)$ 且因此

$|h(A)|=1$. 所以有

$$|h(A)|\equiv 1$$

对所有 $A\in\mathcal{W}$ 成立.

现在利用引理 3.5.7 可得, 对所有 $A\in\mathcal{W}$, 有

$$|\langle Ax,f\rangle|+\|Ax\|\|f\|=|\langle U^*\Phi(A)Ux,f\rangle|+\|U^*\Phi(A)Ux\|\|f\|$$

对所有满足 $\langle x,f\rangle=1$ 的向量 $x,f\in H$ 成立. 令 $A\in\mathcal{W}$ 是非秩一算子. 注意到, 对任意向量 $y$ 和任意固定的 $x$, 存在 $f\in H$ 满足 $\langle x,f\rangle=1$ 使得 $|\langle y,f\rangle|=\|y\|\|f\|$ 成立. 所以取 $y=Ax$, 由于 $|\langle Ax,f\rangle|+\|Ax\|\|f\|=|\langle U^*\Phi(A)Ux,f\rangle|+\|U^*\Phi(A)Ux\|\|f\|$, 则存在满足 $\langle x,f_1\rangle=1$ 的 $f_1$ 使得

$$2\|Ax\|\|f_1\|=|\langle U^*\Phi(A)Ux,f_1\rangle|+\|U^*\Phi(A)Ux\|\|f_1\|\leqslant 2\|U^*\Phi(A)Ux\|\|f_1\|,$$

所以 $\|Ax\|\leqslant\|U^*\Phi(A)Ux\|$. 相反的不等式也可由上述类似的讨论得到. 所以有 $\|U^*\Phi(A)Ux\|=\|Ax\|$ 对 $x\in H$ 成立. 记 $S=U^*\Phi(A)U$. 结合上面的式子, 有

$$|\langle Ax,f\rangle|=|\langle Sx,f\rangle|,$$

其中 $\langle x,f\rangle=1$. 因此, 存在满足 $|\beta_{x,f}|=1$ 的数 $\beta_{x,f}$ 使得 $\langle Ax,f\rangle=\beta_{x,f}\langle Sx,f\rangle$ 成立. 下面我们断言 $S$ 与 $A$ 线性相关. 反设 $A$ 和 $S$ 线性无关, 则存在单位向量 $x$ 使得 $Ax$ 与 $Sx$ 线性无关. 记 $Ax=\alpha x+y$ 且 $Sx=\beta x+z$, 其中 $y,z\in[x]^\perp$. 则 $|\alpha|=|\langle Ax,x\rangle|=|\langle Sx,x\rangle|=|\beta|$, 且 $\|y\|=\|z\|$. 所以可得 $\alpha=\beta\geqslant 0$, 且由 $|\langle Ax,f\rangle|=|\langle Sx,f\rangle|$ 可知

$$|\alpha+\langle y,g\rangle|=|\alpha+\langle z,g\rangle|$$

对所有 $g\in[x]^\perp$ 成立. 可以验证 $y=z$, 且因此 $Sx=Ax$, 矛盾. 所以, 存在模为 1 的数 $\lambda_A$ 使得 $U^*\Phi(A)U=\lambda_A A$ 成立, 即, $\Phi(A)=\lambda_A UAU^*$. 最终我们证明了存在函数 $\varphi:\mathcal{W}\to\mathbb{T}$ 和酉算子或共轭酉算子 $U$ 使得 $\Phi(A)=\varphi(A)UAU^*$ 对所有 $A\in\mathcal{W}$ 都成立. □

**定理 3.5.2 的证明** (2)⇒(1) 显然, 我们只验证 (1)⇒(2). 假设 $w(\Phi(A)\Phi(B)\Phi(A))=w(ABA)$ 对所有 $A,B\in\mathcal{W}$ 成立. 则 $\Phi$ 具有引理 3.5.6 中映射的形式.

假设 $\Phi$ 具有形式 (1), 即, $\Phi(A)=h(A)TAT^{-1}$ 对所有 $A\in\mathcal{W}$ 成立. 因此我们都有

$$w(ABA)=|h(A)|^2|h(B)|w(TABAT^{-1})$$

对所有 $A,B$ 都成立. 对任意秩一幂等算子 $x\otimes f$, 有

$$|\langle Bx,f\rangle|w(x\otimes f)=|h(x\otimes f)|^2|h(B)||\langle Bx,f\rangle|w(T(x\otimes f)T^{-1}).$$

因此当 $\langle Bx,f\rangle\neq 0$ 时 $|h(B)|=a_{x,f}$. 对任意 $B,C\in\mathcal{W}$, 则存在 $x,f\in H$ 使得 $\langle Bx,f\rangle\neq 0$, $\langle Cx,f\rangle\neq 0$ 且 $\langle x,f\rangle=1$ 成立. 这使得 $|h(B)|=a_{x,f}=|h(C)|$, 且可得存在正数 $a$ 使得

$$|h(A)|\equiv a$$

对所有 $A\in\mathcal{W}$ 成立. 由 $|\langle Bx,f\rangle|w(x\otimes f)=|h(x\otimes f)|^2|h(B)||\langle Bx,f\rangle|w(T(x\otimes f)T^{-1})$, 有

$$w(x\otimes f)=a^3w(T(x\otimes f)T^{-1})$$

对所有满足 $\langle x,f\rangle=1$ 的 $x,f\in H$ 成立. 下证 $T=cU$ 对某个酉算子或者共轭酉算子 $U$ 成立. 设 $T$ 具有极分解 $T=U|T|$, 且由 $w(x\otimes f)=a^3w(T(x\otimes f)T^{-1})$ 可得

$$w(x\otimes f)=a^3w(|T|\tau(x)\otimes|T|^{-1}\overline{\tau(\bar{f})})$$

对所有满足 $\langle x,f\rangle=1$ 的 $x,f\in H$ 成立. 取 $f=x$ 满足 $\|x\|=1$ 且

$$1=a^3w(|T|\tau(x)\otimes|T|^{-1}\overline{\tau(\bar{x})})=\frac{a^3}{2}(1+\||T|\tau(x)\|\cdot\||T|^{-1}\overline{\tau(\bar{x})}\|).$$

所以,

$$\||T|\tau(x)\|\cdot\||T|^{-1}\tau(x)\|=\||T|\tau(x)\|\cdot\||T|^{-1}\overline{\tau(\bar{x})}\|=\frac{2}{a^3}-1$$

对所有单位向量 $x$ 成立. 由引理 3.5.8, $|T|=cI$, 因此 $T=cU$. 此外由上式可得 $1=\dfrac{2}{a^3}-1$, 所以有 $a=1$. 这蕴涵

$$|h(A)|\equiv 1$$

且

$$\Phi(A)=h(A)UAU^*$$

对所有 $A\in\mathcal{W}$ 成立, 即, $\Phi$ 具有定理 3.5.2 中的第一种形式.

若 $\Phi$ 具有引理 3.5.6 中的第二种形式, 即, $\Phi(A)=h(A)TA^*T^{-1}$, 则令 $\Psi(A)=\Phi(A)^*=\overline{h(A)}(T^*)^{-1}AT^*$. 所以 $\Psi:\mathcal{W}\to\mathcal{V}^*$ 是满射且满足

$$w(\Psi(A)\Psi(B)\Psi(A))=w(\Phi(A)^*\Phi(B)^*\Phi(A)^*)=w(\Phi(A)\Phi(B)\Phi(A))=w(ABA)$$

对所有 $A,B\in\mathcal{W}$ 成立. 所以可由上面讨论得 $T=cU$ 对某个酉算子或者共轭酉算子 $U$ 成立且 $|h(A)|\equiv 1$. 因此, $\Phi$ 具有定理 3.5.2 的第二种形式. □

接下来讨论包含秩一幂等元的算子集合上保算子乘积或 Jordan 三乘积交叉范数的映射. 下面我们用 $N$ 表示算子的交叉范数. 主要结果如下.

**定理 3.5.9** 设 $H$ 是复 Hilbert 空间, $\dim H\geqslant 3$ 且 $\mathcal{W},\mathcal{V}\subseteq\mathcal{B}(H)$ 包含所有秩一幂等算子. 假设 $\Phi:\mathcal{W}\to\mathcal{V}$ 是满射. 则 $\Phi$ 满足 $N(\Phi(A)\Phi(B))=N(AB)$ 对所

有 $A, B \in \mathcal{W}$ 成立当且仅当存在酉算子或共轭酉算子 $U$ 和满足 $\psi(A)A = A\phi(A)$ 且 $N(\psi(A)AB\phi(B)) = N(AB)$ 的映射 $\phi, \psi : \mathcal{W} \to \mathcal{U}(H)$ 使得 $\Phi(A) = U\psi(A)AU^*$ 对所有 $A \in \mathcal{W}$ 成立, 其中 $\mathcal{U}(H)$ 为 $H$ 上的酉算子群.

**定理 3.5.10** 设 $H$ 是复 Hilbert 空间, $\dim H \geqslant 3$ 且 $\mathcal{W}, \mathcal{V} \subseteq \mathcal{B}(H)$ 包含所有秩一幂等算子. 假设 $\Phi : \mathcal{W} \to \mathcal{V}$ 是满射. 则 $\Phi$ 满足 $N(ABA) = N(\Phi(A)\Phi(B)\Phi(A))$ 对所有 $A, B \in \mathcal{W}$ 成立当且仅当存在函数 $\varphi : \mathcal{W} \to \mathbb{T}$ 和酉算子或共轭酉算子 $U$ 使得下列之一成立:

(1) $\Phi(A) = \varphi(A)UAU^*$ 对所有 $A \in \mathcal{W}$ 都成立.

(2) $\Phi(A) = \varphi(A)UA^*U^*$ 对所有 $A \in \mathcal{W}$ 都成立.

**定理 3.5.9 的证明** 由交叉范数 $N$ 的酉不变性和共轭酉不变性, 充分性显然. 我们只验证必要性.

假设 $N(\Phi(A)\Phi(B)) = N(AB)$ 对所有 $A, B \in \mathcal{W}$ 都成立. 则由引理 3.5.5 以及定理 3.5.1 的证明, 我们有存在 $H$ 上的有界可逆线性算子 $T$, 一个函数 $h : \mathcal{W} \to \mathbb{C}\backslash\{0\}$, 以及自同构 $\tau$ 和正数 $\alpha, \gamma$ 使得

$$\Phi(x \otimes f) = h(x \otimes f)T(\tau(x) \otimes \overline{\tau(\bar{f})})T^{-1}$$

对所有 $x \otimes f \in \mathcal{W}$ 成立且当 $\langle x, f\rangle = 1$ 时有 $|h(x \otimes f)| = \alpha$, 特别地, 当 $\|x\| = 1$ 时有 $N(\Phi(x \otimes x)) = \gamma$. 所以, 对于所有单位向量 $x$,

$$1 = N(x \otimes x) = N(\Phi(x \otimes x)\Phi(x \otimes x)) = \alpha N(h(x \otimes x)T(\tau(x) \otimes \overline{\tau(\bar{x})})T^{-1}) = \alpha\gamma.$$

因此

$$\alpha\|T\tau(x)\| \cdot \|(T^*)^{-1}\overline{\tau(\bar{x})}\| = \alpha N(T(\tau(x) \otimes \overline{\tau(\bar{x})})T^{-1}) = N(\Phi(x \otimes x)) = \alpha^{-1}.$$

这迫使

$$\||T|\tau(x)\| \cdot \||T|^{-1}\overline{\tau(\bar{x})}\| = \alpha^{-2}$$

对所有单位向量 $x \in H$ 成立. 类似于定理 3.5.1 的证明, 可得 $|T| = cI$, $\alpha = 1$, 因此 $T = cU$ 是酉算子的倍数. 进而,

$$\Phi(x \otimes f) = h(x \otimes f)U(\tau(x) \otimes \overline{\tau(\bar{f})})U^*$$

对所有 $x \otimes f \in \mathcal{W}$ 成立, 所以有

$$\|x\|\|f\| = N(x \otimes f) = N(\Phi(x \otimes f)^2) = N(\tau(x) \otimes \overline{\tau(\bar{f})}) = \|\tau(x)\| \cdot \|\overline{\tau(\bar{f})}\|.$$

这迫使 $\tau$ 或者为恒等映射或者为共轭映射. 所以存在酉或者共轭酉算子 $U$ 使得

$$\Phi(A) = h(A)UAU^*$$

对所有秩一算子 $A \in \mathcal{W}$ 成立. 下证 $|h(A)| \equiv 1$ 对所有 $A \in \mathcal{W}$ 成立. 事实上, 若 $A$ 是秩一算子, 取 $x, f \in H$ 使得 $Ax \neq 0$, 可得 $\|Ax\|\|f\| = N(Ax \otimes f) = N(\Phi(A)\Phi(x \otimes f)) = |h(A)|N(U(Ax \otimes f)U^*) = |h(A)|\|Ax\|\|f\|$, 所以 $|h(A)| = 1$. 若 $A$ 不是秩一算子, 令 $h(A) = 1$ 即可.

若 $U$ 是酉算子, 定义映射 $\Psi$ 为 $\Psi(A) = \frac{1}{h(A)}U^*\Phi(A)U$; 若 $U$ 是共轭酉算子, 定义 $\Psi(A) = \frac{1}{\overline{h(A)}}U^*\Phi(A)U$. 则 $N(\Psi(A)\Psi(B)) = N(AB)$ 对所有 $A, B \in \mathcal{W}$ 成立且 $\Psi(x \otimes f) = x \otimes f$. 对任意 $A \in \mathcal{W}$ 和 $x, f \in H$, 有

$$\|Ax\|\|f\| = N(Ax \otimes f) = N(\Psi(A)\Psi(x \otimes f)) = \|\Psi(A)x\|\|f\|.$$

因此 $\|\Psi(A)x\| = \|Ax\|$ 对所有 $x \in H$ 成立. 同理, 也可得 $\|\Psi(A)^*f\| = \|A^*f\|$ 对所有 $f \in H$ 成立. 因为 $\ker \Psi(A) = \ker A$ 且 $\ker \Psi(A)^* = \ker A^*$, 所以存在酉算子 $U_A$ 和 $V_A$ 使得 $\Psi(A) = U_A A = A(V_A)^*$. 定义映射 $\phi, \psi : \mathcal{W} \to \mathcal{U}(H)$ 为 $\phi(A) = h(A)(V_A)^*$ 且 $\psi(A) = h(A)U_A$, 则有

$$\Phi(A) = U\psi(A)AU^* = UA\phi(A)U^*$$

对所有 $A \in \mathcal{W}$ 成立. □

**定理 3.5.10 的证明** 由交叉范数 $N$ 的酉不变性和共轭酉不变性, 充分性显然. 我们只验证必要性. 假设 $N(ABA) = N(\Phi(A)\Phi(B)\Phi(A))$ 对所有 $A, B \in \mathcal{W}$ 成立. 由引理 3.5.6 知, 或者

(a) $\Phi(A) = h(A)TAT^{-1}$ 对所有 $A \in \mathcal{W}$ 成立;

或者

(b) $\Phi(A) = h(A)TA^*T^{-1}$ 对所有 $A \in \mathcal{W}$ 成立,

其中 $T$ 是线性或共轭线性.

假设 $\Phi$ 具有形式 (a). 令 $\tau : \mathbb{C} \to \mathbb{C}$ 是恒等或共轭映射, 则类似于定理 3.5.2 的证明可假设 $T$ 线性且

$$\Phi(x \otimes f) = h(x \otimes f)T(\tau(x) \otimes \overline{\tau(\bar{f})})T^{-1}.$$

由

$$|\langle Bx, f\rangle|\|x\|\|f\| = |h(x \otimes f)|^2|h(B)|\|T\tau(x)\| \cdot \|(T^*)^{-1}\overline{\tau(\bar{f})}\|$$

可得 $|h(B)| = a$ 对所有 $B \in \mathcal{W}$ 成立. 因此

$$\|\tau(x)\|\|\overline{\tau(\bar{f})}\| = \|x\|\|f\| = a^3\||T|\tau(x)\| \cdot \||T|^{-1}\overline{\tau(\bar{f})}\|$$

对所有向量 $x, f \in H$ 成立. 同定理 3.5.2 的证明可得 $|T| = cI$, $a = 1$ 且 $T = cU$. 所以 $\Phi(A) = h(A)UAU^*$ 对所有 $A \in \mathcal{W}$ 成立, 即, $\Phi$ 有定理中的形式 (1).

若 $\Phi$ 具有形式 (b), 令 $\Psi(A)=\Phi(A)^*$. 则 $\Psi$ 有形式 (a). 注意到 $N(A^*)=N(A)$, 可得 $N(\Psi(A)\Psi(B)\Psi(A))=N(ABA)$. 所以 $\Psi$ 有定理中的形式 (1). 进而 $\Phi$ 有定理中的形式 (2). □

## 3.6 算子集合上保不定乘积数值半径的映射

本节讨论包含秩一算子的集合上保不定乘积或不定 Jordan 半三乘积数值半径映射的刻画问题. 主要结果如下.

**定理 3.6.1** 设 $H$ 是复 Hilbert 空间, $\dim H\geqslant 3$, $J\in\mathcal{B}(H)$ 是可逆自伴算子, 记 $A^\dagger=J^{-1}A^*J$. 令 $\mathcal{W},\mathcal{V}$ 是 $\mathcal{B}(H)$ 中包含所有秩一算子的集合. 设 $\Phi:\mathcal{W}\to\mathcal{V}$ 是双射. 则下列性质等价:

(1) $\Phi$ 满足 $w(AB^\dagger)=w(\Phi(A)\Phi(B)^\dagger)$ 且 $w(A^\dagger B)=w(\Phi(A)^\dagger\Phi(B))$ 对所有 $A,B\in\mathcal{W}$ 都成立.

(2) 存在 $\varepsilon_i\in\{-1,1\}$ $(i=1,2)$, 满足 $U^*JU=\varepsilon_1 J$ 且 $V^*JV=\varepsilon_2 J$ 的酉算子或者共轭酉算子 $U$, $V$ 和函数 $\varphi:\mathcal{W}\to\mathbb{T}$ 使得 $\Phi(A)=\varphi(A)UAV$ 对所有 $A\in\mathcal{W}$ 都成立.

**推论 3.6.2** 设 $H$ 是复 Hilbert 空间, $\dim H\geqslant 3$, $\mathcal{W},\mathcal{V}$ 是 $\mathcal{B}(H)$ 中包含所有秩一算子的集合. 设 $\Phi:\mathcal{W}\to\mathcal{V}$ 是双射. 则下列性质等价:

(1) $\Phi$ 满足 $w(AB^*)=w(\Phi(A)\Phi(B)^*)$ 且 $w(A^*B)=w(\Phi(A)^*\Phi(B))$ 对所有 $A,B\in\mathcal{W}$ 都成立.

(2) 存在酉算子或者共轭酉算子 $U$, $V$ 和函数 $\varphi:\mathcal{W}\to\mathbb{T}$ 使得 $\Phi(A)=\varphi(A)UAV$ 对所有 $A\in\mathcal{W}$ 都成立.

**定理 3.6.3** 设 $H$ 是复 Hilbert 空间, $\dim H\geqslant 3$, $J\in\mathcal{B}(H)$ 是可逆自伴算子, 记 $A^\dagger=J^{-1}A^*J$. 令 $\mathcal{W},\mathcal{V}$ 是 $\mathcal{B}(H)$ 中包含所有秩一算子的集合. 设 $\Phi:\mathcal{W}\to\mathcal{V}$ 是双射. 则 $\Phi$ 满足 $w(AB^\dagger A)=w(\Phi(A)\Phi(B)^\dagger\Phi(A))$ 对所有 $A,B\in\mathcal{W}$ 都成立当且仅当下列之一成立:

(1) 存在 $\epsilon\in\{-1,1\}$ $(i=1,2)$, 满足 $U^*JU=\epsilon J$ 的酉算子或者共轭酉算子 $U$ 和函数 $\varphi:\mathcal{W}\to\mathbb{T}$ 使得 $\Phi(A)=\varphi(A)UAU^*$ 对所有 $A\in\mathcal{W}$ 都成立.

(2) 存在非零实数 $b$, 满足 $U^*JU=bJ^{-1}$ 的酉算子或共轭酉算子 $U$ 和函数 $\varphi:\mathcal{W}\to\mathbb{T}$ 使得 $\Phi(A)=\varphi(A)UA^*U^*$ 对所有 $A\in\mathcal{W}$ 都成立.

**推论 3.6.4** 设 $H$ 是复 Hilbert 空间, $\dim H\geqslant 3$, $\mathcal{W},\mathcal{V}$ 是 $\mathcal{B}(H)$ 中包含所有秩一算子的集合. 设 $\Phi:\mathcal{W}\to\mathcal{V}$ 是双射. 则 $\Phi$ 满足 $w(AB^*A)=w(\Phi(A)\Phi(B)^*\Phi(A))$ 对所有 $A,B\in\mathcal{W}$ 都成立当且仅当存在酉算子或者共轭酉算子 $U$ 和函数 $\varphi:\mathcal{W}\to\mathbb{T}$ 使得下列之一成立

(1) $\Phi(A)=\varphi(A)UAU^*$ 对所有 $A\in\mathcal{W}$ 都成立.

(2) $\Phi(A) = \varphi(A)UA^*U^*$ 对所有 $A \in \mathcal{W}$ 都成立.

为证明上述定理, 需要以下引理. 接下来的引理即本书定理 2.5.1 与定理 2.5.2, 现重述如下.

**引理 3.6.5** 设 $H$ 是实数域或复数域上的 Hilbert 空间, $\dim H \geqslant 3$, $J \in \mathcal{B}(H)$ 是可逆自伴算子. 令 $\mathcal{W}, \mathcal{V}$ 是 $\mathcal{B}(H)$ 中包含所有秩一算子的集合. 设 $\Phi : \mathcal{W} \to \mathcal{V}$ 是双射. 若 $\Phi$ 满足 $AB^\dagger = 0 \Leftrightarrow \Phi(A)\Phi(B)^\dagger = 0$ 且 $A^\dagger B = 0 \Leftrightarrow \Phi(A)^\dagger\Phi(B) = 0$ 对所有 $A, B \in \mathcal{W}$ 都成立, 其中 $A^\dagger = J^{-1}A^*J$, 则下列之一成立:

(1) 如果 $H$ 是实空间, 则存在非零实数 $c, d$, 满足 $U^*JU = cJ$ 且 $V^*JV = dJ$ 的线性有界可逆算子 $U, V$ 和一个函数 $h : \mathcal{W} \to \mathbb{R} \setminus \{0\}$ 使得 $\Phi(T) = h(T)UTV$ 对所有秩一算子 $T \in \mathcal{W}$ 都成立.

(2) 如果 $H$ 是复空间, 则存在非零实数 $c, d$, 满足 $U^*JU = cJ$ 且 $V^*JV = dJ$ 的线性或共轭线性可逆算子 $U, V$ 和一个函数 $h : \mathcal{W} \to \mathbb{C}\setminus\{0\}$ 使得 $\Phi(T) = h(T)UTV$ 对所有秩一算子 $T \in \mathcal{W}$ 都成立.

**引理 3.6.6** 设 $H$ 是实数域或复数域上的 Hilbert 空间, $\dim H \geqslant 3$, $J \in \mathcal{B}(H)$ 是可逆自伴算子. 令 $\mathcal{W}, \mathcal{V}$ 是 $\mathcal{B}(H)$ 中包含所有秩一算子的集合. 设 $\Phi : \mathcal{W} \to \mathcal{V}$ 是双射. 若 $\Phi$ 满足 $AB^\dagger A = 0 \Leftrightarrow \Phi(A)\Phi(B)^\dagger\Phi(A) = 0$ 对所有 $A, B \in \mathcal{W}$ 都成立, 其中 $A^\dagger = J^{-1}A^*J$, 则下列之一成立.

(1) 如果 $H$ 是实空间, 则存在非零实数 $c, d$, 满足 $U^*JU = cJ$ 且 $V^*JV = dJ$ 的线性有界可逆算子 $U, V$ 和一个函数 $h : \mathcal{W} \to \mathbb{R} \setminus \{0\}$, 使得 $\Phi(T) = h(T)UTV$ 对所有秩一算子 $T \in \mathcal{W}$ 都成立或者 $\Phi(T) = h(T)UT^\dagger V$ 对所有秩一算子 $T \in \mathcal{W}$ 都成立.

(2) 如果 $H$ 是复空间, 则存在非零实数 $c, d$, 满足 $U^*JU = cJ$ 且 $V^*JV = dJ$ 的线性或共轭线性可逆算子 $U, V$ 和一个函数 $h : \mathcal{W} \to \mathbb{C}\setminus\{0\}$, 使得 $\Phi(T) = h(T)UTV$ 对所有秩一算子 $T \in \mathcal{W}$ 都成立或者 $\Phi(T) = h(T)UT^\dagger V$ 对所有秩一算子 $T \in \mathcal{W}$ 都成立.

下面的引理给出了一对算子是同一个酉算子倍数的充分条件, 在主要定理证明中具有重要作用.

**引理 3.6.7** 设 $H$ 是实数域或复数域上的 Hilbert 空间, $\dim H \geqslant 3$, $A, B$ 是线性或共轭线性算子. 若

$$|\langle x, f\rangle| + \|x\|\|f\| = |\langle Ax, Bf\rangle| + \|Ax\|\|Bf\|$$

对所有 $x, f \in H$ 成立, 则存在满足 $|\xi\eta| = 1$ 的数 $\xi, \eta$ 和等距或共轭等距 $U$ 使得 $A = \xi U$ 且 $B = \eta U$ 成立.

**证明** 由题设条件可验证 $A$ 和 $B$ 为单射. 由 $\|Ax\|\|Bf\| \leqslant 2\|x\|\|f\|$, 我们有 $A$ 和 $B$ 有界且 $\|B^*A\| \leqslant 1$.

对任意的 $x \in H$ 且 $f \in [x, B^*Ax]^{\perp}$, 有 $\|x\|\|f\| = \|Ax\|\|Bf\|$, 且因此 $\frac{\|Bf\|}{\|f\|} = \frac{\|x\|}{\|Ax\|}$. 若 $\dim H \geqslant 5$, 则对于任意 $x, y \in H$, 可取到非零向量 $f \in [x, B^*Ax]^{\perp} \cap [y, B^*Ay]^{\perp}$. 所以有 $\frac{\|x\|}{\|Ax\|} = \frac{\|Bf\|}{\|f\|} = \frac{\|y\|}{\|Ay\|}$. 这说明存在正数 $\alpha$ 使得 $\|Ax\| = \alpha\|x\|$ 对所有 $x \in H$ 都成立. 若 $\dim H = 4$, 则存在非零向量 $x \in H$ 使得 $B^*Ax = \lambda x$ 对某个非零数 $\lambda$ 成立. 因此 $[x, B^*Ax] = [x]$ 且对于任意 $y \in H$, 总可取到非零的 $f \in [x, B^*Ax]^{\perp} \cap [y, B^*Ay]^{\perp}$. 这说明存在正数 $\alpha$ 使得 $\|Ax\| = \alpha\|x\|$ 对所有 $x \in H$ 成立. 对任意 $f \in H$, 可取 $x \in [f, A^*Bf]^{\perp}$ 使得 $\|Bf\| = \frac{\|x\|}{\|Ax\|}\|f\| = \alpha^{-1}\|f\|$. 所以存在满足 $|\xi\varrho| = 1$ 的数 $\xi, \varrho$ 和线性或共轭等距 $U, V$ 使得 $A = \xi U$, $B = \varrho V$ 成立. 因此 $|\langle x, f\rangle| = |\langle Ax, Bf\rangle|$ 对所有 $x, f \in H$ 成立. 特别地,

$$\langle x, f\rangle = 0 \Leftrightarrow \langle Ax, Bf\rangle = 0.$$

故我们一定有 $V^*U = \gamma I$ 对某个满足 $|\gamma| = 1$ 的数 $\gamma$ 成立. 所以 $U$ 和 $V$ 具有相同的值域且因此 $U = \gamma V$. 令 $\eta = \varrho\bar{\gamma}$, 我们有 $A = \xi U$ 且 $B = \eta U$, 其中 $|\xi\eta| = 1$.

若 $\dim H = 3$, 此时若 $A$ 和 $B$ 是共轭线性算子, 固定一组正交基 $\{e_1, e_2, e_3\}$ 且定义 $Lx = \bar{x}$, 其中 $x = \xi_1 e_1 + \xi_2 e_2 + \xi_3 e_3$, $\bar{x} = \bar{\xi_1} e_1 + \bar{\xi_2} e_2 + \bar{\xi_3} e_3$. 令 $A_1 = AL$ 且 $B_1 = BL$. 则 $A_1$ 和 $B_1$ 是线性的且 $A = A_1 L$, $B = B_1 L$. 因此由假设可得

$$|\langle Lx, Lf\rangle| + \|Lx\|\|Lf\| = |\langle x, f\rangle| + \|x\|\|f\| = |\langle A_1 Lx, B_1 Lf\rangle| + \|A_1 Lx\|\|B_1 Lf\|$$

对所有 $x, f \in H$ 成立. 这也等价于

$$|\langle x, f\rangle| + \|x\|\|f\| = |\langle A_1 x, B_1 f\rangle| + \|A_1 x\|\|B_1 f\|$$

对所有 $x, f \in H$ 都成立. 所以我们总是能假设 $A$ 和 $B$ 是线性的. 明显 $A$ 和 $B$ 是可逆的. 若令 $A = W|A|$ 是 $A$ 的极分解, 其中 $W$ 是酉算子且 $|A| = (A^*A)^{\frac{1}{2}}$, 令 $B_1 = W^*B$, 有

$$|\langle x, f\rangle| + \|x\|\|f\| = |\langle |A|x, B_1 f\rangle| + \||A|x\|\|B_1 f\|$$

对所有 $x, f \in H$ 都成立. 因此不失一般性, 可设 $A > 0$, 下面我们只需证明 $A$ 和 $B$ 是单位算子 $I$ 的倍数. 由于 $A > 0$, 存在一个正交基 $\{v_1, v_2, v_3\}$ 使得 $Av_i = \alpha_i v_i$ 对于某个 $\alpha_i > 0$ 成立. 对任意 $i, j \in \{1, 2, 3\}$, 其中 $i \neq j$, 通过取非零向量 $f \in [v_i, v_j]^{\perp}$, 可得

$$\alpha_i = \frac{\|Av_i\|}{\|v_i\|} = \frac{\|f\|}{\|Bf\|} = \frac{\|Av_j\|}{\|v_j\|} = \alpha_j.$$

所以 $A = \alpha I$ 对某个 $\alpha > 0$ 成立. 因此

$$|\langle x, f\rangle| + \|x\|\|f\| = \alpha|\langle x, Bf\rangle| + \alpha\|x\|\|Bf\|$$

对所有 $x, f \in H$ 成立. 下证 $B = \beta I$ 且 $|\alpha\beta| = 1$. 设 $\beta_1$ 是 $B^*$ 的特征值且 $x_0$ 是满足 $B^*x_0 = \beta_1 x_0$ 的单位向量. 则对于任意 $f \in [x_0]^\perp$, 我们有 $\|x_0\|\|f\| = \alpha\|x_0\|\|Bf\|$. 这迫使 $\|Bf\| = \alpha^{-1}\|f\|$ 对所有 $f \in [x_0]^\perp$ 都成立, 且对所有向量 $x \in H$ 和 $f \in [x_0]^\perp$, 我们都有

$$|\langle x, f\rangle| + \|x\|\|f\| = \alpha|\langle x, Bf\rangle| + \|x\|\|f\|.$$

所以 $Bf$ 与 $f$ 线性相关, 进而存在满足 $\alpha|\beta| = 1$ 的数 $\beta$ 使得 $Bf = \beta f$ 对所有 $f \in [x_0]^\perp$ 成立. 下面我们断言 $Bx_0 = \beta x_0$. 取与 $[x_0]^\perp$ 垂直的正交集 $\{f_1, f_2\}$. 因为 $B^*x_0 = \beta_1 x_0$ 且 $B|_{[x_0]^\perp} = \beta I_{[x_0]^\perp}$, 则存在数 $\gamma_1, \gamma_2$ 使得相对于基 $\{x_0, f_1, f_2\}$ 有

$$B = \begin{pmatrix} \bar{\beta_1} & 0 & 0 \\ \gamma_1 & \beta & 0 \\ \gamma_2 & 0 & \beta \end{pmatrix}.$$

反设 $\bar{\beta_1} \neq \beta$, 则 $B$ 相似于对角阵 $\mathrm{diag}\{\bar{\beta_1}, \beta, \beta\}$. 则存在单位向量 $f_0$ 使得 $Bf_0 = \bar{\beta_1} f_0$ 成立. 所以 $\alpha|\beta_1| = 1$. 现有 $Bx_0 = \bar{\beta_1}x_0 + \gamma_1 f_1 + \gamma_2 f_2$. 因此 $2 = \alpha|\langle x_0, Bx_0\rangle| + \alpha\|Bx_0\| = 1 + \alpha(|\alpha|^{-2} + |\gamma_1|^2 + |\gamma_2|^2)^{\frac{1}{2}}$, 这迫使 $\gamma_1 = \gamma_2 = 0$, 且 $B = \mathrm{diag}\{\bar{\beta_1}, \beta, \beta\}$. 在上述讨论中用 $f_1$ 代替 $x_0$, 同样可得 $\bar{\beta_1} = \beta$, 矛盾. 所以有 $B = \beta I$. □

**定理 3.6.1 的证明** (2)⇒(1) 易证, 我们只需验证 (1)⇒(2).

假设 (1) 成立, 则由 $w(A) = 0 \Leftrightarrow A = 0$ 可知映射 $\Phi$ 满足引理 3.6.5 的条件. 因此存在非零实数 $c, d$, 满足 $U_1^*JU_1 = cJ$ 且 $V_1^*JV_1 = dJ$ 的线性或共轭线性可逆算子 $U_1$, $V_1$ 和一个函数 $h : \mathcal{W} \to \mathbb{C} \setminus \{0\}$ 使得 $\Phi(T) = h(T)U_1TV_1$ 对所有秩一算子 $T \in \mathcal{W}$ 都成立. 对所有秩一算子 $T, S$, 有

$$|ch(T)h(S)|w(V_1^\dagger T^\dagger SV_1) = w(\Phi(T)^\dagger\Phi(S)) = w(T^\dagger S).$$

令 $T = x \otimes f$ 且 $S = y \otimes g$. 则

$$|ch(x\otimes f)h(y\otimes g)||\langle Jy, x\rangle|w(V_1^\dagger J^{-1}(f\otimes g)V_1) = |\langle Jy, x\rangle|w(J^{-1}f\otimes g).$$

所以当 $\langle Jy, x\rangle \neq 0$ 时有

$$|ch(x\otimes f)h(y\otimes g)|w(V_1^\dagger(J^{-1}f\otimes g)V_1) = w(J^{-1}f\otimes g). \tag{3.6.1}$$

这迫使 $|h(x\otimes f)h(y\otimes g)| = a_{f,g}$ 对所有满足 $\langle Jy, x\rangle \neq 0$ 的向量 $x, y$ 成立.

利用

$$|dh(T)h(S)|w(U_1TS^\dagger U_1^\dagger) = w(\Phi(T)\Phi(S)^\dagger) = w(TS^\dagger)$$

可得当 $\langle J^{-1}g, f\rangle \neq 0$ 时

$$|dh(x\otimes f)h(y\otimes g)|w(U_1(x\otimes Jy)U_1^\dagger) = w(x\otimes Jy). \tag{3.6.2}$$

所以 $|h(x\otimes f)h(y\otimes g)|=b_{x,y}$ 对所有满足 $\langle J^{-1}g,f\rangle\neq 0$ 的向量 $f,g$ 成立. 因此存在常数 $a>0$ 使得当 $\langle Jy,x\rangle\neq 0$ 且 $\langle J^{-1}g,f\rangle\neq 0$ 时有

$$|h(x\otimes f)h(y\otimes g)|=a^2.$$

若 $\langle Jy,x\rangle=0$, 取 $z_1,z_2\in H$ 且 $k_1,k_2\in H$ 使得 $\langle Jz_1,x\rangle$, $\langle Jz_2,z_1\rangle$,$\langle Jy,z_2\rangle$, $\langle J^{-1}k_1,f\rangle$, $\langle J^{-1}k_2,k_1\rangle$ 和 $\langle J^{-1}g,k_2\rangle$ 都不等于零. 因此仍然有

$$|h(x\otimes f)h(y\otimes g)|=a^{-2}|h(x\otimes f)h(z_1\otimes k_1)h(z_2\otimes k_2)h(y\otimes g)|=a^{-2}a^4=a^2.$$

所以

$$|h(x\otimes f)|=a \tag{3.6.3}$$

对所有 $x,f\in H$ 成立. 由式 (3.6.1) 和 (3.6.2) 可得

$$a^2|c|w(V_1^\dagger(x\otimes f)V_1)=w(x\otimes f) \tag{3.6.4}$$

且

$$a^2|d|w(U_1(x\otimes f)U_1^\dagger)=w(x\otimes f) \tag{3.6.5}$$

对所有秩一算子 $x\otimes f$ 成立.

因为 $w(x\otimes f)=\dfrac{1}{2}(|\langle x,f\rangle|+\|x\|\|f\|)$, 无论当 $V_1$ 线性或共轭线性, 由 $V_1V_1^\dagger=dI$ 且式 (3.6.4) 总有

$$a^2|cd||\langle x,f\rangle|+a^2|c|\|J^{-1}V_1^*Jx\|\|V_1^*f\|=|\langle x,f\rangle|+\|x\|\|f\| \tag{3.6.6}$$

对所有 $x,f\in H$ 成立.

固定 $x\in H$, 由式 (3.6.6) 得 $\|V_1^*f\|=t_x\|f\|$ 对所有 $f\in[x]^\perp$ 成立, 其中 $t_x=\dfrac{\|x\|}{a^2|c|\|J^{-1}V_1^*Jx\|}$. 取不同的向量 $x$ 可得 $t_x=t$ 与 $x$ 无关, 进而存在满足 $|\beta|=t$ 的 $\beta$ 和酉算子或共轭酉算子 $V$ 使得 $V_1=\beta V$. 注意到 $\|J^{-1}V^*Jx\|=a^{-2}|c|^{-1}|\beta|^{-2}\|x\|$. 由 $J^{-1}V_1^*JV_1=dI$ 可得 $V^*JV=d|\beta|^{-2}J$. 这迫使 $d|\beta|^{-2}=1$ 或者 $-1$, 即, $d=\pm|\beta|^{-2}$. 因此由式 (3.6.6) 可得 $a^2cd|\langle x,f\rangle|+\|x\|\|f\|=|\langle x,f\rangle|+\|x\|\|f\|$. 所以 $a^2|cd|=1$.

类似地, 由式 (3.6.5) 可得存在酉算子或者共轭酉算子 $U$ 和满足 $c=\pm|\alpha|^{-2}$ 的常数 $\alpha$ 使得 $U_1=\alpha U$ 且 $U^*JU=\pm J$ 成立.

总之, 我们已经证明了存在酉算子或者共轭酉算子 $U,V$ 和常数 $a>0,\alpha,\beta$, 以及 $\epsilon_1,\epsilon_2\in\{-1,1\}$ 使得 $|\alpha\beta|a=1$, $U^*JU=\epsilon_1J$, $V^*JV=\epsilon_2J$, $|h(T)|=a$ 对所有 $T\in\mathcal{W}$ 成立, 且

$$\Phi(x\otimes f)=\alpha\beta h(x\otimes f)U(x\otimes f)V. \tag{3.6.7}$$

若 $U,V$ 是线性的, 令 $\Psi(T)=\dfrac{\varepsilon_1\varepsilon_2}{\alpha\beta h(T)}U^\dagger\Phi(T)V^\dagger$ 对所有 $T\in\mathcal{W}$ 成立; 若 $U,V$ 是共轭线性的, 令 $\Psi(T)=\dfrac{\varepsilon_1\varepsilon_2}{\overline{\alpha\beta h(T)}}U^\dagger\Phi(T)V^\dagger$ 对所有 $T\in\mathcal{W}$ 成立. 则 $\Psi:\mathcal{W}\to\mathcal{V}_1$ $\left(\mathcal{V}_1=\left\{\dfrac{\varepsilon_1\varepsilon_2}{\alpha\beta h(T)}U^\dagger\Phi(T)V^\dagger:T\in\mathcal{W}\right\}\text{ 或者 }\left\{\dfrac{\varepsilon_1\varepsilon_2}{\overline{\alpha\beta h(T)}}U^\dagger\Phi(T)V^\dagger:T\in\mathcal{W}\right\}\right)$ 是一个双射. 注意到 $V^\dagger=\pm V^*$ 且 $U^\dagger=\pm U^*$. 因此有

$$\begin{aligned}w(\Psi(T)^\dagger\Psi(S))=&\frac{1}{|\alpha\beta|^2a^2}w(V\Phi(T)^\dagger UU^\dagger\Phi(S)V^\dagger)\\=&w(V\Phi(T)^\dagger\Phi(S)V^\dagger)=w(V\Phi(T)^\dagger\Phi(S)V^*)\\=&w(\Phi(T)^\dagger\Phi(S))=w(T^\dagger S).\end{aligned}$$

类似地,

$$w(\Psi(T)\Psi(S)^\dagger)=w(TS^\dagger)$$

对所有 $T,S\in\mathcal{W}$ 都成立. 进一步 $\Psi(T)=T$ 对每个秩一算子 $T\in\mathcal{W}$ 都成立. 因此对于任意 $A\in\mathcal{W}$, 有

$$w(\Psi(A)^\dagger x\otimes f)=w(A^\dagger x\otimes f)\tag{3.6.8}$$

对所有 $x,f\in H$ 都成立.

下面我们断言对于所有 $A\in\mathcal{W}$, $A$ 和 $\Psi(A)$ 是线性相关的. 否则, 存在算子 $A_0$ 使得 $A_0$ 和 $\Psi(A_0)$ 线性无关, 则 $A_0^\dagger$ 和 $\Psi(A_0)^\dagger$ 线性无关. 注意到 $A_0$ 和 $\Psi(A_0)$ 的秩至少为 2. 因此存在向量 $x_0$ 使得 $A_0^\dagger x_0$ 且 $\Psi(A_0)^\dagger x_0$ 线性无关. 下面我们分情况讨论.

情形 1. $\|\Psi(A_0)^\dagger x_0\|\geqslant\|A_0^\dagger x_0\|$. 注意到对于任意线性无关向量 $x,f\in H$, 可以验证 $w(|x\otimes f|)>w(x\otimes f)$, 其中 $|A|=(A^*A)^{\frac12}$. 由式 (3.6.8) 得

$$\begin{aligned}w(\Psi(A_0)^\dagger x_0\otimes\Psi(A_0)^\dagger x_0)&=w(A_0^\dagger x_0\otimes\Psi(A_0)^\dagger x_0)\\&<w(|A_0^\dagger x_0\otimes\Psi(A_0)^\dagger x_0|)\\&=\frac{\|A_0^\dagger x_0\|}{\|\Psi(A_0)^\dagger x_0\|}w(\Psi(A_0)^\dagger x_0\otimes\Psi(A_0)^\dagger x_0).\end{aligned}$$

所以 $\|\Psi(A_0)^\dagger x_0\|<\|A_0^\dagger x_0\|$, 矛盾.

类似地我们可以处理情形 2: $\|\Psi(A_0)^\dagger x\|\leqslant\|A_0^\dagger x\|$.

因此 $A$ 和 $\Psi(A)$ 线性相关对所有 $A\in\mathcal{W}$ 都成立, 即, 存在函数 $h_1:\mathcal{W}\to\mathbb{C}$ 使得 $\Psi(A)=h_1(A)A$ 对所有 $A$ 成立. 再由式 (3.6.8) 可得 $|h_1(A)|=1$ 对所有 $A\in\mathcal{W}$ 成立. 若 $U,V$ 线性可令 $\varphi(A)=\varepsilon_1\varepsilon_2\alpha\beta h_1(A)h(A)$, 若 $U,V$ 共轭线性, 可令 $\varphi(A)=\epsilon_1\epsilon_2\alpha\beta\overline{h_1(A)}h(A)$. 所以 $|\varphi(A)|=1$ 且

$$\Phi(A)=\varphi(A)UAV$$

对所有 $A \in \mathcal{W}$ 成立. 因此 (2) 成立. 得证. □

**定理 3.6.3 的证明** 充分性显然, 只证必要性.

由于 $\Phi$ 满足 $w(AB^\dagger A) = w(\Phi(A)\Phi(B)^\dagger\Phi(A))$ 对所有 $A, B \in \mathcal{W}$ 成立, 则 $AB^\dagger A = 0 \Leftrightarrow \Phi(A)\Phi(B)^\dagger\Phi(A) = 0$. 利用引理 3.6.6, 存在实数 $c, d$, 满足 $U_1^*JU_1 = cJ$ 且 $V_1^*JV_1 = dJ$ 的线性或共轭线性有界可逆算子 $U_1, V_1$ 和函数 $h : \mathcal{W} \to \mathbb{C}\setminus\{0\}$ 使得或者

(i) $\Phi(A) = h(A)U_1AV_1$ 对所有 $A \in \mathcal{W}$ 成立.

或者

(ii) $\Phi(A) = h(A)U_1A^\dagger V_1$ 对所有 $A \in \mathcal{W}$ 成立.

首先设 $\Phi$ 具有形式 (i). 则有

$$w(AB^\dagger A) = |h(A)^2h(B)cd|w(U_1AB^\dagger AV_1)$$

对所有 $A, B \in \mathcal{W}$ 成立. 在上式中取 $A = x \otimes f$, 可得

$$|\langle J^{-1}B^*Jx, f\rangle|w(x \otimes f) = |h(A)^2h(B)cd\langle J^{-1}B^*Jx, f\rangle|w(U_1x \otimes V_1^*f),$$

这迫使当 $\langle J^{-1}B^*Jx, f\rangle \neq 0$ 时有

$$|h(B)| = \frac{w(x \otimes f)}{|cdh(x \otimes f)^2|w(U_1x \otimes V_1^*f)} = a_{x,f}.$$

因为对任意 $B_i \in \mathcal{W}, i = 1, 2$, 存在 $x, f \in H$ 使得 $\langle J^{-1}B_i^*Jx, f\rangle \neq 0, i = 1, 2$, 所以有 $|h(B_1)| = |h(B_2)| = a_{x,f}$. 这说明存在常数 $a > 0$ 使得

$$|h(B)| \equiv a \qquad \forall B \in \mathcal{W}. \tag{3.6.9}$$

特别地, 有

$$w(x \otimes f) = a^3|cd|w(U_1x \otimes V_1^*f) \quad \forall x \otimes f,$$

或者等价地,

$$|\langle x, f\rangle| + \|x\|\|f\| = a^3|cd|(|\langle U_1x, V_1^*f\rangle| + \|U_1x\|\|V_1^*f\|) \tag{3.6.10}$$

对所有 $x, f \in H$ 都成立. 现在利用引理 3.6.7 可得存在常数 $\xi, \eta$ 且一个酉算子或者共轭酉算子 $U$ 使得 $U_1 = \xi U$, $V_1 = \eta U^*$ 且 $|a^3cd\xi\eta| = 1$. 因为 $U_1^*JU_1 = cJ$ 且 $V_1^*JV_1 = dJ$, 有 $U^*JU = \frac{c}{|\xi|^2}J$ 且 $UJU^* = \frac{d}{|\eta|^2}J$. 这迫使 $\frac{c}{|\xi|^2}\frac{d}{|\eta|^2} = 1$ 且 $U^*JU = \epsilon J$, 其中 $\epsilon = \frac{c}{|\xi|^2} \in \{-1, 1\}$. 令 $\varphi(A) = \xi\eta h(A)$. 由于 $a^3|\xi\eta|^3 = a^3|cd\xi\eta| = 1$, 有 $|\varphi(A)| \equiv 1$ 且 $\Phi(A) = \varphi(A)UAU^*$ 对所有 $A \in \mathcal{W}$ 成立. 即, $\Phi$ 具有定理中的形式 (1).

假设 $\Phi$ 具有形式 (ii). 则

$$\begin{aligned}w(AB^\dagger A)=&|h(A)^2h(B)cd|w(U_1A^\dagger BA^\dagger V_1)\\=&|h(A)^2h(B)cd|w(U_1J^{-1}A^*JBJ^{-1}A^*JV_1)\\=&|h(A)^2h(B)cd|w(V_1^*JAJ^{-1}B^*JAJ^{-1}U_1^*)\\=&|h(A)^2h(B)cd|w(V_1^*JAB^\dagger AJ^{-1}U_1^*)\end{aligned}$$

对所有 $A,B\in\mathcal{W}$ 都成立. 在上式中取 $A=x\otimes f$, 有

$$|\langle J^{-1}B^*Jx,f\rangle|w(x\otimes f)=|h(A)^2h(B)cd\langle J^{-1}B^*Jx,f\rangle|w(V_1^*Jx\otimes U_1J^{-1}f).$$

类似于情形 (i) 的讨论仍可得式 (3.6.9) 成立. 所以有

$$|\langle x,f\rangle|+\|x\|\|f\|=a^3|cd|(|\langle V_1^*Jx,U_1J^{-1}f\rangle|+\|V_1^*Jx\|\|U_1J^{-1}f\|) \tag{3.6.11}$$

对所有 $x,f\in H$ 都成立. 由引理 3.6.7, 存在酉算子或者共轭酉算子 $U$ 使得 $U_1J^{-1}=\xi U$ 且 $JV_1=\eta U^*$ 对某个数 $\xi,\eta$ 成立且满足 $|a^3cd\xi\eta|=1$. 进而因为 $J^{-1}U_1^*JU_1=cI$ 且 $J^{-1}V_1^*JV_1=dI$, 我们有 $U^*JUJ=\dfrac{c}{|\xi|^2}I$ 且 $J^{-1}UJ^{-1}U^*=\dfrac{d}{|\eta|^2}I$. 所以 $\dfrac{c}{|\xi|^2}\dfrac{d}{|\eta|^2}=1$. 令 $b=\dfrac{c}{|\xi|^2}$, 则 $U^*JUJ=bI$. 定义 $\varphi$ 为 $\varphi(A)=\xi\eta h(A)$, 则 $|\varphi(A)|\equiv1$, 且

$$\Phi(A)=\varphi(A)UJA^\dagger J^{-1}U^*=\varphi(A)UA^*U^*$$

对所有 $A\in\mathcal{W}$ 都成立, 即, $\Phi$ 具有定理中的形式 (2). □

接下来讨论包含秩一算子的集合上保不定乘积或不定 Jordan 半三乘积交叉范数映射的刻画问题, 主要结果如下.

**定理 3.6.8** 设 $H$ 是复 Hilbert 空间, $\dim H\geqslant3$, $J\in\mathcal{B}(H)$ 是可逆自伴算子, 记 $A^\dagger=J^{-1}A^*J$. 令 $\mathcal{W},\mathcal{V}$ 是 $\mathcal{B}(H)$ 中包含所有秩一算子的集合. 设 $\Phi:\mathcal{W}\to\mathcal{V}$ 是双射. 则下列说法等价:

(1) $\Phi$ 满足 $N(AB^\dagger)=N(\Phi(A)\Phi(B)^\dagger)$ 且 $N(A^\dagger B)=N(\Phi(A)^\dagger\Phi(B))$ 对所有 $A,B\in\mathcal{W}$ 都成立.

(2) 存在 $\varepsilon_i\in\{-1,1\}$ $(i=1,2)$, 满足 $U^*JU=\varepsilon_1J$ 且 $V^*JV=\varepsilon_2J$ 的酉算子或者共轭酉算子 $U$, $V$ 和满足 $\psi(A)A=A\phi(A)^\dagger$, $N(\psi(A)A\phi(B)B^\dagger)=N(AB^\dagger)$ 且 $N(A^\dagger\psi(A)^\dagger B\phi(B)^\dagger)=N(A^\dagger B)$ 的函数 $\phi,\psi:\mathcal{W}\to\mathcal{U}(H)$ 使得 $\Phi(A)=U\psi(A)AV=UA\phi(A)^\dagger V$ 对所有 $A\in\mathcal{W}$ 都成立.

**推论 3.6.9** 设 $H$ 是复 Hilbert 空间, $\dim H\geqslant3$, $\mathcal{W},\mathcal{V}$ 是 $\mathcal{B}(H)$ 中包含所有秩一算子的集合. 设 $\Phi:\mathcal{W}\to\mathcal{V}$ 是双射. 则下列说法等价:

(1) $\Phi$ 满足 $N(AB^*) = N(\Phi(A)\Phi(B)^*)$ 且 $N(A^*B) = N(\Phi(A)^*\Phi(B))$ 对所有 $A, B \in \mathcal{W}$ 都成立.

(2) 存在酉算子或者共轭酉算子 $U, V$ 和满足 $\psi(A)A = A\phi(A)^*$, $N(\psi(A)A\phi(B)B^*) = N(AB^*)$ 且 $N(A^*\psi(A)^*B\phi(B)^*) = N(A^*B)$ 的函数 $\phi, \psi : \mathcal{W} \to \mathcal{U}(H)$, 使得 $\Phi(A) = U\psi(A)AV = UA\phi(A)^*V$ 对所有 $A \in \mathcal{W}$ 都成立.

**定理 3.6.10** 设 $H$ 是复 Hilbert 空间, $\dim H \geqslant 3$, $J \in \mathcal{B}(H)$ 是可逆自伴算子, 记 $A^\dagger = J^{-1}A^*J$. 令 $\mathcal{W}, \mathcal{V}$ 是 $\mathcal{B}(H)$ 中包含所有秩一算子的集合. 设 $\Phi : \mathcal{W} \to \mathcal{V}$ 是双射. 则 $\Phi$ 满足 $N(AB^\dagger A) = N(\Phi(A)\Phi(B)^\dagger\Phi(A))$ 对所有 $A, B \in \mathcal{W}$ 都成立当且仅当下列形式之一成立:

(1) 存在 $\varepsilon_i \in \{-1, 1\}(i = 1, 2)$, 满足 $U^*JU = \varepsilon_1 J$ 且 $V^*JV = \varepsilon_2 J$ 的酉算子或者共轭酉算子 $U, V$ 和函数 $\varphi : \mathcal{W} \to \mathbb{T}$, 使得 $\Phi(A) = \varphi(A)UAV$ 对所有 $A \in \mathcal{W}$ 都成立.

(2) 存在非零实数 $b, e$, 满足 $U^*JU = bJ^{-1}$ 且 $V^*J^{-1}V = eJ$ 的酉算子或共轭酉算子 $U, V$ 和满足 $|\varphi(A)|^3|be| = 1$ 的函数 $\varphi : \mathcal{W} \to \mathbb{C}$, 使得 $\Phi(A) = \varphi(A)UA^*V$ 对所有 $A \in \mathcal{W}$ 都成立.

**推论 3.6.11** 设 $H$ 是复 Hilbert 空间, $\dim H \geqslant 3$, $\mathcal{W}, \mathcal{V}$ 是 $\mathcal{B}(H)$ 中包含所有秩一算子的集合. 设 $\Phi : \mathcal{W} \to \mathcal{V}$ 是双射. 则 $\Phi$ 满足 $N(AB^*A) = N(\Phi(A)\Phi(B)^*\Phi(A))$ 对所有 $A, B \in \mathcal{W}$ 都成立当且仅当存在酉算子或者共轭酉算子 $U, V$ 和函数 $\varphi : \mathcal{W} \to \mathbb{C}$ 满足 $|\varphi(A)| \equiv 1$ 使得下列之一成立

(1) $\Phi(A) = \varphi(A)UAV$ 对所有 $A \in \mathcal{W}$ 都成立.

(2) $\Phi(A) = \varphi(A)UA^*V$ 对所有 $A \in \mathcal{W}$ 都成立.

**定理 3.6.8 的证明** (2)⇒(1) 易证, 我们只需验证 (1)⇒(2).

由 $N(A) = 0 \Leftrightarrow A = 0$, 映射 $\Phi$ 满足引理 3.6.5 的条件. 因此存在非零实数 $c, d$, 以及满足 $U_1^*JU_1 = cJ$ 且 $V_1^*JV_1 = dJ$ 的线性或共轭线性可逆算子 $U_1$, $V_1$ 和一个函数 $h : \mathcal{W} \to \mathbb{C} \setminus \{0\}$ 使得 $\Phi(T) = h(T)U_1TV_1$ 对所有秩一算子 $T \in \mathcal{W}$ 都成立. 类似于定理 3.3.1 的证明, 可知存在正实数 $a$ 使得

$$|h(x \otimes f)| = a \quad \forall x, f \in H,$$

且有

$$a^2|c|N(V_1^\dagger(x \otimes f)V_1) = N(x \otimes f)$$

和

$$a^2|d|N(U_1(x \otimes f)U_1^\dagger) = N(x \otimes f)$$

对所有秩一算子 $x \otimes f$ 成立.

利用交叉范数的定义, 即 $N(x\otimes f)=\|x\|\|f\|$, 可得

$$a^2|c|\|V_1^\dagger x\|\|V_1^* f\|=\|x\|\|f\|.$$

因此对于任意 $x\in H$, $\|V_1^*f\|=t_x\|f\|$ 对所有 $f\in H$ 都成立, 其中 $t_x=\dfrac{\|x\|}{a^2|c|\|V_1^\dagger x\|}$. 显然 $t_x$ 与 $x$ 无关, 记为 $t_x=t$. 所以存在模为 $t$ 的数 $\beta$ 以及酉算子或共轭酉算子 $V$ 使得 $V_1=\beta V$. 注意到 $\|J^{-1}V^*Jx\|=a^{-2}|c|^{-1}|\beta|^{-2}\|x\|$. 由于 $J^{-1}V_1^*JV_1=dI$, 则 $V^*JV=d|\beta|^{-2}J$. 因此 $d|\beta|^{-2}=1$ 或 $-1$, 即, $d=\pm|\beta|^2$. 所以 $a^2|cd|\|x\|\|f\|=\|x\|\|f\|$, $a^2|cd|=1$.

类似地, 存在酉算子或共轭酉算子 $U$ 和满足 $c=\pm|\alpha|^2$ 的数 $\alpha$ 使得 $U_1=\alpha U$ 且 $U^*JU=\pm J$.

综上所述, 我们可得存在酉算子或者共轭酉算子 $U,V$ 和常数 $a>0$, 满足 $|\alpha\beta|a=1$ 的数 $\alpha,\beta$, 以及 $\varepsilon_1,\varepsilon_2\in\{-1,1\}$ 使得 $U^*JU=\varepsilon_1 J$, $V^*JV=\varepsilon_2 J$ 成立, $|h(T)|=a$ 对所有 $T\in\mathcal{W}$ 成立, 且

$$\Phi(x\otimes f)=\alpha\beta h(x\otimes f)U(x\otimes f)V.$$

若 $U,V$ 是线性的, 令 $\Psi(T)=\dfrac{\varepsilon_1\varepsilon_2}{\alpha\beta h(T)}U^\dagger\Phi(T)V^\dagger$ 对所有 $T\in\mathcal{W}$ 成立;

若 $U,V$ 是共轭线性的, 令 $\Psi(T)=\overline{\dfrac{\varepsilon_1\varepsilon_2}{\alpha\beta h(T)}}U^\dagger\Phi(T)V^\dagger$ 对所有 $T\in\mathcal{W}$ 成立. 则 $\Psi:\mathcal{W}\to\mathcal{V}_1\left(\mathcal{V}_1=\left\{\dfrac{\varepsilon_1\varepsilon_2}{\alpha\beta h(T)}U^\dagger\Phi(T)V^\dagger:T\in\mathcal{W}\right\}\text{或者}\left\{\overline{\dfrac{\varepsilon_1\varepsilon_2}{\alpha\beta h(T)}}U^\dagger\Phi(T)V^\dagger:T\in\mathcal{W}\right\}\right)$ 是一个双射. 注意到 $V^\dagger=\pm V^*$ 且 $U^\dagger=\pm U^*$. 因此对所有 $T,S\in\mathcal{W}$, 有

$$\begin{aligned}N(\Psi(T)^\dagger\Psi(S))=&\frac{1}{|\alpha\beta|^2a^2}N(V\Phi(T)^\dagger UU^\dagger\Phi(S)V^\dagger)\\=&N(V\Phi(T)^\dagger\Phi(S)V^\dagger)=N(V\Phi(T)^\dagger\Phi(S)V^*)\\=&N(\Phi(T)^\dagger\Phi(S))=N(T^\dagger S),\end{aligned}$$

且类似地

$$N(\Psi(T)\Psi(S)^\dagger)=N(TS^\dagger)$$

对所有 $T,S\in\mathcal{W}$ 都成立. 而且 $\Psi(T)=T$ 对每个秩一算子 $T\in\mathcal{W}$ 都成立. 因此对于任意 $A\in\mathcal{W}$, 有

$$N(\Psi(A)^\dagger x\otimes f)=N(A^\dagger x\otimes f),\quad N(\Psi(A)(x\otimes f)^\dagger)=N(A(x\otimes f)^\dagger)$$

对所有 $x,f\in H$ 都成立.

下面我们断言定理成立. 由上式及 $\Psi(x\otimes f) = x\otimes f$, 对任意 $A \in \mathcal{W}$ 和 $x, f \in H$, 有

$$\|AJ^{-1}f\|\|Jx\| = N(A(x\otimes f)^\dagger) = N(\Psi(A)\Psi(x\otimes f)^\dagger) = \|\Psi(A)J^{-1}f\|\|Jx\|.$$

因此 $\|\Psi(A)J^{-1}f\| = \|AJ^{-1}f\|$ 对所有 $f \in H$ 成立. 同理, 也可得 $\|\Psi(A)^\dagger x\| = \|A^\dagger x\|$ 对所有 $x \in H$ 成立. 因此有 $\ker \Psi(A) = \ker A$ 且 $\ker \Psi(A)^* = \ker A^*$. 所以存在酉算子 $U_A$ 和 $V_A$ 使得 $\Psi(A) = U_A A$, $\Psi(A)^\dagger = (V_A)A^\dagger$, 也即, $\Psi(A) = U_A A = A(V_A)^\dagger$. 定义映射 $\phi, \psi : \mathcal{W} \to \mathcal{U}(H)$ 为 $\psi(A) = h(A)(U_A)$ 且 $\phi(A) = \overline{h(A)}V_A$, 则有

$$\Phi(A) = U\psi(A)AV = UA\phi(A)^\dagger V$$

对所有 $A \in \mathcal{W}$ 成立, 且可验证函数 $\phi, \psi$ 满足 $N(\psi(A)A\phi(B)B^\dagger) = N(AB^\dagger)$ 且 $N(A^\dagger\psi(A)^\dagger B\phi(B)^\dagger) = N(A^\dagger B)$. 证毕. □

**定理 3.6.10 的证明** 充分性显然, 只证必要性.

$\Phi$ 满足 $N(AB^\dagger A) = N(\Phi(A)\Phi(B)^\dagger\Phi(A))$ 对所有 $A, B \in \mathcal{W}$ 成立, 则 $AB^\dagger A = 0 \Leftrightarrow \Phi(A)\Phi(B)^\dagger\Phi(A) = 0$. 利用引理 3.6.6, 存在实数 $c, d$, 满足 $U_1^*JU_1 = cJ$ 且 $V_1^*JV_1 = dJ$ 的线性或共轭线性有界可逆算子 $U_1, V_1$ 和函数 $h : \mathcal{W} \to \mathbb{C}\setminus\{0\}$ 使得

(i) $\Phi(A) = h(A)U_1AV_1$ 对所有 $A \in \mathcal{W}$ 成立.

或者

(ii) $\Phi(A) = h(A)U_1A^\dagger V_1$ 对所有 $A \in \mathcal{W}$ 成立.

若 $\Phi$ 具有形式 (i). 类似于定理 3.6.3 的证明, 可得存在常数 $a > 0$ 使得

$$|h(B)| \equiv a \qquad \forall B \in \mathcal{W}.$$

特别地, 有

$$N(x\otimes f) = a^3|cd|N(U_1x\otimes V_1^*f) \quad \forall x\otimes f,$$

或者等价地,

$$\|x\|\|f\| = a^3|cd|\|U_1x\|\|V_1^*f\|$$

对所有 $x, f \in H$ 都成立. 所以有 $\dfrac{\|x\|}{\|U_1x\|} = a^3|cd|\dfrac{\|V_1^*f\|}{\|f\|}$. 由向量 $x, f$ 的任意性, 对于任意向量 $y$ 有

$$\frac{\|x\|}{\|U_1x\|} = a^3|cd|\frac{\|y\|}{\|U_1y\|}.$$

故存在常数 $\xi$ 且酉算子或者共轭酉算子 $U$ 使得 $U_1 = \xi U$. 类似可得存在常数 $\eta$ 且酉算子或者共轭酉算子 $V$ 使得 $V_1 = \eta V$ 且 $|a^3cd\xi\eta| = 1$. 因为 $U_1^*JU_1 = cJ$ 且 $V_1^*JV_1 = dJ$, 我们有 $U^*JU = \dfrac{c}{|\xi|^2}J$ 且 $V^*JV = \dfrac{d}{|\eta|^2}J$. 这迫使 $\dfrac{|c|}{|\xi|^2} = \dfrac{|d|}{|\eta|^2} = 1$,

可记 $\varepsilon_1 = \dfrac{|c|}{|\xi|^2}$, $\varepsilon_2 = \dfrac{d}{|\eta|^2}$, 则有 $\varepsilon_i \in \{-1, 1\}$ $(i = 1, 2)$. 令 $\varphi(A) = \xi\eta h(A)$. 由 $a^3|\xi\eta|^3 = a^3|cd\xi\eta| = 1$, 有 $|\varphi(A)| \equiv 1$ 且 $\Phi(A) = \varphi(A)UAU^*$ 对所有 $A \in \mathcal{W}$ 成立. 即, $\Phi$ 具有定理中的形式 (1).

若 $\Phi$ 具有形式 (ii). 对所有 $A, B \in \mathcal{W}$, 有

$$\begin{aligned} N(AB^\dagger A) =& |h(A)^2h(B)cd|N(U_1A^\dagger BA^\dagger V_1) \\ =& |h(A)^2h(B)cd|N(U_1J^{-1}A^*JBJ^{-1}A^*JV_1) \\ =& |h(A)^2h(B)cd|N(V_1^*JAJ^{-1}B^*JAJ^{-1}U_1^*) \\ =& |h(A)^2h(B)cd|N(V_1^*JAB^\dagger AJ^{-1}U_1^*). \end{aligned}$$

上式中令 $A = x \otimes f$ 可得

$$|\langle J^{-1}B^*Jx, f\rangle|N(x \otimes f) = |h(A)^2h(B)cd\langle J^{-1}B^*Jx, f\rangle|N(V_1^*Jx \otimes U_1J^{-1}f).$$

所以有

$$\|x\|\|f\| = a^3|cd|\|V_1^*Jx\|\|U_1J^{-1}f\|$$

对所有 $x, f \in H$ 都成立. 同情形 (i) 的讨论可得, 存在酉算子或者共轭酉算子 $U, V$ 使得 $U_1J^{-1} = \xi U$ 且 $JV_1 = \eta V$ 对某个数 $\xi, \eta$ 成立且满足 $|a^3cd\xi\eta| = 1$. 进而因为 $J^{-1}U_1^*JU_1 = cI$ 且 $J^{-1}V_1^*JV_1 = dI$, 我们有 $U^*JUJ = \dfrac{c}{|\xi|^2}I$ 且 $J^{-1}V^*J^{-1}V = \dfrac{d}{|\eta|^2}I$. 记 $b = \dfrac{c}{|\xi|^2}$, $e = \dfrac{d}{|\eta|^2}$. 定义 $\varphi$ 为 $\varphi(A) = \xi\eta h(A)$, 则 $|\varphi(A)|^3|be| = a^3|cd\xi\eta| = 1$, 且

$$\Phi(A) = \varphi(A)UJA^\dagger J^{-1}V = \varphi(A)UA^*V$$

对所有 $A \in \mathcal{W}$ 都成立, 即, $\Phi$ 具有形式 (2). 证毕. □

## 3.7 注　记

矩阵或算子上保数值域或数值半径 (非) 线性映射的刻画问题是保持问题研究的一类热门分支[7, 8, 129]. 在保持算子数值域或数值半径一般映射的刻画问题中, 保算子的乘积数值域 (半径) 映射的刻画问题颇受人们关注, 这样的满射往往是酉同构的函数倍, 甚至有时被证明是线性的 (参见文献 [93, 133] 及其相关参考文献).

3.1 节取材于文献 [94], 主要给出任意 (有限或者无限) 维空间上可观测量代数上保持李积数值域或数值半径满射的刻画. 在 $\dim H = n < \infty$ 且 $n \geqslant 3$ 时, Li, Poon, Sze 在文献 [132] 刻画了 $\mathcal{B}(H)$ 上保持李积数值半径的满射. 然而对于无限维情形的相同问题一直没有研究. 随后直到 2015 年左右, 侯晋川、李志光与齐霄霏

在文献 [110] 刻画了无限维情形 $\mathcal{B}(H)$ 上保持李积数值域的满射. 相同的保持问题在可观测量代数上与在 $\mathcal{B}(H)$ 上的结果往往不同. 进一步, 我们给出任意维可观测量代数上保持李积数值半径的满射. 继续研究发现保持李积数值域的满射具有非常不同而又精细的形式.

3.2 节取材于文献 [95], 利用算子李积数值半径与量子标准差之间的联系给出一类新的不确定性关系. 首个量子不确定性关系由 Heisenberg 在 1927 发现[83]. 随后, Robertson 和 Schrödinger 分别给出了对 Heisenberg 不确定性原理的推广和改进[176, 183]. 由于量子不确定性关系在诸多物理现象中的广泛应用, 此后的近百年里, 量子物理研究者从来没有放弃寻找新的不确定性关系以提升其应用. 注意到量子不确定性关系本质是一类算子函数不等式, 推广和改进现有的不确定性关系就需要发展新的算子函数不等式. 已经有许多学者通过新技巧提升不确定性关系 ([35, 52, 54, 177]). 特别是发展基于方差和的不确定性关系[26, 165]. Heisenberg, Robertson 和 Schrödinger 的不确定性关系都是基于标准差乘积的, 我们通过算子数值半径不等式改进原始的基于标准差乘积的关系, 获得的新关系比现有关系更紧凑.

3.3 节取材于文献 [72], 3.5 节取材于文献 [96], 3.6 节取材于文献 [97]. 3.3 节主要刻画可观测量代数上保持乘积或者 Jordan 半三乘积数值半径的满射. 注意到数值半径是一种酉相似不变函数, 进一步为了比较其与酉不变函数作为不变量时映射形式的不同, 我们选择一类酉不变函数交叉范数作为不变量, 探讨了可观测量代数上保持乘积或者 Jordan 半三乘积交叉范数满射的刻画. 3.5 节给出了含秩一幂等元的任意算子集合上保乘积或者 Jordan 半三乘积数值半径或交叉范数的映射. 3.6 节刻画了含秩一元上保不定乘积或不定 Jordan 半三乘积数值半径或交叉范数的映射. 设集合 $\mathcal{A}$ 是 $\mathcal{B}(H)$ 或者 $\mathcal{B}_s(H)$, $W$ 是算子的数值域且 $w$ 是算子的数值半径. 在文献 [93], 侯晋川和狄青会证明了满射 $\Phi : \mathcal{A} \to \mathcal{A}$ 满足 $W(AB) = W(\Phi(A)\Phi(B))$ 对所有 $A, B \in \mathcal{A}$ 都成立当且仅当 $\Phi(A) = \pm UAU^*$ 对所有 $A \in \mathcal{A}$ 都成立, 其中 $U$ 是酉算子; 满射 $\Phi : \mathcal{B}(H) \to \mathcal{B}(H)$ 满足 $W(\Phi(B)\Phi(A)\Phi(B)) = W(BAB)$ 对所有 $A, B \in \mathcal{B}(H)$ 都成立当且仅当 $\Phi$ 是 $C^*$ 同构的倍数. 在此文中, 作者还讨论了算子的不定斜乘积情形, 得到: 设 $J$ 是自伴可逆算子, 满射 $\Phi : \mathcal{B}(H) \to \mathcal{B}(H)$ 满足 $W(J^{-1}A^*JB) = W(J^{-1}\Phi(A)^*J\Phi(B))$ 对所有 $A, B \in \mathcal{B}(H)$ 成立当且仅当 $\Phi(A) = UAV^*$ 对所有 $A \in \mathcal{B}(H)$ 都成立, 其中 $U$ 是满足 $JU = cUJ$ 对某个数 $c$ 成立的线性可逆算子, $V$ 是满足 $JV = cVJ$ 的酉算子; 满射 $\Phi : \mathcal{B}(H) \to \mathcal{B}(H)$ 满足 $W(\Phi(A)J^{-1}\Phi(B)^*J\Phi(A)) = W(AJ^{-1}B^*JA)$ 对所有 $A, B \in \mathcal{B}(H)$ 都成立当且仅当 $\Phi(A) = UAU^*$ 或者 $UA^{\mathrm{T}}U^*$ 对所有 $A \in \mathcal{B}(H)$ 都成立, 其中 $U$ 是满足一定条件的酉算子. 其他乘积情形的相似问题的讨论可参见文献 [133]. 一个自然的问题是如何刻画保算子乘积或 Jordan 三乘积数值半径的映射, 进一步给出保不定斜

乘积或不定斜 Jordan 三乘积数值半径映射的刻画, 甚至于保持其他类型的乘积情形数值半径映射的刻画. 在文献 [25], Chan, Li 和 Sze 给出了矩阵代数上保乘积 $(AB)$ 数值半径映射的刻画. 无限维情形时, 在文献 [29] 中, 崔建莲和侯晋川给出了这类映射在复 Hilbert 标准算子代数 $\mathcal{A}$ 上的刻画, 得到满射 $\Phi:\mathcal{A}\to\mathcal{A}$ 满足 $w(\Phi(A)\Phi(B))=w(AB)$ 对所有 $A, B\in\mathcal{A}$ 都成立当且仅当存在函数 $\varphi:\mathcal{A}\to\mathbb{T}$ 和酉算子或共轭酉算子 $U$ 使得 $\Phi(A)=\varphi(A)UAU^*$ 对所有 $A\in\mathcal{A}$ 都成立, 其中 $\mathbb{T}=\{\lambda\in\mathbb{C}:|\lambda|=1\}$. 3.5 节的研究把文献 [29] 中结果推广到更一般的算子集合情形, 并且还讨论了用交叉范数来代替数值半径时映射的刻画问题; 3.3 节与 3.6 节的研究主要是把 [93] 中相应的研究结果推广到数值半径情形.

3.4 节取材于文献 [73], 主要刻画无限维可观测量代数上保持因子乘积数值域的映射. Gau 和 Li 在文献 [55] 中研究了 Jordan 乘积情形的类似问题, 证明了满射 $\Phi:\mathcal{B}_s(H)\to\mathcal{B}_s(H)$ 满足

$$W(AB+BA)=W(\Phi(A)\Phi(B)+\Phi(B)\Phi(A))$$

对所有 $A,B\in\mathcal{B}_s(H)$ 成立当且仅当存在酉算子或者共轭酉算子 $U$ 使得 $\Phi(A)=UAU^*$ 对所有 $A\in\mathcal{B}_s(H)$ 成立或者 $\Phi(A)=-UAU^*$ 对所有 $A\in\mathcal{B}_s(H)$ 成立. 对于因子 $\xi,\eta\in\mathbb{C}\setminus\{1\}$, 因子乘积 $AB-\xi BA$ 在量子力学中有重要的应用. 当 $\xi=0$ 时, $AB-\xi BA=AB$; 当 $\xi=-1$ 时, $AB-\xi BA=AB+BA$. 3.4 节主要将文献 [55] 的结论推广到因子乘积情形.

目前, 对于算子代数上保乘积数值域与数值半径映射的刻画依然有很多未解决的课题. 特别是当映射不具有满射的假设时, 或者用广义数值域 (半径) 来替代数值域 (半径) 时, 相应的保持问题还有待进一步研究.

# 第4章 量子效应代数上的映射

回顾一个映射 $\Phi:\mathcal{E}(H)\to\mathcal{E}(H)$ 满足 $\Phi(A\star B)=\Phi(A)\star\Phi(B)$ 对所有 $A,B\in\mathcal{E}(H)$ 成立, 该映射即为量子效应代数上关于乘积 $\star$ 的可乘映射. 若 $\star$ 表示一般的序列积, 则 $\Phi$ 是序列同态. 进一步如果 $\Phi$ 是双射, 则称其为序列同构. 量子效应代数上的序列积不是唯一的, 不同的序列积对应定义不同的序列同构. 本节统一刻画任意序列同构的结构, 并讨论多体系统上序列同构的可分解性. 进一步对量子效应代数上一类非序列积的广义乘积的可乘映射进行了刻画. 最后探讨了保量子效应共生证据集映射的刻画问题.

## 4.1 量子效应代数上的序列同构

本节刻画 Hilbert 空间效应代数上的序列同构. 主要结果如下.

**定理 4.1.1** 设 $H$ 是复 Hilbert 空间, $\dim H\geqslant 2$, 令运算 $\star$ 是 Hilbert 空间效应代数 $\mathcal{E}(H)$ 上的任一序列乘积, 双射 $\Phi:\mathcal{E}(H)\to\mathcal{E}(H)$ 是序列同构, 即满足

$$\Phi(A\star B)=\Phi(A)\star\Phi(B)$$

对所有 $A,B\in\mathcal{E}(H)$ 都成立, 则存在酉算子或反酉算子 $U$ 使得 $\Phi(A)=UAU^*$ 对所有 $A\in\mathcal{E}(H)$ 都成立.

令函数 $g:[0,1]\to\mathbb{T}$ 满足 $g(0)=0, g(1)=1$. 定义 $A\diamond B=A^{1/2}g(A)Bg(A)^*A^{1/2}$. 下面的定理给出了任意维 Hilbert 空间效应代数上 $\diamond$ 可乘同构的刻画.

**定理 4.1.2** 设 $H$ 是复 Hilbert 空间, $\dim H\geqslant 2$, 运算 $\diamond$ 是 Hilbert 空间效应代数 $\mathcal{E}(H)$ 上的乘积, 则双射 $\Phi:\mathcal{E}(H)\to\mathcal{E}(H)$ 满足

$$\Phi(A\diamond B)=\Phi(A)\diamond\Phi(B)$$

对所有 $A,B\in\mathcal{E}(H)$ 都成立当且仅当存在酉算子或反酉算子 $U$ 使得 $\Phi(A)=UAU^*$ 对所有 $A\in\mathcal{E}(H)$ 都成立.

为证明上述定理, 我们需要以下引理. 接下来的引理即本书定理 2.2.1, 为了阅读方便我们在此重述.

**引理 4.1.3** 设 $H$ 是复 Hilbert 空间, $\dim H\geqslant 3$. 令 $\mathcal{W}$ 是包含秩一投影的正算子集合. 令 $T$ 是正可逆算子. 假设 $\Phi:\mathcal{W}\to\mathcal{W}$ 是双射. 若 $\Phi$ 满足

$$ATB=0\Leftrightarrow\Phi(A)T\Phi(B)=0$$

对所有 $A, B \in \mathcal{W}$ 都成立, 则存在正数 $\lambda$, 满足 $UT = \lambda TU$ 的酉算子或反酉算子 $U$, 以及函数 $h: \mathcal{W} \to \mathbb{R}_+$ 使得 $\Phi(P) = h(P)UPU^*$ 对所有秩一投影 $P \in \mathcal{W}$ 都成立.

**引理 4.1.4**[62] 设 $\mathcal{P}(H)$ 是 $H$ 上的投影集合. 对于 $A \in \mathcal{E}(H)$, $A \in \mathcal{P}(H)$ 当且仅当 $A \star A = A$.

**引理 4.1.5**[193] 设 $A, B \in \mathcal{E}(H)$, $C \star (A \star B) = (C \star A) \star B$ 对所有 $C \in \mathcal{E}(H)$ 成立当且仅当存在常数 $t \in [0,1]$ 使得 $A = tI$ 或者 $B = tI$ 成立.

**引理 4.1.6** [62] 对于 $A \in \mathcal{E}(H)$ 和 $P \in \mathcal{P}(H)$, $A \leqslant P$ 当且仅当 $A \star P = P \star A = A$.

**引理 4.1.7**[193] 若 $A \in \mathcal{E}(H)$ 和 $P \in \mathcal{P}(H)$, 则 $P \star A = PAP$.

**引理 4.1.8**[134] 设 $A, B \in \mathcal{E}(H)$ 且 $t \in [0,1]$, 则 $A \star tB = tA \star B$.

下面的引理是引理 4.1.3 的直接推论.

**引理 4.1.9** 设 $H$ 是复 Hilbert 空间, $\dim H \geqslant 3$. 令 $\Phi: \mathcal{P}(H) \to \mathcal{P}(H)$ 是双射, 且满足

$$AB = 0 \Leftrightarrow \Phi(A)\Phi(B) = 0$$

对所有 $A, B \in \mathcal{P}(H)$ 都成立, 则存在酉算子或反酉算子 $U$ 使得 $\Phi(P) = UPU^*$ 对所有投影 $P \in \mathcal{P}(H)$ 都成立.

**引理 4.1.10** 设 $A, B \in \mathcal{E}(H)$, $A \leqslant B$ 当且仅当存在 $C \in \mathcal{E}(H)$ 使得 $A = B \diamond C$.

**证明** 对于 $A, B \in \mathcal{E}(H)$, 若存在 $C \in \mathcal{E}(H)$ 使得 $A = B \diamond C$, 则 $A = B \diamond C = B^{1/2}g(B)Cg(B)^*B^{1/2}$. 因此 $\operatorname{ran}A \subseteq \operatorname{ran}A$, 进而由算子的正性可得 $A \leqslant B$.

若 $A \leqslant B$, 则由 $A, B$ 的正性知, $A^{1/2}A^{1/2} \leqslant B^{1/2}B^{1/2}$. 则存在一个压缩算子 $T$ 使得 $A^{1/2} = B^{1/2}T$. 令 $C = g(B)^*TT^*g(B) \in \mathcal{E}(H)$, 就有

$$B \diamond C = B^{1/2}g(B)g(B)^*TT^*g(B)g(B)^*B^{1/2} = B^{1/2}TT^*B^{1/2} = A^{1/2}A^{1/2} = A. \quad \square$$

**引理 4.1.11**[62] 令 $A, B, C$ 是空间 $H$ 上的自伴算子, 则 $\langle Ax, x\rangle = \langle Bx, x\rangle\langle Cx, x\rangle$ 对所有单位向量 $x \in H$ 成立当且仅当 $B = tI$ 或者 $C = tI$ 对某个正实数 $t$ 成立.

**引理 4.1.12** 对于 $A \in \mathcal{E}(H)$, $C \diamond (A \diamond A) = (C \diamond A) \diamond A$ 对所有 $C \in \mathcal{E}(H)$ 成立当且仅当存在正数 $t \in [0,1]$ 使得 $A = tI$ 成立.

**证明** 若 $A \in \mathcal{E}(H)$, 且存在正数 $t \in [0,1]$ 使得 $A = tI$, 可以验证 $C \diamond (A \diamond A) = (C \diamond A) \diamond A$ 对所有 $C \in \mathcal{E}(H)$ 都成立.

另一方面, 若 $C \diamond (A \diamond A) = (C \diamond A) \diamond A$ 对所有 $C \in \mathcal{E}(H)$ 都成立, 取 $C = x \otimes x \in \mathcal{E}(H)$, 由函数演算, $g(x \otimes x) = x \otimes x$. 从而有

$$\begin{aligned} C \diamond (A \diamond A) =& C^{1/2}g(C)(A \diamond A)g(C)^*C^{1/2} \\ =& x \otimes x^{1/2}g(x \otimes x)(A \diamond A)g(x \otimes x)^*x \otimes x^{1/2} \end{aligned}$$

$$
\begin{aligned}
&= x \otimes x x \otimes x (A \diamond A) x \otimes x x \otimes x \\
&= \langle A \diamond A x, x \rangle x \otimes x.
\end{aligned}
$$

注意到 $C \diamond A = x \otimes xx \otimes xAx \otimes xx \otimes x = \langle Ax, x\rangle x \otimes x$, 则

$$
\begin{aligned}
(C \diamond A) \diamond A =& (C \diamond A)^{1/2} g(C \diamond A) A g(C \diamond A)^* (C \diamond A)^{1/2} \\
=& (\langle Ax, x\rangle x \otimes x)^{1/2} g(\langle Ax, x\rangle x \otimes x) A g(\langle Ax, x\rangle x \otimes x)^* (\langle Ax, x\rangle x \otimes x)^{1/2} \\
=& \langle Ax, x\rangle \overline{g}(\langle Ax, x\rangle) g(\langle Ax, x\rangle) x \otimes x (A \diamond A) x \otimes x \\
=& \langle Ax, x\rangle^2 |g(\langle Ax, x\rangle)|^2 x \otimes x.
\end{aligned}
$$

所以 $\langle A \diamond Ax, x\rangle = \langle Ax, x\rangle^2 |g(\langle Ax, x\rangle)|^2$.

令 $H = \ker A \oplus \ker A^{\perp}$, 则 $x = x_0 + x_1$, $x_0 \in \ker A, x_1 \in \ker A^{\perp}$. 因此 $\langle Ax, x\rangle = \langle Ax_1, x_1\rangle \neq 0$. 所以 $|g(\langle Ax, x\rangle)| = 1$ 且 $\langle A \diamond Ax, x\rangle = \langle A \diamond Ax_1, x_1\rangle$. 所以我们有 $\langle A \diamond Ax, x\rangle = \langle Ax, x\rangle^2$. 由引理 4.1.11, 知存在正数 $t \in [0,1]$ 使得 $A = tI$ 成立. □

**引理 4.1.13**[154]　令 $\Phi: \mathcal{E}(H) \to \mathcal{E}(H)$ 是双射, $\Phi$ 双边保序且存在 $\lambda, \mu \in (0,1)$ 使得 $\Phi(\lambda I) = \mu I$ 成立. 则存在酉算子或共轭酉算子 $U$ 和正数 $p < 1$ 使得函数 $f_p(x) = x/[xp + (1-p)] (x \in [0,1])$, 且 $\Phi(A) = U f_p(A) U^*$ 对所有 $A \in \mathcal{E}(H)$ 都成立.

**定理 4.1.1 的证明**　我们分下列两种情形证明, $\dim H \geqslant 3$ 与 $\dim H = 2$.

首先假设 $\dim H \geqslant 3$.

下证 $\Phi$ 双边保投影, 且 $\Phi(I) = I$. 对于任意投影 $P$, 由引理 4.1.4 知 $P \star P = P$. 由 $\Phi$ 的假设, 可得 $\Phi(P) \star \Phi(P) = \Phi(P)$, 再利用引理 4.1.4 知 $\Phi(P)$ 是投影. 相似地, $\Phi^{-1}$ 也保持投影. 所以 $\Phi$ 双边保投影. 进一步在引理 4.1.5 中取 $A = B = I$, 则有 $C \star (I \star I) = (C \star I) \star I$ 对所有 $C \in \mathcal{E}(H)$ 都成立, 则 $\Phi(C) \star (\Phi(I) \star \Phi(I)) = (\Phi(C) \star \Phi(I)) \star \Phi(I)$. 由映射 $\Phi$ 的满射性和引理 4.1.5, 则存在正数 $t \in [0,1]$ 使得 $\Phi(I) = tI$ 都成立. 由于 $\Phi$ 保投影, 所以 $\Phi(I)$ 是投影, $t$ 是 0 或 1. 但 $t = 0$ 不可能发生, 否则, $\Phi(I) = 0$, 由引理 4.1.7, 对所有 $A \in \mathcal{E}(H)$ 有 $\Phi(A) = \Phi(I \star A) = \Phi(I) \star \Phi(A) = \Phi(I)\Phi(A)\Phi(I) = 0$, 矛盾. 所以 $t = 1, \Phi(I) = I$.

下面我们断言 $\Phi(A) = 0 \Leftrightarrow A = 0$. 注意到对所有 $A \in \mathcal{E}(H)$, $A = 0 \Leftrightarrow A \leqslant P$ 对所有 $P \in \mathcal{P}(H)$ 都成立. 若 $A = 0, A \leqslant P$ 对所有 $P \in \mathcal{P}(H)$ 都成立, 由引理 4.1.6 知 $A \star P = P \star A = A$. 所以 $\Phi(A) \star \Phi(P) = \Phi(P) \star \Phi(A) = \Phi(A)$. 由引理 4.1.6 和 $\Phi$ 的满射性, 我们有 $\Phi(A) \leqslant \Phi(P)$. 因此 $\Phi(A) = 0$. $\Phi^{-1}$ 与 $\Phi$ 具有相同的性质. 所以 $\Phi(A) = 0 \Leftrightarrow A = 0$.

下证 $\Phi$ 双边保投影的零积关系. 对 $P, Q \in \mathcal{P}(H)$, 显然有 $PQ = 0 \Leftrightarrow PQQP = 0 \Leftrightarrow PQP = 0$. 若 $PQ = 0$, 则 $PQP = 0$, 由引理 4.1.7, $P \star Q = PQP = 0$. 则由上一段的讨论可得 $\Phi(P \star Q) = 0$, $0 = \Phi(P \star Q) = \Phi(P) \star \Phi(Q) = \Phi(P)\Phi(Q)\Phi(P)$, 即, $\Phi(P)\Phi(Q) = 0$. 类似地, $\Phi^{-1}$ 也保持投影的零积关系. 所以 $\Phi$ 双边保投影的

零积关系. 因此映射 $\Phi$ 满足引理 4.1.9 的条件, 即存在酉算子或反酉算子 $U$ 使得 $\Phi(P)=UPU^*$ 对所有投影 $P\in\mathcal{P}(H)$ 都成立.

下面我们断言 $\Phi(\lambda P)=\lambda\Phi(P)$ 对所有秩一投影 $P$ 和 $\lambda\in[0,1]$ 都成立. 注意到对于 $A\in\mathcal{E}(H)$, $P$ 是秩一投影, 若 $A\leqslant P$, 则存在 $\alpha\in[0,1]$ 使得 $A=\alpha P$. 对于任意正数 $\lambda\in[0,1]$, $\lambda P\leqslant P$, 由引理 4.1.6 与引理 4.1.8 可知 $\lambda P\star P=P\star\lambda P=\lambda P$. 所以 $\Phi(\lambda P)\star\Phi(P)=\Phi(P)\star\Phi(\lambda P)=\Phi(\lambda P)$, 由引理 4.1.6 可得 $\Phi(\lambda P)\leqslant\Phi(P)$. 由于 $\Phi(P)$ 是秩一投影, 则存在与 $P$ 有关的函数 $f_P:[0,1]\to[0,1]$ 使得 $\Phi(\lambda P)=f_P(\lambda)\Phi(P)$ 成立.

下证 $\Phi(\lambda P)=\lambda\Phi(P)$ 对所有秩一投影 $P$ 成立, 首先我们证明 $f_P$ 与 $P$ 无关. 对于所有秩一投影 $P,Q$ 以及 $\lambda,\mu\in[0,1]$, 记 $P=x\otimes x$, $Q=y\otimes y$, 其中 $\|x\|=\|y\|=1$. 则有 $\Phi(\lambda^2\mu^2PQP)=\Phi(\lambda P\mu^2Q\lambda P)=\Phi(\lambda^2P\star(\mu^2Q))=\Phi(\lambda^2P)\star\Phi(\mu^2Q)=f_P(\lambda^2)f_Q(\mu^2)\Phi(P)\Phi(Q)\Phi(P)$. 相似地,

$$\Phi(\lambda^2\mu^2PQP)=\Phi(\mu P\lambda^2Q\mu P)=f_Q(\lambda^2)f_P(\mu^2)\Phi(P)\Phi(Q)\Phi(P).$$

若 $\langle x,y\rangle\neq 0$, 有 $f_Q(\lambda^2)f_P(\mu^2)=f_P(\lambda^2)f_Q(\mu^2)$. 令 $\mu=1$, 由 $f_P(1)=1=f_Q(1)$ 可得 $f_Q(\lambda^2)=f_P(\lambda^2)$. 所以 $f_Q=f_P$. 若 $\langle x,y\rangle=0$, 取单位向量 $z$ 属于 $H$ 使得 $\langle x,z\rangle\neq 0$ 且 $\langle y,z\rangle\neq 0$. 令 $R=z\otimes z$, 则 $\Phi(\lambda R)=f_R(\lambda^2)\Phi(R)$. $PRP\neq 0, QRQ\neq 0$. 重复上述过程可得 $f_P=f_R=f_Q$. 所以存在函数 $f$ 使得 $\Phi(\lambda P)=f(\lambda)\Phi(P)$ 对所有秩一投影 $P$ 和所有 $\lambda\in[0,1]$ 都成立.

下面我们断言 $f(\lambda+\mu)=f(\lambda)+f(\mu)$ 对所有 $\lambda+\mu\leqslant 1$ 都成立. 取单位向量 $x,y$ 满足 $\langle x,y\rangle=0$ 且令 $P=x\otimes x$, $Q=y\otimes y$ 且 $A=(\lambda^{\frac12}x+\mu^{\frac12}y)\otimes(\lambda^{\frac12}x+\mu^{\frac12}y)$. 则有

$$\begin{aligned}APA=&[(\lambda^{\frac12}x+\mu^{\frac12}y)\otimes(\lambda^{\frac12}x+\mu^{\frac12}y)](x\otimes x)[(\lambda^{\frac12}x+\mu^{\frac12}y)\otimes(\lambda^{\frac12}x+\mu^{\frac12}y)]\\=&\lambda^{\frac12}[(\lambda^{\frac12}x+\mu^{\frac12}y)\otimes x][(\lambda^{\frac12}x+\mu^{\frac12}y)\otimes(\lambda^{\frac12}x+\mu^{\frac12}y)]\\=&\lambda(\lambda^{\frac12}x+\mu^{\frac12}y)\otimes(\lambda^{\frac12}x+\mu^{\frac12}y)=\lambda A.\end{aligned}$$

相似地可得 $AQA=\mu A$, 且 $A(P+Q)A=(\lambda+\mu)A$. 注意到由引理 4.1.7 与引理 4.1.8, 对于 $P\in\mathcal{P}(H), A\in\mathcal{E}(H)$, $\lambda\in[0,1]$, 我们有 $\lambda P\star A=\lambda^{1/2}PA\lambda^{1/2}P$, 其中 $A$ 是秩一投影的常数倍. 因为 $P\perp Q$ 时有 $\Phi(P+Q)=\Phi(P)+\Phi(Q)$, 所以有

$$\begin{aligned}\Phi((\lambda+\mu)A)=&\Phi(A(P+Q)A)\\=&\Phi(A^2\star(P+Q))\\=&\Phi(A^2)\star\Phi(P+Q)\\=&\Phi(A^2)\star(\Phi(P)+\Phi(Q))\\=&\Phi(A^2)\star\Phi(P)+\Phi(A^2)\star\Phi(Q)\end{aligned}$$

$$
\begin{aligned}
&=\Phi(A^2\star P)+\Phi(A^2\star Q)\\
&=\Phi(APA)+\Phi(AQA)\\
&=\Phi(\lambda A)+\Phi(\mu A)\\
&=f(\lambda)\Phi(A)+f(\mu)\Phi(A).
\end{aligned}
$$

另一方面, 由于

$$\Phi((\lambda+\mu)A)=f(\lambda+\mu)\Phi(A),$$

所以有 $f(\lambda+\mu)=f(\lambda)+f(\mu)$.

现令 $f(-\mu)=-f(\mu)$, 则可延拓 $f$ 为区间 $[-1,1]$ 到它本身的一个函数, 且当 $|s+t|\leqslant 1$ 时有 $f(s+t)=f(s)+f(t)$. 特别地, $f:\left[-\frac{1}{2},\frac{1}{2}\right]\rightarrow[-1,1]$ 为可加的正映射. 所以 $s\leqslant t\Rightarrow f(s)\leqslant f(t)$. 由于 $f(1)=1$, 由函数 $f$ 的可加性则当 $r$ 是有理数时有 $f(r)=r$. 因此 $f(s)=s$ 对所有 $s\in\left[-\frac{1}{2},\frac{1}{2}\right]$ 成立. 由函数 $f$ 的可加性可得 $f(\lambda)=\lambda$ 对所有 $\lambda\in[0,1]$ 成立. 所以 $\Phi(\lambda P)=\lambda\Phi(P)$ 对所有秩一投影 $P$ 和 $\lambda\in[0,1]$ 成立.

最终我们断言 $\Phi(A)=UAU^*$ 对所有 $A\in\mathcal{E}(H)$ 都成立. 对所有 $A\in\mathcal{E}(H)$ 和秩一投影 $P=x\otimes x$, 由引理 4.1.7 知 $P\star A=PAP$. 一方面,

$$\Phi(PAP)=\Phi(P\star A)=\Phi(P)\star\Phi(A)=Ux\otimes Ux\Phi(A)Ux\otimes Ux=\langle U^*\Phi(A)Ux,x\rangle Ux\otimes Ux.$$

另一方面, 由上面的讨论, $\Phi(PAP)=\Phi(\langle Ax,x\rangle x\otimes x)=\langle Ax,x\rangle Ux\otimes Ux$. 所以

$$\langle U^*\Phi(A)Ux,x\rangle=\langle Ax,x\rangle.$$

由于 $U^*\Phi(A)U$ 和 $A$ 都是正算子, 所以 $\Phi(A)=UAU^*$ 对所有 $A\in\mathcal{E}(H)$ 成立.

接下来我们处理 $\dim H=2$ 的情形.

类似于 $\dim H\geqslant 3$ 情形的证明, 我们有 $\Phi$ 双边保投影且 $\Phi(I)=I$. 进而 $\Phi$ 双边保投影的零积关系且 $\Phi(A)=0\Leftrightarrow A=0$.

下证 $\Phi$ 双边保秩一投影及其正交关系. 事实上令 $P,Q$ 是秩一投影且 $P\perp Q$, 由上面的讨论得 $\Phi(P),\Phi(Q)$ 是非零的且 $\Phi(P)\perp\Phi(Q)$. 注意到 $\dim H=2$, 这迫使 $\Phi(P),\Phi(Q)$ 是秩一投影. 相似的, $\Phi^{-1}$ 也保秩一投影. 所以 $\Phi$ 双边保秩一投影.

下证 $\Phi(\lambda P)=\lambda\Phi(P)$ 对所有秩一投影 $P$ 和 $\lambda\in[0,1]$ 成立. 注意到 $\Phi(P+Q)=\Phi(P)+\Phi(Q)$ 对于非零正交投影 $P,Q$ 成立. 事实上令 $P,Q$ 是秩一投影, 且 $P\perp Q$, 所以 $P+Q=I$. 由 $\Phi(I)=I$ 可得 $\Phi(P+Q)=I$. 另一方面, $\Phi(P),\Phi(Q)$ 是秩一投影且 $\Phi(P)\perp\Phi(Q)$, 则 $\Phi(P)+\Phi(Q)=I$. 所以, $\Phi(P+Q)=\Phi(P)+\Phi(Q)$. 此时类

似于情形 $\dim H \geqslant 3$ 的证明可得 $\Phi(\lambda P) = \lambda\Phi(P)$ 对所有秩一投影 $P$ 和 $\lambda \in [0,1]$ 成立.

现在对于 $P = x \otimes x$, 记 $\mathcal{T}$ 为集合 $\{x \in H : \|x\| = 1\}$, 则存在映射 $f : \mathcal{T} \to \mathcal{T}$ 使得 $\Phi(x \otimes x) = f(x) \otimes f(x)$ 成立. 不计模为一的复数的倍数, 定义 $f(\lambda x) = \lambda f(x)$ 对所有复数 $\lambda$ 成立, 可延拓 $f$ 到整个空间 $H$. 对于任意秩一投影 $x \otimes x$, $y \otimes y$, 由引理 4.1.7, 有

$$\Phi(x\otimes x)\Phi(y\otimes y)\Phi(x\otimes x) = \Phi(x\otimes x)\star\Phi(y\otimes y) = \Phi(x\otimes x\star y\otimes y) = \Phi(x\otimes xy\otimes yx\otimes x).$$

所以 $|\langle f(x), f(y)\rangle|^2 f(x) \otimes f(x) = |\langle x, y\rangle|^2 f(x) \otimes f(x)$, 进而有

$$|\langle f(x), f(y)\rangle| = |\langle x, y\rangle|.$$

因此存在酉算子或反酉算子 $U$ 使得 $\Phi(P) = UPU^*$ 对所有秩一投影 $P \in \mathcal{P}(H)$ 都成立.

最终我们断言 $\Phi(A) = UAU^*$ 对所有 $A \in \mathcal{E}(H)$ 都成立. 对所有 $A \in \mathcal{E}(H)$ 和秩一投影 $P = x \otimes x$, 由引理 4.1.7 知 $P \star A = PAP$. 一方面,

$$\Phi(PAP)=\Phi(P\star A)=\Phi(P)\star\Phi(A)=Ux\otimes Ux\Phi(A)Ux\otimes Ux=\langle U^*\Phi(A)Ux,x\rangle Ux\otimes Ux.$$

另一方面, 由上面的讨论, $\Phi(PAP) = \Phi(\langle Ax, x\rangle x \otimes x) = \langle Ax, x\rangle Ux \otimes Ux$. 所以

$$\langle U^*\Phi(A)Ux, x\rangle = \langle Ax, x\rangle.$$

由于 $U^*\Phi(A)U$ 和 $A$ 都是正算子, 所以 $\Phi(A) = UAU^*$ 对所有 $A \in \mathcal{E}(H)$ 成立. □

**定理 4.1.2 的证明** 首先验证充分性. 若双射 $\Phi : \mathcal{E}(H) \to \mathcal{E}(H)$ 满足 $\Phi(A) = UAU^*$ 对所有 $A \in \mathcal{E}(H)$ 都成立, 则

$$\begin{aligned}
\Phi(A \diamond B) &= UA \diamond BU^* \\
&= UA^{1/2}U^*Ug(A)U^*UBU^*Ug(A)^*U^*UA^{1/2}U^* \\
&= (UAU^*)^{1/2}g(UAU^*)UBU^*g(UAU^*)^*(UAU^*)^{1/2} \\
&= UAU^* \diamond UBU^* \\
&= \Phi(A) \diamond \Phi(B).
\end{aligned}$$

下面验证必要性, 我们首先断言 $\Phi$ 双边保序. 对所有 $A, B \in \mathcal{E}(H)$, 若 $A \leqslant B$, 则由引理 4.1.10 知存在 $C \in \mathcal{E}(H)$ 使得 $A = B \diamond C$. 所以 $\Phi(A) = \Phi(B \diamond C) = \Phi(B) \diamond \Phi(C)$. 再由引理 4.1.10 且 $\Phi(C) \in \mathcal{E}(H)$, 因此得 $\Phi(A) \leqslant \Phi(B)$. 类似地, $\Phi^{-1}$ 也保持序关系. 所以 $\Phi$ 双边保序.

下面我们断言对于 $\lambda \in (0,1)$, 存在 $\mu \in (0,1)$ 使得 $\Phi(\lambda I) = \mu I$. 事实上在引理 4.1.12 中, 若令 $A = \lambda I$, 则有 $C \diamond (\lambda I \diamond \lambda I) = (C \diamond \lambda I) \diamond \lambda I$ 对所有 $C \in \mathcal{E}(H)$ 都成

立, 则 $\Phi(C)\diamond(\Phi(\lambda I)\diamond\Phi(\lambda I))=(\Phi(C)\diamond\Phi(\lambda I))\diamond\Phi(\lambda I)$. 由映射 $\Phi$ 的满射性和引理 4.1.12 可知, 存在正数 $\mu\in[0,1]$ 使得 $\Phi(\lambda I)=\mu I$ 成立. 因为 $\Phi$ 双边保序, 所以 $\Phi(I)=I$, $\Phi(0)=0$. 由映射 $\Phi$ 的单射性知, $\mu\neq 0,1$.

因此 $\Phi$ 双边保序且对任意 $\lambda\in(0,1)$ 存在 $\mu\in(0,1)$ 使得 $\Phi(\lambda I)=\mu I$ 成立. 由引理 4.1.13, 存在酉算子或反酉算子 $U$ 和正数 $p<1$ 满足函数 $f_p(x)=x/[xp+(1-p)](x\in[0,1])$ 使得 $\Phi(A)=Uf_p(A)U^*$ 对所有 $A\in\mathcal{E}(H)$ 都成立. 此外对任意 $\lambda\in[0,1]$, 我们都有

$$Uf_p(\lambda^2 I)U^*=\Phi(\lambda I\diamond\lambda I)=\Phi(\lambda I)\diamond\Phi(\lambda I)=Uf_p(\lambda I)^2U^*.$$

所以 $f_p(\lambda^2)=f_p(\lambda)^2$, 进而

$$\frac{\lambda^2}{\lambda^2p+1-p}=\frac{\lambda^2}{(\lambda p+1-p)^2}.$$

因此 $\lambda^2p+1-p=(\lambda p+1-p)^2$ 对所有 $\lambda\in[0,1]$ 成立. 这迫使 $p=0$. 从而 $f_p(t)=t$ 对所有 $t\in[0,1]$ 都成立, 即 $f_p(A)=A$ 对所有 $A\in\mathcal{E}(H)$ 都成立. □

## 4.2 多体量子效应代数上序列同构的可分解性

一个序列同构 $\Phi:\mathcal{E}(H_A\otimes H_B)\to\mathcal{E}(H_A\otimes H_B)$ 满足

$$\Phi=\Phi_A\otimes\Phi_B$$

对某个 $\mathcal{E}(H_A)$ 上的序列同构 $\Phi_A$ 与 $\mathcal{E}(H_B)$ 上的序列同构 $\Phi_B$ 成立, 则称其是可分解的. 本节研究两部分内容, 一是给出任意维两体系统 $\mathcal{E}(H_A\otimes H_B)$ 上序列可分解条件的刻画, 二是得到有限维两体系统连续序列同态的可分解条件.

首先刻画 $\mathcal{E}(H_A\otimes H_B)$ 上序列同构可分解性条件. 我们规定:

$$\mathcal{E}(H_A)\otimes\mathcal{E}(H_B)=\{A\otimes B:A\in\mathcal{E}(H_A),B\in\mathcal{E}(H_B)\},$$

且

$$\mathrm{Pur}(H_A)\otimes\mathrm{Pur}(H_B)=\{P\otimes Q:P\in\mathrm{Pur}(H_A),Q\in\mathrm{Pur}(H_B)\},$$

其中, $\mathrm{Pur}(H)$ 代表由 $H$ 上所有纯态 (秩一投影) 组成的集合.

**定理 4.2.1** 设运算 $\star$ 是 Hilbert 效应代数 $\mathcal{E}(H_A\otimes H_A)$ 上任意序列积, $\Phi:\mathcal{E}(H_A\otimes H_A)\to\mathcal{E}(H_A\otimes H_A)$ 是满足 $\star$ 运算的序列同构. 则下列条件等价:

(I) $\Phi(\mathcal{E}(H_A)\otimes\mathcal{E}(H_B))\subseteq\mathcal{E}(H_A)\otimes\mathcal{E}(H_B)$;

(II) $\Phi(\mathrm{Pur}(H_A)\otimes\mathrm{Pur}(H_B))\subseteq\mathrm{Pur}(H_A)\otimes\mathrm{Pur}(H_B)$;

(III) 存在酉算子或共轭酉算子 $U_A : H_A \to H_A, U_B : H_B \to H_B$ 使得 $\Phi(T) = (U_A \otimes U_B)T(U_A \otimes U_B)^*$; 或如果 $\dim H_A = \dim H_B$, 存在酉算子或共轭酉算子 $U_A : H_B \to H_A, U_B : H_A \to H_B$ 使得 $\Phi(T) = (U_A \otimes U_B)\theta(T)(U_A \otimes U_B)^*$ 对所有 $T \in \mathcal{E}(H_A \otimes H_A)$ 都成立，其中 $\theta$ 是线性映射且 $\theta(A \otimes B) = B \otimes A$.

**证明** (III) $\Rightarrow$(I) 显然，因此我们只需证 (I)$\Rightarrow$(II) 和 (II)$\Rightarrow$(III) 成立即可. 若 $\Phi$ 是一个序列同构, 由本书定理 4.1.1 可知 $\Phi$ 是酉同构, 存在酉算子或共轭酉算子 $U$ 使得 $\Phi(E) = UEU^*$ 对所有 $E \in \mathcal{E}(H)$ 都成立.

首先来证明 (I)$\Rightarrow$(II). 如果 (I) 成立，我们断言

$$\Phi(\mathcal{P}(H_A) \otimes \mathcal{P}(H_B)) \subseteq \mathcal{P}(H_A) \otimes \mathcal{P}(H_B),$$

其中 $\mathcal{P}(H_A)(\mathcal{P}(H_B))$ 表示 $H_A(H_B)$ 上投影组成的集合. 事实上，若 $P\otimes Q \in \mathcal{P}(H_A)\otimes \mathcal{P}(H_B)$, 由 $\Phi$ 是酉同构，则 $\Phi(P\otimes Q)$ 是投影. 由 $\Phi(\mathcal{E}(H_A)\otimes\mathcal{E}(H_B)) \subseteq \mathcal{E}(H_A)\otimes\mathcal{E}(H_B)$ 可知, $\Phi(P\otimes Q) \in \mathcal{E}(H_A)\otimes\mathcal{E}(H_B)$. 因此存在 $A \in \mathcal{E}(H_A), B \in \mathcal{E}(H_B)$ 使得 $\Phi(P\otimes Q) = A \otimes B$. 由 $\Phi(P \otimes Q)$ 是投影, 我们可得 $(A \otimes B)^2 = A \otimes B$, $A^2 \otimes B^2 = A \otimes B$. 所以存在正数 $\lambda, \mu$ 使得 $A^2 = \lambda A, B^2 = \mu B$ 且 $\lambda\mu = 1$. 由 $0 \leqslant A \leqslant I, 0 \leqslant B \leqslant I$ 可得 $A^2 \leqslant A, B^2 \leqslant B$. 这意味着 $\lambda \leqslant 1, \mu \leqslant 1$. 故 $\lambda\mu = 1$ 且 $\lambda = 1 = \mu$. 则 $A^2 = A, B^2 = B$, 即 $A, B$ 都是投影，$\Phi(P \otimes Q) = A \otimes B \in \mathcal{P}(H_A) \otimes \mathcal{P}(H_B)$. 因此，$\Phi(\mathcal{P}(H_A) \otimes \mathcal{P}(H_B)) \subseteq \mathcal{P}(H_A) \otimes \mathcal{P}(H_B)$.

再次应用 $\Phi$ 是酉同构这一事实，我们可得 $\Phi$ 将秩一投影映射为秩一投影, 因此 $\Phi(\mathrm{Pur}(H_A) \otimes \mathrm{Pur}(H_B)) \subseteq \mathrm{Pur}(H_A) \otimes \mathrm{Pur}(H_B)$.

下证 (II)$\Rightarrow$ (III). 由 $\Phi$ 是酉同构知, $\Phi(0) = 0$ 且 $\Phi(I) = I$. 对于 $T \in \mathcal{E}(H_A \otimes H_B), \Phi(\lambda T) = \lambda\Phi(T)$ 对任意 $\lambda \in [0, 1]$ 都成立. 用 $\mathcal{B}^+(H_A \otimes H_B)$ 表示 $H_A \otimes H_B$ 上所有正算子组成的集合. 设 $\phi : \mathcal{B}^+(H_A \otimes H_B) \to \mathcal{B}^+(H_A \otimes H_B)$

$$\phi(T) = \begin{cases} \|T\|\Phi\left(\dfrac{T}{\|T\|}\right), & 0 \neq T \in \mathcal{B}^+(H_A \otimes H_B), \\ 0, & T = 0. \end{cases}$$

易验证 $\phi : \mathcal{B}^+(H_A \otimes H_B) \to \mathcal{B}^+(H_A \otimes H_B)$ 是双边保序的可加双射且是 $\Phi$ 的延拓. 定义 $\varphi : \mathcal{B}_s(H_A \otimes H_B) \to \mathcal{B}_s(H_A \otimes H_B)$

$$\varphi(T) = \varphi(T^+) - \varphi(T^-),$$

其中 $T^+, T^-$ 是自伴算子 $T$ 的正部和负部. $\varphi$ 是双边保序的线性双射且是 $\phi$ 的延拓. 根据文献 [112] 定理 3.2, 双射 $\varphi$ 具有其中 (6) 和 (7) 中的形式，即 $\Phi$ 限制在效应代数上具有相同的形式:

(6) 存在酉算子或共轭酉算子 $U_A : H_A \to H_A, U_B : H_B \to H_B$ 使得 $\Phi(P\otimes Q) = (U_A \otimes U_B)(P \otimes Q)(U_A \otimes U_B)^*$ 对所有 $P \otimes Q \in \mathrm{Pur}(H_A) \otimes \mathrm{Pur}(H_B)$ 都成立；或

(7) 若 $\dim H_A = \dim H_B$, 存在酉算子或共轭酉算子 $U_A : H_B \to H_A, U_B : H_A \to H_B$, 使得 $\Phi(P \otimes Q) = (U_A \otimes U_B)(Q \otimes P)(U_A \otimes U_B)^*$ 对所有 $P \otimes Q \in \mathrm{Pur}(H_A) \otimes \mathrm{Pur}(H_B)$ 都成立.

由于 $\Phi$ 在整个 $\mathcal{E}(H_A \otimes H_B)$ 都是酉同构，因此 (III) 成立. □

由上面的定理可得下面关于运算 $\circ$ 的推论. 回顾 $A \circ B = \sqrt{A}B\sqrt{A}$.

**推论 4.2.2**　$\Phi : \mathcal{E}(H_A \otimes H_B) \to \mathcal{E}(H_A \otimes H_B)$ 是关于运算 $\circ$ 的序列同构. 则下列叙述等价:

(I) $\Phi(\mathcal{E}(H_A) \otimes \mathcal{E}(H_B)) \subseteq \mathcal{E}(H_A) \otimes \mathcal{E}(H_B)$;

(II) $\Phi(\mathrm{Pur}(H_A) \otimes \mathrm{Pur}(H_B)) \subseteq \mathrm{Pur}(H_A) \otimes \mathrm{Pur}(H_B)$;

(III) 当 $\dim H_A = \dim H_B$, $\Phi$ 是可分解的或 $\Phi \circ \theta$ 是可分解的, 其中 $\theta$ 是满足 $\theta(A \otimes B) = B \otimes A$ 的线性映射.

下面我们给出有限维两体系统连续序列同态可分解性条件. 这一部分，$\Phi : \mathcal{E}(H_A \otimes H_B) \to \mathcal{E}(H_A \otimes H_B)$ 是一映射 ($\Phi$ 不一定是双射)，若 $\Phi(T \circ S) = \Phi(T) \circ \Phi(S)$ 对所有 $T, S \in \mathcal{E}(H_A \otimes H_A)$ 都成立，我们称 $\Phi$ 是关于运算 $\circ$ 的序列同态.

**定理 4.2.3**　设 $H_A, H_B$ 是复 Hilbert 空间, $\dim H_A = m, \dim H_B = n$, 其中，$1 < m, n < \infty$. 假设 $\Phi : \mathcal{E}(H_A \otimes H_B) \to \mathcal{E}(H_A \otimes H_B)$ 是关于运算 $\circ$ 的连续序列同态. 如果 $\Phi(\mathrm{Pur}(H_A) \otimes \mathrm{Pur}(H_B)) \subseteq \mathrm{Pur}(H_A) \otimes \mathrm{Pur}(H_B)$, 则下列两种情况之一发生:

(I) 存在酉算子或者共轭酉算子 $U_A : H_A \to H_A, U_B : H_B \to H_B$ 使得 $\Phi(T) = (U_A \otimes U_B)T(U_A \otimes U_B)^*$ 对所有 $T \in \mathcal{E}(H_A \otimes H_B)$ 都成立; 或如果 $m = n$, 存在酉算子或者共轭酉算子 $U_A : H_B \to H_A, U_B : H_A \to H_B$ 使得 $\Phi(T) = (U_A \otimes U_B)\theta(T)(U_A \otimes U_B)^*$ 对所有 $T \in \mathcal{E}(H_A \otimes H_B)$ 都成立, 其中 $\theta$ 为线性映射且 $\theta(A \otimes B) = B \otimes A$.

(II) 存在取决于 $H_A \otimes H_B$ 上的一个量子态 $T\varrho_{AB}(T)$，非负实数 $c_1, \cdots, c_l (l \leqslant mn)$ 以及函数 $f : \mathcal{E}(H_A \otimes H_B) \to [0, 1]$, 且定义 $f(T) = \sum_{k=1}^{l} (\det T)^{c_k}$ 使得 $\Phi(T) = f(T)\varrho_{AB}(T)$ 对所有 $T \in \mathcal{E}(H_A \otimes H_B)$ 都成立. 在这里我们令 $0^0 = 1$.

**证明**　$\Phi : \mathcal{E}(H_A \otimes H_B) \to \mathcal{E}(H_A \otimes H_B)$ 是关于运算 $\circ$ 的序列同态，由文献 [40] 定理 1 可得，$\Phi$ 有以下四种形式之一:

(i) 存在 $H_A \otimes H_B$ 上的酉算子或共轭酉算子 $U$ 和非负实数 $c$ 使得 $\Phi(T) = (\det T)^c UAU^*$ 对所有 $T \in \mathcal{E}(H_A \otimes H_B)$ 都成立;

(ii) 存在 $H_A \otimes H_B$ 上的酉算子或共轭酉算子 $V$ 使得 $\Phi(T) = V(\mathrm{adj}T)V^*$ 对所有 $T \in \mathcal{E}(H_A \otimes H_B)$ 都成立, $\mathrm{adj}T$ 代表矩阵 $T$ 的伴随;

(iii) 存在 $H_A \otimes H_B$ 上的酉算子或共轭酉算子 $W$ 以及实数 $d > 1$ 使得

$$\phi(T) = \begin{cases} (\det T)^d W T^{-1} W^*, & \text{对所有 } T \in \mathcal{E}(H_A \otimes H_B), \\ 0, & \text{其他.} \end{cases}$$

(iv) 存在 $H_A \otimes H_B$ 上的两两正交秩一投影 $P_1, \cdots, P_l (l \leqslant mn)$ 和非负实数 $c_1, \cdots, c_l$ 使得 $\Phi(T) = \sum_{k=1}^{l} (\det T)^{c_k} P_k$ 对所有 $T \in \mathcal{E}(H_A \otimes H_B)$ 都成立. 这里，我们令 $0^0 = 1$.

如果 (i) 成立，由假设 $\Phi(\mathrm{Pur}(H_A) \otimes \mathrm{Pur}(H_B)) \subseteq \mathrm{Pur}(H_A) \otimes \mathrm{Pur}(H_B)$，取 $P \otimes Q \in \mathrm{Pur}(H_A) \otimes \mathrm{Pur}(H_B)$，可得 $\det(P \otimes Q) = 0$ 且 $\Phi(P \otimes Q) = (\det P \otimes Q)^c U(P \otimes Q)U^* \in \mathrm{Pur}(H_A) \otimes \mathrm{Pur}(H_B)$. 这样可得 $c = 0$. 因此 $\Phi(T) = UTU^*$ 对所有 $T \in \mathcal{E}(H_A \otimes H_B)$ 都成立，$\Phi$ 是一个酉同构. 类似定理 4.2.1 证明，我们可得 (I) 成立.

如果 (ii) 成立，取 $P \otimes Q \in \mathrm{Pur}(H_A) \otimes \mathrm{Pur}(H_B)$，我们可得 $\mathrm{adj}(P \otimes Q) = 0$. 然而, $\Phi(P \otimes Q) = U\mathrm{adj}(P \otimes Q)U^* = 0 \notin \mathrm{Pur}(H_A) \otimes \mathrm{Pur}(H_B)$, 矛盾. 因此 (ii) 不成立. 类似的讨论可证明 (iii) 不成立.

若 (iv) 成立，设 $f : \mathcal{E}(H_A \otimes H_B) \to [0, 1]$ 且定义 $f(T) = \sum_{k=1}^{l} (\det T)^{c_k}$. 可得

$$\Phi(T) = \sum_{k=1}^{l} (\det T)^{c_k} P_k = f(T) \frac{\sum_{k=1}^{l} (\det T)^{c_k} P_k}{f(T)}$$

对所有 $T \in \mathcal{E}(H_A \otimes H_B)$ 成立. 记 $\varrho_{AB}(T) = \dfrac{\sum_{k=1}^{l} (\det T)^{c_k} P_k}{f(T)}$，则 $\varrho_{AB}(T)$ 是迹为一的正矩阵，也就是一个量子态，因此 (II) 成立. 证毕. □

**定理 4.2.4** 设 $H_A, H_B$ 是复 Hilbert 空间，$\dim H_A = m, \dim H_B = n, 1 < m, n < \infty$. 设 $\Phi : \mathcal{E}(H_A \otimes H_B) \to \mathcal{E}(H_A \otimes H_B)$ 是关于运算 $\circ$ 的连续序列同态，若 $\Phi(\mathrm{Pur}(H_A) \otimes \mathrm{Pur}(H_B)) = \mathrm{Pur}(H_A) \otimes \mathrm{Pur}(H_B)$，则定理 4.2.3 中的 (I) 成立.

**证明** 我们只需证定理 4.2.3 中的 (II) 不成立即可. 反设定理 4.2.3 中的 (II) 成立，则 $\Phi$ 的值域是可交换的. 这与假设条件 $\Phi(\mathrm{Pur}(H_A) \otimes \mathrm{Pur}(H_B)) = \mathrm{Pur}(H_A) \otimes \mathrm{Pur}(H_B)$ 相矛盾，这是因为 $\mathrm{Pur}(H_A) \otimes \mathrm{Pur}(H_B)$ 是不可交换集且是 $\Phi$ 值域的子集. □

把两体系统延伸到多体系统情况下，我们得出几个重要结论.

**定理 4.2.5** 设 $\mathcal{E}(\otimes_{k=1}^{n} H_k)$ 是复 Hilbert 空间张量积 $\otimes_{k=1}^{n} H_k = H_1 \otimes H_2 \otimes \cdots \otimes H_n$ 上的效应代数，其中 $n \geqslant 3$. 设 $\Phi : \mathcal{E}(\otimes_{k=1}^{n} H_k) \to \mathcal{E}(\otimes_{k=1}^{n} H_k)$ 是任意序列同构. 则下列叙述等价:

(I) $\Phi(\otimes_{k=1}^{n} \mathcal{E}(H_k)) \subseteq \otimes_{k=1}^{n} \mathcal{E}(H_k)$;

(II) $\Phi(\otimes_{k=1}^{n} \mathrm{Pur}(H_k)) \subseteq \otimes_{k=1}^{n} \mathrm{Pur}(H_k)$;

(III) 存在一个置换 $\pi : \pi(i) = p_i, i = 1, 2, \cdots, n$ 和共轭线性等距 $U_j : H_{p_j} \to H_j$, $j = 1, 2, \cdots, n$, 使得

$$\Phi(T) = (U_1 \otimes U_2 \otimes \cdots \otimes U_n) \theta_\pi(T) (U_1 \otimes U_2 \otimes \cdots \otimes U_n)^*$$

对所有 $T \in \mathcal{E}(\otimes_{k=1}^{n} H_k)$ 都成立, 其中 $\theta_\pi : \mathcal{B}_s(\otimes_{k=1}^{n} H_k) \to \mathcal{B}_s(\otimes_{k=1}^{n} H_k)$ 是一线性映射且 $\theta_\pi(A_1 \otimes A_2 \otimes \cdots \otimes A_n) = A_{p_1} \otimes A_{p_2} \otimes \cdots \otimes A_{p_n}$.

**证明** (III)⇒(I) 易证. 下证 (I)⇒(II) 与 (II)⇒(III). (I)⇒(II) 类似于定理 4.2.1 的证明，由 $\Phi$ 是序列同构可知，$\Phi$ 把秩一投影变为秩一投影，即 (II) 成立. 下证 (II)⇒(III)，类似定理 4.2.1 的证明思路把 $\Phi$ 延拓为 $\mathcal{B}_s(\otimes_{k=1}^{n} H_k)$ 上的线性映射. 利用文献 [112] 定理 4.2 可知 (III) 成立. □

**定理 4.2.6** 设 $H_k$ 是复 Hilbert 空间，$\dim H_k = m_k < \infty$. 设 $\mathcal{E}(\otimes_{k=1}^{n} H_k)$ 是复 Hilbert 空间张量积 $\otimes_{k=1}^{n} H_k = H_1 \otimes H_2 \otimes \cdots \otimes H_n$ 上的效应代数，其中 $n \geqslant 3$. $\Phi : \mathcal{E}(\otimes_{k=1}^{n} H_k) \to \mathcal{E}(\otimes_{k=1}^{n} H_k)$ 是关于运算 $\circ$ 的序列同构. 如果 $\Phi(\otimes_{k=1}^{n} \mathrm{Pur}(H_k)) = \otimes_{k=1}^{n} \mathrm{Pur}(H_k)$，则存在一个置换 $\pi : \pi(i) = p_i, i = 1, 2, \cdots, n$ 和共轭线性等距 $U_j : H_{p_j} \to H_j, j = 1, 2, \cdots, n$, 使得

$$\Phi(T) = (U_1 \otimes U_2 \otimes \cdots \otimes U_n)\theta_\pi(T)(U_1 \otimes U_2 \otimes \cdots \otimes U_n)^*$$

对所有 $T \in \mathcal{E}(\otimes_{k=1}^{n} H_k)$ 都成立, 其中 $\theta_\pi : \mathcal{B}_s(\otimes_{k=1}^{n} H_k) \to \mathcal{B}_s(\otimes_{k=1}^{n} H_k)$ 是一线性映射且 $\theta_\pi(A_1 \otimes A_2 \otimes \cdots \otimes A_n) = A_{p_1} \otimes A_{p_2} \otimes \cdots \otimes A_{p_n}$.

本节最后我们给出效应代数序列同构可分解性结论的一个应用. 设 $H$ 是复 Hilbert 空间且 $\dim H < \infty$. 若 $\Phi : \mathcal{B}(H) \to \mathcal{B}(H)$ 是完全正的保迹线性映射, 则 $\Phi$ 是一量子信道. $\Phi$ 的对偶映射 $\Phi^* : \mathcal{B}(H) \to \mathcal{B}(H)$ 由下列关系式定义:

$$\mathrm{tr}(\Phi(\rho)A) = \mathrm{tr}(\rho\Phi^*(A)).$$

对偶映射 $\Phi^*$ 把 $\mathcal{E}(H)$ 映射到 $\mathcal{E}(H)$ 上. 信道是线性的, 所以 $\Phi(t\rho + (1-t)\sigma) = t\Phi(\rho) + (1-t)\Phi(\sigma)$ 对量子态 $\rho, \sigma$ 和 $t \in [0,1]$ 成立. 设 $H_A \otimes H_B$ 是复 Hilbert 空间 $H_A, H_B$ 的张量积, 若存在酉算子或共轭酉算子 $U_A \in H_A, U_B \in H_B$ 使得 $\Phi(\rho) = (U_A \otimes U_B)\rho(U_A \otimes U_B)^*$ 对量子态 $\rho \in \mathcal{S}(H_A \otimes H_B)$ 成立. 我们称 $\Phi$ 是局部酉运算. 我们将在下面定理中刻画局部酉运算. 回顾 $A \circ B = \sqrt{A}B\sqrt{A}$.

**定理 4.2.7** 设 $H_A, H_B$ 是复 Hilbert 空间, $\dim H_A = m, \dim H_B = n, 1 < m, n < \infty$. 设 $\Phi : \mathcal{S}(H_A \otimes H_B) \to \mathcal{S}(H_A \otimes H_B)$ 是一仿射. 则下列叙述等价:

(I) $\Phi$ 是局部酉运算, 或当 $m = n$ 时 $\Phi$ 与置换的复合也是局部酉运算;

(II) $\Phi$ 的对偶映射 $\Phi^*$ 是 $\mathcal{E}(H_A \otimes H_B)$ 上关于运算 $\circ$ 的连续序列同态且 $\Phi^*(\mathrm{Pur}(H_A) \otimes \mathrm{Pur}(H_B)) = \mathrm{Pur}(H_A) \otimes \mathrm{Pur}(H_B)$;

(III) $\Phi$ 的对偶映射 $\Phi^*$ 是 $\mathcal{E}(H_A \otimes H_B)$ 上关于运算 $\circ$ 的序列同构且 $\Phi^*(\mathcal{E}(H_A) \otimes \mathcal{E}(H_B)) \subseteq \mathcal{E}(H_A) \otimes \mathcal{E}(H_B)$.

**证明** 若 (I) 成立, 则存在 $H_A, H_B$ 上的酉算子或共轭酉算子 $U_A, U_B$ 使得 (1) $\Phi(\rho) = (U_A \otimes U_B)\rho(U_A \otimes U_B)^*$ 对所有 $\rho \in \mathcal{S}(H_A \otimes H_B)$ 都成立或 (2) 当 $m = n$

时, $\Phi(\rho)=(U_A\otimes U_B)\theta(\rho)(U_A\otimes U_B)^*$ 对所有 $\rho\in\mathcal{S}(H_A\otimes H_B)$ 都成立. 若 (1) 对 $\rho\in\mathcal{S}(H_A\otimes H_B)$ 且 $A\in\mathcal{E}(H_A\otimes H_B)$ 成立, 可得

$$\begin{aligned}\operatorname{tr}(\rho(U_A\otimes U_B)^*A(U_A\otimes U_B)) &= \operatorname{tr}(U_A\otimes U_B\rho(U_A\otimes U_B)^*A)\\ &= \operatorname{tr}(\Phi(\rho)A)\\ &= \operatorname{tr}(\rho\Phi^*(A)).\end{aligned}$$

此外, $\langle x|(U_A\otimes U_B)^*A(U_A\otimes U_B)|x\rangle=\langle x|\Phi^*(A)|x\rangle$ 对所有纯态 $|x\rangle\langle x|$ 都成立. 则 $\Phi^*(A)=(U_A\otimes U_B)^*A(U_A\otimes U_B)$ 对所有 $A\in\mathcal{E}(H)$ 都成立. 因此 $\Phi^*$ 是关于运算 $\circ$ 的连续序列同态且 $\Phi^*(\mathrm{Pur}(H_A)\otimes\mathrm{Pur}(H_B))=\mathrm{Pur}(H_A)\otimes\mathrm{Pur}(H_B)$, 所以 (II) 成立. 类似地我们可以处理 (2) 的情形. 所以 (I) $\Rightarrow$ (II) 成立. (II) $\Rightarrow$ (I) 可用类似于定理 4.2.4 的证明来验证. 所以 (I) $\Leftrightarrow$ (II). 由定理 4.2.1 与定理 4.2.4 可知 (I) 成立当且仅当 (III) 成立. □

## 4.3 量子效应代数上的广义可乘映射

量子 (Hilbert 空间) 效应代数具有丰富的乘积运算. 除了序列积, 还可以定义很多类型的乘积. 本节定义量子效应代数上的一类广义乘积, 并给出量子效应代数上广义可乘双射的刻画. 下面定理刻画这类广义可乘双射. 设 $\alpha,\beta$ 是满足 $2\alpha+\beta\neq 1$ 的正数, 对于 $A,B\in\mathcal{E}(H)$, 定义一类新乘积:

$$A^\alpha B^\beta A^\alpha.$$

这里当 $\alpha=\beta=\dfrac{1}{2}$, 上述新乘积成为经典序列积.

**定理 4.3.1** 令 $H$ 是复 Hilbert 空间且 $\dim H\geqslant 3$. $\alpha,\beta$ 是满足 $2\alpha+\beta\neq 1$ 的正数且 $\Phi:\mathcal{E}(H)\to\mathcal{E}(H)$ 是双射. 则

$$\Phi(A^\alpha B^\beta A^\alpha)=\Phi(A)^\alpha\Phi(B)^\beta\Phi(A)^\alpha$$

对所有 $A,B\in\mathcal{E}(H)$ 成立当且仅当存在酉算子或反酉算子 $U$ 使得 $\Phi(A)=UAU^*$ 对所有 $A\in\mathcal{E}(H)$ 成立.

为证上述定理我们需要下列引理. 用 $\mathcal{P}(H)$ 代表 $H$ 上的所有投影组成的集合. 若映射 $\Phi:\mathcal{P}(H)\to\mathcal{P}(H)$ 满足 $PQ=0\Leftrightarrow\Phi(P)\Phi(Q)=0$, 则称 $\Phi$ 双边保正交. 下面的引理是本书定理 2.1.1 的特殊情形.

**引理 4.3.2** 令 $H$ 是实或复 Hilbert 空间且 $\dim H\geqslant 3$. 若 $\Phi:\mathcal{P}(H)\to\mathcal{P}(H)$ 是双射且双边保正交. 则

(1) 当 $H$ 是实空间, 存在正交算子 $U$ 使得 $\Phi(P)=UPU^{\mathrm{T}}$ 对所有秩一投影 $P\in\mathcal{P}(H)$ 成立.

(2) 当 $H$ 是复空间, 存在酉算子或反酉算子 $U$ 使得 $\Phi(P)=UPU^*$ 对所有秩一投影 $P\in\mathcal{P}(H)$ 成立.

**引理 4.3.3** 令 $H$ 是复 Hilbert 空间且 $\dim H\geqslant 3$, $\alpha,\beta$ 满足 $2\alpha+\beta\neq 1$ 的正数且 $\Phi:\mathcal{E}(H)\to\mathcal{E}(H)$ 是双射. 若 $\Phi$ 满足

$$\Phi(A^\alpha B^\beta A^\alpha)=\Phi(A)^\alpha\Phi(B)^\beta\Phi(A)^\alpha$$

对所有 $A,B\in\mathcal{E}(H)$ 成立, 则对相互正交的投影 $P,Q$, 必有

$$\Phi(P+Q)=\Phi(P)+\Phi(Q).$$

**证明** 在假设条件中, 取 $A=B=P$, $P$ 为投影, 有

$$\Phi(P)^\gamma=\Phi(P),$$

其中 $\gamma=2\alpha+\beta>0$. 注意到 $\Phi(P)\geqslant 0$. 由于 $\gamma\neq 1$, 有 $\Phi(P)^2=\Phi(P)$. 因此 $\Phi(P)$ 是投影. $\Phi^{-1}$ 具有相同的性质, 所以 $\Phi$ 双边保投影.

对于 $A\in\mathcal{E}(H)$, 有

$$\begin{aligned}\Phi(I)\Phi(A)&=\Phi(I)\Phi(IAI)=\Phi(I)\Phi(I^\alpha(A^{1/\beta})^\beta I^\alpha)\\&=\Phi(I)\Phi(I)^\alpha\Phi(A^{1/\beta})^\beta\Phi(I)^\alpha=\Phi(I)\Phi(A^{1/\beta})^\beta\Phi(I).\end{aligned}$$

类似地,

$$\Phi(I)\Phi(A)=\Phi(I)\Phi(A^{1/\beta})^\beta\Phi(I).$$

所以

$$\Phi(A)\Phi(I)=\Phi(I)\Phi(A)$$

对所有 $A\in\mathcal{E}(H)$ 成立. 由 $\Phi$ 的满射性且 $\Phi(I)=\Phi(I)^2$, 得到 $\Phi(I)=I$. 因为 $\Phi$ 是双射, 所以存在 $A_0\in\mathcal{E}(H)$ 使得 $\Phi(A_0)=0$. 因此

$$\Phi(0)=\Phi(A_0^\alpha 0A_0^\alpha)=\Phi(A_0)^\alpha\Phi(0)^\beta\Phi(A_0)^\alpha=0,$$

即, $\Phi(0)=0$.

下证 $\Phi$ 双边保投影的正交性. 对于投影 $P,Q$, 有

$$PQ=0\Leftrightarrow P^{\beta/2}Q^\alpha=0\Leftrightarrow(P^{\beta/2}Q^\alpha)^*P^{\beta/2}Q^\alpha=0\Leftrightarrow Q^\alpha P^\beta Q^\alpha=0.$$

所以

$$\begin{aligned}PQ=0&\Leftrightarrow Q^\alpha P^\beta Q^\alpha=0\Leftrightarrow\Phi(Q^\alpha P^\beta Q^\alpha)=0\\&\Leftrightarrow\Phi(Q)^\alpha\Phi(P)^\beta\Phi(Q)^\alpha=0\Leftrightarrow\Phi(P)\Phi(Q)=0.\end{aligned}$$

因此由引理 4.3.2, 存在酉算子或反酉算子 $U$ 使得 $\Phi(P)=UPU^*$ 对所有秩一投影 $P$ 成立. 不失一般性, 假设 $\Phi(P)=P$.

现在对于 $P,Q\in\mathcal{P}(H)$, 若 $P\perp Q$, 令 $R=\Phi(P+Q)\in\mathcal{P}(H)$, $S=\Phi(P)\in\mathcal{P}(H)$, $T=\Phi(Q)\in\mathcal{P}(H)$. 下证 $R=S+T$. 为此只要证明 $\operatorname{ran}(R)=\operatorname{ran}(S+T)$. 对任意单位向量 $x$,

$$\begin{aligned}x\otimes xRx\otimes x&=(x\otimes x)^\alpha R^\beta(x\otimes x)^\alpha\\&=\Phi((x\otimes x)^\alpha(P+Q)^\beta(x\otimes x)^\alpha)=\Phi(x\otimes x(P+Q)x\otimes x),\end{aligned}$$

且

$$x\otimes x\perp S\Leftrightarrow x\otimes x\perp P,$$

$$x\otimes x\perp T\Leftrightarrow x\otimes x\perp Q.$$

所以有

$$x\otimes xRx\otimes x=0\Leftrightarrow x\otimes x(P+Q)x\otimes x=0\Leftrightarrow x\otimes x(S+T)x\otimes x=0.$$

从而 $\operatorname{ran}(R)=\operatorname{ran}(S+T)$. 因此有

$$\Phi(P+Q)=\Phi(P)+\Phi(Q).$$

□

**定理 4.3.1 的证明** 充分性显然, 只证必要性. 利用引理 4.3.3 知, $\Phi$ 双边保投影, $\Phi(I)=I$, $\Phi(0)=0$ 且 $\Phi$ 在 $\mathcal{P}(H)$ 上是正交可加的.

下证 $\Phi$ 双边保序. 为此令 $P,Q\in P(H)$. 显然

$$\begin{aligned}P\leqslant Q&\Leftrightarrow PQ=QP=P\Leftrightarrow QPQ=P,PQP=P\\&\Leftrightarrow Q^\alpha P^\beta Q^\alpha=P^\beta=P,P^\alpha Q^\beta P^\alpha=P^\alpha=P.\end{aligned}$$

所以 $P\leqslant Q$ 可以推出

$$\Phi(P)=\Phi(Q^\alpha P^\beta Q^\alpha)=\Phi(Q)^\alpha\Phi(P)^\beta\Phi(Q)^\alpha,$$

且

$$\Phi(P)=\Phi(P^\alpha Q^\beta P^\alpha)=\Phi(P)^\alpha\Phi(Q)^\beta\Phi(P)^\alpha.$$

因此 $\Phi(P)\leqslant\Phi(Q)$. 因为 $\Phi^{-1}$ 具有相同的性质, 也可得 $\Phi(P)\leqslant\Phi(Q)$ 蕴涵 $P\leqslant Q$, 所以映射 $\Phi$ 双边保投影且保持投影的序关系. 利用 Mackey-Gleason 延拓理论 ([21]), 可知 $\Phi$ 在 $\mathcal{P}(H)$ 的限制可延拓为线性映射 $\Psi:\mathcal{B}(H)\to\mathcal{B}(H)$. 因为 $\Psi$ 双边保投影, 所以它是 Jordan 同态. 因此存在酉算子 $W$ 或反酉算子 $V$ 使得

$$\Psi(A)=WAW^*,\quad\forall A\in\mathcal{B}(H)$$

或者

$$\Psi(A) = VA^*V^*, \quad \forall A \in \mathcal{B}(H).$$

故 $\Phi(P) = UPU^*$ 对 $P \in \mathcal{P}(H)$ 成立, $U$ 是酉算子或反酉算子.

不失一般性, 可设 $\Phi(P) = P$. 下面我们证明 $\Phi(\lambda P) = \lambda P$ 对于 $\lambda \in [0,1]$ 成立. 由 $\Phi$ 的条件可得对于 $\lambda \in [0,1]$ 和任意秩一投影 $P$,

$$\Phi(\lambda P) = \Phi(P^\alpha(\lambda^{\frac{1}{\beta}}P)^\beta P^\alpha) = P\Phi(\lambda^{\frac{1}{\beta}}P)^\beta P,$$

所以存在 $f_P(\lambda) \in [0,1]$ 使得 $\Phi(\lambda P) = f_P(\lambda)P$. 令 $f_P = f$, $f : [0,1] \to [0,1]$ 满足 $\Phi(\lambda P) = f(\lambda)P$. 因此对于 $\mu \in [0,1]$

$$\Phi(\lambda\mu P) = f(\lambda\mu)P$$

且

$$\begin{aligned}\Phi(\lambda\mu P) &= \Phi(\lambda^{\frac{1}{2\alpha}\alpha}P\mu^{\frac{1}{\beta}\beta}P\lambda^{\frac{1}{2\alpha}\alpha}P) = \Phi(\lambda^{\frac{1}{2\alpha}}P)^\alpha\Phi(\mu^{\frac{1}{\beta}}P)^\beta\Phi(\lambda^{\frac{1}{2\alpha}}P)^\alpha \\ &= f(\lambda^{\frac{1}{2\alpha}})^{2\alpha}f(\mu^{\frac{1}{\beta}})^\beta P.\end{aligned}$$

另一方面,

$$f(\lambda)P = \Phi(\lambda P) = \Phi(\lambda^{\frac{1}{2\alpha}\alpha}PPP\lambda^{\frac{1}{2\alpha}\alpha}) = f(\lambda^{\frac{1}{2\alpha}})^{2\alpha}P$$

且

$$f(\mu)P = \Phi(\mu P) = \Phi(I\mu^{\frac{1}{\beta}\beta}PI) = f(\mu^{\frac{1}{\beta}})^\beta P.$$

所以 $f(\lambda^{\frac{1}{2\alpha}})^{2\alpha} = f(\lambda)$ 且 $f(\mu^{\frac{1}{\beta}})^\beta = f(\mu)$. 因此我们有 $f(\lambda\mu) = f(\lambda)f(\mu)$ 对所有 $\lambda, \mu \in [0,1]$ 成立, 即, $f$ 是可乘的. 再由 $\Phi$ 的满射性可知, $f([0,1]) = [0,1]$. 所以 $f$ 是连续的. 因此存在 $\rho_P > 0$ 使得 $f(\lambda) = \lambda^{\rho_P}$. 这蕴涵

$$\Phi(\lambda P) = \lambda^{\rho_P}P$$

对所有秩一投影 $P$ 成立.

下证 $\rho_P$ 与 $P$ 无关. 对于秩一投影 $P, Q$ 和 $\lambda, \mu \in [0,1]$, 可得

$$\Phi(\lambda P\mu^2Q\lambda P) = \Phi(\lambda^{\frac{1}{\alpha}\alpha}P\mu^{\frac{2}{\beta}\beta}Q\lambda^{\frac{1}{\alpha}\alpha}P) = f(\lambda^{\frac{1}{\alpha}})^{2\alpha}f(\mu^{\frac{2}{\beta}})^\beta PQP = \lambda^{2\rho_P}\mu^{2\rho_Q}PQP,$$

且

$$\Phi(\mu P\lambda^2Q\mu P) = \Phi(\mu^{\frac{1}{\alpha}\alpha}P\lambda^{\frac{2}{\beta}\beta}Q\mu^{\frac{1}{\alpha}\alpha}P) = \mu^{2\rho_P}\lambda^{2\rho_Q}PQP.$$

若 $PQ \neq 0$, 可得

$$\lambda^{2\rho_P}\mu^{2\rho_Q} = \mu^{2\rho_P}\lambda^{2\rho_Q}.$$

取 $\mu=1$, 可得 $\lambda^{\rho_P}=\lambda^{\rho_Q}$. 所以 $\rho_P=\rho_Q$. 若 $PQ=0$, 取秩一投影 $R$ 满足 $PRP\neq 0$ 且 $QRQ\neq 0$. 所以 $\Phi(\lambda R)=\lambda^{\rho_R}R$. 我们有 $\rho_P=\rho_R=\rho_Q$. 所以存在 $\rho\geqslant 0$ 使得

$$\Phi(\lambda P)=\lambda^{\rho}P$$

对所有秩一投影 $P$ 和 $\lambda\in[0,1]$ 成立.

现在我们有 $f(\lambda)=\lambda^{\rho}$, 下证 $\rho=1$. 只需证 $f(\lambda+\mu)=f(\lambda)+f(\mu)$ 对 $\lambda+\mu\leqslant 1$ 成立. 取单位向量 $x,y$ 满足 $\langle x,y\rangle=0$, 令 $P=x\otimes x$, $Q=y\otimes y$ 且 $A=(\lambda^{\frac{1}{2}}x+\mu^{\frac{1}{2}}y)\otimes(\lambda^{\frac{1}{2}}x+\mu^{\frac{1}{2}}y)$. 则

$$\begin{aligned}APA&=(\lambda^{\frac{1}{2}}x+\mu^{\frac{1}{2}}y)\otimes(\lambda^{\frac{1}{2}}x+\mu^{\frac{1}{2}}y)x\otimes x(\lambda^{\frac{1}{2}}x+\mu^{\frac{1}{2}}y)\otimes(\lambda^{\frac{1}{2}}x+\mu^{\frac{1}{2}}y)\\&=\lambda^{\frac{1}{2}}(\lambda^{\frac{1}{2}}x+\mu^{\frac{1}{2}}y)\otimes x(\lambda^{\frac{1}{2}}x+\mu^{\frac{1}{2}}y)\otimes(\lambda^{\frac{1}{2}}x+\mu^{\frac{1}{2}}y)\\&=\lambda(\lambda^{\frac{1}{2}}x+\mu^{\frac{1}{2}}y)\otimes(\lambda^{\frac{1}{2}}x+\mu^{\frac{1}{2}}y)=\lambda A.\end{aligned}$$

类似可得

$$AQA=\mu A,$$

且

$$A(P+Q)A=A^2=(\lambda+\mu)A.$$

因为 $\Phi$ 在 $\mathcal{P}(H)$ 上正交可加, 所以

$$\begin{aligned}\Phi(A(P+Q)A)&=\Phi(A^{\frac{1}{\alpha}\alpha}(P+Q)^{\frac{1}{\beta}\beta}A^{\frac{1}{\alpha}\alpha})\\&=\Phi(A^{\frac{1}{\alpha}})^{\alpha}\Phi((P+Q)^{\frac{1}{\beta}})^{\beta}\Phi(A^{\frac{1}{\alpha}})^{\alpha}\\&=\Phi(A^{\frac{1}{\alpha}})^{\alpha}\Phi(P+Q)\Phi(A^{\frac{1}{\alpha}})^{\alpha}\\&=\Phi(A^{\frac{1}{\alpha}})^{\alpha}(\Phi(P)+\Phi(Q))\Phi(A^{\frac{1}{\alpha}})^{\alpha}\\&=\Phi(A^{\frac{1}{\alpha}})^{\alpha}\Phi(P^{\frac{1}{\beta}})^{\beta}\Phi(A^{\frac{1}{\alpha}})^{\alpha}+\Phi(A^{\frac{1}{\alpha}})^{\alpha}\Phi(Q^{\frac{1}{\beta}})^{\beta}\Phi(A^{\frac{1}{\alpha}})^{\alpha}\\&=\Phi(APA)+\Phi(AQA).\end{aligned}$$

因为 $A_0=\dfrac{A}{\|A\|}$ 是秩一投影, 对于所有 $\delta\in[0,1]$,

$$\Phi(\delta A)=\Phi(\delta\|A\|A_0)=f(\delta\|A\|)A_0=f(\delta)f(\|A\|)\Phi(A_0)=f(\delta)\Phi(A).$$

所以 $\Phi(\delta A)=f(\delta)\Phi(A)$ 且

$$\begin{aligned}f(\lambda+\mu)\Phi(A)&=\Phi((\lambda+\mu)A)=\Phi(A(P+Q)A)\\&=\Phi(APA)+\Phi(AQA)\\&=\Phi(\lambda A)+\Phi(\mu A)=f(\lambda)\Phi(A)+f(\mu)\Phi(A).\end{aligned}$$

进而 $f(\lambda+\mu)=f(\lambda)+f(\mu)$. 因此 $\rho=1$.

下证 $\Phi(\lambda P)=\lambda P$ 对所有的 $\lambda\in[0,1]$ 和 $P\in\mathcal{P}(H)$ 成立. 由 $\Phi$ 的正交可加性, 可得 $\Phi(\lambda P)=\lambda P$ 对所有 $\lambda\in[0,1]$ 以及有限秩投影 $P\in\mathcal{P}(H)$ 成立. 若 $P$ 不是有限秩投影. 对任意单位向量 $x\in\operatorname{ran}(P)$, 有

$$\Phi(\lambda^\alpha Px\otimes x\lambda^\alpha P)=\Phi(\lambda P)^\alpha x\otimes\Phi(\lambda P)^\alpha x,$$

且

$$\Phi(\lambda^\alpha Px\otimes x\lambda^\alpha P)=\Phi(\lambda^{2\alpha}x\otimes x)=\lambda^2 x\otimes x.$$

所以 $\Phi(\lambda P)^\alpha x$ 与 $x$ 线性相关, 即存在数 $f_x(\lambda)$ 使得 $\Phi(\lambda P)^\alpha x=f_x(\lambda)x$ 且 $f_x(0)=0$, $f_x(1)=1$. 类似地, 对所有 $y\in\operatorname{ran}(I-P)$, 我们有 $\Phi(\lambda P)^\alpha y=0$. 所以存在函数 $g_P(x,\lambda)$ 值域为 $[0,1]$ 且 $\Phi(\lambda P)x=f_x(\lambda)^{\frac{1}{\alpha}}x=g_P(x,\lambda)Px$ 对所有 $x\in\operatorname{ran}P$ 和 $x\in(\operatorname{ran}P)^\perp$ 成立. 所以 $g_P(x,0)=0$ 且 $g_P(x,1)=1$. 对于 $x\in\operatorname{ran}P$, $g_P(x,\lambda)=\lambda^\delta$. 下证 $g(x,\lambda)=\lambda$. 取 $Q=x\otimes x$, $x\in\operatorname{ran}P$, 显然 $Q\leqslant P$, 且

$$\lambda^\delta Q=\Phi(Q(\lambda P)Q)=\Phi(\lambda^{1/2}QP(\lambda^{1/2}Q))=\lambda Q,$$

所以 $\lambda^\delta=\lambda$. 因此 $\Phi(\lambda P)x=0$ 对所有 $x\in(\operatorname{ran}P)^\perp$ 成立且 $\Phi(\lambda P)x=\lambda Px=\lambda x$ 对所有 $x\in\operatorname{ran}P$ 成立. 令 $H=\operatorname{ran}P\oplus(\operatorname{ran}P)^\perp$, 因为 $\Phi(\lambda P)\geqslant 0$, 故

$$\Phi(\lambda P)=\begin{pmatrix}\lambda & 0\\ 0 & 0\end{pmatrix}=\lambda P.$$

最后我们证明 $\Phi(A)=A$ 对所有 $A\in\mathcal{E}(H)$ 成立. 令 $A\in\mathcal{E}(H)$, 对所有 $x\in H$,

$$\begin{aligned}\Phi(A)^\alpha x\otimes\Phi(A)^\alpha x&=\Phi(A^\alpha)x\otimes x\Phi(A^\alpha)\\&=\Phi(A^\alpha)(x\otimes x)^\beta\Phi(A^\alpha)\\&=\Phi(A^\alpha(x\otimes x)^\beta A^\alpha)\\&=A^\alpha x\otimes A^\alpha x.\end{aligned}$$

所以存在数 $\lambda_x$ 使得 $\Phi(A)^\alpha x=\lambda_x Ax$. 故 $\Phi(A)^\alpha=cA$ 对某个数 $c$ 成立. 因为 $A$ 和 $\Phi(A)$ 是正算子, 所以 $c=1$. 进而 $\Phi(A)^\alpha=A^\alpha$. 因此 $\Phi(A)=A$. 定理得证. □

## 4.4　量子效应的共生关系及保共生证据集映射

效应的共生是一种量子物理现象. 如何给出量子效应共生的完全刻画, 仍然是一个未解决问题. 共生证据集是研究量子效应共生的一个新的有效工具. 本节给出量子效应共生证据集的完全刻画. 进一步研究了 Hilbert 空间效应代数上保共生证据集双射的刻画.

回顾对于 $A,B\in\mathcal{E}(H)$, 如果存在 $C\in\mathcal{E}(H)$ 使得 $A=A_1+C$, $B=B_1+C$ 且 $A_1+B_1+C\in\mathcal{E}(H)$, 则称 $A,B$ 共生. 任意两个量子效应 $A,B$ 的共生证据集定义为:

$$\mathcal{W}(A,B)=\{C\in\mathcal{E}(H)|A+B-I\leqslant C\leqslant A,B\}.$$

显然, $A,B$ 共生当且仅当它们的共生证据集非空 [66].

下面定理给出效应共生证据集的完全刻画.

**定理 4.4.1** 对于 $A,B\in\mathcal{E}(H)$ 且 $A,B$ 共生, 令空间分解 $H=H_0\oplus H_1\oplus H_2=(\ker(A)\cap\overline{\operatorname{ran}(B)})\oplus(\overline{\operatorname{ran}(A)}\cap\overline{\operatorname{ran}(B)})\oplus\ker(B)$ 且 $P,Q,R$ 是 $H_0,H_1$ 和 $H_2$ 上的正交投影, 则 $\mathcal{W}(A,B)=\{C\in\mathcal{E}(H)|C=QCQ, QCQ\geqslant QAQ+QBQ-Q\}$, 且存在压缩算子 $X,Y,X',Y',X'',Y''$ 使得

$$\begin{aligned}&(QAQ)^{\frac{1}{2}}X(RAR)^{\frac{1}{2}}=(QAQ-QCQ)^{\frac{1}{2}}X'(RAR)^{\frac{1}{2}}\\=&-(Q-QAQ)^{\frac{1}{2}}X''(QCQ-QAQ-QBQ+Q)^{\frac{1}{2}},\\&(PBP)^{\frac{1}{2}}Y(QBQ)^{\frac{1}{2}}=(PBP)^{\frac{1}{2}}Y'(QBQ-QCQ)^{\frac{1}{2}}\\=&-(P-PBP)^{\frac{1}{2}}Y''(QCQ-QAQ-QBQ+Q)^{\frac{1}{2}}.\end{aligned}$$

为证明上述定理, 我们需要下面的引理.

**引理 4.4.2**[100] 算子矩阵

$$\begin{pmatrix}D_{11}&D_{12}&D_{13}\\D_{12}^*&D_{22}&D_{23}\\D_{13}^*&D_{23}^*&D_{33}\end{pmatrix}\in\mathcal{B}(H_0\oplus H_1\oplus H_2)$$

是正的充分必要条件是 $D_{ii}\geqslant 0$, $i=1,2,3$ 且存在压缩算子 $X,Y,W$ 使得 $D_{12}=D_{11}^{\frac{1}{2}}XD_{22}^{\frac{1}{2}}$, $D_{23}=D_{22}^{\frac{1}{2}}YD_{33}^{\frac{1}{2}}$ 且

$$\begin{aligned}D_{13}=&D_{11}^{\frac{1}{2}}XP_{\operatorname{ran}(D_{22})}YD_{33}^{\frac{1}{2}}\\&+(D_{11}-D_{11}^{\frac{1}{2}}XP_{\operatorname{ran}(D_{22})}X^*D_{11}^{\frac{1}{2}})^{\frac{1}{2}}W(D_{33}-D_{33}^{\frac{1}{2}}Y^*P_{\operatorname{ran}(D_{22})}YD_{33}^{\frac{1}{2}})^{\frac{1}{2}}.\end{aligned}$$

**定理 4.4.1 的证明** "$\supseteq$" 关系可利用引理 4.4.2 直接验证. 下面证明 "$\subseteq$". 令 $H_0=\overline{\operatorname{ran}(B)}\cap\ker(A)$, $H_1=\overline{\operatorname{ran}(B)}\cap\overline{\operatorname{ran}(A)}$ 且 $H_2=\ker(B)$. 因为 $A,B\geqslant 0$, $H=H_0\oplus H_1\oplus H_2$, 所以写

$$A=\begin{pmatrix}0&0&0\\0&A_1&E\\0&E^*&A_2\end{pmatrix},\quad B=\begin{pmatrix}B_0&F&0\\F^*&B_1&0\\0&0&0\end{pmatrix}.$$

由引理 4.4.2 可得上述条件成立当且仅当 $A_i \geqslant 0$, $B_i \geqslant 0$ 且存在压缩算子 $X, Y$ 使得 $E = A_1^{\frac{1}{2}} X A_2^{\frac{1}{2}}$, $F = B_0^{\frac{1}{2}} Y B_1^{\frac{1}{2}}$. 令 $C \in \mathcal{W}(A, B)$, 记作

$$C = \begin{pmatrix} C_{11} & C_{12} & C_{13} \\ C_{12}^* & C_{22} & C_{23} \\ C_{13}^* & C_{23}^* & C_{33} \end{pmatrix}.$$

再由引理 4.4.2 且 $C \geqslant 0$ 可得 $C_{ii} \geqslant 0$, $i = 1, 2, 3$ 且存在压缩算子 $U, V, W$ 使得 $C_{12} = C_{11}^{\frac{1}{2}} U C_{22}^{\frac{1}{2}}$, $C_{23} = C_{22}^{\frac{1}{2}} V C_{33}^{\frac{1}{2}}$ 且

$$\begin{aligned} C_{13} = & C_{11}^{\frac{1}{2}} U P_{\mathrm{ran}(C_{22})} V C_{33}^{\frac{1}{2}} \\ & + (C_{11} - C_{11}^{\frac{1}{2}} U P_{\mathrm{ran}(C_{22})} U^* C_{11}^{\frac{1}{2}})^{\frac{1}{2}} W (C_{33} - C_{33}^{\frac{1}{2}} V^* P_{\mathrm{ran}(C_{22})} V C_{33}^{\frac{1}{2}})^{\frac{1}{2}}. \end{aligned}$$

因为 $C \in \mathcal{W}(A, B)$, 所以 $C \leqslant A, B$. 因此 $C_{11} = 0$, $C_{12} = 0$, $C_{13} = 0$, $C_{33} = 0$. 进而可得 $C_{23} = 0$. 故 $C = QCQ$.

进一步, 由于

$$0 \leqslant A - C = \begin{pmatrix} 0 & 0 & 0 \\ 0 & A_1 - C_{22} & E \\ 0 & E^* & A_2 \end{pmatrix},$$

所以存在压缩算子 $X'$ 使得 $E = (A_1 - C_{22})^{\frac{1}{2}} X' (A_2)^{\frac{1}{2}}$. 类似地利用 $B - C \geqslant 0$ 可得存在压缩算子 $Y'$ 使得 $F = (B_0)^{\frac{1}{2}} Y' (B_1 - C_{22})^{\frac{1}{2}}$. 因为 $C \in \mathcal{W}(A, B)$, $C \geqslant A + B - I$, 所以

$$0 \leqslant C - A - B + I = \begin{pmatrix} P - B_0 & -F & 0 \\ -F^* & C_{22} - A_1 - B_1 + Q & -E \\ 0 & -E^* & R - A_2 \end{pmatrix}.$$

故 $C_{22} \geqslant A_1 + B_1 - Q$, 即 $QCQ \geqslant QAQ + QBQ - Q$.

因为 $A, B, A-C, B-C, C-A-B+I$ 是正算子, 所以存在压缩算子 $X'', Y''$ 使得 $E = -(C_{22} - A_1 - B_1 + Q)^{\frac{1}{2}} X'' (R - A_2)^{\frac{1}{2}}$ 且 $F = -(P - B_0)^{\frac{1}{2}} Y'' (C_{22} - A_1 - B_1 + Q)^{\frac{1}{2}}$. 故

$$E = A_1^{\frac{1}{2}} X A_2^{\frac{1}{2}} = (A_1 - C_{22})^{\frac{1}{2}} X' A_2^{\frac{1}{2}} = -(Q - A_1)^{\frac{1}{2}} X'' (C_{22} - A_1 - B_1 + Q)^{\frac{1}{2}},$$

$$F = B_0^{\frac{1}{2}} Y B_1^{\frac{1}{2}} = B_0^{\frac{1}{2}} Y' (B_1 - C_{22})^{\frac{1}{2}} = -(P - B_0)^{\frac{1}{2}} Y'' (C_{22} - A_1 - B_1 + Q)^{\frac{1}{2}}. \quad \square$$

下面利用定理 4.4.1, 我们得到一些有意义的推论.

**推论 4.4.3**　若 $A, B \in \mathcal{E}(H)$, $AB = 0$, 则 $\mathcal{W}(A, B) = \{0\}$.

**证明** 若 $AB=0$, 则 $\overline{\text{ran}(A)}\cap\overline{\text{ran}(B)}=\{0\}$. 由定理 4.4.1 可得 $\mathcal{W}(A,B)=\{0\}$. □

回顾 $\mathcal{P}(H)$ 表示 $H$ 上的投影组成的集合.

**推论 4.4.4** 若 $A\in\mathcal{E}(H)$ 且 $P\in\mathcal{P}(H)$, $A,P$ 共生, 则 $AP=PA$ 且 $\mathcal{W}(A,P)=\{AP\}$.

**证明** 设 $H_0=\overline{\text{ran}(P)}\cap\ker(A)$, $H_1=\overline{\text{ran}(P)}\cap\overline{\text{ran}(A)}$ 且 $H_2=\ker(P)$, 基于空间分解 $H=H_0\oplus H_1\oplus H_2$, 有

$$P=\begin{pmatrix} I_0 & 0 & 0\\ 0 & I_1 & 0\\ 0 & 0 & 0\end{pmatrix},\quad A=\begin{pmatrix} 0 & 0 & 0\\ 0 & A_1 & D\\ 0 & D^* & A_2\end{pmatrix}.$$

令 $C\in\mathcal{W}(A,P)$, 由定理 4.4.1 可得

$$C=\begin{pmatrix} 0 & 0 & 0\\ 0 & C_{22} & 0\\ 0 & 0 & 0\end{pmatrix},$$

且 $A_1=A_1+I_1-I_1\leqslant C_{22}\leqslant A_1$. 所以 $C_{22}=A_1$. 进而可得

$$\mathcal{W}(A,P)=\left\{T:T=\begin{pmatrix} 0 & 0 & 0\\ 0 & A_1 & 0\\ 0 & 0 & 0\end{pmatrix}\right\}.$$

由 $T\in\mathcal{W}(A,P)$ 可得 $T\leqslant A$, 即,

$$\begin{pmatrix} 0 & 0 & 0\\ 0 & A_1 & 0\\ 0 & 0 & 0\end{pmatrix}\leqslant\begin{pmatrix} 0 & 0 & 0\\ 0 & A_1 & D\\ 0 & D^* & A_2\end{pmatrix}.$$

所以 $D=0$. 因此

$$A=\begin{pmatrix} 0 & 0 & 0\\ 0 & A_1 & 0\\ 0 & 0 & A_2\end{pmatrix}.$$

这蕴涵 $AP=PA$. 最后

$$\mathcal{W}(A,P)=\left\{T:T=\begin{pmatrix} 0 & 0 & 0\\ 0 & A_1 & 0\\ 0 & 0 & 0\end{pmatrix}\right\}=\{PAP\}=\{AP\}.$$ □

**推论 4.4.5**　对于 $A, B \in \mathcal{E}(H)$ 且 $\dim H = n < \infty$, 则下列说法等价:

(i) $A = B$.

(ii) $W(A, P) = W(B, P)$ 对所有与 $A$ 共生的投影 $P$ 成立.

**证明**　(i)$\Rightarrow$ (ii) 显然. 下证 (ii)$\Rightarrow$(i).

若 $P \in \mathcal{P}(H)$, $P$ 与 $A$ 共生, 则 $PA = AP$. 取 $A$ 的特征向量 $x_i, i = 1, 2, \cdots, n$, 且 $Ax_i = \lambda_i$. 基于这个正交集 $\{x_i\}_{i=1}^n$, 可记

$$A = \begin{pmatrix} \lambda_1 & 0 & \cdots & 0 \\ 0 & \lambda_2 & \cdots & 0 \\ \vdots & \vdots & & \vdots \\ 0 & 0 & \cdots & \lambda_n \end{pmatrix}, B = \begin{pmatrix} b_{11} & b_{12} & \cdots & b_{1n} \\ \bar{b}_{12} & b_{22} & \cdots & b_{2n} \\ \vdots & \vdots & & \vdots \\ \bar{b}_{1n} & \bar{b}_{2n} & \cdots & b_{nn} \end{pmatrix}.$$

由假设 (ii), $W(A, P_i) = W(B, P_i)$ 对所有 $P_i = x_i \otimes x_i$ 成立. 所以

$$\{AP_i\} = W(A, P_i) = W(B, P_i) = \{BP_i\}.$$

因此 $AP_i = BP_i$ 对所有 $P_i$ 成立. 计算可得 $\lambda_i = b_{ii}$ 且 $b_{ij} = 0 (i \neq j)$. 故 $A = B$. □

下面刻画 Hilbert 空间效应代数上的保共生证据集双射. 主要结果如下.

**定理 4.4.6**　令 $\mathcal{E}(H)$ 是复 Hilbert 空间 $H$ 上的效应代数. 则双射 $\Phi : \mathcal{E}(H) \to \mathcal{E}(H)$ 满足

$$\Phi(\mathcal{W}(A, B)) = \mathcal{W}(\Phi(A), \Phi(B))$$

对 $A, B \in \mathcal{E}(H)$ 成立当且仅当存在酉算子或反酉算子 $U$ 使得 $\Phi(A) = UAU^*$ 对所有 $A \in \mathcal{E}(H)$ 成立.

**定理 4.4.7**　令 $\mathcal{E}(H)$ 是复 Hilbert 空间 $H$ 上的效应代数. 则双射 $\Phi : \mathcal{E}(H) \to \mathcal{E}(H)$ 满足

$$\mathcal{W}(A, B) = \mathcal{W}(\Phi(A), \Phi(B))$$

对 $A, B \in \mathcal{E}(H)$ 成立当且仅当 $\Phi(A) = A$ 对 $A \in \mathcal{E}(H)$ 成立.

**定理 4.4.6 的证明**　充分性显然, 只证明必要性.

因为 $\Phi(\mathcal{W}(A, B)) = \mathcal{W}(\Phi(A), \Phi(B))$ 对 $A, B \in \mathcal{E}(H)$ 成立, 所以 $A \in \mathcal{W}(A, B) \Leftrightarrow \Phi(A) \in \mathcal{W}(\Phi(A), \Phi(B))$. 注意到由定理 4.4.1 得 $A \in \mathcal{W}(A, B)$ 当且仅当 $A \leqslant B$. 所以 $A \leqslant B$ 当且仅当 $\Phi(A) \leqslant \Phi(B)$, 即, $\Phi$ 双边保序. 由 $\Phi(\mathcal{W}(A, B)) = \mathcal{W}(\Phi(A), \Phi(B))$ 且 $\Phi$ 是双射可知, $\mathcal{W}(A, B) \neq \varnothing$ 当且仅当 $\mathcal{W}(\Phi(A), \Phi(B)) \neq \varnothing$. 因此 $A, B$ 共生当且仅当 $\Phi(A), \Phi(B)$ 共生. 所以双射 $\Phi$ 双边保序和共生关系. 由文献 [154] 可得存在酉算子或反酉算子 $U$ 使得

$$\Phi(A) = UAU^*$$

对所有 $A \in \mathcal{E}(H)$ 成立. □

**定理 4.4.7 的证明**　充分性显然, 只证明必要性.

因为 $\mathcal{W}(A,B) = \mathcal{W}(\Phi(A),\Phi(B))$, 所以 $A,B$ 共生当且仅当 $\Phi(A),\Phi(B)$ 共生. 注意到与所有效应共生的效应 $A$ 满足 $A = \mu I$. 所以 $\Phi(I) = \lambda I$.

下证 $\lambda = 1$. 由假设 $\mathcal{W}(A,B) = \mathcal{W}(\Phi(A),\Phi(B))$, 取 $A = B = I$, 有

$$\{I\} = \mathcal{W}(I,I) = W(\Phi(I),\Phi(I)) = W(\lambda I,\lambda I) = [(2\lambda-1)I,\lambda I].$$

所以 $\lambda = 1$. 取 $B = I$, 则

$$\{A\} = \mathcal{W}(A,I) = W(\Phi(A),\Phi(I)) = W(\Phi(A),I) = \{\Phi(A)\}.$$

所以 $\Phi(A) = A$. □

## 4.5 注　记

Hilbert 效应代数 $\mathcal{E}(H)$ 具有丰富的运算结构. 序列积就是其中之一. 序列积的理论首先由 Gudder 和 Nagy 等在文献 [61—64]等一系列论文中提出.早在文献 [62] 和 [64], Gudder, Nagy 和 Greechie 已证明: 对于 $A,B \in \mathcal{E}(H)$, 若定义 $A \bullet B = A^{1/2}BA^{1/2}$, 则运算 $\bullet$ 是 $\mathcal{E}(H)$ 上的一个序列积. 随后, Gudder 在文献 [65] 中提出一个问题: 运算 $\bullet$ 是否为 $\mathcal{E}(H)$ 上唯一的序列积. 为回答这一问题, 文献 [193] 构造了一个新的序列积, 从而反面的回答了上述问题. 令 $A \diamond B = A^{1/2}f_i(A)Bf_{-i}(A)A^{1/2}$, 其中 $f_i(t) = \exp i\ln t$. 已证明运算 $\diamond$ 在有限维情形是 $\mathcal{E}(H)$ 上的序列积.

4.1 节, 4.3 节取材于文献 [98] 与 [207], 分别刻画了 $\mathcal{E}(H)$ 上一般序列同构和一类广义可乘映射. 许多学者关注 Hilbert 效应代数上的序列同构的刻画问题 (见文献 [62, 154, 155]). 双射 $\Phi : \mathcal{E}(H) \to \mathcal{E}(H)$ 满足 $\Phi(A \star B) = \Phi(A) \star \Phi(B)$ 对所有 $A,B \in \mathcal{E}(H)$ 成立即为序列同构 ($\star$ 表示一般的序列积). 在文献 [62] 和 [154], Gudder 和 Molnár 分别证明双射 $\Phi : \mathcal{E}(H) \to \mathcal{E}(H)$ 满足 $\Phi(A \bullet B) = \Phi(A) \bullet \Phi(B)$ 对所有 $A,B \in \mathcal{E}(H)$ 成立当且仅当存在酉算子或者反酉算子 $U$ 使得 $\Phi(A) = UAU^*$ 对所有 $A \in \mathcal{E}(H)$ 成立 (回顾 $A \bullet B = A^{1/2}BA^{1/2}$). 4.1 节致力于给出 Hilbert 效应代数上一般的序列同构的完全刻画, 即, 刻画满足 $\Phi(A \star B) = \Phi(A) \star \Phi(B)$ 的双射 $\Phi : \mathcal{E}(H) \to \mathcal{E}(H)$. 4.3 节定义了 $\mathcal{E}(H)$ 上一类封闭的新的乘积, 它是运算 $\bullet$ 的推广. 进一步给出关于这类广义乘积的乘法同构的形式.

4.2 节取材于文献 [74], 主要讨论无限维多体量子系统 $\mathcal{E}(H)$ 上序列同构以及有限维情形连续序列同态可分解的条件. 研究多体量子系统上全局映射是否可以表示成局部映射的张量积, 这一问题是量子信息理论中有意义的课题之一. 比如一个信道何时是一个可分解信道或者 LOCC? 在文献 [112] 中, 侯晋川和齐霄霏给出了

算子代数上保持可分态线性映射的刻画. 受此工作的推动, 我们获得了效应代数上的同构或者连续同态的可分解条件.

4.4 节取材于文献 [75], 主要给出任意维空间上共生证据集的等价刻画以及两类保持共生证据集映射的刻画. 量子效应的共生关系是一类重要的量子物理实验现象. 那么两个量子效应共生的充分必要条件是什么? 这个问题目前仍然是未解决的. 若 $\dim H = 2$, Gudder 在 [66] 利用两个效应的特征值和特征向量刻画了两个量子效应共生的充分必要条件. 但在更高维情形该方法并不适用. 因此需要发展新的工具. Gudder 介绍了共生证据集这一工具, 但没有给出其完全刻画 ([66]). 我们利用算子矩阵的正定性条件给出了任意维空间上共生证据集的等价刻画. Molnár 刻画了量子效应代数上保共生关系的映射 ([154]). 利用对共生证据集的完全刻画, 我们给出了两类保持共生证据集映射的刻画.

与本章研究内容相关的未解决问题有: ① 无限维情形 Hilbert 效应代数上的 (连续) 序列同态的刻画问题; ② 更高维情形量子效应共生关系的完全刻画.

# 第 5 章　量子态上的映射

回顾 $\mathcal{S}(H)$ 代表 $H$ 上的量子态 (迹为 1 的正算子) 集合. 它是个凸集. 本章主要刻画量子态集合上的保凸双射并应用这一刻画结果给出可逆量子测量映射几何特征的刻画; 探讨了量子熵的新性质并给出了保量子态凸组合熵满射的刻画, 最后研究无限维系统量子态上、下保真度的性质以及保上、下保真度满射的刻画问题.

## 5.1　量子态上的保凸双射

若 $\mathcal{S}(H)$ 上的映射 $\phi$ 满足对任意 $t \in [0,1]$ 且 $\rho, \sigma \in \mathcal{S}(H)$, 存在 $s \in [0,1]$ 使得

$$\phi(t\rho + (1-t)\sigma) = s\phi(\rho) + (1-s)\phi(\sigma),$$

则称 $\phi$ 为保凸映射. 事实上 $\phi$ 为保凸映射等价于 $\phi([\rho,\sigma]) \subseteq [\phi(\rho), \phi(\sigma)]$, 其中 $[\rho,\sigma] = \{\varrho \in \mathcal{S}(H) |$ 存在 $t \in [0,1]$ 使得 $\varrho = t\rho + (1-t)\sigma\}$.

下面我们给出任意维空间量子态集合上的保凸双射的刻画. 由于在无限维情形和有限维情形所采用的证明方法非常不同, 我们分别讨论其证明.

**定理 5.1.1**　设 $H$ 为 Hilbert 空间且 $\dim H = n$, $2 \leqslant n \leqslant \infty$, $\mathcal{S}(H)$ 为量子态集合, $\phi : \mathcal{S}(H) \to \mathcal{S}(H)$ 是双射. 则下列叙述等价:

(a) $\phi([\rho_1, \rho_2]) \subseteq [\phi(\rho_1), \phi(\rho_2)]$ 对于任意 $\rho_1, \rho_2 \in \mathcal{S}(H)$ 成立.

(b) $\phi([\rho_1, \rho_2]) = [\phi(\rho_1), \phi(\rho_2)]$ 对任意 $\rho_1, \rho_2 \in \mathcal{S}(H)$ 成立.

(c) 存在 $H$ 上的可逆有界线性算子 $M$ 使得 $\phi$ 有如下形式之一

$$\rho \mapsto \frac{M\rho M^*}{\mathrm{tr}(\rho M^* M)}, \qquad \rho \mapsto \frac{M\rho^{\mathrm{T}} M^*}{\mathrm{tr}(\rho^{\mathrm{T}} M^* M)},$$

其中 $\rho^{\mathrm{T}}$ 是对于某组标准正交基下的 $\rho$ 的转置.

在开始证明定理之前我们需要几个引理. 设 $V$ 是域 $\mathbb{F}$ 上的线性空间, $\upsilon : \mathbb{F} \to \mathbb{F}$ 是一个非零环同构, 若 $A(\lambda x) = \upsilon(\lambda) Tx$ 对所有 $x \in V$ 成立, 则称 $A$ 是一个 $\upsilon-$ 线性算子.

由 [90] 的引理 2.3.1 可知, 设 $V_1, V_2$ 是域 $\mathbb{F}$ 上的线性空间, $\upsilon : \mathbb{F} \to \mathbb{F}$ 是一个非零环同构. 若 $A, B$ 是 $\upsilon-$ 线性算子, 且 $\dim \mathrm{span}(\mathrm{ran} A) \geqslant 2$. 若 $\ker A \subseteq \ker B$, $Ax$ 与 $Bx$ 是线性相关的对所有 $x \in V$ 成立, 则 $A, B$ 是线性相关的. 我们首先证明下面的引理.

**引理 5.1.2**　设 $V_1, V_2$ 是域 $\mathbb{F}$ 上的线性空间, $\tau, \upsilon : \mathbb{F} \to \mathbb{F}$ 是非零环同构, $A : V_1 \to V_2$ 是 $\tau$ 线性变换, $B : V_1 \to V_2$ 是 $\upsilon$ 线性变换, 且 $\dim \operatorname{span}(\operatorname{ran}(B)) \geqslant 2$. 若 $\ker B \subseteq \ker A$ 且 $Ax$ 与 $Bx$ 对任意 $x \in V$ 是线性相关的, 则 $\tau = \upsilon$ 且 $A = \lambda B$ 对某个数 $\lambda$ 成立.

**证明**　由于 $\ker B \subseteq \ker A$, 所以对任意 $x \in V_1$, 存在数 $\lambda_x$ 使得 $Ax = \lambda_x Bx$. 若 $Bx \neq 0$, 则存在 $y \in V_1$ 使得 $Bx, By$ 是线性无关的. 所以 $\lambda_{x+y}(Bx + By) = A(x+y) = \lambda_x Bx + \lambda_y By$. 这蕴涵 $\lambda_x = \lambda_{x+y} = \lambda_y$. 此外, 对任意 $\alpha \in \mathbb{F}$, 我们有 $\lambda_{\alpha x} = \lambda_x$. 若 $Bx = 0$, 则 $Ax = 0$. 所以存在数 $\lambda$ 使得 $Ax = \lambda Bx$ 对所有 $x \in V_1$ 成立. 进而有 $A = \lambda B$ 且 $\tau = \upsilon$. □

**定理 5.1.1 的证明**　由于定理证明篇幅较长, 我们在此先简要地说明证明思路. 首先证明在任意维情形 (a) 与 (b) 的等价性, 然后证明在有限维情形定理成立, 最后给出无限维情形的证明.

下面我们首先证明条件 (a) 与 (b) 的等价性, (b) ⇒ (a) 显然, 下证 (a)⇒(b). 先证 $\phi$ 保持量子态的线性无关性. 为此, 对于 $\rho, \sigma \in \mathcal{S}(H)$, 由于它们的迹为 1, 所以 $\rho, \sigma$ 是线性相关的当且仅当 $\rho = \sigma$. 故 $\rho, \sigma$ 线性无关蕴涵 $\rho \neq \sigma$. 由 $\phi$ 的双射性可知 $\phi(\rho) \neq \phi(\sigma)$, 所以 $\phi(\rho), \phi(\sigma)$ 是线性无关的.

下面完成等价性证明. 对任意量子态 $\rho, \sigma$, 若 $\rho = \sigma$, 则断言成立. 因此设 $\rho \neq \sigma$. 由于 $\phi$ 是保凸双射, 所以 $\Phi$ 满足 $\phi([\rho, \sigma]) \subseteq [\phi(\rho), \phi(\sigma)]$. 故由 [166] 的定理 2 可知对任意 $\rho \in \mathcal{S}(H)$ 有

$$\phi(\rho) = \frac{\psi(\rho) + B}{f(\rho) + c},$$

其中, $B \in \mathcal{B}_s(H)$, $\psi : \mathcal{B}_s(H) \to \mathcal{B}_s(H)$ 是一个实线性映射, $f : \mathcal{B}_s(H) \to \mathbb{R}$ 是一个线性泛函且 $c$ 是实常数. 所以, 对于任意 $\rho, \sigma \in \mathcal{S}(H)$, 一方面, 对于 $t \in [0,1]$, 存在 $s \in [0,1]$ 使得

$$\phi(t\rho + (1-t)\sigma) = s\phi(\rho) + (1-s)\phi(\sigma) = s\frac{\psi(\rho) + B}{f(\rho) + c} + (1-s)\frac{\psi(\sigma) + B}{f(\sigma) + c}.$$

另一方面, 由 $\psi$ 与 $f$ 的线性性可知,

$$\begin{aligned}\phi(t\rho + (1-t)\sigma) &= \frac{\psi(t\rho + (1-t)\sigma) + B}{f(t\rho + (1-t)\sigma) + c} \\ &= t\frac{\psi(\rho) + B}{f(t\rho + (1-t)\sigma) + c} + (1-t)\frac{\psi(\sigma) + B}{f(t\rho + (1-t)\sigma) + c}.\end{aligned}$$

所以, 令 $\lambda_{t,\rho,\sigma} = f(t\rho + (1-t)\sigma) + c$, 有

$$\left(\frac{s}{f(\rho) + c} - \frac{t}{\lambda_{t,\rho,\sigma}}\right)(\psi(\rho) + B) + \left(\frac{1-s}{f(\sigma) + c} - \frac{1-t}{\lambda_{t,\rho,\sigma}}\right)(\psi(\sigma) + B) = 0.$$

此时由 $\rho\neq\sigma$ 可知 $\rho,\sigma$ 线性无关. 由前面的讨论知 $\phi(\rho)$ 与 $\phi(\sigma)$ 线性无关. 这蕴涵 $\psi(\rho)+B$ 与 $\psi(\sigma)+B$ 是线性无关的. 故有

$$\frac{t}{f(t\rho+(1-t)\sigma)+c}=\frac{s}{f(\rho)+c},\quad \frac{1-t}{f(t\rho+(1-t)\sigma)}=\frac{1-s}{f(\sigma)+c}.$$

这蕴涵 $t\to 0\Rightarrow s\to 0$ 且 $t\to 1\Rightarrow s\to 1$. 再利用 $\phi$ 的满射性可知 $\phi([\rho,\sigma])=[\phi(\rho),\phi(\sigma)]$. 因此条件 (a) 与 (b) 等价.

事实上, 我们还可以观察到, 无论在有限维或无限维情形, $\phi$ 双边保纯态. 注意到 $\mathcal{S}(H)$ 是一个凸集且其端点集为全体纯态. 下证 $\phi$ 双边保纯态, 即, $\phi(\mathcal{E})=\mathcal{E}$. 先证 $\phi(\mathcal{E})\supseteq\mathcal{E}$, 等价于对任意 $P\in\mathcal{E}$, $\phi^{-1}(P)\in\mathcal{E}$. 用反证法, 若上述结论不成立, 则存在两个纯态 $Q,R$ 使得 $\phi^{-1}(P)=tQ+(1-t)R$. 由 $\phi([\rho,\sigma])\subseteq[\phi(\rho),\phi(\sigma)]$ 可知 $P=\phi\phi^{-1}(P)=t\phi(Q)+(1-t)\phi(R)$. 由 $Q\neq R$ 可知 $\phi(Q)\neq\phi(R)$. 所以 $P$ 不是端点. 矛盾. 类似地, 由 $\phi([\rho,\sigma])\supseteq[\phi(\rho),\phi(\sigma)]$ 可知 $\phi(\mathcal{E})\subseteq\mathcal{E}$. 所以 $\phi(\mathcal{E})=\mathcal{E}$.

接下来我们证明定理在有限维情形成立. 由于已经验证 (a) 与 (b) 等价, 所以只需要验证 (c) $\Leftrightarrow$ (b). 首先证明 (c) $\Rightarrow$ (b). 这里我们仅验证 (c) 中的第一种形式, 第二种形式可类似验证. 现设 $\phi$ 具有形式 $\rho\mapsto\dfrac{M\rho M^*}{\mathrm{tr}(\rho M^*M)}$. 对任意 $t\in[0,1]$ 且 $\rho,\sigma\in\mathcal{S}(H)$, 取 $s=\dfrac{t\mathrm{tr}(\rho M^*M)}{\mathrm{tr}(t\rho M^*M+(1-t)\sigma M^*M)}$, 则有

$$\begin{aligned}\phi(t\rho+(1-t)\sigma)=&\frac{tM\rho M^*+(1-t)M\sigma M^*}{\mathrm{tr}(t\rho M^*M+(1-t)\sigma M^*M)}\\ =&t\frac{M\rho M^*}{\mathrm{tr}(t\rho M^*M+(1-t)\sigma M^*M)}\\ &+(1-t)\frac{M\sigma M^*}{\mathrm{tr}(t\rho M^*M+(1-t)\sigma M^*M)}\\ =&\frac{t\mathrm{tr}(\rho M^*M)}{\mathrm{tr}(t\rho M^*M+(1-t)\sigma M^*M)}\frac{M\rho M^*}{\mathrm{tr}(\rho M^*M)}\\ &+\frac{(1-t)\mathrm{tr}(\sigma M^*M)}{\mathrm{tr}(t\rho M^*M+(1-t)\sigma M^*M)}\frac{M\sigma M^*}{\mathrm{tr}(\sigma M^*M)}\\ =&s\phi(\rho)+(1-s)\phi(\sigma).\end{aligned}$$

下证 (b) $\Rightarrow$ (c), 我们分下列断言 1— 断言 5 完成证明.

**断言 1** $\phi\left(\dfrac{I}{n}\right)$ 是可逆的.

令 $\phi\left(\dfrac{I}{n}\right)=T$, 则 $T\in\mathcal{S}(H)$ 且是半正定的. 为证明 $T$ 可逆, 我们验证 $\phi$ 保持可逆态. 由 [166] 的定理 2 可知, 对任意 $\rho\in\mathcal{S}(H)$,

$$\phi(\rho)=\frac{\psi(\rho)+B}{f(\rho)+c}.$$

因为 $\dim H=n<\infty$, 所以 $\psi$ 是有界的. 进而 $\psi$ 是有界的且连续. 因此 $\phi,\phi^{-1}$ 都是连续的. 这蕴涵 $\phi$ 把开集映为开集. 用 $G(\mathcal{S}(H))$ 表示全体可逆态组成的开集. 事实上 $G(\mathcal{S}(H))$ 即 $\mathcal{S}(H)$ 中所有内点组成的集合. 下面验证此结论, 若量子态 $\rho$ 不可逆, 可记 $\rho=\sum_{i=1}^k t_iP_i$, 其中, $P_i$ 是其每个特征向量上的秩一投影. 对任意 $\varepsilon>0$, 令

$$\rho_\varepsilon=\sum_{i=1}^k\left(t_i-\frac{\varepsilon}{2k}\right)P_i+\sum_{j=k+1}^n\left(\frac{\varepsilon}{2(n-k)}\right)P_j,$$

其中 $\{P_j\}$ 是两两正交的, 所以 $\rho_\varepsilon$ 是可逆的, 且

$$\|\rho-\rho_\varepsilon\|_{\mathrm{tr}}\leqslant\sum_{i=1}^k\frac{\varepsilon}{2k}+\sum_{j=k+1}^n\frac{\varepsilon}{2(n-k)}=\varepsilon.$$

由此可知对于任意量子态 $\rho$, 假如 $\rho$ 不可逆, 则存在可逆态 $\sigma$ 使得 $\rho\in\mathrm{U}(\sigma,\varepsilon)$. 所以 $G(\mathcal{S}(H))$ 的迹范数闭包等于 $\mathcal{S}(H)$. 因此 $G(\mathcal{S}(H))$ 是 $\mathcal{S}(H)$ 中内点组成的集合. 现在由于 $\phi$ 保持开集, 所以 $\phi(G(\mathcal{S}(H)))\subseteq G(\mathcal{S}(H))$. 这蕴涵 $\phi$ 保持可逆态. 因此 $\phi\left(\dfrac{I}{n}\right)=T$ 是可逆的.

现在我们令 $T=RR^*$, 其中 $R$ 是可逆矩阵. 记 $S=R^{-1}$, 则定义 $\tilde{\phi}$ 为下列变换

$$\rho\mapsto\frac{S\phi(\rho)S^*}{\mathrm{tr}(\phi(\rho)S^*S)},$$

该变换是可逆的, 且双边保 $\mathcal{S}(H)$ 中的线段, 即, $\tilde{\phi}([\rho,\sigma])=[\tilde{\phi}(\rho),\tilde{\phi}(\sigma)]$, 且满足 $\tilde{\phi}\left(\dfrac{I}{n}\right)=\dfrac{I}{n}$.

**断言 2** $\tilde{\phi}$ 保持秩一投影的正交性.

若 $P_1,\cdots,P_n$ 是 $n$ 个相互正交的秩一投影, 则 $P_1+\cdots+P_n=I$. 所以存在满足 $\sum_{i=1}^n t_i=1$ 的数 $t_i\in[0,1](i=1,\cdots,n)$ 使得

$$\frac{I}{n}=\tilde{\phi}\left(\frac{I}{n}\right)=\tilde{\phi}\left(\frac{P_1+\cdots+P_n}{n}\right)=t_1\tilde{\phi}(P_1)+\cdots+t_n\tilde{\phi}(P_n).$$

这蕴涵 $\tilde{\phi}(P_1),\cdots,\tilde{\phi}(P_n)$ 是线性无关的 (否则, $t_1\tilde{\phi}(P_1)+\cdots+t_n\tilde{\phi}(P_n)$ 的秩小于 $n$, 这与 $\dfrac{I}{n}=t_1\tilde{\phi}(P_1)+\cdots+t_n\tilde{\phi}(P_n)$ 矛盾 ). 不失一般性, 假设 $t_1=\max_i\{t_i\}$, 则 $t_1\geqslant\dfrac{1}{n}$. 设 $\tilde{\phi}(P_j)=x_j\otimes x_j$ 对任意 $j$ 成立且取标准正交基 $\{x_1,e_2,\cdots,e_n\}$, 我们有

对于 $i \geqslant 2$

$$\tilde{\phi}(P_1) = \begin{pmatrix} t_1 & 0 & \cdots & 0 \\ 0 & 0 & \cdots & 0 \\ \vdots & \vdots & & \vdots \\ 0 & 0 & \cdots & 0 \end{pmatrix},$$

$$\tilde{\phi}(P_i) = \begin{pmatrix} p_{11}^{(i)} & p_{12}^{(i)} & \cdots & p_{1n}^{(i)} \\ p_{21}^{(i)} & p_{22}^{(i)} & \cdots & p_{2n}^{(i)} \\ \vdots & \vdots & & \vdots \\ p_{n1}^{(i)} & p_{n2}^{(i)} & \cdots & p_{nn}^{(i)} \end{pmatrix}.$$

所以 $\dfrac{1}{n} = t_1 + \sum_{i=2}^n t_i p_{11}^{(i)} \geqslant \dfrac{1}{n}$. 这蕴涵 $t_1 = \dfrac{1}{n}$ 且 $\sum_{i=2}^n t_i p_{11}^{(i)} = 0$, 即, $p_{11}^{(i)} = 0(i \geqslant 2)$. 由于每个 $\tilde{\phi}(P_i)$ 是半正定的, 所以 $p_{1i}^{(i)} = 0(i \geqslant 2)$. 通过重复上述讨论可知 $p_{kl}^{(i)} = 0(k \neq l)$, $p_{jj}^{(i)} = \dfrac{1}{n}(j = i)$, $p_{jj}^{(i)} = 0(j \neq i)$. 所以 $\tilde{\phi}$ 保持秩一投影的正交性.

现在利用 [166] 中的定理 2, 可知对任意量子态 $\rho \in \mathcal{S}(H)$

$$\tilde{\phi}(\rho) = \frac{\psi(\rho) + B}{f(\rho) + c},$$

其中, 用 $\mathbf{H}_n(\mathbb{C})$ 表示全体复对称矩阵空间, $\varphi : \mathbf{H}_n(\mathbb{C}) \to \mathbf{H}_n(\mathbb{C})$ 是实线性的, $B \in \mathbf{H}_n(\mathbb{C})$, $f : \mathbf{H}_n(\mathbb{C}) \to \mathbb{R}$ 是线性泛函且 $c$ 是实数.

由于证明思路不同, 接下来我们将分 $\dim H > 2$ 与 $\dim H = 2$ 两种情形来证明.

**断言 3** 若 $\dim H > 2$, 对于任意 $\rho \in \mathcal{S}(H)$, 存在实数 $a$ 使得 $f(\rho) = a$, 即 $f$ 是一个常函数.

对任意标准正交基 $\{e_i\}_{i=1}^n$ 且 $P_i = e_i \otimes e_i$, 我们首先验证 $f(e_i \otimes e_i)$ 是常数. 由于 $\tilde{\phi}$ 双边保秩一投影, 因此存在秩一投影 $Q_i = x_i \otimes x_i$ 使得 $\tilde{\phi}(P_i) = Q_i$ 且

$$Q_i = \tilde{\phi}(P_i) = \frac{\psi(e_i \otimes e_i) + B}{f(e_i \otimes e_i) + c}.$$

所以

$$\psi(e_i \otimes e_i) + B = (f(e_i \otimes e_i) + c)(x_i \otimes x_i).$$

注意到 $\tilde{\phi}\left(\dfrac{I}{n}\right) = \dfrac{I}{n}$ 且 $\dfrac{I}{n} = \dfrac{1}{n}\sum_{i=1}^n e_i \otimes e_i$. 一方面, 由于

$$\frac{I}{n} = \tilde{\phi}\left(\frac{I}{n}\right) = \tilde{\phi}\left(\frac{1}{n}\sum_{i=1}^n e_i \otimes e_i\right) = \frac{\psi\left(\displaystyle\sum_{i=1}^n \frac{1}{n} e_i \otimes e_i\right) + B}{f\left(\displaystyle\sum_{i=1}^n \frac{1}{n} e_i \otimes e_i\right) + c} = \frac{\displaystyle\sum_{i=1}^n \frac{1}{n}\psi(e_i \otimes e_i) + n\frac{1}{n}B}{\displaystyle\sum_{i=1}^n \frac{1}{n} f(e_i \otimes e_i) + n\frac{1}{n}c},$$

所以

$$\frac{I}{n}=\frac{\frac{1}{n}\left(\sum_{i=1}^{n}\psi(e_i\otimes e_i)+B\right)}{\frac{1}{n}\left(\sum_{i=1}^{n}f(e_i\otimes e_i)+c\right)}=\frac{\sum_{i=1}^{n}(\psi(e_i\otimes e_i)+B)}{\sum_{i=1}^{n}(f(e_i\otimes e_i)+c)}.$$

另一方面, 由 $\tilde{\phi}([\rho,\sigma])=[\tilde{\phi}(\rho),\tilde{\phi}(\sigma)]$ 可知,

$$\frac{I}{n}=\tilde{\phi}\left(\frac{I}{n}\right)=\tilde{\phi}\left(\frac{1}{n}\sum_{i=1}^{n}e_i\otimes e_i\right)=\frac{1}{n}\sum_{i=1}^{n}\psi(e_i\otimes e_i)=\frac{1}{n}\sum_{i=1}^{n}\frac{\psi(e_i\otimes e_i)+B}{f(e_i\otimes e_i)+c}.$$

故有

$$I=\sum_{i=1}^{n}\frac{\psi(e_i\otimes e_i)+B}{f(e_i\otimes e_i)+c}.$$

令 $A_i=\tilde{\phi}(e_i\otimes e_i)+B$ 且 $a_i=f(e_i\otimes e_i)+c$, 有

$$I=n\left(\frac{A_1+A_2+\cdots+A_n}{a_1+a_2+\cdots+a_n}\right)=\frac{A_1}{a_1}+\frac{A_2}{a_2}+\cdots+\frac{A_n}{a_n}.$$

现由 $\tilde{\phi}$ 的性质可知 $A_i=a_iQ_i$ 对 $Q_i=\tilde{\phi}(e_i\otimes e_i)=x_i\otimes x_i$ 成立. 这蕴涵

$$\begin{aligned}I&=n\left(\frac{a_1Q_1+a_2Q_2+\cdots+a_nQ_n}{a_1+a_2+\cdots+a_n}\right)\\&=\frac{a_1Q_1}{a_1}+\frac{a_2Q_2}{a_2}+\cdots+\frac{a_nQ_n}{a_n}.\end{aligned}$$

进一步有

$$n\left(\frac{a_1Q_1+a_2Q_2+\cdots+a_nQ_n}{a_1+a_2+\cdots+a_n}\right)=Q_1+Q_2+\cdots+Q_n.$$

由断言 2 可知 $\{Q_i\}_{i=1}^n$ 是 $n$ 个正交的秩一投影. 所以

$$\frac{a_1+a_2+\cdots+a_n}{n}=a_1=a_2=\cdots=a_n.$$

这蕴涵 $a_i$ 也即 $f(e_i\otimes e_i)$ 总是常数.

现在对于任意量子态 $\rho$, 存在标准正交基 $\{e_i\}_{i=1}^k$ 使得 $\rho=\sum_{i=1}^k\lambda_ie_i\otimes e_i$. 利用 $f$ 的线性性, 有

$$f(\rho)=f\left(\sum_{i=1}^{k}\lambda_ie_i\otimes e_i\right)=\left(\sum_{i=1}^{k}\lambda_i\right)f(e_i\otimes e_i)=\operatorname{tr}(\rho)\alpha=\alpha.$$

因此断言得证.

**断言 4**　若 $\dim H>2$, (c) 成立.

现在由断言 3 可知

$$\tilde{\phi}(\rho) = \frac{\psi(\rho) + B}{\alpha + c},$$

由 $\psi$ 的线性性可知, $\tilde{\phi}$ 是仿射, 即, 对于任意 $\rho, \sigma$ 且 $0 \leqslant \lambda \leqslant 1$, $\tilde{\phi}(\lambda\rho + (1-\lambda)\sigma) = \lambda\tilde{\phi}(\rho) + (1-\lambda)\tilde{\phi}(\sigma)$. 利用 Kadison 对量子态上的凸同构的刻画结果可知 ([14]), $\tilde{\phi}$ 具有下列两种形式之一

$$\rho \mapsto U^*\rho U, \qquad \rho \mapsto U^*\rho^{\mathrm{T}}U.$$

回顾 $\tilde{\phi}$ 具有形式 $\rho \mapsto S\phi(\rho)S^*/\mathrm{tr}(\phi(\rho)S^*S)$, 所以若 $\tilde{\phi}$ 具有第一种形式, 则

$$\begin{aligned}\phi(\rho) &= \mathrm{tr}(\phi(\rho)S^*S)S^{-1}\tilde{\phi}(\rho)(S^*)^{-1}\\ &= \mathrm{tr}(\phi(\rho)S^*S)S^{-1}U^*\rho U(S^*)^{-1}.\end{aligned}$$

因此 $1 = \mathrm{tr}(\phi(\rho)) = \mathrm{tr}(\phi(\rho)S^*S)\mathrm{tr}(S^{-1}U^*\rho U(S^*)^{-1})$. 这蕴涵

$$\mathrm{tr}(\phi(\rho)S^*S) = \frac{1}{\mathrm{tr}(S^{-1}U^*\rho U(S^*)^{-1})}.$$

令 $M = S^{-1}U^*$, 则 $\phi$ 有定理中 (c) 的第一种形式. 第二种情形可类似处理.

**断言 5** 若 $\dim H = 2$, (c) 成立.

当 $\dim H = 2$. 用 $\mathcal{S}_2 = \mathcal{S}(H)$ 代表迹为 1 的 $2\times 2$ 半正定矩阵全体组成的集合. 仍有前面定义的映射 $\tilde{\phi}: \mathcal{S}_2 \to \mathcal{S}_2$ 是双射且双边保线段, 并有 $\tilde{\phi}\left(\frac{1}{2}I_2\right) = \frac{1}{2}I_2$. 注意到集合 $\mathcal{S}_2$ 可以通过下列映射 $\pi$ 等价表示为三维实空间单位球 $(\mathbb{R}^3)_1 = \{(x,y,z)^{\mathrm{T}} \in \mathbb{R}^3 : x^2+y^2+z^2 \leqslant 1\}$. $\pi: (\mathbb{R}^3)_1 \to \mathcal{S}_2$ 定义为

$$(x,y,z)^{\mathrm{T}} \mapsto \frac{1}{2}I_2 + \frac{1}{2}\begin{pmatrix} z & x-iy \\ x+iy & -z \end{pmatrix}.$$

这里 $\pi$ 是一个仿射. 注意到 $v = (x,y,z)^{\mathrm{T}}$ 满足 $x^2+y^2+z^2=1$ 当且仅当 $\pi(v)$ 是纯态, 且 $0 = (0,0,0)^{\mathrm{T}}$ 当且仅当 $\pi(0) = \frac{1}{2}I$. 进一步, $\tilde{\phi}: \mathcal{S}_2 \to \mathcal{S}_2$ 可诱导一个映射 $\hat{\phi}: (\mathbb{R}^3)_1 \to (\mathbb{R}^3)_1$, 定义为

$$\tilde{\phi}(\rho) = \frac{1}{2}I + \pi(\hat{\phi}(\pi^{-1}(\rho))).$$

由于 $\tilde{\phi}$ 是保线段双射且 $\pi$ 是仿射, 所以 $\hat{\phi}$ 是一个双边保线段的双射, 即, $\hat{\phi}([u,v]) = [\hat{\phi}(u), \hat{\phi}(v)]$ 对所有 $u, v \in \mathbb{R}^3$ 成立. 因此 $\hat{\phi}$ 把单位球面 $\mathbb{R}^3_1$ 一一映射为其本身. 进而由 $\tilde{\phi}\left(\frac{1}{2}I\right) = \frac{1}{2}I$ 可知 $\hat{\phi}((0,0,0)^{\mathrm{T}}) = (0,0,0)^{\mathrm{T}}$.

对映射 $\hat{\phi}$ 利用 [166] 的结论可知存在线性变换 $L:\mathbb{R}^3\to\mathbb{R}^3$, 线性泛函 $f:\mathbb{R}^3\to\mathbb{R}$, 向量 $u_0\in\mathbb{R}^3$ 以及实数 $r\in\mathbb{R}$ 使得 $f((x,y,z)^{\mathrm{T}})+r>0$ 且

$$\hat{\phi}((x,y,z)^{\mathrm{T}})=\frac{L((x,y,z)^{\mathrm{T}})+u_0}{f((x,y,z)^{\mathrm{T}})+r}$$

对任意 $(x,y,z)^{\mathrm{T}}\in(\mathbb{R}^3)_1$ 成立. 因为 $\hat{\phi}((0,0,0)^{\mathrm{T}})=(0,0,0)^{\mathrm{T}}$, 所以 $u_0=0$ 且 $r>0$. 进一步, 由 $f$ 的线性性可知存在实数 $r_1,r_2,r_3$ 使得 $f((x,y,z)^{\mathrm{T}})=r_1x+r_2y+r_3z$. 下面我们通过证明 $r_1=r_2=r_3=0$ 来显示 $f=0$. 用反证法, 若不全为零, 则存在向量 $(x_0,y_0,z_0)^{\mathrm{T}}$ 满足 $x_0^2+y_0^2+z_0^2=1$ 且 $f((x_0,y_0,z_0)^{\mathrm{T}})=r_1x_0+r_2y_0+r_3z_0\neq0$. 这蕴涵

$$1=\|\hat{\phi}((x_0,y_0,z_0)^{\mathrm{T}})\|=\left\|\frac{L((x_0,y_0,z_0)^{\mathrm{T}})}{r_1x_0+r_2y_0+r_3z_0+r}\right\|,$$

进而有

$$\|L((x_0,y_0,z_0)^{\mathrm{T}})\|=r_1x_0+r_2y_0+r_3z_0+r.$$

类似可证

$$\|L((-x_0,-y_0,-z_0)^{\mathrm{T}})\|=-r_1x_0-r_2y_0-r_3z_0+r.$$

由 $L$ 的线性性可知 $r_1x_0+r_2y_0+r_3z_0+r=-r_1x_0-r_2y_0-r_3z_0+r$. 所以 $r_1x_0+r_2y_0+r_3z_0=0$, 矛盾. 故 $f=0$. 因此有 $\hat{\phi}=\dfrac{L}{r}$, 这是一个线性映射. 进而由定义可知 $\tilde{\phi}$ 是仿射. 类似于断言 4 的证明, 可验证 $\tilde{\phi}$ 是由酉矩阵表示的标准形式. 所以 $\phi$ 具有 (c) 的形式.

到目前为止, 我们证明了定理在有限维情形是成立的. 接下来我们处理无限维情形.

下面我们通过断言 6—断言 13 来完成无限维情形的证明. 由前面的讨论以及类似于有限维情形的证明可知, 我们仅需要验证 (b) $\Rightarrow$ (c). 我们分以下几个断言来完成证明.

**断言 6** $\phi$ 双边保纯态.

类似于有限维情形的证明, 有 $\phi([\rho,\sigma])=[\phi(\rho),\phi(\sigma)]$ 对所有 $\rho,\sigma\in\mathcal{S}(H)$ 成立且 $\phi$ 双边保纯态.

**断言 7** 对任意 $x_i\otimes x_i\in\mathrm{Pur}(H)$, 其中 $\{x_1,x_2,\cdots,x_n\}$ 线性无关, 令

$$F(x_1,\cdots,x_n)=C(x_1,\cdots,x_n)\cup F_0(x_1,\cdots,x_n),$$

其中 $C(x_1,\cdots,x_n)=\mathrm{conv}\{x_i\otimes x_i:i=1,2,\cdots,n\}$ 是纯态集合 $\{x_i\otimes x_i\}_{i=1}^n$ 的凸包,

$$\begin{aligned}F_0(x_1,\cdots,x_n)=\{&Z\in\mathcal{S}(H)\setminus C(x_1,\cdots,x_n):\exists\\&W\in\mathcal{S}(H)\setminus C(x_1,\cdots,x_n),\ [Z,W]\cap C(x_1,\cdots,x_n)\neq\varnothing\}.\end{aligned}$$

设 $H_0 = \mathrm{span}\{x_1, \cdots, x_n\}$. 则有

$$F(x_1, \cdots, x_n) = \mathcal{S}(H_0) \oplus \{0\}. \tag{5.1.1}$$

显然, $C(x_1, \cdots, x_n) \subset \mathcal{S}(H_0) \oplus \{0\}$. 若 $Z \in F_0(x_1, \cdots, x_n)$, 则存在 $W \in \mathcal{S}(H) \setminus C(x_1, \cdots, x_n)$, 其中 $t_i > 0$, $\sum_{i=1}^n t_i = 1$, $t \in (0,1)$ 且

$$\sum_{i=1}^n t_i x_i \otimes x_i = tZ + (1-t)W.$$

令 $P_0 \in \mathcal{B}(H)$ 是从 $H$ 到 $H_0$ 的投影. 由于 $\sum_{i=1}^n t_i x_i \otimes x_i - tZ = (1-t)W \geqslant 0$ 且 $(I-P_0)\sum_{i=1}^n t_i x_i \otimes x_i = \sum_{i=1}^n t_i x_i \otimes x_i (I - P_0) = 0$, 有 $(I-P_0)Z = Z(I-P_0) = 0$. 这蕴涵 $P_0 Z P_0 = Z$ 且 $Z \in \mathcal{S}(H_0) \oplus \{0\}$.

反过来, 设 $Z \in \mathcal{S}(H_0) \oplus \{0\}$. 因为 $C(x_1, \cdots, x_n) \subset \mathcal{S}(H_0) \oplus \{0\}$, 我们可设 $Z$ 并非 $\{x_i \otimes x_i\}_{i=1}^n$ 的凸组合. 因为 $\{x_i\}_{i=1}^n$ 是线性无关集, 所以存在 $S \in \mathcal{B}(H_0)$ 使得 $\{e_i = Sx_i\}_{i=1}^n$ 成为 $H_0$ 标准正交集. 现在考虑

$$S\left(\sum_{i=1}^n a_i x_i \otimes x_i - Z\right)S^* = \sum_{i=1}^n a_i Sx_i \otimes Sx_i - SZS^* = \sum_{i=1}^n a_i e_i \otimes e_i - SZS^*.$$

当取足够大的 $a_i > 0$ 时 $\sum_{i=1}^n a_i e_i \otimes e_i - SZS^* \geqslant 0$. 因此 $W = \sum_{i=1}^n a_i x_i \otimes x_i - Z \geqslant 0$. 这蕴涵

$$\frac{\sum_{i=1}^n a_i x_i \otimes x_i}{\sum_{i=1}^n a_i} = \frac{1}{\sum_{i=1}^n a_i} Z + \frac{\mathrm{tr}(W)}{\sum_{i=1}^n a_i}\left(\frac{W}{\mathrm{tr}(W)}\right),$$

即, $Z \in F_0(x_1, \cdots, x_n) \subset F(x_1, \cdots, x_n)$. 所以式 (5.1.1) 成立.

**断言 8** 对任意有限维子空间 $H_0 \subset H$, 存在满足 $\dim H_1 = \dim H_0$ 的子空间 $H_1$ 使得

$$\phi(\mathcal{S}(H_0) \oplus \{0\}) = \mathcal{S}(H_1) \oplus \{0\}.$$

设 $\dim H_0 = n$. 选择一个 $H_0$ 的标准正交基 $\{x_i\}_{i=1}^n$. 则由断言 6 可知存在单位向量 $u_i \in H$ 使得 $\phi(x_i \otimes x_i) = u_i \otimes u_i$. 显然有 $\{u_i\}_{i=1}^n$ 是线性无关集. 令 $H_1 = \mathrm{span}\{u_i\}_{i=1}^n$. 则 $\dim H_1 = n$, 且由断言 7 可知 $F(x_1, \cdots, x_n) = \mathcal{S}(H_0) \oplus \{0\}$, $F(u_1, \cdots, u_n) = \mathcal{S}(H_1) \oplus \{0\}$. 由于双射 $\phi$ 双边保线段与纯态, 所以 $\phi(F(x_1, \cdots, x_n)) = F(u_1, \cdots, u_n)$, 断言 8 成立.

**断言 9** 对于任意有限维子空间 $\Lambda \subset H$, 存在满足 $\dim H_\Lambda = \dim \Lambda$ 的子空间 $H_\Lambda \subset H$ 与一个线性或共轭线性可逆算子 $M_\Lambda : \Lambda \to H_\Lambda$ 使得

$$\phi(P_\Lambda \rho P_\Lambda) = \frac{Q_\Lambda M_\Lambda \rho M_\Lambda^* Q_\Lambda}{\mathrm{tr}(M_\Lambda \rho M_\Lambda^*)}$$

对所有 $\rho \in \mathcal{S}(\Lambda)$ 成立, 其中 $P_\Lambda$ 与 $Q_\Lambda$ 分别是到 $\Lambda$ 和 $H_\Lambda$ 的投影. 此外, 当 $\Lambda_1 \subseteq \Lambda_2$, $M_\Lambda$ 满足 $M_{\Lambda_1} = M_{\Lambda_2}|_{\Lambda_1}$.

令 $H_0 \leqslant H$ 且 $\{e_1, e_2, \cdots, e_n\}$ 是 $H_0$ 的一个标准正交基. 由断言 6 可知存在单位向量 $\{u_1, u_2, \cdots, u_n\}$ 使得 $\phi(e_i \otimes e_i) = u_i \otimes u_i$. 记 $H_1 = \operatorname{span}\{u_1, u_2, \cdots, u_n\}$. 再利用断言 6 知 $\dim H_1 = n = \dim H_0$. 现由断言 8 可知, 对任意 $\rho \in \mathcal{S}(H)$, 由 $P_0\rho P_0 = \rho$ 得 $P_1\phi(\rho)P_1 = \phi(\rho)$. 因此, 通过 $\phi_0(\rho) = \phi(P_0\rho P_0)|_{H_1}$, $\phi$ 诱导双射 $\phi_0 : \mathcal{S}(H_0) \to \mathcal{S}(H_1)$. 利用有限维情形的结论, 可知存在线性或共轭线性可逆算子 $M : H_0 \to H_1$ 使得 $\phi_0$ 具有下列形式之一:

$$\rho \mapsto \frac{M\rho M^*}{\operatorname{tr}(M^*M\rho)}, \quad \rho \mapsto \frac{M\rho^{\mathrm{T}}M^*}{\operatorname{tr}(M^*M\rho^{\mathrm{T}})},$$

其中 $\rho^{\mathrm{T}}$ 是 $\rho$ 关于基 $\{e_1, e_2, \cdots, e_n\}$ 的转置运算. 对于上述第二种情形, 令 $J : H_0 \to H_0$ 是定义为 $J(\sum_{i=1}^n \xi_i e_i) = \sum_{i=1}^n \bar{\xi}_i e_i$ 的共轭线性算子, 且 $M' = MJ$. 则 $M' : H_0 \to H_1$ 是可逆共轭线性算子且 $\phi_0(\rho) = \dfrac{M'\rho M'^*}{\operatorname{tr}(M'^*M'\rho)}$ 对所有 $\rho \in \mathcal{S}(H_0)$ 成立. 所以断言 9 第一部分成立.

令 $\Lambda_i$ 是 $H$ 的有限维子空间, $i = 1, 2$, 且 $M_i$ 是由上面证明中得到的算子. 若 $\Lambda_1 \subseteq \Lambda_2$, 则, 对于任意单位向量 $x \in \Lambda_1$,

$$\frac{M_1x \otimes M_1x}{\|M_1x\|^2} = \phi(x \otimes x) = \frac{M_2x \otimes M_2x}{\|M_2x\|^2}.$$

这蕴涵 $M_1x$ 与 $M_2x$ 是线性相关的. 由引理 5.1.2 可知 $M_2|_{\Lambda_1} = \lambda M_1$ 对某个数 $\lambda$ 成立. 因为 $\dfrac{(\lambda M)\rho(\lambda M)^*}{\operatorname{tr}((\lambda M)^*(\lambda M)\rho)} = \dfrac{M\rho M^*}{\operatorname{tr}(M^*M\rho)}$, 所以可选择满足 $M_2|_{\Lambda_1} = M_1$ 的 $M_2$ 使得断言成立.

**断言 10**　存在线性或共轭线性可逆算子 $T : H \to H$ 使得

$$\phi(x \otimes x) = \frac{Tx \otimes Tx}{\|Tx\|^2}$$

对所有单位向量 $x \in H$ 成立且 $T|_\Lambda = M_\Lambda$ 对所有有限维子空间 $\Lambda$ 成立.

对任意向量 $x \in H$, 存在有限维子空间 $\Lambda$ 使得 $x \in \Lambda$. 令 $Tx = M_\Lambda x$. 则由断言 9 可知 $T : H \to H$ 是线性或共轭线性算子且是双射.

因为 $\phi$ 双边保线段, 由 [166] 知, 存在线性算子 $\Gamma : \mathcal{B}_s(H) \to \mathcal{B}_s(H)$, 线性泛函 $g : \mathcal{B}_s(H) \to \mathbb{R}$, $b \in \mathbb{R}$ 且某个算子 $B \in \mathcal{B}_s(B)$ 使得

$$\phi(\rho) = \frac{\Gamma\rho + B}{g(\rho) + b} \tag{5.1.2}$$

对所有 $\rho \in \mathcal{S}(H)$ 成立, 其中 $g(\rho) + b > 0$ 对所有 $\rho \in \mathcal{S}(H)$ 成立.

**断言 11** 式 (5.1.2) 中的 $g, \Gamma$ 是有界的, 进而 $\phi$ 是连续的.

注意到, 对任意 $\rho_1, \rho_2 \in \mathcal{S}(H)$ 且 $t \in (0,1)$, 存在某个 $s(t) \in (0,1)$ 使得

$$\phi(t\rho_1 + (1-t)\rho_2) = s(t)\phi(\rho_1) + (1-s(t))\phi(\rho_2).$$

将上式与式 (5.1.2) 比较可得

$$\frac{t\Gamma\rho_1 + (1-t)\Gamma\rho_2 + B}{tg(\rho_1) + (1-t)g(\rho_2) + b} = s(t)\frac{\Gamma\rho_1 + B}{g(\rho_1) + b} + (1-s(t))\frac{\Gamma\rho_2 + B}{g(\rho_2) + b}. \tag{5.1.3}$$

注意到不同的量子态是线性无关的, 计算式 (5.1.3) 中 $\Gamma\rho_1$ 的系数可得

$$s(t) = \frac{t(g(\rho_1) + b)}{tg(\rho_1) + (1-t)g(\rho_2) + b}. \tag{5.1.4}$$

这蕴涵当 $t \to 1$ 时 $s(t) \to 1$. 若 $\rho = \sum_{i=1}^n t_i\rho_i \in \mathcal{S}(H)(\rho_i \in \mathcal{S}(H))$, 可选择 $p_i$ 使得 $\phi(\rho) = \phi(\sum_{i=1}^n t_i\rho_i) = \sum_{i=1}^n p_i\phi(\rho_i)$, 其中 $\sum_{i=1}^n t_i = \sum_{i=1}^n p_i = 1$. 相似地可验证

$$p_i = \frac{t_i(g(\rho_i) + b)}{\sum\limits_{i=1}^n t_i g(\rho_i) + b}. \tag{5.1.5}$$

设 $\rho, \rho_i \in \mathcal{S}(H)$, $\rho = \sum_{i=1}^\infty t_i\rho_i$, 其中 $t_i > 0$ 且 $\sum_{i=1}^\infty t_i = 1$. 则有

$$\begin{aligned}
\phi(\rho) =& \phi\left(\sum_{i=1}^\infty t_i\rho_i\right) \\
=& \phi\left(\left(\sum_{j=1}^k t_j\right)\sum_{i=1}^k\left(\frac{t_i}{\sum\limits_{j=1}^k t_j}\right)\rho_i + \left(1 - \sum_{j=1}^k t_j\right)\sum_{i=k+1}^\infty\left(\frac{t_i}{1 - \sum\limits_{j=1}^k t_j}\right)\rho_i\right) \\
=& s_k\phi\left(\sum_{i=1}^k\left(\frac{t_i}{\sum\limits_{j=1}^k t_j}\right)\rho_i\right) + (1-s_k)\phi\left(\sum_{i=k+1}^\infty\left(\frac{t_i}{1 - \sum\limits_{j=1}^k t_j}\right)\rho_i\right).
\end{aligned} \tag{5.1.6}$$

所以对于固定的 $k$, 存在一组满足 $\sum_{i=1}^k q_i^{(k)} = 1$ 的正数 $q_i^{(k)}$ 使得

$$s_k\phi\left(\sum_{i=1}^k\left(\frac{t_i}{\sum\limits_{j=1}^k t_j}\right)\rho_i\right) = \sum_{i=1}^k s_k q_i^{(k)}\phi(\rho_i).$$

根据式 (5.1.4) 与式 (5.1.5) 可知 $g$ 是线性泛函. 简单计算可得

$$s_k = \frac{\left(\sum_{j=1}^{k} t_j\right)\left(g\left(\sum_{i=1}^{k}\left(\frac{t_i}{\sum_{j=1}^{k} t_j}\right)\rho_i\right)+b\right)}{\left(\sum_{j=1}^{k} t_j\right)\left(g\left(\sum_{i=1}^{k}\left(\frac{t_i}{\sum_{j=1}^{k} t_j}\right)\rho_i\right)\right)+\left(1-\sum_{j=1}^{k} t_j\right)g\left(\sum_{i=k+1}^{\infty}\left(\frac{t_i}{1-\sum_{j=1}^{k} t_j}\right)\rho_i\right)+b}$$

$$=\frac{\left(\sum_{j=1}^{k} t_j\right)\left(g\left(\sum_{i=1}^{k}\left(\frac{t_i}{\sum_{j=1}^{k} t_j}\right)\rho_i\right)+b\right)}{g(\rho)+b}, \tag{5.1.7}$$

$$q_i^{(k)} = \frac{\left(\frac{t_i}{\sum_{j=1}^{k} t_j}\right)(g(\rho_i)+b)}{\sum_{i=1}^{k}\left(\frac{t_i}{\sum_{j=1}^{k} t_j}\right)g(\rho_i)+b} = \frac{\left(\frac{t_i}{\sum_{j=1}^{k} t_j}\right)(g(\rho_i)+b)}{g\left(\sum_{i=1}^{k}\left(\frac{t_i}{\sum_{j=1}^{k} t_j}\right)\rho_i\right)+b}, \tag{5.1.8}$$

且

$$s_k q_i^{(k)} = \frac{t_i(g(\rho_i)+b)}{g(\rho)+b}. \tag{5.1.9}$$

事实上 $s_k q_i^{(k)}$ 与 $k$ 无关. 因为当 $k \to \infty$ 时 $\sum_{i=1}^{k} t_i \to 1$, 所以当 $k \to \infty$ 时有 $s_k \to 1$. 利用 (5.1.6)—(5.1.9) 可知

$$\sum_{i=1}^{\infty} \frac{t_i(g(\rho_i)+b)}{g(\rho)+b} = 1$$

且

$$\phi\left(\sum_{i=1}^{\infty} t_i\rho_i\right) = \sum_{i=1}^{\infty}\left(\frac{t_i(g(\rho_i)+b)}{g(\rho)+b}\right)\phi(\rho_i). \tag{5.1.10}$$

特别地, 有

$$g\left(\sum_{i=1}^{\infty} t_i\rho_i\right) = \sum_{i=1}^{\infty} t_i g(\rho_i). \tag{5.1.11}$$

下面我们断言 $\sup\{g(\rho) : \rho \in \mathcal{S}(H)\} < \infty$. 用反证法, 反设 $\sup\{g(\rho) : \rho \in \mathcal{S}(H)\} = \infty$. 则对于任意正整数 $i$, 存在量子态 $\rho_i \in \mathcal{S}(H)$ 使得 $g(\rho_i) > 2^i$. 令 $\rho_0 = \sum_{i=1}^{\infty} \frac{1}{2^i}\rho_i$, $\sigma_k = \sum_{i=1}^{k} \frac{1}{2^i}\rho_i$, 则 $\sigma_k \to \rho_0$ 且

$$g(\sigma_k) = \sum_{i=1}^{k} \frac{1}{2^i} g(\rho_i) \geqslant \sum_{i=1}^{k} 1 = k.$$

由 $g(\rho_i) \geqslant 0$ 且式 (5.1.11) 可知 $g(\rho_0) \geqslant g(\sigma_k) \geqslant k$ 对任意 $k$ 成立, 这与 $g(\rho_0) < \infty$ 矛盾. 现我们有 $g(\rho) + b > 0$ 对所有 $\rho$ 成立, 这蕴涵存在正数 $c$ 使得 $\sup\{|g(\rho)| : \rho \in \mathcal{S}(H)\} = c$ 成立. 所以 $g$ 在 $\mathcal{T}(H) \cap \mathcal{B}_s(H)$ 上连续且

$$\|g\| = c < \infty. \tag{5.1.12}$$

因为

$$\|\Gamma\rho\| \leqslant \|\Gamma\rho + B\| + \|B\| \leqslant \|\Gamma\rho + B\|_{\mathrm{Tr}} + \|B\| = g(\rho) + b + \|B\| \leqslant c + |b| + \|B\|$$

对所有 $\rho \in \mathcal{S}(H)$ 成立, 所以 $\Gamma$ 是从 $\mathcal{T}(H) \cap \mathcal{B}_s(H)$ 到 $\mathcal{B}_s(H)$ 按照 $\|\cdot\|_{\mathrm{tr}}$-$\|\cdot\|$ 拓扑连续的映射. 所以, 若 $\rho_n, \rho \in \mathcal{S}(H)$ 且 $\|\cdot\|_{\mathrm{tr}}$-$\lim_{n\to\infty} \rho_n = \rho$, 则有 $\|\cdot\|$-$\lim_{n\to\infty} \phi(\rho_n) = \phi(\rho)$. 进一步, 由参考文献 [211] 可知量子态集合上迹范数拓扑收敛和一致收敛是等价的. 故 $\|\cdot\|_{\mathrm{tr}}$-$\lim_{n\to\infty} \phi(\rho_n) = \phi(\rho)$, 即, $\phi$ 按照迹范数拓扑连续.

**断言 12** 在断言 10 中的算子 $T$ 是有界的.

对任意有限维子空间 $\Lambda \subset H$, 令 $M_\Lambda$ 是断言 9 中描述的可逆算子. 则对任意值域落在 $\Lambda$ 中的量子态 $\rho \in \mathcal{S}(H)$, 我们有 $\frac{\Gamma\rho + B}{g(\rho) + b} = \frac{Q_\Lambda M_\Lambda \rho M_\Lambda^* Q_\Lambda}{\mathrm{tr}(M_\Lambda \rho M_\Lambda^*)}$. 所以

$$\Gamma\rho + B = \lambda_\rho Q_\Lambda M_\Lambda \rho M_\Lambda^* Q_\Lambda,$$

其中 $\lambda_\rho = \frac{g(\rho) + b}{\mathrm{tr}(M_\Lambda \rho M_\Lambda^*)}$. 对任意值域落在 $\Lambda$ 中的量子态 $\sigma \in \mathcal{S}(H)$ 且 $\sigma \neq \rho$, 以及任意 $0 < t < 1$, 通过考虑 $t\rho + (1-t)\sigma$ 可得

$$\lambda_\rho = \lambda_{t\rho + (1-t)\sigma} = \lambda_\sigma.$$

这蕴涵存在数 $d > 0$ 使得 $\lambda_\rho = d$ 对所有值域落在 $\Lambda$ 中的量子态 $\rho$ 成立. 再利用断言 9 可知 $d$ 与 $\Lambda$ 的选取无关. 所以

$$\mathrm{tr}(M_\Lambda \rho M_\Lambda^*) = d^{-1}(g(\rho) + b)$$

对所有有限秩 $\rho \in \mathcal{S}(H)$ 成立. 特别地, 对任意单位向量 $x \in \Lambda$, 由断言 11 可知 $\|g\| < \infty$ 且

$$\|M_\Lambda x\|^2 = d^{-1}(g(x \otimes x) + b) \leqslant d^{-1}(\|g\| + |b|) < \infty.$$

这蕴涵 $\|M_\Lambda\| \leqslant \sqrt{d^{-1}(\|g\| + |b|)}$. 所以对任意单位向量 $x \in H$, 我们有 $\|Tx\| \leqslant \sqrt{d^{-1}(\|g\| + |b|)}$. 故 $\|T\| \leqslant \sqrt{d^{-1}(\|g\| + |b|)}$ 是有界的.

现在我们有, 存在有界线性或共轭线性算子 $T$ 使得 $\phi(x \otimes x) = \dfrac{Tx \otimes Tx}{\|Tx\|^2}$.

**断言 13**　定理在无限维情形成立.

假设 (b) 成立. 令 $\rho$ 为任意有限秩态. 则存在有限维空间 $\Lambda$ 使得 $\rho$ 的值域包含于 $\Lambda$. 由断言 9 可知 $\phi(\rho) = \dfrac{(Q_\Lambda M_\Lambda)\rho(Q_\Lambda M_\Lambda)^*}{\mathrm{tr}((Q_\Lambda M_\Lambda)\rho(Q_\Lambda M_\Lambda)^*)} = \dfrac{T\rho T^*}{\mathrm{tr}(T\rho T^*)}$. 因为 $\phi$ 是连续的, 所以 $\phi(\rho) = \dfrac{T\rho T^*}{\mathrm{tr}(T^*T\rho)}$ 对所有量子态 $\rho$ 成立. 故 (c) 成立. 定理得证. □

## 5.2　应用：可逆量子测量几何特征的刻画

在这一节, 我们介绍 5.1 节中对量子态集合上保凸双射刻画结果的应用, 这一刻画结果揭示了量子态上保凸双射与可逆量子测量映射的密切关系.

我们思考 5.1 节中保凸映射与量子测量映射的联系. 回顾量子测量是满足

$$\sum_m M_m^* M_m = I$$

的测量算子组 $\{M_m\}$. 令 $M_j$ 是测量算子. 若测量前的态是 $\rho \in \mathcal{S}(H)$, 那么测量后的状态是 $\dfrac{M_j\rho M_j^*}{\mathrm{tr}(M_j\rho M_j^*)}$, 其中 $M_j\rho M_j^* \neq 0$. 现在固定测量算子 $M_j$, 可定义一个测量映射 $\phi_{M_j}$ 为 $\phi_{M_j}(\rho) = \dfrac{M_j\rho M_j^*}{\mathrm{tr}(M_j\rho M_j^*)}$, 该映射的定义域是 $\mathcal{S}(H)$ 的子集 $\mathcal{S}_{M_j}(H) = \{\rho : M_j\rho M_j^* \neq 0\}$. 若 $M_j$ 是可逆的, 则 $\phi_{M_j} : \mathcal{S}(H) \to \mathcal{S}(H)$ 是双射且称之为可逆量子测量映射. 一个量子测量映射一定是保线段的, 当然也是保凸的. 反过来, 一个保凸映射是否可以决定一个量子测量映射? 该问题可以利用 5.1 节的主要结果得到回答.

**定理 5.2.1**　对于双射 $\phi : \mathcal{S}(H) \to \mathcal{S}(H)$. $\phi$ 是可逆量子测量映射的充分必要条件是存在量子态集合上的保凸双射 $\psi$ 使得 $\phi = \psi$ 或者 $\phi = \psi \circ T$, 其中 $T$ 代表转置变换.

**注记 5.2.2**　从推论 5.2.1 看到, 可逆量子测量映射总是量子态集合上的一个保凸双射或者其与转置的复合. 去掉映射的双射性 (可逆性) 假设, 对于一般量子测

量映射, 其是否对应与一般保凸映射存在紧密的联系. 这仍然是一个未解决的问题.

## 5.3 量子熵的扰动性质及量子态上的保熵满射

回顾对于一个量子态 $\rho$ 而言, 其量子熵 $S(\rho)$ 定义如下:

$$S(\rho) = -\mathrm{tr}(\rho\log_2\rho),$$

其中 $0\log_2 0 = 0$ 和 $1\log_2 1 = 0$. 量子熵又叫做 von Neumann 熵, 其在量子信息理论中扮演着很重要的角色 (参见文献 [161, 164]). 本节首先获得量子态等价的熵条件, 然后给出量子态上保熵满射的刻画.

**定理 5.3.1** 设 $H$ 是复 Hilbert 空间, $\dim H = n < \infty$ 且 $\mathcal{S}(H)$ 是 $H$ 上的量子态集合. 对于任意量子态 $\rho, \sigma \in \mathcal{S}(H)$, 存在酉算子 $U$ 使得 $\rho = U\sigma U^*$ 成立的充分必要条件是

$$S\left(\lambda\rho + \mu\frac{I}{n}\right) = S\left(\lambda\sigma + \mu\frac{I}{n}\right), \quad \forall\ \lambda, \mu \in [0,1],\ \lambda + \mu = 1. \tag{5.3.1}$$

**证明** 由于量子熵是酉相似不变的, 所以必要性显然, 下证充分性.

设 $\mathrm{rank}\rho = k$, $\mathrm{rank}\sigma = l$ 且 $\rho, \sigma$ 的特征值集是 $\mathrm{Sp}(\rho)$ 与 $\mathrm{Sp}(\sigma)$. 不失一般性, 设 $\mathrm{Sp}(\rho)\backslash\{0\} = \{x_i\}_{i=1}^k$, 其中 $x_1 \geqslant x_2 \geqslant \cdots \geqslant x_k$ 且 $\mathrm{Sp}(\sigma)\backslash\{0\} = \{y_j\}_{j=1}^l$, 其中 $y_1 \geqslant y_2 \geqslant \cdots \geqslant y_l$. 由于 $\mathrm{tr}\rho = \mathrm{tr}(\sigma) = 1$, 所以 $\sum_i x_i = \sum_j y_j = 1$. 不妨设 $k \geqslant l$. 由于 $\left\{\rho, \dfrac{I}{n}\right\}$ 与 $\left\{\sigma, \dfrac{I}{n}\right\}$ 可分别同时对角化. 所以由条件 (5.3.1) 可知

$$S\left(\begin{pmatrix} \lambda x_1 + \frac{\mu}{n} & 0 & \cdots & 0 & 0 & 0 & \cdots & 0 \\ 0 & \lambda x_2 + \frac{\mu}{n} & \cdots & 0 & 0 & 0 & \cdots & 0 \\ \vdots & \vdots & & \vdots & \vdots & \vdots & & \vdots \\ 0 & 0 & \cdots & \lambda x_k + \frac{\mu}{n} & 0 & 0 & \cdots & 0 \\ 0 & 0 & \cdots & 0 & \frac{\mu}{n} & 0 & \cdots & 0 \\ 0 & 0 & \cdots & 0 & 0 & \frac{\mu}{n} & \cdots & 0 \\ \vdots & \vdots & & \vdots & \vdots & \vdots & & \vdots \\ 0 & 0 & \cdots & 0 & 0 & 0 & \cdots & \frac{\mu}{n} \end{pmatrix}\right)$$

$$=S\left(\begin{pmatrix} \lambda y_1+\frac{\mu}{n} & 0 & \cdots & 0 & 0 & 0 & \cdots & 0 \\ 0 & \lambda y_2+\frac{\mu}{n} & \cdots & 0 & 0 & 0 & \cdots & 0 \\ \vdots & \vdots & & \vdots & \vdots & \vdots & & \vdots \\ 0 & 0 & \cdots & \lambda y_l+\frac{\mu}{n} & 0 & 0 & \cdots & 0 \\ 0 & 0 & \cdots & 0 & \frac{\mu}{n} & 0 & \cdots & 0 \\ 0 & 0 & \cdots & 0 & 0 & \frac{\mu}{n} & \cdots & 0 \\ \vdots & \vdots & & \vdots & \vdots & \vdots & & \vdots \\ 0 & 0 & \cdots & 0 & 0 & 0 & \cdots & \frac{\mu}{n} \end{pmatrix}\right).$$

因为 $\mu=1-\lambda$, 所以

$$\begin{aligned} &\sum_{i=1}^{k}\left(\lambda x_i+\frac{1-\lambda}{n}\right)\log_2\left(\lambda x_i+\frac{1-\lambda}{n}\right)+(n-k)\frac{1-\lambda}{n}\log_2\frac{1-\lambda}{n} \\ =&S\left(\lambda\rho+\mu\frac{I}{n}\right) \\ =&S\left(\lambda\sigma+\mu\frac{I}{n}\right) \\ =&\sum_{i=1}^{l}\left(\lambda y_i+\frac{1-\lambda}{n}\right)\log_2\left(\lambda y_i+\frac{1-\lambda}{n}\right)+(n-l)\frac{1-\lambda}{n}\log_2\frac{1-\lambda}{n}. \end{aligned} \tag{5.3.2}$$

注意到在 $\lambda=0$ 处, $\log_2\left(\lambda x_i+\frac{1-\lambda}{n}\right)$ 的泰勒展式是

$$\begin{aligned} \log_2\left(\lambda x_i+\frac{1-\lambda}{n}\right)=&\log_2\frac{1}{n}+\frac{n\left(x_i-\frac{1}{n}\right)}{\ln 2}\lambda-\frac{n^2\left(x_i-\frac{1}{n}\right)^2}{2\ln 2}\lambda^2 \\ &+\frac{n^3\left(x_i-\frac{1}{n}\right)^3}{3\ln 2}\lambda^3+\cdots \\ &+(-1)^p\frac{n^{p-1}\left(x_i-\frac{1}{n}\right)^{p-1}}{(p-1)\ln 2}\lambda^{p-1}+\cdots. \end{aligned} \tag{5.3.3}$$

类似地,

$$\log_2\left(\lambda y_i+\frac{1-\lambda}{n}\right)=\log_2\frac{1}{n}+\frac{n\left(y_i-\frac{1}{n}\right)}{\ln 2}\lambda-\frac{n^2\left(y_i-\frac{1}{n}\right)^2}{2\ln 2}\lambda^2+\frac{n^3\left(y_i-\frac{1}{n}\right)^3}{3\ln 2}\lambda^3+\cdots+(-1)^q\frac{n^{q-1}\left(y_i-\frac{1}{n}\right)^{q-1}}{(q-1)\ln 2}\lambda^{q-1}+\cdots. \tag{5.3.4}$$

把 (5.3.3) 式与 (5.3.4) 式代入 (5.3.2) 式可知

$$\begin{aligned}&\left(\lambda x_i+\frac{1-\lambda}{n}\right)\log_2\left(\lambda x_i+\frac{1-\lambda}{n}\right)\\&=\frac{1}{n}\log_2\frac{1}{n}+\lambda\left(\log_2\frac{1}{n}+\frac{1}{\ln 2}\right)\left(x_i-\frac{1}{n}\right)+\lambda^2\left(\frac{n}{2\ln 2}-\frac{n}{\ln 2}\right)\left(x_i-\frac{1}{n}\right)^2\\&\quad+\lambda^3\left(\frac{n^2}{3\ln 2}-\frac{n^2}{2\ln 2}\right)\left(x_i-\frac{1}{n}\right)^2+\cdots\\&\quad+\lambda^{p-1}\left(\frac{n^{p-1}}{p\ln(p-1)}-\frac{n^{p-1}}{(p-1)\ln(p-1)}\right)\left(x_i-\frac{1}{n}\right)^{p-1}+\cdots,\end{aligned}\tag{5.3.5}$$

且

$$\begin{aligned}&\left(\lambda y_i+\frac{1-\lambda}{n}\right)\log_2\left(\lambda y_i+\frac{1-\lambda}{n}\right)\\&=\frac{1}{n}\log_2\frac{1}{n}+\lambda\left(\log_2\frac{1}{n}+\frac{1}{\ln 2}\right)\left(y_i-\frac{1}{n}\right)+\lambda^2\left(\frac{n}{2\ln 2}-\frac{n}{\ln 2}\right)\left(y_i-\frac{1}{n}\right)^2\\&\quad+\lambda^3\left(\frac{n^2}{3\ln 2}-\frac{n^2}{2\ln 2}\right)\left(y_i-\frac{1}{n}\right)^2+\cdots\\&\quad+\lambda^{q-1}\left(\frac{n^{q-1}}{q\ln(q-1)}-\frac{n^{q-1}}{(q-1)\ln(q-1)}\right)\left(y_i-\frac{1}{n}\right)^{q-1}+\cdots\end{aligned}\tag{5.3.6}$$

把 (5.3.5) 式与 (5.3.6) 式代入 (5.3.2) 式可知存在非零正整数 $\alpha_d(d\in\mathbb{N}^+)$ 使得

$$\begin{aligned}&\lambda\alpha_1\left(\sum_{i=1}^{l}(x_i-y_i)+\sum_{j=l+1}^{k-l}x_j\right)+\lambda^2\alpha_2\left(\sum_{i=1}^{l}(x_i^2-y_i^2)+\sum_{j=l+1}^{k-l}x_j^2\right)+\cdots\\&+\lambda^d\alpha_d\left(\sum_{i=1}^{l}(x_i^d-y_i^d)+\sum_{j=l+1}^{k-l}x_j^d\right)+\cdots\equiv 0,\quad\forall\, d\in\mathbb{N}^+,\quad\lambda\in[0,1].\end{aligned}\tag{5.3.7}$$

由 $\lambda$ 的任意性以及 (5.3.7) 式可知, 对于任意 $d\in\mathbb{N}^+$, 有

$$\sum_{i=1}^{l}(x_i^d-y_i^d)+\sum_{j=l+1}^{k-l}x_j^d=0. \tag{5.3.8}$$

由 (5.3.8) 式可知

$$\begin{pmatrix} x_1 & x_2 & \cdots & x_k & y_1 & y_2 & \cdots & y_l \\ x_1^2 & x_2^2 & \cdots & x_k^2 & y_1^2 & y_2^2 & \cdots & y_l^2 \\ \vdots & \vdots & & \vdots & \vdots & \vdots & & \vdots \\ x_1^{k+l} & x_2^{k+l} & \cdots & x_k^{k+l} & y_1^{k+l} & y_2^{k+l} & \cdots & y_l^{k+l} \end{pmatrix}\begin{pmatrix} 1 \\ 1^2 \\ \vdots \\ 1^k \\ -1 \\ -1^2 \\ \vdots \\ -1^l \end{pmatrix}$$

$$=\begin{pmatrix} \sum_{i=1}^{l}(x_i-y_i)+\sum_{j=l+1}^{k-l}x_j \\ \sum_{i=1}^{l}(x_i^2-y_i^2)+\sum_{j=l+1}^{k-l}x_j^2 \\ \vdots \\ \sum_{i=1}^{l}(x_i^{k+l}-y_i^{k+l})+\sum_{j=l+1}^{k-l}x_j^{k+l} \end{pmatrix}=0. \tag{5.3.9}$$

现设 $x_i$ 的重复度分别是 $t_i(i=1,\cdots,m)$ 且 $y_j$ 的重复度分别是 $v_j(j=1,\cdots,s)$, 即, $x_1=x_2=\cdots=x_{t_1}>x_{t_1+1}=x_{t_1+2}=\cdots=x_{t_1+t_2}>\cdots>x_{\sum_{i=1}^m t_i}=x_k$ 且 $y_1=y_2=\cdots=y_{v_1}>y_{v_1+1}=y_{v_1+2}=\cdots=y_{v_1+v_2}>\cdots>y_{\sum_{j=1}^s v_j}=y_l$. 则由 (5.3.9) 式可知

$$\begin{pmatrix} x_{t_1} & x_{t_2} & \cdots & x_{t_m} & y_{v_1} & y_{v_2} & \cdots & y_{v_s} \\ x_{t_1}^2 & x_{t_2}^2 & \cdots & x_{t_m}^2 & y_{v_1}^2 & y_{v_2}^2 & \cdots & y_{v_s}^2 \\ \vdots & \vdots & & \vdots & \vdots & \vdots & & \vdots \\ x_{t_1}^{m+s} & x_{t_2}^{m+s} & \cdots & x_{t_m}^{m+s} & y_{v_1}^{m+s} & y_{v_2}^{m+s} & \cdots & y_{v_s}^{m+s} \end{pmatrix}\begin{pmatrix} t_1 \\ \vdots \\ t_m \\ -v_1 \\ \vdots \\ -v_s \end{pmatrix}=0. \tag{5.3.10}$$

这蕴涵

$$\begin{vmatrix} x_{t_1} & x_{t_2} & \cdots & x_{t_m} & y_{v_1} & y_{v_2} & \cdots & y_{v_s} \\ x_{t_1}^2 & x_{t_2}^2 & \cdots & x_{t_m}^2 & y_{v_1}^2 & y_{v_2}^2 & \cdots & y_{v_s}^2 \\ \vdots & \vdots & & \vdots & \vdots & \vdots & & \vdots \\ x_{t_1}^{m+s} & x_{t_2}^{m+s} & \cdots & x_{t_m}^{m+s} & y_{v_1}^{m+s} & y_{v_2}^{m+s} & \cdots & y_{v_s}^{m+s} \end{vmatrix} = 0. \tag{5.3.11}$$

所以至少存在一组数 $\{i,j\}$ 使得 $x_{t_i} = y_{v_j}$. 不失一般性, $x_{t_1} = y_{v_1}$. 再利用 (5.3.8) 式可得

$$\begin{pmatrix} x_{t_1} & x_{t_2} & \cdots & x_{t_m} & y_{v_2} & y_{v_3} & \cdots & y_{v_s} \\ x_{t_1}^2 & x_{t_2}^2 & \cdots & x_{t_m}^2 & y_{v_2}^2 & y_{v_3}^2 & \cdots & y_{v_s}^2 \\ \vdots & \vdots & & \vdots & \vdots & \vdots & & \vdots \\ x_{t_1}^{m+s-1} & x_{t_2}^{m+s-1} & \cdots & x_{t_m}^{m+s-1} & y_{v_2}^{m+s-1} & y_{v_3}^{m+s-1} & \cdots & y_{v_s}^{m+s-1} \end{pmatrix}$$

$$\cdot \begin{pmatrix} t_1 - v_1 \\ \vdots \\ t_m \\ -v_2 \\ \vdots \\ -v_s \end{pmatrix} = 0. \tag{5.3.12}$$

这蕴涵

$$\begin{vmatrix} x_{t_1} & x_{t_2} & \cdots & x_{t_m} & y_{v_2} & y_{v_3} & \cdots & y_{v_s} \\ x_{t_1}^2 & x_{t_2}^2 & \cdots & x_{t_m}^2 & y_{v_2}^2 & y_{v_3}^2 & \cdots & y_{v_s}^2 \\ \vdots & \vdots & & \vdots & \vdots & \vdots & & \vdots \\ x_{t_1}^{m+s-1} & x_{t_2}^{m+s-1} & \cdots & x_{t_m}^{m+s-1} & y_{v_2}^{m+s-1} & y_{v_3}^{m+s-1} & \cdots & y_{v_s}^{m+s-1} \end{vmatrix} = 0. \tag{5.3.13}$$

所以存在 $p \neq 1$ 使得 $x_{t_p} = y_{v_q}$ 对 $q \geqslant 2$ 成立. 若不然, $p = 1$, 则有 $y_{v_1} = x_{t_1} = y_{v_q} < y_{v_1}$, 矛盾. 重复上述 (5.3.10) 式到 (5.3.13) 式的讨论, 我们有 $s = m$ 且 $\{x_{t_\alpha}\}_{\alpha=1}^m = \{y_{v_\beta}\}_{\beta=1}^m$. 由于 $x_{t_1} > x_{t_2} > \cdots > x_{t_m}$ 且 $y_{v_1} > y_{v_2} > \cdots > y_{v_m}$, 所以 $x_{t_i} = y_{v_i}$ 对每个 $i \in \mathbb{N}$ 成立. 最后我们证明 $t_\alpha = v_\alpha$ 对每个 $\alpha \in \mathbb{N}$ 成立. 若不然, 不失一般性反设 $t_1 > v_1$, 则由 $\{x_{t_\alpha}\}_{\alpha=1}^m = \{y_{v_\beta}\}_{\beta=1}^m$ 可知, 存在 $t_1 - v_1 < g < t_1$ 使得 $x_g = y_f$ 对某个 $f \notin \{1, 2, \cdots, v_1\}$ 成立, 所以 $x_g = y_f < y_1 = x_1 = x_g$, 矛盾. 所以 $\rho, \sigma$ 有相同的秩, 特征值及其重复度. 因此 $\rho, \sigma$ 是酉等价的. 这完成了证明. □

一个映射 $\phi : \mathcal{S}(H) \to \mathcal{S}(H)$ 满足对任意的 $\rho, \sigma \in \mathcal{S}(H)$ 和 $t \in [0,1]$, 都有

$$S(t\rho+(1-t)\sigma)=S(t\phi(\rho)+(1-t)\phi(\sigma)),$$

则称 $\phi$ 保量子态凸组合的熵, 简称其为保熵映射. 接下来给出了一个保量子态凸组合熵的满射的刻画.

下面是我们的主要结果. 因为在 $\dim H=2$ 与 $\dim H>2$ 两种情形下采用的证明方法存在很大差异, 所以我们分别阐述.

**定理 5.3.2** 令 $\mathcal{S}(H)$ 是复 Hilbert 空间 $H$ 上所有量子态的集合, 其维数 $\dim H=n$ 且 $2<n<\infty$. 对一个满射 $\phi:\mathcal{S}(H)\to\mathcal{S}(H)$, 下列陈述是等价的:

(I) $\phi$ 保量子态凸组合的熵, 即满足对任意 $\rho,\sigma\in\mathcal{S}(H)$ 和 $t\in[0,1]$, 都有

$$S(t\rho+(1-t)\sigma)=S(t\phi(\rho)+(1-t)\phi(\sigma)); \tag{5.3.14}$$

(II) 存在一个酉算子或反酉算子 $U$ 使得对所有的 $\rho\in\mathcal{S}(H)$ 都有

$$\phi(\rho)=U\rho U^*.$$

**定理 5.3.3** 令 $\mathcal{S}(H)$ 是复 Hilbert 空间 $H$ 上所有量子态的集合, 其中 $\dim H=2$. 对一个满射 $\phi:\mathcal{S}(H)\to\mathcal{S}(H)$, 下列陈述是等价的:

(I) $\phi$ 是保量子态凸组合熵的满射, 即满足对任意的 $\rho,\sigma\in\mathcal{S}(H)$ 和 $t\in[0,1]$, 有

$$S(t\rho+(1-t)\sigma)=S(t\phi(\rho)+(1-t)\phi(\sigma)); \tag{5.3.15}$$

(II) 存在一个酉算子 $U$ 使得对所有的 $\rho\in\mathcal{S}(H)$ 都有 $\phi(\rho)=U\rho U^*$ 或者 $\phi(\rho)=U\rho^{\mathrm{T}}U^*$, 其中 $\rho^{\mathrm{T}}$ 是 $\rho$ 的转置.

在证明主要定理之前需要下面的引理.

**引理 5.3.4**[161] 量子熵是非负的, 也就是说, 对任意的 $\rho\in\mathcal{S}(H)$ 都有 $S(\rho)\geqslant 0$. 且 $S(\rho)=0$ 当且仅当 $\rho$ 是纯态.

**引理 5.3.5**[161] 令 $\rho_i$ 是量子态, $i=1,2,\cdots,k$, 概率 $p_i$ 是正数且有 $\sum_{i=1}^k p_i=1$, 则

$$S\left(\sum_{i=1}^k p_i\rho_i\right)\leqslant H(p_i)+\sum_{i=1}^k p_iS(\rho_i),$$

其中等式成立的条件是当且仅当 $\rho_i\rho_j=0$, 对所有的 $1\leqslant i,j\leqslant k$ 都成立.

**引理 5.3.6**[161] 假设 $\rho_i$ 和 $p_i$ 满足引理 5.3.5 的假设, 则

$$S\left(\sum_{i=1}^k p_i\rho_i\right)\geqslant\sum_{i=1}^k p_iS(\rho_i),$$

其中等式成立的条件是当且仅当 $\rho_i=\rho_j$, 对所有的 $1\leqslant i,j\leqslant k$ 都成立.

**引理 5.3.7**[161] 量子熵是酉相似不变的, 也就是说, 对每个 $\rho \in \mathcal{S}(H)$ 都有 $S(\rho) = S(U\rho U^*)$, 其中 $U$ 是酉算子.

下面利用量子熵的定义和性质给出了一类判定两个量子态相同的熵条件.

**引理 5.3.8** 对任意的 $\rho, \sigma \in \mathcal{S}(H)$, 其中 $\dim H = n < \infty$, $\rho = \sigma$ 当且仅当对任意的 $t \in [0,1]$ 和所有的纯态 $P$, 都有

$$S(t\rho + (1-t)P) = S(t\sigma + (1-t)P). \tag{5.3.16}$$

**证明** 必要性易证, 故只需证明充分性.

为了证明 $\rho = \sigma$ 成立, 只需要证明 $\rho$ 和 $\sigma$ 特征值和所对应的特征向量都相等. 假定 $\rho$ 的特征值是 $\lambda_1 \geqslant \lambda_2 \geqslant \cdots \geqslant \lambda_n \geqslant 0$ 和 $\sigma$ 的特征值是 $\mu_1, \mu_2, \cdots, \mu_n$.

先假定单位向量 $x_1$ 是 $\rho$ 的特征值 $\lambda_1$ 所对应的特征向量. 接下来我们将证明 $x_1$ 也是 $\sigma$ 所对应的特征向量. 令 $P_1 = x_1 \otimes x_1$ 是纯态, 且 $\rho x_1 = \lambda_1 x_1$, 可以得到 $\rho P_1 = P_1 \rho$. 因此 $t\rho + (1-t)P_1$ 的特征值是 $t\lambda_1 + 1 - t, t\lambda_2, \cdots, t\lambda_n$. 由文献 [89] 的推论 4.3.3 和定理 4.3.4, 则可得存在非负数 $d_i (1 \leqslant i \leqslant n)$ 满足 $0 \leqslant d_i \leqslant 1$ 和 $\sum_{i=1}^n d_i = 1$ 使得 $t\mu_i + (1-t)d_i (1 \leqslant i \leqslant n)$ 是 $t\sigma + (1-t)P_1$ 的特征值. 由等式 (5.3.16), 可以得到 $S(t\rho + (1-t)P_1) = S(t\sigma + (1-t)P_1)$. 通过量子熵的定义可以得到

$$\begin{aligned} & -(t\lambda_1 + 1 - t)\log_2(t\lambda_1 + 1 - t) - \sum_{j=2}^n t\lambda_j \log_2(t\lambda_j) \\ = & -\sum_{i=1}^n (t\mu_i + (1-t)d_i)\log_2(t\mu_i + (1-t)d_i). \end{aligned} \tag{5.3.17}$$

将 $t = 0$ 代入等式 (5.3.17), 再由 $0\log_2 0 = 0$ 和 $1\log_2 1 = 0$, 可得

$$0 = -\sum_{i=1}^n d_i \log_2 d_i.$$

因为 $0 \leqslant d_i \leqslant 1$, 所以每个 $d_i \log_2 d_i = 0$, 即可以得到 $d_i = 0$ 或 1. 又因为 $\sum_{i=1}^n d_i = 1$, 则又可得到存在唯一的 $d_{i_1} \in \{d_i\}_{i=1}^n$ 使得对所有的 $j \neq i_1$ 都有

$$d_{i_1} = 1, \quad d_j = 0.$$

则其蕴涵着 $x_1$ 是 $\sigma$ 的一个特征向量, 且有 $\sigma x_1 = \mu_{i_1} x_1$.

同理继续取 $x_2$ 是 $\rho$ 的特征值 $\lambda_2$ 所对应的特征向量, 且有 $x_2 \perp x_1$. 令 $P_2 = x_2 \otimes x_2$. 同理继续上面的讨论, 我们可以得到存在唯一的 $i_2$ 使得 $x_2$ 是 $\sigma$ 的特征向量, 且有 $\sigma x_2 = \mu_{i_2} x_2$. 最后, 可以得到 $\rho$ 和 $\sigma$ 有相同的特征向量, 特征向量 $\{x_i\}_{i=1}^k$

在就范正交基下可得到

$$\rho=\begin{pmatrix}\lambda_1 & 0 & \cdots & 0\\ 0 & \lambda_2 & \cdots & 0\\ \vdots & \vdots & & \vdots\\ 0 & 0 & \cdots & \lambda_n\end{pmatrix},\sigma=\begin{pmatrix}\mu_{i_1} & 0 & \cdots & 0\\ 0 & \mu_{i_2} & \cdots & 0\\ \vdots & \vdots & & \vdots\\ 0 & 0 & \cdots & \mu_{i_n}\end{pmatrix}.$$

不失一般性, 可令 $i_1=1,i_2=2,\cdots,i_n=n$, 则可得到 $\rho$ 和 $\sigma$ 的特征向量都相同. 接下来证明 $\lambda_i=\mu_i$ 对所有的 $i$ 都成立. 取 $P=x_1\otimes x_1$ 代入等式 (5.3.16), 可得 $t\rho+(1-t)P$ 的特征值是 $t\lambda_1+1-t\geqslant t\lambda_2\geqslant\cdots\geqslant t\lambda_n\geqslant 0$ 和 $t\sigma+(1-t)P$ 的特征值是 $t\mu_1+1-t,t\mu_2,\cdots,t\mu_n$. 由式 (5.3.16), 可得对所有的 $t\in[0,1]$, 都有

$$\begin{aligned}&-(t\lambda_1+1-t)\log_2(t\lambda_1+1-t)-\sum_{k=2}^{n}t\lambda_k\log_2(t\lambda_k)\\ =&-(t\mu_1+1-t)\log_2(t\mu_1+1-t)-\sum_{k=2}^{n}t\mu_k\log_2(t\mu_k).\end{aligned}\tag{5.3.18}$$

令 $f(t)=(t\lambda_1+1-t)\log_2(t\lambda_1+1-t)+\sum_{k=2}^{n}t\lambda_k\log_2(t\lambda_k)$, 对 $t$ 求导数, 可得

$$\begin{aligned}f'(t)=&(\lambda_1-1)\log_2(t\lambda_1+1-t)+(t\lambda_1+1-t)\frac{\lambda_1-1}{t\lambda_1+1-t}\log_2 e\\ &+\sum_{k=2}^{n}\lambda_k\log_2(t\lambda_k)+\sum_{k=2}^{n}t\lambda_k\frac{\lambda_k}{t\lambda_k}\log_2 e\\ =&(\lambda_1-1)\log_2[e(t\lambda_1+1-t)]+\sum_{k=2}^{n}\lambda_k\log_2(t\lambda_k e).\end{aligned}\tag{5.3.19}$$

由等式 (5.3.18) 和等式 (5.3.19) 可以得到

$$\begin{aligned}&(\lambda_1-1)\log_2[e(t\lambda_1+1-t)]+\sum_{k=2}^{n}\lambda_k\log_2(t\lambda_k e)\\ =&(\mu_1-1)\log_2[e(t\mu_1+1-t)]+\sum_{k=2}^{n}\mu_k\log_2(t\mu_k e).\end{aligned}\tag{5.3.20}$$

取 $t=\dfrac{1}{e}$ 代入等式 (5.3.20), 又可得

$$\begin{aligned}&(\lambda_1-1)\log_2(\lambda_1+e-1)+\sum_{k=2}^{n}\lambda_k\log_2(\lambda_k)\\ =&(\mu_1-1)\log_2(\mu_1+e-1)+\sum_{k=2}^{n}\mu_k\log_2(\mu_k).\end{aligned}\tag{5.3.21}$$

另一方面，再取 $t=1$ 代入等式 (5.3.21) 可得 $S(\rho)=S(\sigma)$，根据量子熵的定义可得

$$\begin{aligned}&-\lambda_1\log_2(\lambda_1)-\sum_{k=2}^{n}\lambda_k\log_2(\lambda_k)\\=&-\mu_1\log_2(\mu_1)-\sum_{k=2}^{n}\mu_k\log_2(\mu_k).\end{aligned}\tag{5.3.22}$$

再由等式 (5.3.21) 和等式 (5.3.22) 相加可以得到

$$\begin{aligned}&(\lambda_1-1)\log_2(\lambda_1+e-1)-\lambda_1\log_2(\lambda_1)\\=&(\mu_1-1)\log_2(\mu_1+e-1)-\mu_1\log_2(\mu_1).\end{aligned}\tag{5.3.23}$$

设函数 $g(x)=(x-1)\log_2(x+e-1)-x\log_2x$，为了证明 $\lambda_1=\mu_1$，只需证明函数 $g$ 是严格单调. 对函数 $g$ 求导数可得

$$\begin{aligned}g'(x)=&\log_2(x+e-1)+\frac{x-1}{x+e-1}\log_2e-(\log_2x+\log_2e)\\=&\log_2(x+e-1)-\frac{e}{x+e-1}\log_2e-\log_2x.\end{aligned}$$

再对 $g$ 取二阶导数可得

$$\begin{aligned}g''(x)=&\frac{1}{x+e-1}\log_2e+\frac{e}{(x+e-1)^2}\log_2e-\frac{1}{x}\log_2e\\=&\frac{x(x+e-1)+xe-(x+e-1)^2}{x(x+e-1)^2}\log_2e\\=&\frac{x^2+xe-x+xe-x^2-2(e-1)x-(e-1)^2}{x(x+e-1)^2}\log_2e\\=&\frac{x-(e-1)^2}{x(x+e-1)^2}\log_2e.\end{aligned}$$

注意到 $g''(x)$ 在 $[0,1]$ 上是负的，因此 $g'(x)$ 在 $[0,1]$ 上单调递减. 又因为 $g'(1)=\log_2e-\log_2e-\log_21=0$，则 $g'(x)$ 在 $[0,1]$ 上是非负的，因此 $g(x)$ 在 $[0,1]$ 上单调递增. 又因为 $1\geqslant\lambda_1,\mu_1\geqslant0$，则 $\lambda_1=\mu_1$. 同理继续取 $P_i=x_i\otimes x_i$ 代入等式 (5.3.16)，仍可以得到 $\lambda_i=\mu_i$.

因此总结可得，$\rho$ 和 $\sigma$ 的特征值和相对应的特征向量都相同，即 $\rho=\sigma$. □

**定理 5.3.2 的证明** (II)⇒(I) 可利用量子熵的酉相似不变性推出，故只需验证 (I)⇒(II). 证明过程将分为以下几个断言.

**断言 1** $S(\rho)=S(\phi(\rho))$ 对所有的 $\rho\in\mathcal{S}(H)$ 都成立且 $\phi$ 是单射.

因为 $\phi$ 保量子态凸组合的熵，也就是说，满足等式 (5.3.14)，取 $t=1$，可得到对所有的 $\rho\in\mathcal{S}(H)$ 都有 $S(\rho)=S(\phi(\rho))$. 下证 $\phi$ 是单射，也就是说，证明 $\rho\neq\sigma\Rightarrow$

$\phi(\rho) \neq \phi(\sigma)$. 等价于证明 $\phi(\rho) = \phi(\sigma) \Rightarrow \rho = \sigma$. 如果 $\phi(\rho) = \phi(\sigma)$, 由引理 5.3.6, 可以得到对任意的 $t \in (0,1)$, 有 $S(t\phi(\rho) + (1-t)\phi(\sigma)) = tS(\phi(\rho)) + (1-t)S(\phi(\sigma))$. 由 $S(\rho) = S(\phi(\rho))$ 和等式 (5.3.14), 得到对任意的 $t \in (0,1)$,

$$\begin{aligned}
&tS(\rho) + (1-t)S(\sigma) \\
=&tS(\phi(\rho)) + (1-t)S(\phi(\sigma)) \\
=&S(t\phi(\rho) + (1-t)\phi(\sigma)) \\
=&S(t\rho + (1-t)\sigma).
\end{aligned}$$

再由引理 5.3.6, 则可以得到 $\rho = \sigma$. 所以 $\phi$ 是单射.

**断言 2**　$\phi$ 双边保纯态, 也就是说, $\rho$ 是一个纯态当且仅当 $\phi(\rho)$ 也是一个纯态.

如果 $\rho$ 是一个纯态, 由引理 5.3.4, 可知 $S(\rho) = 0$. 再由断言 1, $S(\phi(\rho)) = 0$. 再利用引理 5.3.4, 就可以得到 $\phi(\rho)$ 是一个纯态. 另一方面也可以类似地证明. 因此 $\phi$ 双边保纯态.

**断言 3**　$\phi$ 双边保正交性, 也就是说, $\rho\sigma = 0 \Leftrightarrow \phi(\rho)\phi(\sigma) = 0$ 对所有的 $\rho, \sigma \in \mathcal{S}(H)$ 都成立.

如果 $\rho\sigma = 0$, 由引理 5.3.5, 我们可以得到对任意的 $t \in (0,1)$, 有 $S(t\rho + (1-t)\sigma) = H(t, 1-t) + tS(\rho) + (1-t)S(\sigma)$. 再由断言 1 和等式 (5.3.14), 可以得到

$$\begin{aligned}
&H(t,1-t) + tS(\phi(\rho)) + (1-t)S(\phi(\sigma)) \\
=&H(t,1-t) + tS(\rho) + (1-t)S(\sigma) \\
=&S(t\rho + (1-t)\sigma) \\
=&S(t\phi(\rho) + (1-t)\phi(\sigma)).
\end{aligned}$$

再由引理 5.3.5, 可以得到 $\phi(\rho)\phi(\sigma) = 0$. 同理可以得到 $\phi(\rho)\phi(\sigma) = 0 \Rightarrow \rho\sigma = 0$. 因此 $\phi$ 双边保正交性.

现在 $\phi : \mathcal{S}(H) \to \mathcal{S}(H)$ 是一个双射且双边保纯态和双边保正交性.

**断言 4**　定理 5.3.2 成立.

因为 $\dim H > 2$, 用本书定理 2.1.1 中对此种映射的刻画, 证明了在 Hilbert 空间 $H$ 上存在一个酉算子或反酉算子 $U$ , 使得对所有的纯态 $P$ 都有 $\phi(P) = UPU^*$.

令 $\psi(\rho) = U^*\phi(\rho)U$ 对每个 $\rho \in \mathcal{S}(H)$ 都成立. 因为量子熵是酉相似不变的和 $\psi$ 满足 $\psi(P) = U^*UPU^*U = P$ 对所有的纯态 $P \in P_1(H)$ 都成立, 所以 $\psi$ 和 $\phi$ 有相同的性质. 为了完成此证明, 只需证明 $\psi(\rho) = \rho$ 对所有的 $\rho \in \mathcal{S}(H)$ 都成立. 事实上, 因为 $\psi$ 满足等式 (5.3.14), 代入则可得, 对任意的纯态 $P$, 都有

$$S(t\rho + (1-t)P) = S(t\psi(\rho) + (1-t)\psi(P)) = S(t\psi(\rho) + (1-t)P).$$

再由引理 5.3.8, $\psi(\rho)=\rho$. 因此定理 5.3.2 成立. □

下面我们给出 $\dim H=2$ 的情形下保量子态凸组合熵的满射的刻画. 如果 $\dim H=2$, 可知 $\mathcal{S}(H)$ 的集合是所有 $2\times 2$ 密度矩阵的集合:

$$\mathcal{S}(H)=\left\{\frac{1}{2}\begin{pmatrix}1+z & x+iy\\ x-iy & 1-z\end{pmatrix}\middle|(x,y,z)\in\mathbb{R}^3: x^2+y^2+z^2\leqslant 1\right\}.$$

注意到 $(x,y,z)$ 满足 $x^2+y^2+z^2=1$ 当且仅当其对应矩阵是秩一投影.

**定理 5.3.3 的证明** (II)$\Rightarrow$(I) 显然. 只需证明 (I)$\Rightarrow$(II).

令 $H$ 是复 Hilbert 空间且 $\dim H=2$, 我们仍可以得到映射 $\phi:\mathcal{S}(H)\to\mathcal{S}(H)$, 对定理 5.3.2 的断言 1 — 断言 3 的证明仍然是正确的. 因为 $S(\rho)=S(\phi(\rho))$ 且 $\dim H=2$, 对任何 $\rho\in\mathcal{S}(H)$, 则 $\rho$ 和 $\phi(\rho)$ 有相同的特征值, 分别是 $\lambda,1-\lambda$. 又因为 $\phi$ 双边保纯态, 所以存在一个酉算子 $U$ 使得 $\phi(E_{11})=\phi\left(\begin{pmatrix}1&0\\0&0\end{pmatrix}\right)=U\begin{pmatrix}1&0\\0&0\end{pmatrix}U^*$.

令 $\psi(\rho)=U^*\phi(\rho)U$, 则可以得到 $\psi$ 和 $\phi$ 具有相同的性质且 $\psi\left(\begin{pmatrix}1&0\\0&0\end{pmatrix}\right)=\begin{pmatrix}1&0\\0&0\end{pmatrix}$. 代入等式 (5.3.15) 可得

$$S(t\rho+(1-t)\sigma)=S(t\psi(\rho)+(1-t)\psi(\sigma)). \tag{5.3.24}$$

为了证明 (II) 成立, 只需证明 $\psi(\rho)=\rho$ 或者 $\psi(\rho)=\rho^{\mathrm{T}}$. 对任何 $\rho\in\mathcal{S}(H)$, 假定

$$\rho=\frac{1}{2}\begin{pmatrix}1+z & x+iy\\ x-iy & 1-z\end{pmatrix}$$

和

$$\psi(\rho)=\frac{1}{2}\begin{pmatrix}1+z' & x'+iy'\\ x'-iy' & 1-z'\end{pmatrix}.$$

取$\sigma=\begin{pmatrix}1&0\\0&0\end{pmatrix}$ 和 $\psi(\sigma)=\begin{pmatrix}1&0\\0&0\end{pmatrix}$ 代入等式 (5.3.24), 则可得到对任意的 $t\in[0,1]$, 都有

$$S\left(t\rho+(1-t)\begin{pmatrix}1&0\\0&0\end{pmatrix}\right)=S\left(t\psi(\rho)+(1-t)\begin{pmatrix}1&0\\0&0\end{pmatrix}\right).$$

因为两个单量子比特态有相同的二元熵, 故有相同的特征值和特征多项式, 则可得到

$$
\begin{aligned}
&\lambda^2-\lambda-(1+z)^2t^2-zt-|x+iy|^2\\
=&|\lambda I-(t\rho+(1-t)E_{11})|\\
=&|\lambda I-(t\psi(\rho)+(1-t)E_{11})|\\
=&\lambda^2-\lambda-(1+z')^2t^2-z't-|x'+iy'|^2.
\end{aligned}
$$

因为 $z=z'$ 和 $|x+iy|=|x'+iy'|$, 所以存在一个泛函 $\theta:\mathcal{S}(H)\to[0,2\pi)$ 使得对任意的 $\rho\in\mathcal{S}(H)$ 都有

$$
e^{\theta(\rho)}(x+iy)=x'+iy'.
$$

现在令 $\rho=\dfrac{1}{2}\begin{pmatrix}1+z_1 & x_1+iy_1\\ x_1-iy_1 & 1-z_1\end{pmatrix}\in\mathcal{S}(H)$, 记 $a_1=\dfrac{1+z_1}{2}$ 和 $b_1=\dfrac{x_1+iy_1}{2}$. 对任意的 $\sigma=\dfrac{1}{2}\begin{pmatrix}1+z_2 & x_2+iy_2\\ x_2-iy_2 & 1-z_2\end{pmatrix}\in\mathcal{S}(H)$, 记 $a_2=\dfrac{1+z_2}{2}$ 和 $b_2=\dfrac{x_2+iy_2}{2}$, 有

$$
\psi(\rho)=\begin{pmatrix}a_1 & e^{i\theta_1}b_1\\ e^{-i\theta_1}\bar{b_1} & 1-a_1\end{pmatrix},\quad \psi(\sigma)=\begin{pmatrix}a_2 & e^{i\theta_1}b_2\\ e^{-i\theta_2}\bar{b_2} & 1-a_2\end{pmatrix}.
$$

由等式 (5.3.24) 可得

$$
\begin{aligned}
&S\left(\begin{pmatrix}ta_1+(1-t)a_2 & tb_1+(1-t)b_2\\ t\bar{b_1}+(1-t)\bar{b_2} & 1-(ta_1+(1-t)a_2)\end{pmatrix}\right)\\
=&S\left(\begin{pmatrix}ta_1+(1-t)a_2 & te^{i\theta_1}b_1+(1-t)e^{i\theta_2}b_2\\ te^{-i\theta_1}\bar{b_1}+(1-t)e^{-i\theta_2}\bar{b_2} & 1-(ta_1+(1-t)a_2)\end{pmatrix}\right).
\end{aligned}
$$

即

$$
\begin{aligned}
&\lambda^2-\lambda+(-(a_1-a_2)^2-(b_1-b_2)(\bar{b_1}-\bar{b_2}))t^2\\
&+(a_1-a_2-2a_1a_2+2a_1^2-b_2(\bar{b_1}-\bar{b_2})-\bar{b_2}(b_1-b_2))t+a_2(1-a_2)-|b_2|^2\\
=&|\lambda I-(t\rho+(1-t)\sigma)|\\
=&|\lambda I-(t\psi(\rho)+(1-t)\psi(\sigma))|\\
=&\lambda^2-\lambda+(-(a_1-a_2)^2-(e^{i\theta_1}b_1-e^{i\theta_2}b_2)(e^{-i\theta_1}\bar{b_1}-e^{-i\theta_2}\bar{b_2}))t^2\\
&+(a_1-a_2-2a_1a_2+2a_1^2-e^{i\theta_2}b_2(e^{-i\theta_1}\bar{b_1}-e^{-i\theta_2}\bar{b_2})-e^{-i\theta_2}\bar{b_2}(e^{i\theta_1}b_1-e^{i\theta_2}b_2))t
\end{aligned}
$$

$+a_2(1-a_2)-|b_2|^2.$

则有

$$(b_1-b_2)(\bar{b_1}-\bar{b_2})=(e^{i\theta_1}b_1-e^{i\theta_2}b_2)(e^{-i\theta_1}\bar{b_1}-e^{-i\theta_2}\bar{b_2}).$$

所以有

$$|b_1|^2+|b_2|^2-b_1\bar{b_2}e^{i(\theta_1-\theta_2)}-b_2\bar{b_1}e^{i(\theta_2-\theta_1)}=|b_1|^2+|b_2|^2-b_1\bar{b_2}-b_2\bar{b_1}.$$

因此

$$b_1\bar{b_2}e^{i(\theta_1-\theta_2)}+b_2\bar{b_1}e^{i(\theta_2-\theta_1)}=b_1\bar{b_2}+b_2\bar{b_1}. \tag{5.3.25}$$

在 (5.3.25) 中, 若 $b_1, b_2$ 是非零实数, 则有

$$\cos(\theta_1-\theta_2)=1,\quad \sin(\theta_1-\theta_2)=0.$$

由于 $\theta_2, \theta_1\in[0,2\pi)$, 所以 $\theta_2-\theta_1=0$. 即, $\theta_2=\theta_1$. 现在由 $b_1, b_2$ 的任意性可知: 当量子态 $\rho$ 满足 $b(\rho)$ 是非零实数时, $\theta(\rho)$ 总是某个常数 $\theta_0$, 其中

$$\rho=\begin{pmatrix} r & b(\rho) \\ b(\rho) & 1-r \end{pmatrix}.$$

最终, 若 $b_1=x+iy$, 且 $x, y$ 非零, $b_2$ 是满足 (5.3.25) 的非零实数, 有

$$x\cos(\theta_1-\theta_0)-x=y\sin(\theta_1-\theta_0).$$

所以或者

$$\cos(\theta_1-\theta_0)=1,\quad \sin(\theta_1-\theta_0)=0, \tag{5.3.26}$$

或者

$$\cos(\theta_1-\theta_0)=\frac{x^2-y^2}{x^2+y^2},\quad \sin(\theta_1-\theta_0)=\frac{-2xy}{x^2+y^2}. \tag{5.3.27}$$

现在对于任意量子态 $\rho=\begin{pmatrix} a & b(\rho) \\ \bar{b}(\rho) & 1-a \end{pmatrix}\in\mathcal{S}(H)$, 若 (5.3.26) 发生, 则 $e^{i(\theta(\rho)-\theta_0)}\cdot b(\rho)=b(\rho)$; 若 (5.3.27) 发生, 则 $e^{i(\theta(\rho)-\theta_0)}b(\rho)=\bar{b}(\rho)$.

下面我们断言要么 (5.3.26) 对所有量子态成立, 要么 (5.3.27) 对所有量子态成立. 反设存在 $\rho, \sigma$ 使得 $b(\rho)=b_1=x_1+iy_1$ 且 $b(\sigma)=b_2=x_2+iy_2$, 使得 (5.3.26) 对 $b_1$ 成立且 (5.3.27) 对 $b_2$ 成立. 不失一般性, 令 $y_i\neq0$, $i=1,2$. 由 (5.3.25) 可知

$$b_1b_2+\bar{b_2}\bar{b_1}=b_1\bar{b_2}e^{i(\theta_1-\theta_0-(\theta_2-\theta_0))}+b_2\bar{b_1}e^{-i(\theta_1-\theta_0-(\theta_2-\theta_0))}=b_1\bar{b_2}+b_2\bar{b_1}.$$

这是个矛盾.

现在若 (5.3.26) 对所有量子态成立, 有

$$\psi(\rho)=\begin{pmatrix} a & e^{i\theta(\rho)}b(\rho) \\ e^{-i\theta(\rho)}\bar{b}(\rho) & 1-a \end{pmatrix}=\begin{pmatrix} a & e^{i\theta_0}e^{i(\theta(\rho)-\theta_0)}b(\rho) \\ e^{-i\theta_0}e^{-i(\theta(\rho)-\theta_0)}\bar{b}(\rho) & 1-a \end{pmatrix}$$
$$=\begin{pmatrix} e^{i\theta_0} & 0 \\ 0 & e^{-i\theta_0} \end{pmatrix}\begin{pmatrix} a & b(\rho) \\ \bar{b}(\rho) & 1-a \end{pmatrix}\begin{pmatrix} e^{-i\theta_0} & 0 \\ 0 & e^{i\theta_0} \end{pmatrix}.$$

所以 $\psi(\rho)=W\rho W^*$, 其中 $W=\begin{pmatrix} e^{i\theta_0} & 0 \\ 0 & e^{-i\theta_0} \end{pmatrix}$. 若 (5.3.27) 对所有量子态成立, 则有

$$\psi(\rho)=\begin{pmatrix} a & e^{i\theta(\rho)}b(\rho) \\ e^{-i\theta(\rho)}\bar{b}(\rho) & 1-a \end{pmatrix}=\begin{pmatrix} a & e^{i\theta_0}e^{i(\theta(\rho)-\theta_0)}b(\rho) \\ e^{-i\theta_0}e^{-i(\theta(\rho)-\theta_0)}\bar{b}(\rho) & 1-a \end{pmatrix}$$
$$=\begin{pmatrix} e^{i\theta_0} & 0 \\ 0 & e^{-i\theta_0} \end{pmatrix}\begin{pmatrix} a & \bar{b}(\rho) \\ b(\rho) & 1-a \end{pmatrix}\begin{pmatrix} e^{-i\theta_0} & 0 \\ 0 & e^{i\theta_0} \end{pmatrix}.$$

因此 $\psi(\rho)=W\rho^{\mathrm{T}}W^*$, 其中 $W=\begin{pmatrix} e^{i\theta_0} & 0 \\ 0 & e^{-i\theta_0} \end{pmatrix}$. 取 $U=W$, 我们完成了证明. □

## 5.4　上、下保真度及保上、下保真度的映射

Miszczak 等在文献 [144] 中给出有限维量子系统保真度的上、下界, 即, 对任意的 $\rho,\sigma\in\mathcal{S}(H)$,

$$E(\rho,\sigma)\leqslant F(\rho,\sigma)^2\leqslant G(\rho,\sigma), \tag{5.4.1}$$

其中,

$$G(\rho,\sigma)=\mathrm{tr}(\rho\sigma)+\sqrt{(1-\mathrm{tr}(\rho^2))(1-\mathrm{tr}(\sigma^2))} \tag{5.4.2}$$

和

$$E(\rho,\sigma)=\mathrm{tr}(\rho\sigma)+\sqrt{2}\sqrt{(\mathrm{tr}(\rho\sigma))^2-\mathrm{tr}(\rho\sigma\rho\sigma)} \tag{5.4.3}$$

分别称为 $\rho$ 和 $\sigma$ 的上保真度以及下保真度. 因为保真度不易计算, 而上保真度和下保真度最主要的优点是可以在实验中进行测量和计算, 所以上下保真度理论对保真度的研究非常重要. 注意到 (5.4.2) 与 (5.4.3) 中定义的上、下保真度可以定义在无限维系统量子态上, 但此时 (5.4.1) 是否仍成立并不清楚. 我们将首先回答这一问题并讨论无限维量子系统情形上下保真度的性质. 然后刻画任意维系统量子态上保上 (下) 保真度的满射.

**定理 5.4.1** 令 $H$ 为可分复 Hilbert 空间且 $\dim H = \infty$. 则对任意的 $\rho, \sigma \in \mathcal{S}(H)$, 都有

$$E(\rho,\sigma) \leqslant F(\rho,\sigma)^2 \leqslant G(\rho,\sigma).$$

**证明** 令 $\{|i\rangle\}_{i=1}^{\infty}$ 为 $H$ 的一组标准正交基. 对任意正整数 $n$, 用 $H_n$ 表示由 $\{|1\rangle, |2\rangle, \cdots, |n\rangle\}$ 张成的 $n$ 维子空间, $P_n$ 表示从 $H$ 到 $H_n$ 的投影. 对 $H$ 中的任意向量 $|x\rangle$, 存在 $\xi_i \in \mathbb{C}, i = 1, 2, \cdots$, 使得 $|x\rangle = \sum_{i=1}^{\infty} \xi_i |i\rangle$, $P_n|x\rangle = \sum_{i=1}^{n} \xi_i|i\rangle$ 且 $\sum_{i=1}^{\infty} |\xi_i|^2 = \||x\rangle\|^2$. 对任意 $\rho, \sigma \in \mathcal{S}(H)$, 定义

$$\rho_n = \alpha_n^{-1} P_n \rho P_n, \quad \sigma_n = \beta_n^{-1} P_n \sigma P_n,$$

其中, $\alpha_n = \mathrm{tr}(P_n\rho P_n)$, $\beta_n = \mathrm{tr}(P_n \sigma P_n)$. 根据以上定义, 可以把 $\rho_n, \sigma_n$ 看成是有限维空间 $H_n = P_n H$ 上的量子态, 则利用式 (5.4.1) 可得

$$E(\rho_n,\sigma_n) \leqslant F(\rho_n,\sigma_n)^2 \leqslant G(\rho_n,\sigma_n), \tag{5.4.4}$$

其中

$$E(\rho_n,\sigma_n) = \mathrm{tr}(\rho_n\sigma_n) + \sqrt{2}\sqrt{(\mathrm{tr}(\rho_n\sigma_n))^2 - \mathrm{tr}(\rho_n\sigma_n\rho_n\sigma_n)}, \tag{5.4.5}$$

$$G(\rho_n,\sigma_n) = \mathrm{tr}(\rho_n\sigma_n) + \sqrt{(1-\mathrm{tr}(\rho_n^2))(1-\mathrm{tr}(\sigma_n^2))}. \tag{5.4.6}$$

显然,

$$\lim_{n\to\infty} \alpha_n = 1, \quad \lim_{n\to\infty} \beta_n = 1,$$
$$\mathrm{SOT} - \lim_{n\to\infty} \rho_n = \rho, \quad \mathrm{SOT} - \lim_{n\to\infty} \sigma_n = \sigma,$$

其中 SOT 表示强算子拓扑. 也就是说, 对任意 $|x\rangle \in H$, 都有 $\|(\rho_n - \rho)|x\rangle\| \to 0$, $\|(\sigma_n - \sigma)|x\rangle\| \to 0$. 由 [211] 可知, 在迹范数拓扑下仍然有

$$\lim_{n\to\infty} \rho_n = \rho, \qquad \lim_{n\to\infty} \sigma_n = \sigma.$$

由此可得

$$\lim_{n\to\infty}(\mathrm{tr}(\rho_n\sigma_n)+\sqrt{2}\sqrt{(\mathrm{tr}(\rho_n\sigma_n))^2-\mathrm{tr}(\rho_n\sigma_n\rho_n\sigma_n)}) = \mathrm{tr}(\rho\sigma)+\sqrt{2}\sqrt{(\mathrm{tr}(\rho\sigma))^2 - \mathrm{tr}(\rho\sigma\rho\sigma)},$$

$$\lim_{n\to\infty}(\mathrm{tr}(\rho_n\sigma_n) + \sqrt{(1-\mathrm{tr}(\rho_n^2))(1-\mathrm{tr}(\sigma_n^2))}) = \mathrm{tr}(\rho\sigma) + \sqrt{(1-\mathrm{tr}(\rho^2))(1-\mathrm{tr}(\sigma^2))}$$

$$\lim_{n\to\infty} F(\rho_n,\sigma_n)^2 = F(\rho,\sigma)^2.$$

再结合 (5.4.4) – (5.4.6) 式, 可得

$$\mathrm{tr}(\rho\sigma) + \sqrt{2}\sqrt{(\mathrm{tr}(\rho\sigma))^2 - \mathrm{tr}(\rho\sigma\rho\sigma)} \leqslant F(\rho,\sigma)^2 \leqslant \mathrm{tr}(\rho\sigma) + \sqrt{(1-\mathrm{tr}(\rho^2))(1-\mathrm{tr}(\sigma^2))},$$

即

$$E(\rho,\sigma) \leqslant F(\rho,\sigma)^2 \leqslant G(\rho,\sigma).$$ □

**定理 5.4.2** 令 $H, K$ 为可分复 Hilbert 空间, $\dim H = \infty$, 则下面的结论成立:

(1) (有界性) 对任意 $\rho_1, \rho_2 \in \mathcal{S}(H)$, 都有

$$0 \leqslant E(\rho_1,\rho_2) \leqslant 1, \quad 0 \leqslant G(\rho_1,\rho_2) \leqslant 1.$$

(2) (对称性) 对任意 $\rho_1, \rho_2 \in \mathcal{S}(H)$, 都有

$$E(\rho_1,\rho_2) = E(\rho_2,\rho_1), \quad G(\rho_1,\rho_2) = G(\rho_2,\rho_1).$$

(3) (酉相似不变性) 对任意的 $\rho_1, \rho_2 \in \mathcal{S}(H)$ 以及任意的酉算子 $U$, 都有

$$E(\rho_1,\rho_2) = E(U\rho_1U^*, U\rho_2U^*) \quad G(\rho_1,\rho_2) = G(U\rho_1U^*, U\rho_2U^*).$$

(4) (上保真度的上可乘性) 上保真度是上可乘的, 即: 对任意 $\rho, \rho' \in \mathcal{S}(H), \sigma, \sigma' \in \mathcal{S}(K)$ 都有

$$G(\rho\otimes\sigma, \rho'\otimes\sigma') \geqslant G(\rho,\rho')G(\sigma,\sigma').$$

(5) (下保真度的下可乘性) 下保真度是下可乘的, 即: 对任意 $\rho, \rho' \in \mathcal{S}(H), \sigma, \sigma' \in \mathcal{S}(K)$ 都有

$$E(\rho\otimes\sigma, \rho'\otimes\sigma') \leqslant E(\rho,\rho')E(\sigma,\sigma').$$

(6) (凹性) 上保真度和下保真度都具有凹性, 即对任意 $\rho, \sigma, \sigma' \in \mathcal{S}(H)$ 且 $\alpha \in [0,1]$, 都有

$$G(\rho, \alpha\sigma + (1-\alpha)\sigma') \geqslant \alpha G(\rho,\sigma) + (1-\alpha)G(\rho,\sigma'),$$

$$E(\rho, \alpha\sigma + (1-\alpha)\sigma') \geqslant \alpha E(\rho,\sigma) + (1-\alpha)E(\rho,\sigma').$$

为了证明这个定理, 我们需要以下引理.

**引理 5.4.3**[196] (Hölder 不等式) 对 $a > 1, b = \dfrac{a}{a-1}$ 以及量子态 $\rho$ 和 $\sigma$, 有

$$\mathrm{tr}(\rho\sigma) \leqslant (\mathrm{tr}\rho^a)^{\frac{1}{a}}(\mathrm{tr}\sigma^b)^{\frac{1}{b}}.$$

**引理 5.4.4**[144] 对任意量子态 $\rho$ 和 $\sigma$, 有

$$1 - \sqrt{\mathrm{tr}(\rho^2)\mathrm{tr}(\sigma^2)} \geqslant \sqrt{1-\mathrm{tr}(\rho^2)}\sqrt{1-\mathrm{tr}(\sigma^2)}.$$

**定理 5.4.2 的证明** 首先证明性质 (1). 由定理 5.4.1 知, 对无限维量子系统 $H$ 上的态 $\rho_1, \rho_2$,

$$E(\rho_1,\rho_2) \leqslant F(\rho_1,\rho_2)^2 \leqslant G(\rho_1,\rho_2),$$

又因为 $F(\rho_1,\rho_2)\leqslant 1$, 因此 $E(\rho_1,\rho_2)\leqslant 1$. 由引理 5.4.3 和引理 5.4.4 可得

$$\begin{aligned}G(\rho_1,\rho_2)=&\mathrm{tr}(\rho_1\rho_2)+\sqrt{(1-\mathrm{tr}(\rho_1^2))(1-\mathrm{tr}(\rho_2^2))}\\ \leqslant&\mathrm{tr}(\rho_1\rho_2)+1-\sqrt{\mathrm{tr}(\rho_1^2)\mathrm{tr}(\rho_2)^2}\\ \leqslant&1.\end{aligned}$$

性质 (2) 和 (3) 显然.

下面证明性质 (4). 设 $\{|i\rangle\}_{i=1}^{\infty}$ 为 $H$ 的一组正交基, 对 $\rho$ 进行谱分解得: $\rho=\sum_i r_i|i\rangle\langle i|$, $\sum_i r_i=1$. 对任意正整数 $n$, 用 $H_n$ 表示由 $\{|1\rangle,|2\rangle,\cdots,|n\rangle\}$ 张成的 $n$ 维子空间, $P_n$ 表示从 $H$ 到 $H_n$ 的投影. 设 $\rho_n=\alpha_n^{-1}P_n\rho P_n$, $\rho_n'=\beta_n^{-1}P_n\rho' P_n$, 其中, $\alpha_n=\mathrm{tr}(P_n\rho P_n)$, $\beta_n=\mathrm{tr}(P_n\rho' P_n)$. 显然,

$$\lim_{n\to\infty}\alpha_n=1,\quad \lim_{n\to\infty}\beta_n=1,$$

$$\mathrm{SOT}-\lim_{n\to\infty}\rho_n=\rho,\quad \mathrm{SOT}-\lim_{n\to\infty}\rho_n'=\rho',$$

其中 SOT 表示强算子拓扑. 由 [211] 可知量子态上的强算子拓扑等价于迹范数拓扑, 所以在迹范数拓扑下,

$$\lim_{n\to\infty}\rho_n\to\rho,\quad \lim_{n\to\infty}\rho_n'\to\rho',$$

进而可得

$$\lim_{n\to\infty}\rho_n\rho_n'=\rho\rho',\quad \lim_{n\to\infty}\rho_n^2=\rho^2,\quad \lim_{n\to\infty}\rho_n'^2=\rho'^2,$$

所以,

$$\lim_{n\to\infty}G(\rho_n,\rho_n')=G(\rho,\rho').$$

设 $\{|j\rangle\}_{j=1}^{\infty}$ 为 $K$ 的一组正交基, 对任意正整数 $m$, 用 $K_m$ 表示由 $\{|j\rangle\}_{j=1}^{m}$ 张成的 $m$ 维子空间, $Q_m$ 表示从 $K$ 到 $K_m$ 的投影. 令 $\sigma_m=\mu_m^{-1}K_m\sigma K_m$, $\sigma_m'=\nu_m^{-1}K_m\sigma' K_m$, 其中, $\mu_m=\mathrm{tr}(K_m\sigma K_m)$, $\nu_m=\mathrm{tr}(K_m\sigma' K_m)$. 显然,

$$\lim_{n\to\infty}\mu_m=1,\quad \lim_{n\to\infty}\nu_m=1,$$

$$\mathrm{SOT}-\lim_{n\to\infty}\sigma_m=\sigma,\quad \mathrm{SOT}-\lim_{n\to\infty}\sigma_m'=\sigma',$$

其中 SOT 表示强算子拓扑. 由 [211] 可知, 在迹范数拓扑下,

$$\lim_{n\to\infty}\sigma_m\to\sigma,\quad \lim_{n\to\infty}\sigma_m'\to\sigma'.$$

所以, 在迹范数拓扑下, 有

$$\lim_{n\to\infty}\sigma_m\sigma_m'=\sigma\sigma',\quad \lim_{n\to\infty}\sigma_m^2=\sigma^2,\quad \lim_{n\to\infty}\sigma_m'^2=\sigma'^2.$$

因此可得

$$\lim_{n\to\infty} G(\sigma_m,\sigma'_m)=G(\sigma,\sigma').$$

接下来, 我们可以将 $\rho_n\otimes\sigma_m,\rho'_n\otimes\sigma'_m$ 看成空间 $H_n\otimes K_m$ 上的态, 即: $\rho_n\otimes\sigma_m,\rho'_n\otimes\sigma'_m\in\mathcal{S}(H_n\otimes K_m)$, 由有限维量子系统上保真度的上可乘性 ([144]): $G(\rho_n\otimes\sigma_m,\rho'_n\otimes\sigma'_m)\geqslant G(\rho_n,\rho'_n)G(\sigma_m,\sigma'_m)$. 我们得到

$$\begin{aligned}&G(\rho\otimes\sigma,\rho'\otimes\sigma')\\=&\lim_{n\to\infty}G(\rho_n\otimes\sigma_m,\rho'_n\otimes\sigma'_m)\\\geqslant&\lim_{n\to\infty}G(\rho_n,\rho'_n)G(\sigma_m,\sigma'_m)\\=&G(\rho,\rho')G(\sigma,\sigma').\end{aligned}$$

性质 (5) 的证明类似于性质 (4).

最后, 我们来证明性质 (6). 设 $\{|i\rangle\}_{i=1}^{\infty}$ 为 $H$ 的一组标准正交基, 对 $\rho$ 进行谱分解得: $\rho=\sum_i r_i|i\rangle\langle i|$, $\sum_i r_i=1$. 对任意正整数 $n$, 用 $H_n$ 表示由 $\{|1\rangle,|2\rangle,\cdots,|n\rangle\}$ 张成的 $n$ 维子空间, $P_n$ 表示从 $H$ 到 $H_n$ 的投影. 设 $\rho_n=\alpha_n^{-1}P_n\rho P_n$, $\sigma_n=\mu_n^{-1}P_n\sigma P_n$, $\sigma'_n=\nu_n^{-1}P_n\sigma' P_n$, 其中, $\alpha_n=\mathrm{tr}(P_n\rho P_n)$, $\mu_n=\mathrm{tr}(P_n\sigma P_n)$, $\nu_n=\mathrm{tr}(P_n\sigma' P_n)$. 类似于性质 (4), 有

$$\lim_{n\to\infty}\alpha_n=1,\quad \lim_{n\to\infty}\mu_n=1,\quad \lim_{n\to\infty}\nu_n=1,$$

以及 $\rho_n,\sigma_n,\sigma'_n$ 在迹范数拓扑下的收敛性:

$$\lim_{n\to\infty}\rho_n=\rho,\quad \lim_{n\to\infty}\sigma_n=\sigma,\quad \lim_{n\to\infty}\sigma'_n=\sigma'.$$

进而有

$$\lim_{n\to\infty}\rho_n\sigma_n=\rho\sigma,\quad \lim_{n\to\infty}\rho_n\sigma'_n=\rho\sigma',$$

以及

$$\lim_{n\to\infty}\rho_n[\alpha\sigma_n+(1-\alpha)\sigma'_n]=\rho[\alpha\sigma+(1-\alpha)\sigma'].$$

于是

$$\lim_{n\to\infty}E(\rho_n,\sigma_n)=E(\rho,\sigma),\quad \lim_{n\to\infty}E(\rho_n,\sigma'_n)=E(\rho,\sigma').$$

再结合有限维量子系统下保真度的凹性 [144], 有

$$E(\rho_n,\alpha\sigma_n+(1-\alpha)\sigma'_n)\geqslant\alpha E(\rho_n,\sigma_n)+(1-\alpha)E(\rho_n,\sigma'_n).$$

对上式两边取极限可得

$$E(\rho,\alpha\sigma+(1-\alpha)\sigma')$$

$$
\begin{aligned}
&= \lim_{n\to\infty} E(\rho_n, \alpha\sigma_n + (1-\alpha)\sigma_n') \\
&\geqslant \lim_{n\to\infty} \alpha E(\rho_n, \sigma_n) + (1-\alpha)E(\rho_n, \sigma_n') \\
&= \alpha E(\rho, \sigma) + (1-\alpha)E(\rho, \sigma').
\end{aligned}
$$

与上面证明下保真度凹性的过程类似, 也可类似证明:

$$
G(\rho, \alpha\sigma + (1-\alpha)\sigma') \geqslant \alpha G(\rho, \sigma) + (1-\alpha)G(\rho, \sigma'),
$$

即上保真度的凹性也成立. □

**定理 5.4.5** 令 $H$ 为可分复 Hilbert 空间, $\dim H \leqslant \infty$. 则对 $\rho, \sigma \in \mathcal{S}(H)$, 下面的叙述成立:

(1) $E(\rho,\sigma) = 0 \Leftrightarrow F(\rho,\sigma) = 0 \Leftrightarrow \rho\sigma = 0$.

(2) $G(\rho,\sigma) = 1 \Leftrightarrow F(\rho,\sigma) = 1 \Leftrightarrow \rho = \sigma$.

(3) $G(\rho,\sigma) = 0$ 当且仅当 $\rho\sigma = 0$ 并且 $\rho, \sigma$ 中至少有一个是纯态.

(4) $E(\rho,\sigma) = 1$ 当且仅当 $\rho = \sigma$ 并且 $2\mathrm{tr}(\rho^2) + \mathrm{tr}^2(\rho^2) - 2\mathrm{tr}(\rho^4) = 1$. 特别地, 如果 $\mathrm{rank}(\rho) \leqslant 2$, 那么 $E(\rho,\sigma) = 1 \Leftrightarrow \rho = \sigma$, 其中 $\mathrm{tr}^2(A) = (\mathrm{tr}(A))^2$

**证明** 首先证明 (1), 由定义, 对 $\rho, \sigma \in \mathcal{S}(H)$, $F(\rho,\sigma) = 0$ 当且仅当 $\rho\sigma = 0$. 且

$$
E(\rho,\sigma) \leqslant F(\rho,\sigma)^2 \leqslant G(\rho,\sigma).
$$

进而由 $F(\rho,\sigma) = 0$ 可推出 $E(\rho,\sigma) = 0$. 反之, 假设 $E(\rho,\sigma) = 0$, 即

$$
\mathrm{tr}(\rho\sigma) + \sqrt{2}\sqrt{\mathrm{tr}^2(\rho\sigma) - \mathrm{tr}(\rho\sigma\rho\sigma)} = 0,
$$

从而 $\mathrm{tr}(\rho\sigma) = \mathrm{tr}(\rho^{\frac{1}{2}}\sigma\rho^{\frac{1}{2}}) = 0$, 因此 $\rho^{\frac{1}{2}}\sigma^{\frac{1}{2}}(\rho^{\frac{1}{2}}\sigma^{\frac{1}{2}})^* = \rho^{\frac{1}{2}}\sigma\rho^{\frac{1}{2}} = 0$. 这说明 $F(\rho,\sigma) = \mathrm{tr}(\sqrt{\rho^{\frac{1}{2}}\sigma\rho^{\frac{1}{2}}}) = 0$.

下证 (2). 我们知道

$$
1 - F(\rho,\sigma) \leqslant D(\rho,\sigma) \leqslant \sqrt{1 - F(\rho,\sigma)^2},
$$

$$
1 - G(\rho,\sigma) \leqslant D(\rho,\sigma) \leqslant \sqrt{1 - G(\rho,\sigma)}.
$$

从上面这两个不等式显然可以得到

$$
G(\rho,\sigma) = 1 \Leftrightarrow D(\rho,\sigma) = 0 \Leftrightarrow F(\rho,\sigma) = 1.
$$

而 $F(\rho,\sigma) = 1 \Leftrightarrow \rho = \sigma$. 所以 (2) 得证.

接下来证明 (3). 由上保真度的定义易得:

$$
G(\rho,\sigma) = 0 \Leftrightarrow \mathrm{tr}(\rho\sigma) + \sqrt{\mathrm{tr}^2(\rho) - \mathrm{tr}(\rho^2)}\sqrt{\mathrm{tr}^2(\sigma) - \mathrm{tr}(\sigma^2)} = 0
$$

$$\Leftrightarrow \operatorname{tr}(\rho\sigma)=0 \text{ 且 } \sqrt{\operatorname{tr}^2(\rho)-\operatorname{tr}(\rho^2)}\sqrt{\operatorname{tr}^2(\sigma)-\operatorname{tr}(\sigma^2)}=0$$

$$\Leftrightarrow \operatorname{tr}(\rho\sigma)=0 \text{ 并且 } \rho,\sigma \text{ 中至少有一个为纯态}.$$

最后, 我们证明 (4).

因为 $E(\rho,\sigma)=1$ 蕴涵 $F(\rho,\sigma)=1$, 所以 $\rho=\sigma$. 从而,

$$1=E(\rho,\rho)=\operatorname{tr}(\rho^2)+\sqrt{2(\operatorname{tr}^2(\rho^2)-\operatorname{tr}(\rho^4))}.$$

进而可得

$$2(\operatorname{tr}^2(\rho^2)-\operatorname{tr}(\rho^4))=1-2\operatorname{tr}(\rho^2)+\operatorname{tr}^2(\rho^2)$$

化简得

$$2\operatorname{tr}(\rho^2)+\operatorname{tr}^2(\rho^2)-2\operatorname{tr}(\rho^4)=1.$$

反之显然.

如果 $\operatorname{rank}(\rho)\leqslant 2$, 则存在正交的单位向量 $|1\rangle,|2\rangle$ 及 $s\in[0,1]$ 使得

$$\rho=s|1\rangle\langle 1|+(1-s)|2\rangle\langle 2|.$$

此时等式

$$\begin{aligned}&2\operatorname{tr}(\rho^2)+\operatorname{tr}^2(\rho^2)-2\operatorname{tr}(\rho^4)\\=&2(s^2+(1-s)^2)+(s^2+(1-s)^2)^2-2(s^4+(1-s)^4)\\=&4s^2+2-4s-(s^2-(1-s)^2)^2=4s^2+2-4s-(2s-1)^2=1\end{aligned}$$

恒成立. 因此, 当 $\operatorname{rank}(\rho)\leqslant 2$ 时, $E(\rho,\sigma)=1$ 当且仅当 $\rho=\sigma$. □

用 $D(\rho,\sigma)$ 表示量子态 $\rho,\sigma$ 的迹距离. 利用保真度和迹距离的关系, 可以得到有限维和无限维量子系统迹距离的上下界 (参见文献 [101, 161]), 即对任意 $\rho,\sigma\in\mathcal{S}(H)$,

$$1-F(\rho,\sigma)\leqslant D(\rho,\sigma)\leqslant\sqrt{1-F(\rho,\sigma)^2}. \tag{5.4.7}$$

对有限维量子系统上的态 $\rho,\sigma$, 文献 [146] 给出迹距离的一个更好的下界:

$$1-G(\rho,\sigma)\leqslant D(\rho,\sigma), \tag{5.4.8}$$

文献 [174] 给出迹距离的一个新的上界:

$$D(\rho,\sigma)\leqslant\sqrt{\frac{\tau}{2}}\sqrt{1-G(\rho,\sigma)}, \tag{5.4.9}$$

其中 $\tau=\operatorname{rank}(\rho-\sigma)$. 接下来, 我们将证明不等式 (5.4.8) 和 (5.4.9) 对无限维量子系统上的态 $\rho,\sigma$ 也是成立的.

**定理 5.4.6** 令 $H$ 为可分复 Hilbert 空间, $\dim H=\infty$. 对任意 $\rho,\sigma\in\mathcal{S}(H)$, 有

$$1-G(\rho,\sigma)\leqslant D(\rho,\sigma)\leqslant\min\left\{\sqrt{1-E(\rho,\sigma)},\sqrt{\frac{\tau}{2}}\sqrt{1-G(\rho,\sigma)}\right\},$$

其中 $\tau=\operatorname{rank}(\rho-\sigma)$.

为证明定理 5.4.6, 我们需要下列引理.

**引理 5.4.7** 对任意 $\rho,\sigma\in\mathcal{S}(H)$, 用 $P_+$ 表示到 $(\rho-\sigma)_+$ 的值域闭包的投影, $P_-$ 表示 $(\rho-\sigma)_-$ 的值域闭包的投影, 则下面四个不等式成立:

$$\operatorname{tr}(P_+(\rho-\rho^2))\geqslant\operatorname{tr}(P_+(\sigma-\rho\sigma)),\tag{5.4.10}$$

$$\operatorname{tr}(P_-(\rho-\rho^2))\geqslant\operatorname{tr}(P_-(\rho-\rho\sigma)),\tag{5.4.11}$$

$$\operatorname{tr}(P_+(\sigma-\sigma^2))\geqslant\operatorname{tr}(P_+(\sigma-\rho\sigma))\tag{5.4.12}$$

和

$$\operatorname{tr}(P_-(\sigma-\sigma^2))\geqslant\operatorname{tr}(P_-(\rho-\rho\sigma)).\tag{5.4.13}$$

**证明** 在此, 我们只给出不等式 (5.4.10) 的证明, 其他三个不等式的证明和 (5.4.10) 类似. 事实上, 对任意 $\rho,\sigma\in\mathcal{S}(H)$, 因为 $\rho<I$, 我们有

$$\begin{aligned}&\operatorname{tr}(P_+(\rho-\rho^2))-\operatorname{tr}(P_+(\sigma-\rho\sigma))\\=&\operatorname{tr}(P_+(\rho-\rho^2-\sigma+\rho\sigma))=\operatorname{tr}(P_+((\rho-\sigma)-\rho(\rho-\sigma)))\\=&\operatorname{tr}((\rho-\sigma)_+)-\operatorname{tr}(P_+\rho(\rho-\sigma))=\operatorname{tr}((\rho-\sigma)_+)-\operatorname{tr}(P_+(\rho-\sigma)\rho)\\\geqslant&\operatorname{tr}((\rho-\sigma)_+)-\operatorname{tr}(P_+(\rho-\sigma))=0,\end{aligned}$$

移项得不等式 (5.4.10). □

**定理 5.4.6 的证明** 把不等式 (5.4.10) 和 (5.4.11) 相加得

$$\operatorname{tr}(\rho-\rho^2)\geqslant\operatorname{tr}(P_+(\sigma-\rho\sigma))+\operatorname{tr}(P_-(\rho-\rho\sigma));\tag{5.4.14}$$

再把不等式 (5.4.12) 和 (5.4.13) 相加得

$$\operatorname{tr}(\sigma-\sigma^2)\geqslant\operatorname{tr}(P_+(\sigma-\rho\sigma))+\operatorname{tr}(P_-(\rho-\rho\sigma)).\tag{5.4.15}$$

由以上两个不等式知

$$\sqrt{\operatorname{tr}(\rho-\rho^2)}\sqrt{\operatorname{tr}(\sigma-\sigma^2)}\geqslant\operatorname{tr}(P_+(\sigma-\rho\sigma))+\operatorname{tr}(P_-(\rho-\rho\sigma)).\tag{5.4.16}$$

根据迹距离的定义及简单的推导可知

$$D(\rho,\sigma)=\frac{1}{2}\operatorname{tr}|\rho-\sigma|=\frac{1}{2}\operatorname{tr}(P_+(\rho-\sigma)-P_-(\rho-\sigma))$$

$$
\begin{aligned}
&=\frac{1}{2}(\operatorname{tr}(P_+\rho)-\operatorname{tr}(P_+\sigma)+\operatorname{tr}(P_-\sigma)-\operatorname{tr}(P_-\rho))\\
&=\frac{1}{2}(\operatorname{tr}(P_+\rho)+\operatorname{tr}(P_+\sigma)+\operatorname{tr}(P_-\sigma)+\operatorname{tr}(P_-\rho))-\operatorname{tr}(P_+\sigma)-\operatorname{tr}(P_-\rho)\\
&=1-\operatorname{tr}(P_+\sigma)-\operatorname{tr}(P_-\rho).
\end{aligned}
\tag{5.4.17}
$$

结合 (5.4.16)—(5.4.17), 得到下面的不等式:

$$
\begin{aligned}
D(\rho,\sigma)+\sqrt{\operatorname{tr}(\rho-\rho^2)}\sqrt{\operatorname{tr}(\sigma-\sigma^2)} \geqslant & 1-\operatorname{tr}(P_+\sigma)-\operatorname{tr}(P_-\rho)\\
&+\operatorname{tr}(P_+(\sigma-\rho\sigma))+\operatorname{tr}(P_-(\rho-\rho\sigma))\\
=&1-\operatorname{tr}(\rho\sigma).
\end{aligned}
$$

进而可得

$$
1-G(\rho,\sigma)\leqslant D(\rho,\sigma).
$$

所以不等式 (5.4.8) 对无限维情形成立.

由不等式 (5.4.7) 和定理 5.4.1 可以直接得到

$$
D(\rho,\sigma)\leqslant\sqrt{1-E(\rho,\sigma)}. \tag{5.4.18}
$$

下面我们证明不等式 (5.4.9) 对无限维情形成立, 即: 对于无限维量子系统上的量子态 $\rho,\sigma$, 令 $\tau=\operatorname{rank}(\rho-\sigma)$, 则

$$
D(\rho,\sigma)\leqslant\sqrt{\frac{\tau}{2}}\sqrt{1-G(\rho,\sigma)}
$$

是成立的.

对任意 $\rho,\sigma\in\mathcal{S}(H)$,

$$
\frac{1-\operatorname{tr}(\rho^2)}{2}+\frac{1-\operatorname{tr}(\sigma^2)}{2}\geqslant\sqrt{1-\operatorname{tr}(\rho^2)}\sqrt{1-\operatorname{tr}(\sigma^2)}; \tag{5.4.19}
$$

注意到, 上保真度 $G(\rho,\sigma)=\operatorname{tr}(\rho\sigma)+\sqrt{1-\operatorname{tr}(\rho^2)}\sqrt{1-\operatorname{tr}(\sigma^2)}$, 将不等式 (5.4.19) 两边同时加上 $\operatorname{tr}(\rho\sigma)$ 可得

$$
1-\frac{1}{2}(\operatorname{tr}(\rho^2)+\operatorname{tr}(\sigma^2)-2\operatorname{tr}(\rho\sigma))\geqslant G(\rho,\sigma). \tag{5.4.20}
$$

又因为

$$
\|\rho-\sigma\|_{\mathrm{HS}}^2=\operatorname{tr}((\rho-\sigma)^2)=\operatorname{tr}(\rho^2)+\operatorname{tr}(\sigma^2)-2\operatorname{tr}(\rho\sigma),
$$

所以不等式 (5.4.20) 又可以表示为

$$
1\geqslant 1-\frac{1}{2}\|\rho-\sigma\|_{\mathrm{HS}}^2\geqslant G(\rho,\sigma)\geqslant 0, \tag{5.4.21}
$$

其中, 任意 Hilbert-Schmidt 算子 $X$ 的 Hilbert-Schmidt 范数定义为

$$\|X\|_{\rm HS} := \sqrt{{\rm tr}(X^*X)}.$$

注意到, 当 $\tau = \infty$ 时, 不等式 (5.4.9) 自然成立.

下面, 我们讨论 $\tau = {\rm rank}(\rho - \sigma) < \infty$ 的情形. 令 $\lambda_1 \geqslant \lambda_2 \geqslant \cdots \geqslant \lambda_\tau > 0$ 为 $\rho - \sigma$ 的非零奇异值, 则 $\|\rho - \sigma\|_{\rm tr} = \sum_{i=1}^{\tau} \lambda_i$, $\|\rho - \sigma\|_{\rm HS} = [\sum_{i=1}^{\tau} \lambda_i^2]^{\frac{1}{2}}$. 根据 Cauchy-Schwarz 不等式, 有

$$\|\rho - \sigma\|_{\rm Tr} \leqslant \sqrt{\tau}\|\rho - \sigma\|_{\rm HS}. \tag{5.4.22}$$

注意到 (5.4.21) 蕴涵

$$\|\rho - \sigma\|_{\rm HS} \leqslant \sqrt{2[1 - G(\rho, \sigma)]}. \tag{5.4.23}$$

结合 (5.4.22) 和 (5.4.23), 有

$$D(\rho, \sigma) = \frac{1}{2}\|\rho - \sigma\|_{\rm tr} \leqslant \frac{\sqrt{\tau}}{2}\|\rho - \sigma\|_{\rm HS} \leqslant \sqrt{\frac{\tau}{2}}\sqrt{[1 - G(\rho, \sigma)]}.$$

所以, 当 $\tau = {\rm rank}(\rho - \sigma) \leqslant \infty$ 时,

$$D(\rho, \sigma) = \frac{1}{2}\|\rho - \sigma\|_{\rm tr} \leqslant \frac{\sqrt{\tau}}{2}\|\rho - \sigma\|_{\rm HS} \leqslant \sqrt{\frac{\tau}{2}}\sqrt{[1 - G(\rho, \sigma)]}. \tag{5.4.24}$$

不等式 (5.4.18) 和 (5.4.24) 说明:

$$D(\rho, \sigma) \leqslant \min\left\{\sqrt{1 - E(\rho, \sigma)}, \sqrt{\frac{\tau}{2}}\sqrt{1 - G(\rho, \sigma)}\right\}. \qquad \square$$

下面探讨任意维复 Hilbert 空间量子态上保持保真度或上 (下) 保真度映射的刻画问题. 这些结果推广了文献 [148] 的结果.

**定理 5.4.8** 令 $H$ 为有限维复 Hilbert 空间, $\phi : \mathcal{S}(H) \to \mathcal{S}(H)$ 是一个双射, 则下列叙述等价.

(1) 对任意 $\rho, \sigma \in \mathcal{S}(H)$, $G(\phi(\rho), \phi(\sigma)) = G(\rho, \sigma)$ 成立.

(2) 对任意 $\rho, \sigma \in \mathcal{S}(H)$, $F(\phi(\rho), \phi(\sigma)) = F(\rho, \sigma)$ 成立.

(3) 对任意 $\rho, \sigma \in \mathcal{S}(H)$, $E(\phi(\rho), \phi(\sigma)) = E(\rho, \sigma)$ 成立.

(4) 存在酉算子或反酉算子 $U : H \to H$, 使得对任意 $\rho \in \mathcal{S}(H)$,

$$\phi(\rho) = U\rho U^*.$$

为证明定理 5.4.8, 我们需要下面的引理.

**引理 5.4.9**[148] 令 $H$ 为有限维复 Hilbert 空间, $\dim H = n \geqslant 2$. $A$ 是 $H$ 上的一个正算子, 则 $\mathrm{rank}(A) = 1$ 当且仅当存在非零的正算子 $A_1, A_2, \cdots, A_{n-1}$ 使得 $A, A_1, A_2, \cdots, A_{n-1}$ 两两正交.

**定理 5.4.8 的证明** 容易验证 (4)⇒(1), (4)⇒(2) 及 (4)⇒(3) 是成立的. (2)⇒(4) 的证明参见文献 [148], 接下来我们只需证明 (1)⇒(4) 和 (3)⇒(4).

首先证明 (1)⇒(4). 设 $\phi$ 保持上保真度, 则对任意 $\rho, \sigma \in \mathcal{S}(H), G(\rho, \sigma) = 0 \Leftrightarrow G(\phi(\rho), \phi(\sigma)) = 0$. 注意到由定理 5.4.5 可知 $G(\rho, \sigma) = 0$ 当且仅当 $\rho\sigma = 0$ 并且 $\rho$ 和 $\sigma$ 中至少有一个纯态. 设 $\rho$ 是一个秩一投影, 则对任意的态 $\sigma$, $\rho\sigma = 0$ 当且仅当 $\phi(\rho)\phi(\sigma) = 0$ 并且 $\phi(\rho)$ 和 $\phi(\sigma)$ 中至少有一个是秩一的. 因为 $\rho$ 是秩一的, 由引理 5.4.9, 存在一组秩一的算子 $\sigma_1, \sigma_2, \cdots, \sigma_{n-1}$, 使得 $\rho$, $\sigma_1$, $\sigma_2$, $\ldots$, $\sigma_{n-1}$ 两两相互正交. 所以, 当 $i \neq j$ 时, $G(\phi(\rho), \phi(\sigma_i)) = G(\phi(\sigma_i), \phi(\sigma_j)) = 0$. 这说明 $\{\phi(\rho), \phi(\sigma_1), \phi(\sigma_2), \cdots, \phi(\sigma_{n-1})\}$ 是两两正交的, 再由引理 5.4.9, 可得 $\phi(\rho)$ 是秩一投影, 因此,$\phi$ 是保秩一投影的映射. $\phi^{-1}$ 与 $\phi$ 具有相同的性质, 因此 $\phi$ 双边保秩一投影.

由上保真度的定义知, 对任意 $P \in \mathcal{P}_1(H)$, $\rho \in \mathcal{S}(H)$, 都有

$$\mathrm{tr}(\phi(P)\phi(\rho)) = G(\phi(P), \phi(\rho)) = G(P, \rho) = \mathrm{tr}(P\rho). \tag{5.4.25}$$

由 Wigner 定理 ([202]), 存在一个等距或余等距的算子 $U: H \to H$, 使得对所有秩一投影 $P \in \mathcal{P}_1(H)$, 都有 $\phi(P) = UPU^*$ 成立. 因为 $H$ 为有限维的 Hilbert 空间, 所以 $U$ 是酉算子或共轭酉算子. 把 $\phi$ 用下面的形式代替并仍记为 $\phi$:

$$\rho \mapsto U^*\phi(\rho)U$$

对任意 $P \in \mathcal{P}_1(H)$, 可得 $\phi(P) = P$. 下面我们将证明对任意 $\rho \in \mathcal{S}(H)$, 都有 $\phi(\rho) = \rho$ 成立. 由 (5.4.25) 式, 对任意纯态 $P = |x\rangle\langle x|$,

$$\begin{aligned}\langle x|\phi(\rho)|x\rangle &= \mathrm{tr}(\phi(\rho)P) = G(\phi(\rho), P)\\ &= G(\phi(\rho), \phi(P)) = G(\rho, P)\\ &= \langle x|\rho|x\rangle.\end{aligned}$$

所以 $\phi(\rho) = \rho$.

接下来证 (3)⇒(4). 设 $\phi$ 保持下保真度. 根据定理 5.4.5, $\rho\sigma = 0 \Leftrightarrow E(\rho, \sigma) = 0$, 所以由 $E(\phi(\rho), \phi(\sigma)) = 0$, 可得 $\phi(\rho)\phi(\sigma) = 0$. 这说明 $\phi$ 保持态的正交性. 根据引理 5.4.9, 类似于 (1)⇒(4), 我们同样可以证明 $\phi$ 是双边保秩一投影的映射. 那么, 由下保真度 $E(\rho, \sigma)$ 的定义可知, 对 $\rho \in \mathcal{S}(H)$ 及 $P \in \mathcal{P}_1(H)$ 有

$$\mathrm{tr}(\phi(P)\phi(\rho)) = E(\phi(P), \phi(\rho)) = E(P, \rho) = \mathrm{tr}(P\rho). \tag{5.4.26}$$

下面类似于 (1)⇒(4) 的证明可知 (4) 成立. □

接下来给出无限维量子系统上的保真度或上、下保真度满射的刻画.

**定理 5.4.10**　令 $H$ 为无限维复 Hilbert 空间, $\phi:\mathcal{S}(H)\to\mathcal{S}(H)$ 是一个满射, 则下列叙述等价.

(1) 对任意 $\rho,\sigma\in\mathcal{S}(H)$, $G(\phi(\rho),\phi(\sigma))=G(\rho,\sigma)$ 成立.

(2) 对任意 $\rho,\sigma\in\mathcal{S}(H)$, $F(\phi(\rho),\phi(\sigma))=F(\rho,\sigma)$ 成立.

(3) 对任意 $\rho,\sigma\in\mathcal{S}(H)$, $E(\phi(\rho),\phi(\sigma))=E(\rho,\sigma)$ 成立.

(4) 存在酉算子或反酉算子 $U:H\to H$, 使得对任意 $\rho\in\mathcal{S}(H)$,

$$\phi(\rho)=U\rho U^*.$$

证明定理之前我们需要下面的引理.

**引理 5.4.11**　令 $H$ 为复 Hilbert 空间且 $\dim H\leqslant\infty$, $\rho\in\mathcal{P}_1(H),\sigma\in\mathcal{P}_1(H)$. 如果 $\{\rho\}^\perp=\{\sigma\}^\perp$, 则 $\rho=\sigma$.

**证明**　令 $\rho=|x\rangle\langle x|,\sigma=|y\rangle\langle y|$. 对秩一投影 $\gamma$, 因为 $\{\rho\}^\perp=\{\sigma\}^\perp$, 所以 $\gamma\rho=0$ 当且仅当 $\gamma\sigma=0$. 这说明对 $|z\rangle\in H$, $|z\rangle\perp|x\rangle$ 当且仅当 $|z\rangle\perp|y\rangle$. 因此我们得到 $\{|x\rangle\}^\perp=\{|y\rangle\}^\perp$, 从而 $[|x\rangle]=[|y\rangle]$. 进而可知 $|y\rangle=\lambda|x\rangle,|y\rangle\langle y|=|\lambda|^2|x\rangle\langle x|$. 又因为 $\rho,\sigma\in\mathcal{P}_1(H)$, 所以 $|\lambda|^2=1$, 即 $\rho=\sigma$. □

**定理 5.4.10 的证明**　(4)⇒(1),(4)⇒(2) 及 (4)⇒(3) 显然. 我们只证明 (1)⇒(4), (2)⇒(4) 和 (3)⇒(4).

先证 (2)⇒(4). 注意到由定理 5.4.5 可知 $\rho\sigma=0\Leftrightarrow F(\rho,\sigma)=0$. 因为 $\phi$ 保持保真度, 所以 $\rho\sigma=0\Leftrightarrow\phi(\rho)\phi(\sigma)=0$. 这说明 $\phi$ 是双边保正交的满射. 由本书定理 2.1.1, 存在一个酉算子或共轭酉算子 $U:H\to H$, 使得对任意 $P\in\mathcal{P}_1(H)$, 都有 $\phi(P)=UPU^*$ 成立. 把 $\phi$ 代为下面的形式:

$$\tau\mapsto U^*\phi(\tau)U$$

对任意 $P\in\mathcal{P}_1(H)$, $\phi(P)=P$. 下面我们将证明对任意 $\tau\in\mathcal{S}(H)$, 都有 $\phi(\tau)=\tau$ 成立. 由 (2), 对任意单位向量

$$\begin{aligned}\langle x|\phi(\tau)|x\rangle&=\mathrm{tr}(\phi(\tau)|x\rangle\langle x|)=F(\phi(\tau),|x\rangle\langle x|)^2\\&=F(\phi(\tau),\phi(|x\rangle\langle x|))^2=F(\tau,|x\rangle\langle x|)^2\\&=\langle x|\tau|x\rangle.\end{aligned}$$

所以 (4) 成立.

下证 (3)⇒(4). 若 (3) 成立. 由定理 5.4.5, $\rho\sigma=0\Leftrightarrow E(\rho,\sigma)=0\Leftrightarrow E(\phi(\rho),\phi(\sigma))=0\Leftrightarrow\phi(\rho)\phi(\sigma)=0$. 这说明 $\phi$ 是双边保正交的满射. 由引理 5.4.9 可知,$\phi$ 双

边保秩一且 $\phi|_{\mathcal{P}_1(H)}$ 是双射. 再利用本书定理 2.1.1, 存在一个酉算子或共轭酉算子 $U: H \to H$, 使得对任意 $P \in \mathcal{P}_1(H)$, 都有 $\phi(P) = UPU^*$ 成立. 由上保真度 $G(\rho, \sigma)$ 的定义可知, 对 $\rho \in \mathcal{S}(H)$ 及 $P \in \mathcal{P}_1(H)$:

$$\operatorname{tr}(\phi(P)\phi(\rho)) = G(\phi(P), \phi(\rho)) = G(P, \rho) = \operatorname{tr}(P\rho).$$

接下来类似于 (2)⇒(4) 的证明可知 (4) 成立.

接下来证明 (1)⇒(4). 首先证明 $\phi$ 双边保秩一投影. 反设存在一个秩一投影 $\rho$ 使得 $\operatorname{rank}(\phi(\rho)) > 1$. 那么对 $\sigma \in \{\rho\}^\perp$, 由定理 5.4.5 可得, $G(\rho, \sigma) = 0$, 所以 $G(\phi(\rho), \phi(\sigma)) = 0$. 再一次应用定理 5.4.5, 有 $\phi(\rho)\phi(\sigma) = 0$ 并且 $\phi(\rho)$ 和 $\phi(\sigma)$ 中至少有一个为秩一的. 因为 $\operatorname{rank}(\phi(\rho)) > 1$, 所以必然有 $\operatorname{rank}(\phi(\sigma)) = 1$. 因此对所有 $\sigma \in \{\rho\}^\perp$, 都有 $\operatorname{rank}(\phi(\sigma)) = 1$. 由于 $\operatorname{rank}(\phi(\rho)) > 1$, 所以可以取 $y_i \in \operatorname{ran}\phi(\rho), i = 1, 2$ 使得 $y_1 \perp y_2$. 令 $\eta_i = |y_i\rangle\langle y_i|, i = 1, 2$. 由 $\phi$ 的满射性, 存在 $\rho_i$ 使得 $\phi(\rho_i) = \eta_i$, $i = 1, 2$, 则 $\rho_1 \neq \rho_2$. 所以, 对 $\sigma \in \{\rho\}^\perp$, 可得 $\eta_i$ 是秩一的且 $\phi(\sigma)\eta_i = 0$, 因而有 $G(\sigma, \rho_i) = G(\phi(\sigma), \eta_i) = 0$ 对所有 $\sigma \in \{\rho\}^\perp$ 成立. 由于我们可以取 $\sigma$ 使得 rank $\sigma > 1$, 故上式蕴涵 $\sigma\rho_i = 0$ 且 $\rho_i$ 为秩一的. 总之, 如果 $\sigma \in \{\rho\}^\perp$, 则 $\sigma \in \{\rho_i\}^\perp$. 因而有 $\{\rho\}^\perp \subseteq \{\rho_i\}^\perp$. 由于 $\rho_i$ 为秩一的, 这迫使 $\{\rho\}^\perp = \{\rho_i\}^\perp$, $i = 1, 2$. 再由定理 5.4.5 知 $\rho_1 = \rho_2$, 矛盾. 所以 $\operatorname{rank}(\phi(\rho)) = 1$. 这说明 $\phi$ 保秩一投影. 反过来, 假设 $\operatorname{rank}(\phi(\rho)) = 1$. 我们可以取 $\eta \in \{\phi(\rho)\}^\perp$ 使 $\operatorname{rank}(\eta) \geqslant 2$, 则 $G(\phi(\rho), \eta) = 0$. 由于 $\phi$ 是满射, 存在 $\sigma \in \mathcal{S}(H)$, 使 $\eta = \phi(\sigma)$. 进而可得 $G(\rho, \sigma) = G(\phi(\rho), \eta) = 0$. 再一次应用定理 5.4.5 可得, $\rho\sigma = 0$ 且 $\rho$ 和 $\sigma$ 中至少有一个是秩一的. 由于在前面我们已经证明 $\phi$ 是保秩一的, 且 $\operatorname{rank}(\phi(\sigma)) = \operatorname{rank}(\eta) \geqslant 2$, 所以必有 $\operatorname{rank}(\rho) = 1$. 因此,$\phi$ 是双边保秩一的.

对 $Q_1, Q_2 \in \mathcal{P}_1(H)$, 由于 $G(Q_1, Q_2) = G(\phi(Q_1), \phi(Q_2))$, 因此 $Q_1Q_2 = 0$ 当且仅当 $\phi(Q_1)\phi(Q_2) = 0$. 所以 $\phi\ |_{\mathcal{P}_1(H)}$ 是双边保正交的. 进一步可得 $\phi\ |_{\mathcal{P}_1(H)}$ 是双射. 再利用本书定理 2.1.1 知, 存在一个酉算子或共轭酉算子 $U: H \to H$, 使得对任意 $P \in \mathcal{P}_1(H)$, 都有 $\phi(P) = UPU^*$ 成立. 把 $\phi$ 代为下面的形式:

$$\rho \mapsto U^*\phi(\rho)U$$

对任意 $P \in \mathcal{P}_1(H)$, 我们可取 $\phi(P) = P$. 下面我们将证明对任意 $\rho \in \mathcal{S}(H)$, 都有 $\phi(\rho) = \rho$ 成立. 由 (1) 的条件, 对任意纯态 $P = |x\rangle\langle x|$,

$$\begin{aligned}\langle x|\phi(\rho)|x\rangle =& \operatorname{tr}(\phi(\rho)P) = G(\phi(\rho), P)\\ =& G(\phi(\rho), \phi(P)) = G(\rho, P)\\ =& \langle x|\rho|x\rangle.\end{aligned}$$

所以 $\phi(\rho) = \rho$. 定理得证. □

## 5.5 Schatten-$p$ 类算子空间上的保距或完全保距映射

算子 $A$ 的 Schatten-$p$ 范数也是一类常见的算子范数, 其定义为 $\|A\|_p = \operatorname{tr}(|A|_p)^{\frac{1}{p}}$ (tr 为算子的迹). Schatten-$p$ 类算子空间即为 Schatten-$p$ 范数有限的算子组成的集合, 它是 $\mathcal{B}(H)$ 中的 (非闭) 理想, 且按 Schatten-$p$ 范数 $\|\cdot\|_p$ 成为 Banach 空间. 量子态是 Schatten-$p(p=1)$ 类算子空间的单位球面. 更一般地, 本节讨论 Schatten-$p$ 类算子空间上保距或完全保距映射的刻画问题. 需要指出的是本节的工作与著名的 Mazur-Ulam 定理密切相关 (见文献 [141]). Mazur-Ulam 定理断言赋范线性空间上保零元的保距满射必为实线性映射. 在本文中我们多次用到这一结论. 得到的主要结果如下.

**定理 5.5.1** 设 $H$ 为复 Hilbert 空间, $\dim H \geqslant 3$, $\mathcal{C}_p(H)$ 表示 $H$ 上的 Schatten-$p$ 类算子空间, $1 \leqslant p \leqslant +\infty$ 且 $p \neq 2$. 令 $\Phi : \mathcal{C}_p(H) \to \mathcal{C}_p(H)$ 为一满射. 则 $\Phi$ 满足 $\|\Phi(A) - \Phi(B)\|_p = \|A - B\|_p$ 对所有 $A, B \in \mathcal{C}_p(H)$ 成立当且仅当存在酉算子或共轭酉算子 $U, V$ 以及 $S \in \mathcal{C}_p(H)$ 使得

$$\Phi(A) = UAV + S, \quad \forall A \in \mathcal{C}_p(H)$$

或

$$\Phi(A) = UA^*V + S, \quad \forall A \in \mathcal{C}_p(H).$$

回顾算子空间理论, 设 $H^n$ 表示 $n$ 个 $H$ 的直和, $\|A\|_n$ 为算子 $A = [A_{ij}]_{n\times n} \in \mathbb{M}_n(\mathcal{B}(H))$ 的算子范数. 设 $\mathcal{S} \subseteq \mathcal{B}(H)$, $\Phi : \mathcal{S} \to \mathcal{S}$ 为任意映射, 则对每个自然数 $n$, $\Phi$ 可自然地延拓为如下定义的映射 $\Phi_n : \mathbb{M}_n(\mathcal{S}) \to \mathbb{M}_n(\mathcal{S})$: $\Phi_n(A) = \Phi([A_{ij}]_{n\times n}) = [\Phi(A_{ij})]_{n\times n}$, $A = [A_{ij}] \in \mathbb{M}_n(\mathcal{S})$, 则称 $\Phi_n$ 为 $\Phi$ 的诱导映射. 若 $\|\Phi_n(A) - \Phi_n(B)\|_n = \|A - B\|_n$ 对所有 $A, B \in \mathbb{M}_n(\mathcal{S})$ 以及正整数 $n$ 都成立, 则称 $\Phi$ 为完全保距映射; 上述条件对于 $n$=2 成立, 则称 $\Phi$ 为 2-保距的. 若 $\mathcal{S}$ 是线性子空间且 $\Phi$ 为线性映射, 则相应地称 $\Phi$ 为完全等距 (2-等距). 如果用 $\mathcal{C}_p(H)$ 代替 $\mathcal{S}$, 则有

$$\mathbb{M}_n(\mathcal{C}_p(H)) = \mathcal{C}_p(H^n).$$

对于 $A \in \mathbb{M}_n(\mathcal{C}_p(H))$, $A$ 的 Schatten-$p$ 范数记为

$$\|A\|_{n,p} = \operatorname{tr}(|A|^p)^{1/p}.$$

利用定理 5.5.1 我们可以得到对 Schatten-$p$ 类算子空间上的完全保距映射的更精细的刻画.

**推论 5.5.2** 设 $H$ 为复 Hilbert 空间, $\dim H \geqslant 3$, $\mathcal{C}_p(H)$ 表示 H 上的 Schatten-$p$ 类算子空间,$1 \leqslant p \leqslant +\infty$ 且 $p \neq 2$, $\Phi : \mathcal{C}_p(H) \to \mathcal{C}_p(H)$ 是满射. 则下列叙述等价:

(I) $\Phi$ 完全保距, 即 $\|\Phi_n(A)-\Phi_n(B)\|_{n,p} = \|A-B\|_{n,p}$ 对所有 $A, B \in \mathbb{M}_n(\mathcal{C}_p(H))$ 及正整数 $n$ 成立;

(II) $\Phi$ 2-保距, 即 $\|\Phi_2(A) - \Phi_2(B)\|_{2,p} = \|A - B\|_{2,p}$ 对所有 $A, B \in \mathbb{M}_2(\mathcal{C}_p(H))$ 成立;

(III) 存在酉算子或共轭酉算子 $U, V$ 以及 $S \in \mathcal{C}_p(H)$ 使得 $\Phi(A) = UAV + S$ 对所有的 $A \in \mathcal{C}_p(H)$ 都成立.

下面的定理给出自伴 Schatten-$p$ 类算子空间上保距满射的完全刻画.

**定理 5.5.3** 设 $H$ 为复 Hilbert 空间, $\dim H \geqslant 3$, $\mathcal{C}_p^s(H)$ 表示 H 上的自伴 Schatten-$p$ 类算子空间,$1 \leqslant p \leqslant +\infty$ 且 $p \neq 2$, $\Phi : \mathcal{C}_p^s(H) \to \mathcal{C}_p^s(H)$ 是满射. $\Phi$ 满足 $\|\Phi(A) - \Phi(B)\|_p = \|A - B\|_p$ 对所有 $A, B \in \mathcal{C}_p^s(H)$ 成立当且仅当存在酉算子或共轭酉算子 $U$ 以及 $S \in \mathcal{C}_p^s(H)$ 使得 $\Phi(A) = UAU^* + S$ 对所有的 $A \in \mathcal{C}_p^s(H)$ 都成立.

$p = 2$ 的情形则大不相同. 事实上, 对于 $\mathcal{C}_2(H)$ 上的保距映射, 我们有如下定理.

**定理 5.5.4** 设 $H$ 为复 Hilbert 空间, $\Phi : \mathcal{C}_2(H) \to \mathcal{C}_2(H)$ 是满射. $\Phi$ 满足 $\|\Phi(A) - \Phi(B)\|_2 = \|A - B\|_2$ 对所有 $A, B \in \mathcal{C}_2(H)$ 都成立, 则映射 $\Psi : A \mapsto \Phi(A) - \Phi(0)$ 为实线性映射, 且满足 $\mathrm{Re}\,\mathrm{tr}(AB^*) = 0 \Leftrightarrow \mathrm{Re}\,\mathrm{tr}(\Psi(A)\Psi(B)^*) = 0$.

为证明上述定理, 我们需要以下引理. 接下来的引理是定理 2.6.1 的直接推论, 为阅读方便我们重新叙述如下.

**引理 5.5.5** 设 $H$ 为复 Hilbert 空间, $\dim H \geqslant 3$, $\mathcal{C}_p(H)$ 表示 $H$ 上的 Schatten-$p$ 类算子空间. $\Phi : \mathcal{C}_p(H) \to \mathcal{C}_p(H)$ 是实线性满射. 若 $\Phi$ 满足 $A^*B = AB^* = 0 \Leftrightarrow \Phi(A)^*\Phi(B) = \Phi(A)\Phi(B)^* = 0$ 对所有 $A, B \in \mathcal{C}_p(H)$ 都成立, 则存在酉算子或共轭酉算子 $U, V$ 及常数 $c$ 使得 $\Phi(A) = cUAV$ 对所有秩一算子 $A \in \mathcal{C}_p(H)$ 都成立, 或 $\Phi(A) = cUA^*V$ 对所有秩一算子 $A \in \mathcal{C}_p(H)$ 都成立.

**引理 5.5.6**[5] 设 $A, B \in \mathcal{C}_p(H)$ 且 $1 \leqslant p \leqslant +\infty$, $p \neq 2$, 则 $A^*B = AB^* = 0$ 当且仅当 $\|A - B\|_p^p + \|A + B\|_p^p = 2(\|A\|_p^p + \|B\|_p^p)$.

**引理 5.5.7** 对所有 $A, B \in \mathcal{C}_2(H)$, 下列性质等价:

(I) $\langle A, B\rangle = \mathrm{Re}\ \mathrm{tr}(AB^*) = 0$.

(II) $\|A + \lambda B\|_2 \geqslant \|A\|_2$ 对所有实数 $\lambda$ 成立.

**证明** 易证 (I)$\Rightarrow$(II). 下证 (II)$\Rightarrow$(I). 不失一般性, 假设 $B \neq 0$ 满足条件 (II), 但 $\mathrm{Re}\ \mathrm{tr}(AB^*) \neq 0$. 对每个实数 $\lambda$,

$$\|A\|_2^2 \leqslant \|A + \lambda B\|_2^2 = \mathrm{tr}((A + \lambda B)(A^* + \bar{\lambda} B^*)) = \|A\|_2^2 + \|\lambda B\|_2^2 + 2\lambda \mathrm{Re}(\mathrm{tr}(AB^*)).$$

取 $\lambda = (-r)\text{sign}(\text{Re tr}(AB^*))$, 其中 $r > 0$. 则有 $r^2\|B\|_2^2 \geqslant 2r|\text{Re tr}(AB^*)|$ 对所有实数 $r > 0$ 成立, 即 $r\|B\|_2^2 \geqslant 2|\text{Re tr}(AB^*)| > 0$ 对所有实数 $r > 0$ 成立, 这是不可能的. 所以必有 $\text{Re tr}(AB^*) = 0$. □

**定理 5.5.1 的证明** 充分性显然, 仅验证必要性. 对所有 $A \in \mathcal{C}_p(H)$, 设 $\Psi(A) = \Phi(A) - \Phi(0)$, 则有 $\Psi(0) = 0$, 且 $\|\Psi(A) - \Psi(B)\|_p = \|A - B\|_p$ 对所有 $A, B \in \mathcal{C}_p(H)$ 都成立. 由 Mazur-Ulam 定理 (见文献 [141]) 知, $\Psi$ 为实线性映射. 进而, 我们有 $\|\Psi(A)\|_p = \|A\|_p$ 且 $\|\Psi(A) + \Psi(B)\|_p = \|A + B\|_p$ 对所有 $A, B \in \mathcal{C}_p(H)$ 成立. 由引理 5.5.6, $\Psi$ 满足 $A^*B = AB^* = 0 \Leftrightarrow \Psi(A)^*\Psi(B) = \Psi(A)\Psi(B)^* = 0$ 对所有 $A, B \in \mathcal{C}_p(H)$ 成立. 利用引理 5.5.5 知, 存在酉算子或共轭酉算子 $U, V$ 及复数 $c$ 使得 $\Psi(A) = cUAV$ 对所有秩一算子 $A \in \mathcal{C}_p(H)$ 都成立或 $\Psi(A) = cUA^*V$ 对所有秩一算子 $A \in \mathcal{C}_p(H)$ 都成立. 显然 $|c| = 1$. 故 $cU$ 还是酉算子或共轭酉算子, 仍记为 $U$. 由于全体秩一算子的和组成的集合 (即有限秩算子集合) 在 $\mathcal{C}_p(H)$ 中是按 Schatten-$p$ 范数稠密的, 因此若令 $S = \Phi(0) \in \mathcal{C}_p(H)$, 则定理得证. □

**定理 5.5.2 的证明** 易证 (I)$\Rightarrow$ (II) 及 (III)$\Rightarrow$ (I).

下面仅验证 (II)$\Rightarrow$ (III). 记 $\Theta(A) = \Phi(A) - \Phi(0)$ 对所有 $A \in \mathcal{C}_p(H)$ 成立, 则有 $\Theta(0) = 0$, 且 $\Theta_2((A_{ij})_{2\times2}) = \Phi_2((A_{ij})_{2\times2}) - \Phi_2(0)$ 对所有 $(A_{ij})_{2\times2} \in \mathcal{C}_p(H^2)$ 成立. 由 (II) 可知 $\Theta$ 是 2-保距的. 因此映射 $\Theta : \mathcal{C}_p(H) \to \mathcal{C}_p(H)$ 是保距满射. 利用定理 5.5.1 知, 存在 $H$ 上的酉算子或共轭酉算子 $U, V$ 使得 $\Theta(A) = UAV$ 或 $\Theta(A) = UA^*V$ 对所有 $A \in \mathcal{C}_p(H)$ 都成立. 令 $\Psi(A) = U^*\Theta(A)V^*$, 则有 $\Psi(A) = A$ 或者 $A^*$ 对所有 $A \in \mathcal{C}_p(H)$ 都成立. 另一方面, 由于 $\Psi_2((A_{ij})_{2\times2}) = \begin{pmatrix} U^* & 0 \\ 0 & U^* \end{pmatrix}\Theta_2((A_{ij})_{2\times2})\begin{pmatrix} V^* & 0 \\ 0 & V^* \end{pmatrix}$ 且 $\Theta$ 是 2-保距的, 所以 $\Psi$ 也是 2-保距的. 进一步由 $\Theta_2(0) = 0$ 知 $\Psi_2(0) = 0$. 因此 $\Psi_2$ 保 $p$-范数.

为证明 (III) 成立, 仅需验证 $\Psi(A) = A^*$ 情形不发生. 反设 $\Psi(A) = A^*$ 对所有 $A \in \mathcal{C}_p(H)$ 都成立, 则有 $\Psi_2((A_{ij})_{2\times2}) = \begin{pmatrix} A_{11}^* & A_{12}^* \\ A_{21}^* & A_{22}^* \end{pmatrix}$. 任取空间 $H$ 的标准正交基 $\{e_i\}_{i\in I}$, 分别令 $A_{11} = e_1 \otimes e_1$, $A_{12} = e_1 \otimes e_2$, $A_{21} = e_2 \otimes e_1$, $A_{22} = e_2 \otimes e_2$ 并记 $T = \begin{pmatrix} e_1 \otimes e_1 & e_1 \otimes e_2 \\ e_2 \otimes e_1 & e_2 \otimes e_2 \end{pmatrix}$. 于是 $T^*T = (A_{ij})_{2\times2}^2 = \begin{pmatrix} e_1 \otimes e_1 & e_1 \otimes e_2 \\ e_2 \otimes e_1 & e_2 \otimes e_2 \end{pmatrix}^2 = \begin{pmatrix} 2e_1 \otimes e_1 & 2e_1 \otimes e_2 \\ 2e_2 \otimes e_1 & 2e_2 \otimes e_2 \end{pmatrix}$. 关于空间分解 $H = [e_1, e_2] \oplus [e_1, e_2]^\perp$, $T^*T = T^2$ 可表为 $\begin{pmatrix} 2 & 0 & 0 & 2 \\ 0 & 0 & 0 & 0 \\ 0 & 0 & 0 & 0 \\ 2 & 0 & 0 & 2 \end{pmatrix} \oplus 0 = 4P$, 其中 $P$ 是秩一投影算子. 因此, $\|T\|_p = (\text{tr}(\sqrt{4P}^p))^{\frac{1}{p}} = 2$.

另一方面,

$$\Psi(T)^*\Psi(T) = (A_{ij}^*)_{2\times 2}^2 = \begin{pmatrix} e_1\otimes e_1 & e_2\otimes e_1 \\ e_1\otimes e_2 & e_2\otimes e_2 \end{pmatrix}^2$$
$$= \begin{pmatrix} e_1\otimes e_1 + e_2\otimes e_2 & 0 \\ 0 & e_1\otimes e_1 + e_2\otimes e_2 \end{pmatrix}.$$

关于空间分解 $H = [e_1, e_2] \oplus [e_1, e_2]^\perp$, $\Psi(T)^*\Psi(T)$ 可表示为

$$\Psi(T)^*\Psi(T) = \begin{pmatrix} 1 & 0 & 0 & 0 \\ 0 & 1 & 0 & 0 \\ 0 & 0 & 1 & 0 \\ 0 & 0 & 0 & 1 \end{pmatrix} \oplus 0.$$

故易知 $\|\Psi(T)\|_p = \|(A_{ij}^*)_{2\times 2}\|_p = \sqrt[p]{4}$. 由于 $p \neq 2$, 因此总有 $\|\Psi_2((A_{ij})_{2\times 2})\|_p \neq \|(A_{ij})_{2\times 2}\|_p$, 这与 $\Psi_2$ 保 $p$-范数矛盾. 因此 $\Psi(A) = A^*$ 情形不可能发生. □

**定理 5.5.3 的证明**　充分性显然, 仅验证必要性. 以下证明类似于定理 5.5.1, 对所有 $A \in \mathcal{C}_p^s(H)$, 设 $\Psi(A) = \Phi(A) - \Phi(0)$, 则有 $\Psi(0) = 0$, 且 $\|\Psi(A) - \Psi(B)\|_p = \|A - B\|_p$ 对所有 $A, B \in \mathcal{C}_p^s(H)$ 都成立. 由 Mazur-Ulam 定理 (见文献 [141]) 知, $\Psi$ 为实线性映射. 进而, 我们有 $\|\Psi(A)\|_p = \|A\|_p$ 且 $\|\Psi(A) + \Psi(B)\|_p = \|A + B\|_p$ 所有 $A, B \in \mathcal{C}_p^s(H)$ 成立. 由引理 5.5.6, $\Psi$ 满足 $AB = AB = 0 \Leftrightarrow \Psi(A)\Psi(B) = \Psi(A)\Psi(B) = 0$ 对所有 $A, B \in \mathcal{C}_p^s(H)$ 成立. 利用本书定理 2.6.2 知, 存在酉算子或者共轭酉算子 $U$ 及实函数 $h : \mathcal{C}_p^s(H) \to \mathbb{R}$ 使得 $\Psi(A) = h(A)UAU^*$ 对所有秩一算子 $A \in \mathcal{C}_p^s(H)$ 都成立. 显然 $|h(A)| = 1$. 由 $\Psi$ 的实线性知,$h(A) = 1$ 对所有秩一算子 $A \in \mathcal{C}_p^s(H)$ 都成立, 或者 $h(A) = -1$ 对所有秩一算子 $A \in \mathcal{C}_p^s(H)$ 都成立. 用 $-U$ 代替 $U$ 如果 $h(A) \equiv -1$, 仍记为 $U$. 于是 $\Psi(A) = UAU^*$ 对所有秩一算子 $A \in \mathcal{C}_p^s(H)$ 都成立. 由于全体秩一投影算子的实线性组合在 $\mathcal{C}_p^s(H)$ 中是按 Schatten-$p$ 范数稠密的, 因此若令 $S = \Phi(0) \in \mathcal{C}_p^s(H)$, 则定理得证. □

**定理 5.5.4 的证明**　同定理 5.5.1 的证明, 我们设 $\Psi(A) = \Phi(A) - \Phi(0)$, 则有 $\Psi(0) = 0$, 由 Mazur-Ulam 定理 [141] 知, $\Psi$ 是实线性的. 所以 $\|\Psi(A) + \lambda\Psi(B)\|_2^2 = \|A + \lambda B\|_2^2$ 对所有 $A, B \in \mathcal{C}_2$ 及所有实数 $\lambda$ 都成立. 故 $\|\Psi(A) + \lambda\Psi(B)\|_2 \geqslant \|\Psi(A)\|_2$ 当且仅当 $\|A + \lambda B\|_2 \geqslant \|A\|_2$. 由引理 5.5.7 知,$\Psi$ 满足 $\mathrm{Re}\,\mathrm{tr}(AB^*) = 0 \Leftrightarrow \mathrm{Re}\,\mathrm{tr}(\Psi(A)\Psi(B)^*) = 0$. □

## 5.6　套代数中 Schatten-$p$ 类算子空间上的保距映射

许多重要的算子代数不是半单, 自伴的. 套代数就是熟知的一类, 例如上三

角矩阵代数就是有限维的套代数. 对套代数上等距的刻画问题已有研究 (见文献 [159, 162]). 然而, 国内外对套代数上非线性保距映射刻画问题的研究一直未有突破, 究其原因主要是对于此类映射刻画缺乏有力的基础性的工具. 近年来以侯晋川、白朝芳、杜拴平等为代表的国内学者对套代数上的线性保持映射的刻画问题给予了长期的关注, 并完成了诸多基础性的工作 (见文献 [9, 10] 及其参考文献). 然而, 目前国内外学者对套代数中 Schatten-$p$ 类算子空间上非线性保距映射的刻画问题仍未有深入的讨论. 本节的目的就是对套代数中 Schatten-$p$ 类算子空间之间非线性保距映射的刻画问题进行研究.

由于套代数符号系统较为复杂, 我们在叙述主要结果前需要规定一些记号. 回顾套 $\mathcal{N}$ 是 $H$ 的闭子空间链, 包含 $\{0\}$ 和 $H$, 且在任意闭线性张 ($\bigvee$) 和交 ($\bigwedge$) 运算下封闭. Alg$\mathcal{N}$ 表示相应的套代数, 即集合 $\{T\in\mathcal{B}(H)$ : 对任意的 $N\in\mathcal{N}$, 有 $TN\subseteq N\}$. 若 $\mathcal{N}$ 是一个套, $\mathcal{N}^{\perp}=\{N^{\perp}\mid N\in\mathcal{N}\}$ 也是一个套. 如果 $\mathcal{N}\neq\{\{0\},H\}$, 则称 $\mathcal{N}$ 是非平凡的. $\mathcal{F}(H)$ 代表 $H$ 上的有限秩算子全体. 记 $\mathrm{Alg}_{\mathcal{F}}\mathcal{N}=\mathrm{Alg}\mathcal{N}\bigcap\mathcal{F}(H)$. 对每个 $N\in\mathcal{N}$, 令 $N_-=\bigvee\{M\in\mathcal{N}\mid M\subset N\}$, $N_+=\bigwedge\{M\in\mathcal{N}\mid N\subset M\}$ 且 $N_-^{\perp}=(N_-)^{\perp}$. 记 $0_-=0$, $H_+=H$. 一个套的原子是指 $N_i\ominus N_{i-1}$. 若 $H$ 中的套 $\mathcal{N}$ 满足它的所有原子的线性张是 $H$, 则称其为原子套. 秩一算子 $x\otimes f\in$Alg$\mathcal{N}$ 当且仅当存在一个 $N\in\mathcal{N}$ 使得 $x\in N$ 且 $f\in N_-^{\perp}$ 成立. 对于每个 $x\in H$, 令 $L_x=\{x\otimes f\mid f\in H\}$ 且 $f\in H$, $R_f=\{x\otimes f\mid x\in H\}$. 若 $\mathcal{N}$ 为套且 $N\in\mathcal{N}$, 对 $x\in N$, $L_x^N=\{x\otimes f\mid f\in N_-^{\perp}\}$; 对于 $f\in N_-^{\perp}$, $R_f^N=\{x\otimes f\mid x\in N\}$. 设 $\mathcal{E}_1(\mathcal{N})=\cup\{N\in\mathcal{N}\mid\dim N_-^{\perp}>1\}$, $\mathcal{E}_2(\mathcal{N})=\cup\{N_-^{\perp}\mid N\in\mathcal{N},\dim N>1\}$, $\mathcal{D}_1(\mathcal{N})=\cup\{N\in\mathcal{N}\mid N_-\neq H\}$, $\mathcal{D}_2(\mathcal{N})=\cup\{N_-^{\perp}\mid N\in\mathcal{N}$ 且 $N\neq 0\}$, $E_1(\mathcal{N})=\{N\mid N\in\mathcal{N},\dim N_-^{\perp}>1\}$ 且 $E_2(\mathcal{N})=\{N\in\mathcal{N}\mid\dim N>1\}$. 若套 $\mathcal{N}$ 固定且不引起歧义, 可简记为 $\mathcal{E}_1$, $\mathcal{E}_2$, $\mathcal{D}_1$, $\mathcal{D}_2$, $E_1$, $E_2$.

下面结果给出 Alg$\mathcal{N}\cap\mathcal{C}_p(H)$ 上保距满射的完全刻画.

**定理 5.6.1** 设 $H$ 为复 Hilbert 空间, $\dim H\geqslant 3$, $\mathcal{C}_p(H)$ 表示 $H$ 上的 Schatten-$p$ 类算子空间, $\mathcal{N}$ 是原子套, Alg$\mathcal{N}$ 表示相应的套代数, $1\leqslant p\leqslant+\infty$ 且 $p\neq 2$. 令 $\Phi:\mathcal{C}_p(H)\cap\mathrm{Alg}\mathcal{N}\to\mathcal{C}_p(H)\cap\mathrm{Alg}\mathcal{N}$ 是满射. $\Phi$ 满足 $\|\Phi(A)-\Phi(B)\|_p=\|A-B\|_p$ 对所有 $A,B\in\mathcal{C}_p(H)\cap\mathrm{Alg}\mathcal{N}$ 都成立, 当且仅当下列性质之一成立:

(1) 存在 $S\in\mathcal{C}_p(H)\cap\mathrm{Alg}\mathcal{N}$, 保维序自同构 $\theta:\mathcal{N}\to\mathcal{N}$ 以及酉算子 $U,V$ 满足 $U(N)=\theta(N)$ 且 $V(N^{\perp})=\theta(N)_-^{\perp}$ 对所有 $N\in\mathcal{N}$ 成立, 使得

$$\Phi(A)=UAV+S$$

对所有 $A\in\mathcal{C}_p(H)\cap\mathrm{Alg}\mathcal{N}$ 都成立.

(2) 存在 $S\in\mathcal{C}_p(H)\cap\mathrm{Alg}\mathcal{N}$, 保维序自同构 $\theta:\mathcal{N}\to\mathcal{N}$ 以及共轭酉算子 $U,V$

满足 $U(N)=\theta(N)$ 且 $V(N^{\perp})=\theta(N)_{-}^{\perp}$ 对所有 $N\in\mathcal{N}$ 成立, 使得

$$\Phi(A)=UAV+S$$

对所有 $A\in\mathcal{C}_p(H)\cap\mathrm{Alg}\mathcal{N}$ 都成立.

(3) 存在 $S\in\mathcal{C}_p(H)\cap\mathrm{Alg}\mathcal{N}$, 保维序自同构 $\theta:\mathcal{N}^{\perp}\to\mathcal{N}$ 以及酉算子 $U,V$ 满足 $U(N^{\perp})=\theta(N^{\perp})$ 且 $V(N)=\theta(N_{-}^{\perp})^{\perp}$ 对所有 $N\in\mathcal{N}$ 成立, 使得

$$\Phi(A)=UA^{*}V+S$$

对所有 $A\in\mathcal{C}_p(H)\cap\mathrm{Alg}\mathcal{N}$ 都成立.

(4) 存在 $S\in\mathcal{C}_p(H)\cap\mathrm{Alg}\mathcal{N}$, 保维序自同构 $\theta:\mathcal{N}^{\perp}\to\mathcal{N}$ 以及共轭酉算子 $U,V$ 满足 $U(N^{\perp})=\theta(N^{\perp})$ 且 $V(N)=\theta(N_{-}^{\perp})^{\perp}$ 对所有 $N\in\mathcal{N}$ 成立, 使得

$$\Phi(A)=UA^{*}V+S$$

对所有 $A\in\mathcal{C}_p(H)\cap\mathrm{Alg}\mathcal{N}$ 都成立.

下面的定理讨论 $\mathcal{C}_2(H)\cap\mathrm{Alg}\mathcal{N}$ 上的保距映射的性质.

**定理 5.6.2**　设 $H$ 为复 Hilbert 空间, $\dim H\geqslant 3$, $\mathcal{C}_2(H)$ 表示 $H$ 上的 Hilbert-Schmidt 类算子空间, $\mathcal{N}$ 是原子套, $\mathrm{Alg}\mathcal{N}$ 表示相应的套代数. 令 $\Phi:\mathcal{C}_2(H)\cap\mathrm{Alg}\mathcal{N}\to\mathcal{C}_2(H)\cap\mathrm{Alg}\mathcal{N}$ 是满射. $\Phi$ 满足 $\|\Phi(A)-\Phi(B)\|_2=\|A-B\|_2$ 对所有 $A,B\in\mathcal{C}_2(H)\cap\mathrm{Alg}\mathcal{N}$ 成立, 则映射 $\Psi:A\mapsto\Phi(A)+\Phi(0)$ 为实线性映射, 且满足 $\mathrm{Retr}(AB^{*})=0\Leftrightarrow\mathrm{Retr}(\Psi(A)\Psi(B)^{*})=0$.

为证明主要结果, 首先给出几个引理. 注意到下面出现的套代数均为原子套代数.

**引理 5.6.3**[142]　设 $A,B\in\mathcal{C}_p(H)$ 且 $1\leqslant p\leqslant+\infty$, $p\neq 2$, 则 $A^{*}B=AB^{*}=0$ 当且仅当 $\|A-B\|_p^p+\|A+B\|_p^p=2(\|A\|_p^p+\|B\|_p^p)$.

设 $A\in\mathcal{C}_p(H)\cap\mathrm{Alg}\mathcal{N}$, $\{A\}^{\perp}=\{B\in\mathcal{C}_p(H)\cap\mathrm{Alg}\mathcal{N}\backslash\{0\}:A^{*}B=AB^{*}=0\}$. 如果对于所有 $N\in\mathcal{C}_p(H)\cap\mathrm{Alg}\mathcal{N}$, $\{A\}^{\perp}\subseteq\{N\}^{\perp}\Rightarrow\{A\}^{\perp}=\{N\}^{\perp}$, 则称 $\{A\}^{\perp}$ 是极大的.

**引理 5.6.4**[162]　设 $A=x\otimes f\in\mathcal{C}_p(H)\cap\mathrm{Alg}\mathcal{N}$, $1\leqslant p\leqslant+\infty$, $p\neq 2$, 则下列性质之一成立:

(1) 若 $[x]\neq 0_{+}$, 则 $\cap\{\ker(T):T\in\{A\}^{\perp}\}=[f]$; $[x]=0_{+}$, 则 $\cap\{\ker(T):T\in\{A\}^{\perp}\}=[x,f]$.

(2) 若 $[f]\neq I_{-}$, 则 $\cap\{\ker(T^{*}):T\in\{A\}^{\perp}\}=[x]$; $[f]=I_{-}$, 则 $\cap\{\ker(T):T\in\{A\}^{\perp}\}=[x,f]$.

**引理 5.6.5**　对非零元 $A\in\mathcal{C}_p(H)\cap\mathrm{Alg}\mathcal{N}$, $0_{+}\neq\mathrm{ran}(A)$ 或 $I_{-}\neq\mathrm{ran}(A^{*})$, $\mathrm{rank}(A)=1$ 当且仅当 $\{A\}^{\perp}$ 是非空且极大的.

**证明** 若 $\mathrm{rank}(A)=1$, 令 $A=x\otimes f$, $0_+\neq \mathrm{ran}(A)$ 或 $I_-\neq \mathrm{ran}(A^*)$, 由引理 5.6.4, 则下列情形之一发生:

**情形 1** $\cap\{\ker(T):T\in\{A\}^{\perp}\}=[f]$ 且 $\cap\{\ker(T^*):T\in\{A\}^{\perp}\}=[x]$.

**情形 2** $\cap\{\ker(T):T\in\{A\}^{\perp}\}=[x,f]$ 且 $\cap\{\ker(T^*):T\in\{A\}^{\perp}\}=[x]$.

**情形 3** $\cap\{\ker(T):T\in\{A\}^{\perp}\}=[f]$ 且 $\cap\{\ker(T^*):T\in\{A\}^{\perp}\}=[x,f]$.

若存在 $N\in\mathcal{C}_p(H)\cap\mathrm{Alg}\mathcal{N}$, $\{A\}^{\perp}\subseteq\{N\}^{\perp}$, 则或者 $\cap\{\ker(T):T\in\{N\}^{\perp}\}\subseteq\cap\{\ker(T):T\in\{A\}^{\perp}\}\subseteq[f]$ 或者 $\cap\{\ker(T^*):T\in\{N\}^{\perp}\}\subseteq\cap\{\ker(T):T\in\{A\}^{\perp}\}\subseteq[x]$. 所以或者 $\mathrm{ran}(A^*)\subseteq\cap\{\ker(T):T\in\{N\}^{\perp}\}\subseteq[f]$ 或者 $\mathrm{ran}(A)\subseteq\cap\{\ker(T^*):T\in\{N\}^{\perp}\}\subseteq[x]$. 因此 $\mathrm{rank}(N)=1,N,A$ 线性相关. 计算可得 $\{A\}^{\perp}=\{N\}^{\perp}$, 所以 $\{A\}^{\perp}$ 是极大的.

若 $\{A\}^{\perp}$ 是极大且非空的, 下证 $\mathrm{rank}A=1$. 用反证法, 反设 $\mathrm{rank}A\geqslant 2$, 则存在两个非零向量 $x_1$, $x_2$ 使得 $Ax_1\perp Ax_2$. 由于套是原子的, 令 $P=Ax_1\otimes A^*x_1=Ax_1\otimes x_1A\in\mathcal{C}_p(H)\cap\mathrm{Alg}\mathcal{N}$ 且可找到一个向量 $y_2\perp A^*x_1$ 使得 $Q=Ax_2\otimes y_2\in\mathcal{C}_p(H)\cap\mathrm{Alg}\mathcal{N}$. 现在 $T\in\{A\}^{\perp}$, 这蕴涵 $A^*T=AT^*=0$. 所以 $P^*T=A^*x_1\otimes Ax_1T=A^*x_1\otimes x_1A^*T=0$ 且 $PT^*=Ax_1\otimes A^*x_1T^*=Ax_1\otimes TA^*x_1=0$, 进而 $T\in\{P\}^{\perp}$. 所以我们有 $\{P\}^{\perp}\supseteq\{A\}^{\perp}$. 因此 $P^*Q=PQ^*=0$ 但 $A^*Q\neq 0$. 即, $Q\in\{P\}^{\perp}$ 并不等于 $\{A\}^{\perp}$. 这与 $\{A\}^{\perp}$ 的极大性矛盾. 所以 $\mathrm{rank}A=1$. □

**引理 5.6.6**[10] 设 $\mathcal{N}$, $\mathcal{M}$ 是复 Banach 空间 $X,Y$ 上的两个套. $\Phi:\mathrm{Alg}_{\mathcal{F}}\mathcal{N}\to\mathrm{Alg}_{\mathcal{F}}\mathcal{M}$ 是可加满射. 则 $\Phi$ 双边保秩一算子当且仅当下列性质之一成立:

(1) 存在线性或共轭线性双射 $A:X\to Y$, $C:X'\to Y'$, 保维序自同构 $\theta:\mathcal{N}\to\mathcal{M}$ 和向量 $y_0\in Y$, $g_0\in Y'$, $e_0\in X$, $f_0\in X'$ 使得 $A(N)=\theta(N)$, $C(N_-^{\perp})=\theta(N)_-^{\perp}$ 对所有 $N\in\mathcal{N}$ 和秩一算子 $x\otimes f\in\mathrm{Alg}_{\mathcal{F}}\mathcal{N}$ 都成立,

$$\Phi(x\otimes f)=\begin{cases}Ax\otimes Cf, & x\in\overline{\mathcal{E}_1(\mathcal{N})},\ f\in\overline{\mathcal{E}_2(\mathcal{N})},\\ Ax\otimes Cf+\mathrm{Im}f(x)Ae_0\otimes g_0, & x\in\overline{\mathcal{E}_1(\mathcal{N})},\ f\notin\overline{\mathcal{E}_2(\mathcal{N})},\\ Ax\otimes Cf+\mathrm{Im}f(x)y_0\otimes Cf_0, & x\notin\overline{\mathcal{E}_1(\mathcal{N})},\ f\in\overline{\mathcal{E}_2(\mathcal{N})}.\end{cases}$$

(2) 存在线性或共轭线性双射 $A:X'\to Y$, $C:X\to Y'$, 保维序自同构 $\theta:\mathcal{N}^{\perp}\to\mathcal{M}$ 和向量 $y_0\in Y$, $g_0\in Y'$,$e_0\in X$, $f_0\in X'$ 使得 $A(N_-^{\perp})=\theta(N_-^{\perp})$, $C(N)=\theta(N_-^{\perp})_-^{\perp}$ 对所有 $N\in\mathcal{N}$ 和秩一算子 $x\otimes f\in\mathrm{Alg}_{\mathcal{F}}\mathcal{N}$ 都成立,

$$\Phi(x\otimes f)=\begin{cases}Af\otimes Cx, & x\in\overline{\mathcal{E}_1(\mathcal{N})},\ f\in\overline{\mathcal{E}_2(\mathcal{N})},\\ Af\otimes Cx+\mathrm{Im}f(x)y_0\otimes Ce_0, & x\in\overline{\mathcal{E}_1(\mathcal{N})},\ f\notin\overline{\mathcal{E}_2(\mathcal{N})},\\ Af\otimes Cx+\mathrm{Im}f(x)Af_0\otimes g_0, & x\notin\overline{\mathcal{E}_1(\mathcal{N})},\ f\in\overline{\mathcal{E}_2(\mathcal{N})}.\end{cases}$$

此时, $X$,$Y$ 自反.

下面的引理即引理 5.5.7.

**引理 5.6.7**　对所有 $A, B \in \mathcal{C}_2(H)$, 下列性质等价:

(I) $\langle A, B\rangle = \mathrm{Re}\,\mathrm{tr}(AB^*) = 0$

(II) $\|A + \lambda B\|_2 \geqslant \|A\|_2$ 对所有实数 $\lambda$ 成立.

**定理 5.6.1 的证明**　充分性显然, 仅验证必要性.

对所有 $A \in \mathcal{C}_p(H) \cap \mathrm{Alg}\mathcal{N}$, 设 $\Psi(A) = \Phi(A) - \Phi(0)$, 则有 $\Psi(0) = 0$, 且 $\|\Psi(A) - \Psi(B)\|_p = \|A - B\|_p$ 对所有 $A, B \in \mathcal{C}_p(H) \cap \mathrm{Alg}\mathcal{N}$ 都成立. 由 Mazur-Ulam 定理 (见文献 [141]) 知, $\Psi$ 为实线性映射. 进而, 有 $\|\Psi(A)\|_p = \|A\|_p$ 且 $\|\Psi(A) + \Psi(B)\|_p = \|A + B\|_p$. 由引理 5.6.3, $\Psi$ 满足 $A^*B = AB^* = 0 \Leftrightarrow \Psi(A)^*\Psi(B) = \Psi(A)\Psi(B)^* = 0$. 我们通过以下断言证明定理成立.

**断言 1**　$\Psi$ 双边保持秩一算子.

对每个 $A = x \otimes f$, 有 $\Psi(\{A\}^{\perp}) = \{\Psi(A)\}^{\perp}$. 由引理 5.6.5, 若 $0_+ \neq \mathrm{ran}(A)$ 或者 $I_- \neq \mathrm{ran}(A^*)$, 则有 $\Psi(A)$ 为秩一算子. $\Psi^{-1}$ 与 $\Psi$ 具有相同的性质, $\Psi^{-1}$ 保持秩一算子. 因此在此情形下 $\Psi$ 双边保持秩一算子.

若 $0_+ = \mathrm{ran(A)}$ 且 $I_- = \mathrm{ran}(A^*)$, 取秩一算子列 $A_n = x \otimes \left(\dfrac{1}{n}x + f\right)$, $A_n \to A(n \to \infty)$ 满足 $0_+ \neq \mathrm{ran}(A_n)$ 或者 $I_- \neq \mathrm{ran}(A_n^*)$, 利用引理 5.6.5 知 $\Psi(A_n)$ 秩为一. 又因为 $\Psi(A_n) \to \Psi(A)$, 所以其极限 $\Psi(A)$ 为秩一算子. 故 $\Psi$ 保秩一算子. 类似的, $\Psi^{-1}$ 保秩一算子, 所以 $\Psi$ 双边保持秩一算子.

**断言 2**　定理 5.6.1 成立.

由断言 1 知 $\Psi$ 双边保持秩一算子, 则 $\Psi$ 具有引理 5.6.6 中映射的形式, 即

(1) 存在线性或共轭线性双射 $A: H \to H$, $C: H \to H$, 保维序自同构 $\theta: \mathcal{N} \to \mathcal{M}$ 和向量 $y_0, g_0, e_0, f_0 \in H$ 使得 $A(N) = \theta(N)$, $C(N_-^{\perp}) = \theta(N)_-^{\perp}$ 对所有 $N \in \mathcal{N}$ 和秩一算子 $x \otimes f \in \mathrm{Alg}_{\mathcal{F}}\mathcal{N}$ 都成立,

$$\Psi(x \otimes f) = \begin{cases} Ax \otimes Cf, & x \in \overline{\mathcal{E}_1(\mathcal{N})},\ f \in \overline{\mathcal{E}_2(\mathcal{N})}, \\ Ax \otimes Cf + \mathrm{Im}\langle x, f\rangle Ae_0 \otimes g_0, & x \in \overline{\mathcal{E}_1(\mathcal{N})},\ f \notin \overline{\mathcal{E}_2(\mathcal{N})}, \\ Ax \otimes Cf + \mathrm{Im}\langle x, f\rangle y_0 \otimes Cf_0, & x \notin \overline{\mathcal{E}_1(\mathcal{N})},\ f \in \overline{\mathcal{E}_2(\mathcal{N})}. \end{cases}$$

(2) 存在线性或共轭线性双射 $A: H \to H$, $C: H \to H$, 保维序自同构 $\theta: \mathcal{N}^{\perp} \to \mathcal{M}$ 和向量 $y_0, g_0, e_0, f_0 \in H$ 使得 $A(N_-^{\perp}) = \theta(N_-^{\perp})$, $C(N) = \theta(N_-^{\perp})_-^{\perp}$ 对所有 $N \in \mathcal{N}$ 和秩一算子 $x \otimes f \in \mathrm{Alg}_{\mathcal{F}}\mathcal{N}$ 都成立,

$$\Psi(x \otimes f) = \begin{cases} Af \otimes Cx, & x \in \overline{\mathcal{E}_1(\mathcal{N})},\ f \in \overline{\mathcal{E}_2(\mathcal{N})}, \\ Af \otimes Cx + \mathrm{Im}\langle x, f\rangle y_0 \otimes Ce_0, & x \in \overline{\mathcal{E}_1(\mathcal{N})},\ f \notin \overline{\mathcal{E}_2(\mathcal{N})}, \\ Af \otimes Cx + \mathrm{Im}\langle x, f\rangle Af_0 \otimes g_0, & x \notin \overline{\mathcal{E}_1(\mathcal{N})},\ f \in \overline{\mathcal{E}_2(\mathcal{N})}. \end{cases}$$

注意到 $\|T\| = \|T\|_p$ 对所有秩一算子 $T$ 成立，因此完全类似于文献 [9] 引理 4.11 证明, 我们有 $A, C$ 可选为酉算子或者共轭酉算子, 分别记为 $U, W$.

若情形 (1) 发生, 下面我们断言情形 (1) 的第二种形式中的 $Ue_0 \otimes g_0 = 0$, 且第三种形式中的 $y_0 \otimes Wf_0 = 0$. 对情形 (2), 我们可以类似讨论得到 $y_0 \otimes We_0 = 0$ 且 $Uf_0 \otimes g_0 = 0$. 若情形 (1) 发生 $\Psi$ 具有第二种形式, 注意此时事实上 $\dim 0_+ = 1$, $\overline{\mathcal{E}_2(\mathcal{N})} = [e_0]^\perp$. 由文献 [9] 引理 4.11 的证明, 此时 $g_0 = e_0, We_0 = e_0$. 反设 $Ue_0 \otimes g_0 \neq 0$, 为构造反例. 令秩一算子 $A = ie_0 \otimes e_0, \Psi(A) = \Psi(ie_0 \otimes e_0) = iUe_0 \otimes We_0 + Ue_0 \otimes e_0$, 则由 $\Psi$ 的可加性和保距性知, $\|\Psi(A)\|_p = \|A\|_p$. 但是, $\|A\|_p = \|ie_0 \otimes e_0\|_p = \|ie_0\|\|e_0\| = 1$. 经计算 $\|\Psi(A)\|_p = \|iUe_0 \otimes We_0 + Ue_0 \otimes e_0\|_p = \|ie_0 \otimes e_0 + e_0 \otimes W^* e_0\|_p = \|ie_0 \otimes e_0 + e_0 \otimes e_0\|_p = \|(ie_0 + e_0) \otimes e_0\|_p \neq 1 = \|A\|_p$. 矛盾. 因此反设不成立. 所以 $Ue_0 \otimes g_0 = 0$. 若 $\Psi$ 具有第三种形式, 此时 $\dim H_-^\perp = 1$, $\overline{\mathcal{E}_1(\mathcal{N})} = [f_0]^\perp$. 同样由文献 [9] 引理 4.11 的证明, 此时 $y_0 = f_0 = Ue_0$. 反设 $y_0 \otimes Wf_0 \neq 0$, 为构造反例. 可取上述讨论中秩一算子 $A = if_0 \otimes f_0$, 仍可得出矛盾.

套代数中有限秩算子可表示为秩一算子的和, 且有限秩算子集合在 $\mathcal{C}_p(H) \cap \mathrm{Alg}\mathcal{N}$ 中稠密, 若令 $V = W^*$, $S = \Phi(0)$, 由 $\Psi$ 的可加性知定理成立. □

**定理 5.6.2 的证明**　同定理 5.6.1 的证明, 我们设 $\Psi(A) = \Phi(A) - \Phi(0)$, 则有 $\Psi(0) = 0$, 由 Mazur-Ulam 定理知, $\Psi$ 是实线性的. 由 $\Psi$ 的实线性可得 $\Psi$ 满足引理 5.6.7 的条件, 因此 $\Psi$ 满足 $\mathrm{Re\ tr}(AB^*) = 0 \Leftrightarrow \mathrm{Re\ tr}(\Psi(A)\Psi(B)^*) = 0$. □

## 5.7 注　记

量子态集合是一个凸集. 量子态集合上的映射在量子信息理论中有着天然重要的意义与作用. 譬如量子信道是量子态集合上的完全正保迹映射 ([161]), Wigner 定理研究量子态集合上对称映射的结构 ([202]) 等. 同时研究量子态集合上映射有助于理解量子态集合本身的结构性质 ([53, 156]). 本章讨论量子态集合上几类映射的刻画问题.

5.1 节与 5.2 节取材于文献 [76], 给出量子态集合上保凸双射的刻画, 并因此发现了可逆量子测量映射是保凸双射或其与转置映射的复合. 这属于量子态集合上保持凸结构映射的刻画问题研究. 对其最早的研究来自于 Kadison, 给出了量子态集合上凸同构的刻画 ([14]). 回顾量子态集合 $\mathcal{S}(H)$ 上的凸同构是满足 $\phi(t\rho_1+(1-t)\rho_2) = t\phi(\rho_1) + (1-t)\phi(\rho_2)(\forall t \in [0,1], \rho_1, \rho_2 \in \mathcal{S}(H))$ 的双射 $\phi$. 而量子态集合 $\mathcal{S}(H)$ 上的保凸双射是一个满足下列条件的双射: 对任意 $\rho_1, \rho_2 \in \mathcal{S}(H)$ 且 $0 \leqslant t \leqslant 1$, 存在某个满足 $0 \leqslant s \leqslant 1$ 的 $s$ 使得 $\phi(t\rho_1 + (1-t)\rho_2) = s\phi(\rho_1) + (1-s)\phi(\rho_2)$. 因此凸同构一定是保凸双射, 反之不然. 5.1 节给出量子态上保凸双射的刻画, 并发现其与可逆量子测量映射的联系. 5.2 节详细说明了一个可逆量子测量映射是保凸双射或其与转置映射的复合.

5.3 节是对文献 [77] 与 [78] 研究工作的总结, 给出了量子态酉等价的熵条件,以及量子态集合上保持凸组合熵满射的刻画. Molnár 在文献 [157] 与 [158] 中讨论了量子态上保相对熵映射的刻画问题. 而对于保熵映射一直未有相关研究. 5.3 节的工作填补了这方面空白.

5.4 节取材于文献 [200], 给出了任意维 (有限维或无限维) 系统量子态集合上保持上 (下) 保真度满射的刻画. 在文献 [148], Molnár 给出量子态集合上保保真度映射的刻画. 上、下保真度是在文献 [144] 中对有限维系统量子态提出, 证明了其分别是保真度的上、下界. 5.4 节首先在无限维系统上证明上、下保真度仍然是保真度的上下界并讨论其性质. 进一步给出量子态上保持上、下保真度满射的刻画.

5.5 节取材于文献 [99], 给出了 Schatten-$p$ 类算子空间上的保距或完全保距映射的刻画. 对算子代数或算子空间上等距映射 (即保距线性映射) 的研究被国内外许多学者关注 (见参考文献 [5, 49, 90, 121, 152, 162] 及其相关参考文献). 较早也是最为著名的相关结果是由 Kadison 给出的, 其在文献 [121] 中证明了含单位元的 C* 代数间的等距满射可表为 C* 同构与一个酉元的乘积. 算子的 Schatten-$p$ 范数也是一类常见的算子范数, Schatten-$p$ 类算子空间即为 Schatten-$p$ 范数有限的算子组成的集合, 它是 $\mathcal{B}(H)$ 中的 (非闭) 理想, 且按 Schatten-$p$ 范数 $\|\cdot\|_p$ 成为 Banach 空间. 许多学者对 Schatten-$p$ 类算子空间上等距刻画问题也开展了研究 (见文献 [5, 49]). 早在 1975 年,J.Arazy 在文献 [5] 中证明, 线性满射 $\Phi : \mathcal{C}_p(H) \to \mathcal{C}_p(H)$ 为等距映射当且仅当存在酉算子 $U, V$ 使得 $\Phi(A) = UAV$ 或者 $\Phi(A) = UA^{\mathrm{T}}V$ 对所有的 $A \in \mathcal{C}_p(H)$ 都成立. 更一般的, 近年来, 许多数学家开始关注算子代数上非线性保距映射刻画问题的研究 (见文献 [90, 152, 162]). 例如, 数值半径也是 $\mathcal{B}(H)$ 上的一种重要范数, 在文献 [7] 中, 白朝芳和侯晋川对算子代数间保数值半径距离的非线性满射的刻画问题进行了研究, 得到了一系列深刻漂亮的结果. 然而, 国内外学者对于 Schatten-$p$ 类算子空间之间非线性保距映射的刻画问题仍未有讨论. 5.5 节给出了 Schatten-$p$ 类算子空间上的保距映射的刻画. 对完全保距映射刻画问题的研究来源于算子空间理论. 完全保距映射必然为保距映射, 反之不然. $\mathcal{C}_p(H)$ 上完全保距线性映射 (等距) 的刻画由 Ruan 在文献 [179] 中给出. 我们去掉线性性假设, 利用得到的保距映射的刻画结果, 得到 $\mathcal{C}_p(H)$ 上完全保距映射的刻画.

5.6 节取材于文献 [79], 给出了套代数与 Schatten-$p$ 类算子空间交集上保距映射的刻画. 许多重要的算子代数不是半单, 自伴的. 套代数即是, 例如上三角矩阵代数就是有限维的套代数. 对套代数上等距的刻画问题已有研究 (见文献 [159, 162]). 在 [159] 中, Moore 与 Trent 断言可分无限维 Hilbert 空间上套代数间的等距满射 $\Phi$ 具有形式 $\Phi(T) = UTV$ 或 $\Phi(T) = UT^{\mathrm{T}}V$ 对所有套代数中元 $T$ 成立, 其中 $U, V$ 是酉算子且 $T^{\mathrm{T}}$ 是算子 $T$ 的转置. 对于算子 $A$ 的 Schatten-$p$ 范数, 相应的, 在文献 [162] 中, Noussis 和 Katavolos 给出了套代数中 Schatten-$p$ 类算子空间上的等距的刻画. 然而, 对套代数上非线性保距映射刻画问题的研究一直未有突破. 究其原因是缺乏有力的工具. 幸运的是, 近年来白朝芳、侯晋川与杜拴平等国内学者对套代数上的线性保持映射的刻画问题给予了长期的关注, 并完成了诸多基础性的工作 (见文献 [9, 10]). 受以上研究工作的推动, 5.6 节给出套代数与 Schatten-$p$ 类算子空间交集上非线性保距映射的刻画.

# 第6章 几类量子信道的刻画

有限维系统量子信道即矩阵代数上完全正的保迹线性映射. 在无限维量子系统 $H$ 中, 令 $\mathcal{T}(H)$ 代表迹类算子空间, 量子信道 $\Phi:\mathcal{T}(H)\to\mathcal{T}(H)$ 具有下列形式 ([113]):

$$\Phi(\rho)=\sum_{i=1}^{\infty}M_i\rho M_i^*,\quad \sum_{i=1}^{\infty}M_i^*M_i=I.$$

$M_i$ 称为该信道的 Kraus 算子. 进一步, 在量子信息理论中讨论满足某种特殊性质的信道具有独立的意义和重要的应用. 例如, 纠缠破坏信道、相干破坏信道、酉信道、翻转信道等. 此时, 信道的 Kraus 算子具有更具体的形式. 例如, 有限维系统纠缠破坏信道的 Kraus 算子一定是秩一算子. 在本章我们主要探讨几类特殊量子信道的具体表达式. 包括: 无限维强纠缠破坏信道、高斯相干破坏信道等.

## 6.1 无限维系统强纠缠破坏信道

我们首先介绍量子纠缠的概念. 对于任意维复 Hilbert 空间 $H$, 用 $\mathcal{T}(H)$ 表示 $H$ 上的迹类算子空间, 即, $H$ 上满足 $\mathrm{tr}(A^*A)<\infty$ 的有界线性算子空间, $\mathcal{S}(H)$ 是 $H$ 上量子态集合, 它是 $\mathcal{T}(H)$ 的凸子集. 对于有限维两体系统 $H_A\otimes H_B$, 若两体态 $\rho^{AB}=\sum_{i=1}^{n}p_i\rho_i^A\otimes\sigma_i^B$, 其中 $\rho_i^A$ 与 $\sigma_i^B$ 分别是 $H_A$, $H_B$ 上的量子态, 则为可分态; 对于无限维两体系统 $H_A\otimes H_B$, 若 $\rho^{AB}$ 是形如 $\sigma=\sum_{i=1}^{n}p_i\rho_i^A\otimes\sigma_i^B$ 的量子态的迹范数极限, 则称其为可分态. 非可分态即为纠缠态 ([204]). 在无限维情形 $\rho^{AB}\in\mathcal{S}(H_A\otimes H_B)$, 若 $\rho^{AB}=\sum_{i\in I}p_i\rho_i^A\otimes\sigma_i^B$, 其中 $I$ 是至多可数无限指标集, 则称 $\rho^{AB}$ 是可数可分态.

在无限维系统量子操作 $\Phi$ 是 $\mathcal{T}(H)$ 上的具有下列形式的映射

$$\Phi(\rho)=\sum_{i=1}^{\infty}M_i\rho M_i^*,$$

其中 $\sum_{i=1}^{\infty}M_i^*M_i\leqslant I$([113]). 若 $\sum_{i=1}^{\infty}M_i^*M_i=I$, 则量子操作 $\Phi$ 为量子信道. 如果对于任意的复 Hilbert 空间 $R$ 且 $\rho\in\mathcal{S}(H\otimes R)$ 都有 $(\Phi\otimes I_{d_R})(\rho)$ 是可分态, 则称量子信道 $\Phi:\mathcal{T}(H)\to\mathcal{T}(K)$ 是纠缠破坏信道, 其中 $I_{d_R}$ 代表 $\mathcal{B}(R)$ 上的恒等映射; 若 $(\Phi\otimes I_{d_R})(\rho)$ 总是一个可数可分态, 则称 $\Phi$ 是强纠缠破坏信道.

下面是我们的主要结果之一. 为了探讨无限维纠缠破坏信道的性质, 我们介绍初等算子理论. 对于任意维复 Hilbert 空间 $H, K$, 如果线性映射 $\Phi : \mathcal{B}(H) \to \mathcal{B}(K)$ 具有形式 $\Phi(X) = \sum_{i=1}^{k} A_i X B_i$, 则称其为初等算子. 若 $\Phi$ 保持正元则为正初等算子. 若 $\Phi$ 满足对于任意恒等映射 $I_d$ 都有 $\Phi \otimes I_d$ 是正映射, 则称其为完全正初等算子.

**定理 6.1.1** 设 $H, K$ 是可分复 Hilbert 空间且 $\Phi : \mathcal{T}(H) \to \mathcal{T}(K)$ 是量子信道. 则下列叙述等价:

(I) 对于每个 $\mathcal{B}(K)$ 上的正初等算子 $\Psi$, $\Psi \circ \Phi$ 是完全正的.

(II) $\Phi$ 是纠缠破坏信道.

为证明上述定理, 我们需要下面的引理. 回顾正初等算子 $\Phi$ 具有下列形式

$$\Phi(T) = \sum_{i=1}^{k} C_i T C_i^* - \sum_{j=1}^{l} D_j T D_j^*,$$

其中 $\{D_1, \cdots, D_l\}$ 是 $\{C_1, \cdots, C_k\}$ 压缩局部线性组合, 其含义为存在一个映射 $\Omega : H \to \mathcal{B}_1(l_2)$ 满足 $\Omega(|x\rangle) = (\omega_{j,i}(|x\rangle))_{j,i}$ 使得

$$\begin{pmatrix} D_1(|x\rangle) \\ D_2(|x\rangle) \\ \vdots \\ D_l(|x\rangle) \end{pmatrix} = \Omega(|x\rangle) \begin{pmatrix} C_1(|x\rangle) \\ C_2(|x\rangle) \\ \vdots \\ C_k(|x\rangle) \end{pmatrix} \quad \forall\ |x\rangle \in H,$$

其中 $\mathcal{B}_1(l_2)$ 是 $\mathcal{B}(l_2)$ 的闭单位球, $1 \leqslant i \leqslant k$ 且 $\leqslant j \leqslant l$; 若存在映射 $\Omega : H \to \mathcal{B}_1(l_2)$ 使得

$$\begin{pmatrix} D_1 \\ D_2 \\ \vdots \\ D_l \end{pmatrix} = \Omega \begin{pmatrix} C_1 \\ C_2 \\ \vdots \\ C_k \end{pmatrix},$$

则称 $\{D_1, \cdots, D_l\}$ 是 $\{C_1, \cdots, C_k\}$ 的压缩线性组合. 若 $C_i$ 与 $D_j$ 是有限秩的, 则称 $\Phi$ 是有限秩正初等算子. 若 $\Phi(\cdot) = \sum_{i=1}^{k} C_i(\cdot)C_i^* - \sum_{j=1}^{l} D_j(\cdot)D_j^*$, 且 $\{D_1, \cdots, D_l\}$ 是 $\{C_1, \cdots, C_k\}$ 的压缩线性组合, 则 $\Phi$ 是完全正的 ([114]).

**引理 6.1.2**[113] 设 $H, K$ 是可分复 Hilbert 空间且 $\rho$ 是 $H \otimes K$ 上的任意两体态. 则下列叙述等价:

(I) $\rho$ 是可分态.

(II) $(\Psi \otimes I_d)\rho \geqslant 0$ 对所有 $\mathcal{B}(H)$ 上的正初等算子 $\Psi$ 成立.

(III) $(\Psi \otimes I_d)\rho \geqslant 0$ 对所有 $\mathcal{B}(H)$ 上的有限秩初等算子 $\Psi$ 成立.

**定理 6.1.1 的证明**　首先验证 (I)⇒(II). 若对每个 $\mathcal{B}(K)$ 上的正初等算子 $\Psi$, $\Psi\circ\Phi$ 是完全正的, 则对于每个量子态 $\rho\in\mathcal{T}(H\otimes K)$, $0\leqslant((\Psi\circ\Phi)\otimes I_d)\rho=(\Psi\otimes I_d)(\Phi\otimes I_d)\rho$. 由引理 6.1.2 可知 $(\Phi\otimes I_d)\rho$ 总是可分的, 所以 $\Phi$ 是纠缠破坏信道.

下证 (II)⇒(I). 若 $\Phi:\mathcal{T}(H)\to\mathcal{T}(K)$ 是纠缠破坏信道, 则对于每个两体态 $\rho\in\mathcal{T}(H\otimes K)$, $(\Phi\otimes I_d)\rho$ 总是可分的. 再利用引理 6.1.2 可知 $(\Psi\otimes I_d)(\Phi\otimes I_d)\rho\geqslant 0$ 对每个正初等算子 $\Psi$ 成立. 所以 $(\Psi\otimes I_d)(\Phi\otimes I_d)=(\Psi\circ\Phi)\otimes I_d$ 是有界的正映射, 即, $\Psi\circ\Phi$ 是完全正的. □

下面我们介绍一大类无限维系统纠缠破坏信道. 若信道 $\Phi:\mathcal{T}(H)\to\mathcal{T}(K)$ 具有形式 $\Phi(\cdot)=\sum_{i=1}^{\infty}M_i(\cdot)M_i^*$, 其中 $M_i=|x_i\rangle\langle y_i|$ 且 $\sum_{i=1}^{\infty}|y_i\rangle\langle y_i|=I$, 则称其具有秩一 Kraus 算子和表示.

**例 6.1.3**　设 $H,K$ 是可分无限维复 Hilbert 空间且 $\Phi:\mathcal{T}(H)\to\mathcal{T}(K)$ 是量子信道. $\Phi$ 具有秩一 Kraus 算子和表示, 则 $\Phi$ 是纠缠破坏信道.

为证明此结论, 设 $\Phi(\cdot)=\sum_{i=1}^{\infty}M_i(\cdot)M_i^*$ 且 $M_i=|x_i\rangle\langle y_i|$, $\sum_{i=1}^{\infty}|y_i\rangle\langle y_i|=I$.

注意到一个正初等算子 $\Psi$ 具有下面形式

$$\Psi(\cdot)=\sum_{i=1}^{k}C_s(\cdot)C_s^*-\sum_{j=1}^{l}D_j(\cdot)D_j^*,$$

其中 $\{D_1,\cdots,D_l\}$ 是 $\{C_1,\cdots,C_k\}$ 的局部压缩线性组合. 所以

$$\begin{aligned}\Psi\circ\Phi(\cdot)&=\sum_{s=1}^{k}C_s\left(\sum_{i=1}^{\infty}M_i(\cdot)M_i^*\right)C_s^*-\sum_{j=1}^{l}D_j\left(\sum_{i=1}^{\infty}M_i(\cdot)M_i^*\right)D_j^*\\&=\sum_{s=1}^{k}\sum_{i=1}^{\infty}C_s|x_i\rangle\langle y_i|(\cdot)|y_i\rangle\langle x_i|C_s^*-\sum_{j=1}^{l}\sum_{i=1}^{\infty}D_j|x_i\rangle\langle y_i|(\cdot)|y_i\rangle\langle x_i|D_j^*\\&=\sum_{s=1}^{k}\sum_{i=1}^{\infty}|C_sx_i\rangle\langle y_i|(\cdot)|y_i\rangle\langle C_sx_i|-\sum_{j=1}^{l}\sum_{i=1}^{\infty}|D_jx_i\rangle\langle y_i|(\cdot)|y_i\rangle\langle D_jx_i|.\end{aligned}$$

其中, 对每个向量 $|x_i\rangle$, $\{|D_1x_i\rangle,\cdots,|D_lx_i\rangle\}$ 是 $\{|C_1x_i\rangle,\cdots,|C_kx_i\rangle\}$ 的线性组合. 因此, 对于每个 $i$, $|D_1x_i\rangle\langle y_i|,\cdots,|D_lx_i\rangle\langle y_i|$ 是 $|C_1x_i\rangle\langle y_i|,\cdots,|C_kx_i\rangle\langle y_i|$ 的线性组合. 这蕴涵 $|D_1x_1\rangle\langle y_1|,\cdots,|D_lx_1\rangle\langle y_1|$, $|D_1x_2\rangle\langle y_2|,\cdots,|D_lx_i\rangle\langle y_i|\cdots$ 是 $|C_1x_1\rangle\langle y_1|,\cdots,|C_kx_1\rangle\langle y_1|$, $|C_1x_2\rangle\langle y_2|,\cdots,|C_kx_i\rangle\langle y_i|\cdots$ 的线性组合. 由 [114] 可知

$$\Psi\circ\Phi(\cdot)=\sum_{s=1}^{k}\sum_{i=1}^{\infty}|C_sx_i\rangle\langle y_i|(\cdot)|y_i\rangle\langle C_sx_i|-\sum_{j=1}^{l}\sum_{i=1}^{\infty}|D_jx_i\rangle\langle y_i|(\cdot)|y_i\rangle\langle D_jx_i|$$

是完全正的. 再利用定理 6.1.2 可知 $\Phi$ 是纠缠破坏信道. □

上面例子告诉我们具有秩一算子和表示的量子信道是纠缠破坏信道. 反过来, 一个自然的问题是纠缠破坏信道是否具有秩一算子和表示. 在有限维情形答案是肯定的 ([87]). 然而在无限维情形, 存在不具有秩一算子和表示的纠缠破坏信道 ([105]). 下面我们将证明, 在无限维情形, 一个信道是强纠缠破坏信道的充分必要条件是其具有秩一算子和表示.

**定理 6.1.4** 设 $H, K$ 是可分无限维复 Hilbert 空间且 $\Phi : \mathcal{T}(H) \to \mathcal{T}(K)$ 是量子信道. 则下列叙述等价:

(I) $\Phi$ 具有形式 $\Phi(\rho) = \sum_{k=1}^{\infty} \sigma_k \mathrm{tr}(F_k\rho)$, 其中 $\sigma_k$ 是量子态且 $\{F_k\}$ 是正算子值测量.

(II) $\Phi$ 是强纠缠破坏信道.

(III) $\Phi$ 具有秩一算子和表示, 即, $\Phi(\rho) = \sum_{k=1}^{\infty} E_k\rho E_k^*$ 且 $\mathrm{rank}(E_k) = 1$.

**证明** (III)$\Rightarrow$(I) 易证. 另外借用 [105] 中定理 2 的证明可知 (II)$\Rightarrow$(III) 成立. 下面验证 (I)$\Rightarrow$(II).

若 $\Phi$ 具有形式 $\Phi(\cdot) = \sum_{k=1}^{\infty} \sigma_k \mathrm{tr}(F_k(\cdot))$, 其中 $\sum_{k=1}^{\infty} F_k = I$. 对任意 $\eta \in \mathcal{S}(H \otimes K)$, 令 $\eta = \sum_{j,l} \rho_{jl} \otimes E_{jl}$, 其中 $\rho_{jl} \in \mathcal{S}(H)$ 且 $E_{jl} = |e_j\rangle\langle e_l|$ 对某个标准正交基 $\{|e_i\rangle\} \subseteq K$ 成立. 因为 $\Phi$ 是完全正的, 所以 $\Phi \otimes I_d$ 是有界的正映射. 因此利用 $\Phi$ 的线性性知, $\Phi \otimes I_d$ 在 $\mathcal{T}(H)$ 上是迹范数拓扑连续的. 这蕴涵

$$\begin{aligned}(\Phi \otimes I_d)(\eta) &= (\Phi \otimes I_d)\left(\sum_{j,l} \rho_{jl} \otimes E_{jl}\right) \\ &= \sum_{j,l} \Phi(\rho_{jl}) \otimes E_{jl} \\ &= \sum_{j,l} \left(\sum_{k=1}^{\infty} \sigma_k \mathrm{tr}(F_k\rho_{jl})\right) \otimes E_{jl} \\ &= \sum_{j,l} \sum_{k=1}^{\infty} \sigma_k \otimes \mathrm{tr}_H((F_k\rho_{jl}) \otimes E_{jl}) \\ &= \sum_{k=1}^{\infty} \sigma_k \otimes \mathrm{tr}_H((F_k \otimes I)\eta),\end{aligned}$$

其中 $\mathrm{tr}_H$ 是对系统 $H$ 的偏迹运算. 再由 $F_k \geqslant 0$ 可知 $F_k \otimes I \geqslant 0$, 进而有

$$0 \leqslant \mathrm{tr}_H((F_k \otimes I)\eta) \in \mathcal{T}(K).$$

所以 $(\Phi \otimes I_d)(\eta)$ 总是可数可分态. 故 $\Phi$ 是强纠缠破坏信道. □

我们把上述定理中的信道形式 $\Phi(\rho) = \sum_{k=1}^{\infty} \sigma_k \mathrm{tr}(F_k\rho)$ 称为 Holevo 形式. 特别是当 $F_k$ 是两两正交的秩一投影且 $\sigma_k$ 是纯态时, 称具有 Holevo 形式的信道 $\Phi$ 为

极端强纠缠破坏信道. 下面的定理中我们证明极端强纠缠破坏信道是强纠缠破坏信道凸集的端点.

**定理 6.1.5**　无限维系统上的极端强纠缠破坏信道是强纠缠破坏信道凸集的端点.

**证明**　若信道 $\Phi$ 是极端强纠缠破坏信道, 则 $\Phi$ 具有形式

$$\Phi(\rho)=\sum_{k=1}^{\infty}|x_k\rangle\langle x_k|\mathrm{tr}(\rho|y_k\rangle\langle y_k|),$$

其中 $|y_k\rangle$ 是两两正交的单位向量. 现设 $\Phi=\lambda\Psi+(1-\lambda)\Omega$, 其中 $\Psi,\Omega$ 是强纠缠破坏信道, $\lambda\in(0,1)$, 则由定理 6.1.4 可知

$$\begin{aligned}\sum_k|x_k\rangle\langle x_k|\mathrm{tr}(\rho|y_k\rangle\langle y_k|)=&\Phi(\rho)\\=&\lambda\Psi(\rho)+(1-\lambda)\Omega(\rho)\\=&\lambda\sum_j\sigma_j^{\Psi}\mathrm{tr}(F_j^{\Psi}\rho)+(1-\lambda)\sum_l\sigma_l^{\Omega}\mathrm{tr}(F_l^{\Omega}\rho).\end{aligned}$$

取 $\rho=|e_m\rangle\langle e_m|$ 且当 $k\neq m$, $\langle y_k|e_m\rangle=0$, 则由 $\{|y_k\rangle\langle y_k|\}$ 的正交性可知

$$\Phi(|e_m\rangle\langle e_m|)=|\langle y_m|e_m\rangle|^2|x_m\rangle\langle x_m|=\lambda\Psi(|e_m\rangle\langle e_m|)+(1-\lambda)\Omega(|e_m\rangle\langle e_m|).$$

所以 $\sigma_m^{\Psi}=\sigma_m^{\Omega}=|x_m\rangle\langle x_m|$. 再利用 $\Phi=\lambda\Psi+(1-\lambda)\Omega$ 可知对于任意 $\rho\in\mathcal{S}(H)$, 有

$$\begin{aligned}\sum_k|x_k\rangle\langle x_k|\mathrm{tr}(\rho|y_k\rangle\langle y_k|)=&\lambda\sum_k|x_k\rangle\langle x_k|\mathrm{tr}(F_k^{\Psi}\rho)+(1-\lambda)\sum_k|x_k\rangle\langle x_k|\mathrm{tr}(F_k^{\Omega}\rho)\\=&\sum_k|x_k\rangle\langle x_k|\mathrm{tr}(\lambda F_k^{\Psi}\rho)+\sum_k|x_k\rangle\langle x_k|\mathrm{tr}((1-\lambda)F_k^{\Omega}\rho)\\=&\sum_k|x_k\rangle\langle x_k|\mathrm{tr}((\lambda F_k^{\Psi}+(1-\lambda)F_k^{\Omega})\rho).\end{aligned}$$

取 $\rho=|y_i\rangle\langle y_i|$, 由于 $|y_i\rangle\langle y_i|$ 是两两正交的, 所以 $\mathrm{tr}((\lambda F_k^{\Psi}+(1-\lambda)F_k^{\Omega})|y_k\rangle\langle y_k|)=\||y_k\rangle\|^4=1$. 再由 $0\leqslant F_k^{\Psi},F_k^{\Omega}\leqslant I$ 可知 $|y_k\rangle\langle y_k|=\lambda F_k^{\Psi}+(1-\lambda)F_k^{\Omega}$. 又因为 $F_k^{\Psi}$, $F_k^{\Omega}$ 是正算子以及 $F_k^{\Psi},F_k^{\Omega}\leqslant I$, 所以

$$|y_k\rangle\langle y_k|=F_k^{\Psi}=F_k^{\Omega}.$$

因此

$$\Phi=\Psi=\Omega.$$

故 $\Phi$ 是端点. □

## 6.2 基于不确定性原理的多模高斯纠缠判据

在研究量子纠缠相关问题时, 纠缠判据往往是有力的研究工具之一. 在本节中我们基于量子不确定性原理给出一类多模高斯纠缠判据. 我们使用下面的常用假设. 设 $H_1, H_2, \cdots, H_n$ 是可分无限维复 Hilbert 空间, 在每个系统 $H_i$ 中有 $s_i$ 个模 $L_j^i$, 即 $H_i = L_1^i \otimes L_2^i \otimes \cdots \otimes L_{s_i}^i$. 相关记号如下

$$\begin{aligned}
H_1: \quad & \hat{x}_1^{(1)}, \hat{x}_2^{(1)}, \cdots, \hat{x}_{s_1}^{(1)}, \\
& \hat{p}_1^{(1)}, \hat{p}_2^{(1)}, \cdots, \hat{p}_{s_1}^{(1)}, \\
H_2: \quad & \hat{x}_1^{(2)}, \hat{x}_2^{(2)}, \cdots, \hat{x}_{s_2}^{(2)}, \\
& \hat{p}_1^{(2)}, \hat{p}_2^{(2)}, \cdots, \hat{p}_{s_2}^{(2)}, \\
& \vdots \\
H_n: \quad & \hat{x}_1^{(n)}, \hat{x}_2^{(n)}, \cdots, \hat{x}_{s_n}^{(n)}, \\
& \hat{p}_1^{(n)}, \hat{p}_2^{(n)}, \cdots, \hat{p}_{s_n}^{(n)},
\end{aligned}$$

其中, $(\hat{x}_j^{(i)}, \hat{p}_j^{(i)})$ 是第 $i$ 系统第 $j$ 模上的位移与动量算符对. 在下列叙述中为了表述简便我们把上述记号称为常用假设. 下面是我们的主要结果.

**定理 6.2.1** 在常用假设下, 设 $\rho \in \mathcal{S}(H_1 \otimes H_2 \otimes \cdots \otimes H_n)$, 且其相关矩阵为 $M_\rho = (m_{ij})_{(2\sum s_j)\times(2\sum s_j)}$, 若 $\rho$ 是全可分的, 则对于任意的实数集合 $\{\alpha_j^{(i)}\}$ 与 $\{\beta_j^{(i)}\}(i=1,\cdots,n$ 且 $j=1,\cdots,s_i)$,

$$\Gamma_{M_\rho,\alpha,\beta} = (\gamma_{k,l}(\alpha,\beta))_{n\times n} \geqslant 0.$$

其中,

$$\begin{aligned}
\gamma_{k,k} = & \sum_{m,h=1}^{s_k} \alpha_m^{(k)} \alpha_h^{(k)} m_{2\sum_{j=1}^{k-1} s_j+2m-1, 2\sum_{j=1}^{k-1} s_j+2h-1} \\
& + \sum_{m,h=1}^{s_k} \beta_m^{(k)} \beta_h^{(k)} m_{2\sum_{j=1}^{k-1} s_j+2m, 2\sum_{j=1}^{k-1} s_j+2h} - \sum_{i=1}^{s_k} \alpha_i^{(k)} \beta_i^{(k)},
\end{aligned}$$

$$\begin{aligned}
\gamma_{c,d}\ (c \neq d) = & \sum_{m=1}^{s_c} \sum_{h=1}^{s_d} \alpha_m^{(c)} \alpha_h^{(d)} m_{2\sum_{j=1}^{c-1} s_j+2m-1, 2\sum_{j=1}^{d-1} s_j+2h-1} \\
& + \sum_{m=1}^{s_c} \sum_{h=1}^{s_d} \beta_m^{(c)} \beta_h^{(d)} m_{2\sum_{j=1}^{c-1} s_j+2m, 2\sum_{j=1}^{d-1} s_j+2h}.
\end{aligned}$$

我们需要接下来的引理. 接下来的第一个引理只需按定义计算即可得到.

**引理 6.2.2** 在常用假设下, 设

$$\hat{X}^{(k)} = \sum_{i=1}^{s_k} \alpha_i^{(k)} \hat{x}_i^{(k)},$$

$$\hat{P}^{(k)} = \sum_{i=1}^{s_k} \beta_i^{(k)} \hat{p}_i^{(k)},$$

则

$$\hat{X}^{(k)} \hat{P}^{(k)} = i \left( \sum_{i=1}^{s_k} \alpha_i^{(k)} \beta_i^{(k)} \right) I;$$

$$\hat{X}^{(k)} \hat{P}^{(m)} = 0, \quad (k \neq m);$$

$$\hat{X}^{(k)} \hat{X}^{(m)} = \hat{X}^{(m)} \hat{X}^{(k)};$$

$$\hat{P}^{(k)} \hat{P}^{(m)} = \hat{P}^{(m)} \hat{P}^{(k)}.$$

**引理 6.2.3** 设在常用假设下, 且 $\{t_i\}_{i=1}^n$ 是任意实数集. 令

$$U = \sum_{k=1}^{n} t_k \hat{X}^{(k)},$$

$$V = \sum_{k=1}^{n} t_k \hat{P}^{(k)},$$

且 $\rho \in S(H_1 \otimes H_2 \otimes \cdots \otimes H_n)$. 若 $\rho$ 是全可分态, 则

$$(\Delta U)^2 + (\Delta V)^2 \geqslant \sum_{k=1}^{n} \left( \sum_{i=1}^{s_k} \alpha_i^{(k)} \beta_i^{(k)} \right) t_k^2. \tag{6.2.1}$$

**证明** 因为 $\rho$ 是全可分态, 可记

$$\rho = \int P(x) \rho_i^{(1)} \otimes \rho_i^{(2)} \otimes \cdots \otimes \rho_i^{(n)} dx,$$

$$\begin{aligned}
(\Delta U)^2 + (\Delta V)^2 = & \int P(x) dx \Bigg[ \sum_{k=1}^{n} (t_k^2 \langle (\hat{X}^{(k)})^2 \rangle_i + t_k^2 \langle (\hat{P}^{(k)})^2 \rangle_i) \\
& + \sum_{l<j} 2 t_l t_j \langle \hat{X}^{(l)} \rangle_i \langle \hat{X}^{(j)} \rangle_i + \sum_{l<j} 2 t_l t_j \langle \hat{P}^{(l)} \rangle_i \langle \hat{P}^{(j)} \rangle_i \Bigg] \\
& - \langle U \rangle_\rho^2 - \langle V \rangle_\rho^2 \\
= & \int P(x) dx \Bigg[ \sum_{k=1}^{n} (t_k^2 \langle (\hat{X}^{(k)})^2 \rangle_i + t_k^2 \langle (\hat{P}^{(k)})^2 \rangle_i)
\end{aligned}$$

$$
\begin{aligned}
&+\sum_{l<j}2t_lt_j\langle\hat{X}^{(l)}\rangle_i\langle\hat{X}^{(j)}\rangle_i+\sum_{l<j}2t_lt_j\langle\hat{P}^{(l)}\rangle_i\langle\hat{P}^{(j)}\rangle_i\Bigg]\\
&-\langle U\rangle_\rho^2-\langle V\rangle_\rho^2\\
&-\int P(x)dx\left[\sum_{k=1}^n(t_k^2\langle\hat{X}^{(k)}\rangle_i^2+t_k^2\langle\hat{P}^{(k)}\rangle_i^2)\right]\\
&+\int P(x)dx\left[\sum_{k=1}^n(t_k^2\langle\hat{X}^{(k)}\rangle_i^2+t_k^2\langle\hat{P}^{(k)}\rangle_i^2)\right]\\
=&\int P(x)dx\left[\sum_{k=1}^n(t_k^2(\Delta\hat{X}^{(k)})_i^2+t_k^2(\Delta\hat{P}^{(k)})_i^2)\right]\\
&+\int P(x)dx\left[\left(\sum_{k=1}^n t_k\langle\hat{X}^{(k)}\rangle_i\right)^2+\left(\sum_{k=1}^n t_k\langle\hat{P}^{(k)}\rangle_i\right)^2\right]\\
&-\langle U\rangle_\rho^2-\langle V\rangle_\rho^2\\
\geqslant&\left|\sum_{k=1}^n t_k^2\langle[\hat{X}^{(k)},\hat{P}^{(k)}]\rangle\right|\\
=&\sum_{k=1}^n\left(\sum_{k=1}^{s_k}\alpha_i^{(k)}\beta_i^{(k)}\right)t_k^2.
\end{aligned}
$$

□

**定理 6.2.1 的证明** 一方面, 由引理 6.2.3 可知

$$
\Delta U^2+\Delta V^2\geqslant\sum_{k-1}^n\left(\sum_{i=1}^{s_k}\alpha_i^k\beta_i^k\right){t_k}^2.
$$

另一方面,

$$
\begin{aligned}
&\Delta U^2+\Delta V^2\\
=&\langle U^2\rangle-\langle U\rangle^2+\langle V^2\rangle-\langle V\rangle^2\\
=&\left\langle\left[\sum_{i=1}^n t_i(\sum_{j=1}^{s_i}\alpha_j^{(i)}\hat{x}_j^{(i)})\right]^2\right\rangle_\rho+\left\langle\left[\sum_{i=1}^n t_i(\sum_{j=1}^{s_i}\beta_j^{(i)}\hat{p}_j^{(i)})\right]^2\right\rangle_\rho\\
=&\sum_{i=1}^n{t_i}^2\mathrm{tr}\left[\left(\sum_{m,h=1}^{s_i}\alpha_m^{(i)}\alpha_h^{(i)}\hat{x}_m^{(i)}\hat{x}_h^{(i)}\right)\rho\right]\\
&+\sum_{i,j}^n t_it_j\mathrm{tr}\left[\left(\sum_{m=1}^{s_i}\sum_{h=1}^{s_j}\alpha_m^{(i)}\alpha_h^{(i)}\hat{x}_m^{(i)}\hat{x}_h^{(i)}\right)\rho\right]\\
&+\sum_{i=1}^n{t_i}^2\mathrm{tr}\left[\left(\sum_{m,h=1}^{s_i}\beta_m^{(i)}\beta_h^{(i)}\hat{p}_m^{(i)}\hat{p}_h^{(i)}\right)\rho\right]
\end{aligned}
$$

$$+\sum_{i,j}^{n} t_i t_j \operatorname{tr}\left[\left(\sum_{m=1}^{s_i}\sum_{h=1}^{s_j}\beta_m^{(i)}\beta_h^{(i)}\hat{p}_m^{(i)}\hat{p}_h^{(i)}\right)\rho\right]$$

$$=\sum_{i=1}^{n} {t_i}^2 \sum_{m,h}^{s_i}\alpha_m^{(i)}\alpha_h^{(i)}\operatorname{tr}(\hat{x}_m^{(i)}\hat{x}_h^{(i)}\rho)+\sum_{i,j}^{n} t_i t_j \sum_{m,h}^{s_i,s_j}\alpha_m^i\alpha_h^i[\operatorname{tr}(\hat{x}_m^{(i)}\hat{x}_h^{(j)}\rho)]$$

$$+\sum_{i=1}^{n} {t_i}^2 \sum_{m,h}^{s_i}\beta_m^{(i)}\beta_h^{(i)}\operatorname{tr}(\hat{p}_m^{(i)}\hat{p}_h^{(i)}\rho)+\sum_{i,j}^{n} t_i t_j \sum_{m,h}^{s_i,s_j}\beta_m^{(i)}\beta_h^{(j)}[\operatorname{tr}(\hat{p}_m^{(i)}\hat{p}_h^{(j)}\rho)].$$

其中,

$$\hat{x}_m^i = q_{2s_1+\cdots+2s_{i-1}+2m-1},\quad \hat{p}_m^i = q_{2s_1+\cdots+2s_{i-1}+2m}.$$

比较上述两式可知定理成立. □

接下来我们举例解释定理 6.2.1 中 $\Gamma_{M_\rho,\alpha,\beta}$ 是如何由相关矩阵获得的. 我们看下面这个三体高斯态情形相关矩阵的变化规则.

$$\left(\begin{array}{cc|cc|cc}
\underline{m_{11}} & m_{12} & \underline{m_{13}} & m_{14} & \underline{m_{15}} & m_{16}\\
m_{21} & \underline{m_{22}} & m_{23} & \underline{m_{24}} & m_{25} & \underline{m_{26}}\\
\hline
\underline{m_{31}} & m_{32} & \underline{m_{33}} & m_{34} & \underline{m_{35}} & m_{36}\\
m_{41} & \underline{m_{42}} & m_{43} & \underline{m_{44}} & m_{45} & \underline{m_{46}}\\
\hline
\underline{m_{51}} & m_{52} & \underline{m_{53}} & m_{54} & \underline{m_{55}} & m_{56}\\
m_{61} & \underline{m_{62}} & m_{63} & \underline{m_{64}} & m_{65} & \underline{m_{66}}
\end{array}\right)_{6\times 6} \to$$

$$\left(\begin{array}{ccc}
(\alpha_1^{(1)})^2 m_{11}+(\beta_1^{(1)})^2 m_{22}-\alpha_1^{(1)}\beta_1^{(1)} & \alpha_1^{(1)}\alpha_1^{(2)} m_{13}+\beta_1^{(1)}\beta_1^{(2)} m_{24} & *\\
 & (\alpha_1^{(2)})^2 m_{33}+(\beta_1^{(2)})^2 m_{44}-\alpha_1^{(2)}\beta_1^{(2)} & *\\
 & * & *
\end{array}\right)_{3\times 3}.$$

定理 6.2.1 中的纠缠判据易于操作. 下面我们将把上述获得的纠缠判据转化为一类优化问题来解决.

**推论 6.2.4**　若

$$\lambda_{i_1,i_2,\cdots,i_m}(M_\rho)<0,$$

则 $H_{i_1},H_{i_2},\cdots,H_{i_m}$ 存在纠缠 ($i_l\in\{1,2,\cdots,n\}, i_s\leqslant i_t$ 若 $s\leqslant t, m\leqslant n$), 其中,

$$\lambda_{i_1,i_2,\cdots,i_m}(M_\rho)=\min_{1\leqslant l\leqslant m}\min_{i_1\leqslant k\leqslant i_l}\min_{\{\alpha_j^{(i)}\},\{\beta_j^{(i)}\}}|\Gamma_k(i_1,i_2,\cdots,i_l)|,$$

$|\Gamma_k(i_1,i_2,\cdots,i_l)|$ 是 $\Gamma_{M_\rho,\alpha,\beta}$ 的子矩阵 $\Gamma(i_1,i_2,\cdots,i_l)$ 的第 $k$ 个顺序主子式, $\Gamma(i_1,i_2,\cdots,i_l)$ 是 $\Gamma_{M_\rho,\alpha,\beta}$ 去掉第 $s$ 行及 $s$ 列获得的新矩阵, $s\in\{1,2,\cdots,n\}\setminus\{i_1,i_2,\cdots,i_l\}$.

通过推论 6.2.4, 我们可以将多体高斯纠缠判定问题转化为下列优化程序来解决.

设 $\rho \in \mathcal{S}(H_1 \otimes H_2 \otimes \cdots \otimes H_n)$ 且其相关矩阵 $M_\rho = (m_{ij})_{(2\sum s_j)\times(2\sum s_j)}$. 为了探测在系统 $H_{i_1}, H_{i_2}, \cdots, H_{i_m}$ 之间是否存在纠缠, 仅需求 $|\Gamma_k(i_1, i_2, \cdots, i_l)|$ 的最小值或者某个极小值 ($l, k$ 固定), 只要该值小于零即可判定 $H_{i_1}, H_{i_2}, \cdots, H_{i_m}$ 之间存在纠缠.

$$\begin{aligned} &\text{Minimize}: && |\Gamma_k(i_1, i_2, \cdots, i_l)|, \\ &\text{Subject to}: && \{\alpha_j^{(i)}\} \subseteq \mathbb{R}, \{\beta_j^{(i)}\} \subseteq \mathbb{R} \quad (i = 1, \cdots, n, j = 1, \cdots, s_i). \end{aligned} \tag{OP}$$

这个优化程序可以由下面几步来实现.

S1. 计算和收集主子式 $|\Gamma_k(i_1, i_2, \cdots, i_l)|$, 这是一个关于变量 $\{\alpha_j^{(i_k)}\}, \{\beta_j^{(i_k)}\}$ 的多元多项式 $p(\{\alpha_j^{(i_k)}\}, \{\beta_j^{(i_k)}\})$, 其中变量数为 $2\sum_{t=1}^k s_{i_t}$. 这个多项式的系数都是常数且由相关矩阵 $M_\rho$ 中的元运算获得.

S2. 求偏导数 $\partial p/\partial \alpha_j^{(i_k)}$ 以及 $\partial p/\partial \beta_j^{(i_k)}$.

S3. 通过解方程 $\partial p/\beta_j^{(i_k)} = \partial p/\beta_j^{(i_k)} = 0$ 获得稳定点.

S4. 通过稳定点计算多项式 $p(\{\alpha_j^{(i_k)}\}, \{\beta_j^{(i_k)}\})$ 的极小值 (或最小值).

上面所述的步骤是我们对优化问题的分步解决. 在具体问题中并不需要执行所有的步骤, 比如 S2 和 S3 中求多项式的极小值有些软件可以直接实现.

下面我们举例说明如何应用上述判据. 先从纯态中举例. 多模对称高斯纯态的概念参见文献 [1]. 任意五模对称高斯纯态具有下列形式的相关矩阵:

$$\begin{pmatrix} a & 0 & c_1 & 0 & c_1 & 0 & c_1 & 0 & c_1 & 0 \\ 0 & a & 0 & c_2 & 0 & c_2 & 0 & c_2 & 0 & c_2 \\ c_1 & 0 & a & 0 & c_1 & 0 & c_1 & 0 & c_1 & 0 \\ 0 & c_2 & 0 & a & 0 & c_2 & 0 & c_2 & 0 & c_2 \\ c_1 & 0 & c_1 & 0 & a & 0 & c_1 & 0 & c_1 & 0 \\ 0 & c_2 & 0 & c_2 & 0 & a & 0 & c_2 & 0 & c_2 \\ c_1 & 0 & c_1 & 0 & c_1 & 0 & a & 0 & c_1 & 0 \\ 0 & c_2 & 0 & c_2 & 0 & c_2 & 0 & a & 0 & c_2 \\ c_1 & 0 & c_1 & 0 & c_1 & 0 & c_1 & 0 & a & 0 \\ 0 & c_2 & 0 & c_2 & 0 & c_2 & 0 & c_2 & 0 & a \end{pmatrix}, \tag{6.2.2}$$

其中 $a \geqslant 1$ 且

$$c_1 = \frac{3(a^2-1)+\sqrt{(a^2-1)(25a^2-9)}}{8a},$$

$$c_2 = \frac{3(a^2-1)-\sqrt{(a^2-1)(25a^2-9)}}{8a}.$$

我们考虑系统分割 1|2|3|4|5, 即五体五模情形. 下面利用获得的纠缠判据判断具有相关矩阵 (6.2.2) 的量子态 $\rho_{\text{symm}}$ 何时是纠缠的. 根据定理 6.2.1 与推论 6.2.2 的方法, 对于任意两组实数 $\alpha_i$ 与 $\beta_i$, $i=1,2,3,4,5$, 我们考虑下列矩阵 $\Gamma=(\gamma_{ij})_{5\times 5}$, 其中

$$\gamma_{ii} = a(\alpha_i^2+\beta_i^2)-\alpha_i\beta_i, \quad \gamma_{ij}=\gamma_{ji}=c_1\alpha_i\alpha_j+c_2\beta_i\beta_j. \tag{6.2.3}$$

用 $\Gamma_i (i=1,2,3,4,5)$ 代表矩阵 (6.2.3) 的五个顺序主子式. 取 $a=a_0$, $a_0$ 是固定已知实数, 注意到具有相关矩阵 (6.2.2) 的五模高斯态在分割 1|2|3|4|5 下是纠缠的充分必要条件是 $\Gamma_i$ 是负数. 可以通过求 $\Gamma_i$ 的极小值来确定其正负性. 若极小值小于零, 则其值也为负数. 进一步, 如果想要去判定 2, 4, 5 模之间是否存在纠缠, 我们仅仅考虑下面矩阵顺序主子式的正负性即可,

$$\begin{pmatrix} a(\alpha_2^2+\beta_2^2)-\alpha_2\beta_2 & c_1\alpha_2\alpha_4+c_2\beta_2\beta_4 & c_1\alpha_2\alpha_5+c_2\beta_2\beta_5 \\ c_1\alpha_2\alpha_4+c_2\beta_2\beta_4 & a(\alpha_4^2+\beta_4^2)-\alpha_4\beta_4 & c_1\alpha_4\alpha_5+c_2\beta_4\beta_5 \\ c_1\alpha_2\alpha_5+c_2\beta_2\beta_5 & c_1\alpha_4\alpha_5+c_2\beta_4\beta_5 & a(\alpha_5^2+\beta_5^2)-\alpha_5\beta_5 \end{pmatrix}. \tag{6.2.4}$$

我们看到上述矩阵与 1, 3 模无关.

下面让我们处理系统分割一体中存在多模的情形. 譬如 12|3|45. 对于任意两组实数 $\alpha_i$ 与 $\beta_i$, $i=1,2,3,4,5$, 要考虑矩阵 $\Gamma=(\gamma_{ij})_{3\times 3}$, 其中

$$\begin{aligned} &\gamma_{11}=a(\alpha_1^2+\alpha_2^2+\beta_1^2+\beta_2^2)+2c_1\alpha_1\alpha_2+2c_2\beta_1\beta_2-\alpha_1\beta_1-\alpha_2\beta_2, \\ &\gamma_{12}=\gamma_{21}=c_1\alpha_3(\alpha_1+\alpha_2)+c_2\beta_3(\beta_1+\beta_2), \\ &\gamma_{13}=\gamma_{31}=c_1(\alpha_4+\alpha_5)(\alpha_1+\alpha_2)+c_2(\beta_4+\beta_5)(\beta_1+\beta_2), \\ &\gamma_{22}=a(\alpha_3^2+\beta_3^2)-\alpha_2\beta_2, \\ &\gamma_{23}=\gamma_{32}=c_1\alpha_3(\alpha_4+\alpha_5)+c_2\beta_3(\beta_4+\beta_5), \\ &\gamma_{33}=a(\alpha_4^2+\alpha_5^2+\beta_4^2+\beta_5^2)+2c_1\alpha_4\alpha_5+2c_2\beta_4\beta_5-\alpha_4\beta_4-\alpha_5\beta_5. \end{aligned} \tag{6.2.5}$$

例如当 $a=10$, 矩阵 (6.2.5) 的行列式极小值收敛于 $-\infty$. 所以此时在分割 12|3|45 下相应的三体高斯态是纠缠的.

下面我们将举一个混合态的例子, 考虑一个具有下列相关矩阵的两体四模高斯态:

$$\left(\begin{array}{cccc|cccc}
\frac{8}{5}+\lambda & \frac{2}{5} & \frac{2}{5} & \frac{2}{5} & \frac{1}{10} & \frac{1}{10} & \frac{1}{10} & \frac{1}{10} \\
\frac{2}{5} & \frac{8}{5}+\lambda & \frac{2}{5} & \frac{2}{5} & \frac{1}{10} & \frac{1}{10} & \frac{1}{10} & \frac{1}{10} \\
\frac{2}{5} & \frac{2}{5} & \frac{8}{5}+\lambda & \frac{2}{5} & \frac{1}{10} & \frac{1}{10} & \frac{1}{10} & \frac{1}{10} \\
\frac{2}{5} & \frac{2}{5} & \frac{2}{5} & \frac{8}{5}+\lambda & \frac{1}{10} & \frac{1}{10} & \frac{1}{10} & \frac{1}{10} \\
\hline
\frac{1}{10} & \frac{1}{10} & \frac{1}{10} & \frac{1}{10} & \frac{1}{2}+\lambda & -\frac{1}{8} & -\frac{1}{8} & -\frac{1}{8} \\
\frac{1}{10} & \frac{1}{10} & \frac{1}{10} & \frac{1}{10} & -\frac{1}{8} & \frac{1}{2}+\lambda & -\frac{1}{8} & -\frac{1}{8} \\
\frac{1}{10} & \frac{1}{10} & \frac{1}{10} & \frac{1}{10} & -\frac{1}{8} & -\frac{1}{8} & \frac{1}{2}+\lambda & -\frac{1}{8} \\
\frac{1}{10} & \frac{1}{10} & \frac{1}{10} & \frac{1}{10} & -\frac{1}{8} & -\frac{1}{8} & -\frac{1}{8} & \frac{1}{2}+\lambda
\end{array}\right), \qquad (6.2.6)$$

根据定理 6.2.1 与推论 6.2.2, 对任意实数 $\alpha_i$ 与 $\beta_i$, $i=1,2,3,4$, 我们考虑下列 $2\times2$ 实矩阵 $\Gamma=(\gamma_{ij})_{2\times2}$, 其中,

$$\begin{aligned}
\gamma_{11} &= \left(\frac{8}{5}+\lambda\right)(\alpha_1^2+\alpha_2^2+\beta_1^2+\beta_2^2)+\frac{2}{5}\alpha_1\alpha_2+\frac{2}{5}\beta_1\beta_2-\alpha_1\beta_1-\alpha_2\beta_2,\\
\gamma_{12} &= \gamma_{21}=\frac{1}{10}(\alpha_3+\alpha_4)(\alpha_1+\alpha_2)+\frac{1}{10}(\beta_3+\beta_4)(\beta_1+\beta_2),\\
\gamma_{22} &= \left(\frac{1}{2}+\lambda\right)(\alpha_4^2+\alpha_5^2+\beta_4^2+\beta_5^2)-\frac{1}{8}\alpha_3\alpha_4-\frac{1}{8}\beta_3\beta_4-\alpha_4\beta_4-\alpha_5\beta_5. \qquad (6.2.7)
\end{aligned}$$

例如, 取 $\lambda=0.1$ 时, 矩阵 (6.2.7) 行列式的极小值收敛于 $-\infty$, 相应两体高斯态是纠缠的.

## 6.3 高斯相干破坏信道

量子相干是量子态重要的特征且被认为是一类量子资源 ([194]). 本节给出高斯相干破坏信道的刻画.

因为高斯系统是无限维系统, 首先介绍无限维量子相干态的定义. 设 $H$ 是可分无限维复 Hilbert 空间. 对于固定的相干基 $\{|i\rangle\}$, 若量子态 $\rho=\sum_i\lambda_i|i\rangle\langle i|$, 则称 $\rho$ 是非相干的; 否则为相干态. 用 $\mathcal{I}_C$ 代表非相干态集合且 $\mathcal{I}_C^G$ 代表非相干高斯态集合.

**定义 6.3.1** 若信道 $\Phi:\mathcal{T}(H_A)\to\mathcal{T}(H_B)$ 满足 $\Phi(\rho)\in\mathcal{I}_C^G$ 对于所有高斯输入态 $\rho$ 成立, 则称该信道为高斯相干破坏信道.

在给出主要定理之前, 我们首先回顾多模高斯信道表示的基本理论. 任意一个 $n$-模高斯态 $\rho$ 有下列表示

$$\rho=\frac{1}{(2\pi)^n}\int \mathrm{d}^{2n}z\exp\left(-\frac{1}{4}z^{\mathrm{T}}\nu z+id^{\mathrm{T}}\right)W(-z), \tag{6.3.1}$$

其中 $W(z)$ 是 Weyl 算子, $\nu$ 是 $\rho$ 的相关矩阵, 这是 $2n\times 2n$ 实对称矩阵, $d$ 是 $2n$-维的实向量, 称为位移向量. 所以一个高斯态是由其相关矩阵与位移向量决定的, 下面我们记 $\rho=\rho[\nu,d]$.

若 $\Phi$ 是一个 $n$-模玻色高斯信道, 则对于任意高斯态 $\rho=\rho[\nu,d]$, 输出态 $\Phi(\rho)$ 具有下列相关矩阵及位移向量:

$$K\nu K^{\mathrm{T}}+M,\quad Kd+\bar{d},$$

其中 $\bar{d}$ 是 $2n$ 维实向量, $K,M$ 是满足 $M\geqslant\pm\frac{i}{2}(\Delta-K\Delta K^{\mathrm{T}})$ 的 $2n\times 2n$ 实矩阵, $K^{\mathrm{T}}$ 是矩阵 $K$ 的转置且

$$\Delta=\oplus^n\begin{pmatrix}0&1\\-1&0\end{pmatrix}.$$

因此我们可以记一个高斯信道为 $\Phi=\Phi(K,M,\bar{d})$.

在给出主要定理之前, 我们需要下面的引理. 注意到对任意 $2\times 2$ 实正交矩阵 $\mathcal{O}$, $\mathcal{O}\begin{pmatrix}0&1\\-1&0\end{pmatrix}\mathcal{O}^{\mathrm{T}}=\begin{pmatrix}0&1\\-1&0\end{pmatrix}$(当 $\mathcal{O}$ 是辛矩阵) 或者 $-\begin{pmatrix}0&1\\-1&0\end{pmatrix}$(当 $\mathcal{O}$ 是非辛矩阵).

**引理 6.3.1**　$n$-模高斯信道 $\Phi=\Phi(K,M,\bar{d})$ 满足 $\Phi(\mathcal{I}_C^G)\subseteq\mathcal{I}_C^G$ 当且仅当 $\bar{d}=0$ 且存在一个 $\{1,2,\cdots,n\}$ 上的置换 $\pi$ 使得

$$K=(P_\pi\otimes I_2)(\oplus_{i=1}^n t_i\mathcal{O}_i), \tag{6.3.2}$$

$$M=\oplus_{i=1}^n\lambda_{\pi(i)}I_2, \tag{6.3.3}$$

其中 $P_\pi$ 是对应于置换 $\pi$ 的 $n\times n$ 置换矩阵, $\mathcal{O}_i$ 是 $2\times 2$ 正交矩阵且当 $\mathcal{O}$ 是辛矩阵时 $\lambda_i\geqslant\frac{1}{2}|t_i^2-1|$; 否则, $\lambda_i\geqslant\frac{1}{2}|t_i^2+1|$.

**证明**　回顾一个单模高斯态是非相干的充分必要条件是它的相关矩阵是单位矩阵的倍数且位移向量是零. 一个 $n$-模高斯非相干态是 $n$ 个单模高斯态的张量积 ([206]). 所以, 对于 $n$-模高斯信道 $\Phi=\Phi(K,M,\bar{d})$, 若 $\Phi(\mathcal{I}_C^G)\subseteq\mathcal{I}_C^G$, 显然有 $\bar{d}=0$.

我们记 $K=(A_{ij})_{n\times n}$ 且 $M=(M_{ij})_{n\times n}$, 其中 $A_{ij},M_{ij}$ 均为 $2\times 2$ 实矩阵. 注意到 $n$-模高斯非相干态 $\rho$ 具有对角相关矩阵

$$V_\rho=\mathrm{diag}(r_1I_2,r_2I_2,\cdots,r_nI_2).$$

由于 $\Phi$ 把非相干高斯态映为其本身, 则我们有, 对于任意实数集 $\{r_i\}_{i=1}^n$, 存在 $\{s_i\}_{i=1}^n$ 使得

$$
\begin{aligned}
KV_\rho K^{\mathrm{T}}+M&=(A_{ij})_{n\times n}(\oplus_{i=1}^n r_iI_2)(A_{ij})_{n\times n}^{\mathrm{T}}+M\\
&=\begin{pmatrix}
\sum_{j=1}^n r_jA_{1j}A_{1j}^{\mathrm{T}} & \sum_{j=1}^n r_jA_{1j}A_{2j}^{\mathrm{T}} & \cdots & \sum_{j=1}^n r_jA_{1j}A_{nj}^{\mathrm{T}}\\
\sum_{j=1}^n r_jA_{2j}A_{1j}^{\mathrm{T}} & \sum_{j=1}^n r_jA_{2j}A_{2j}^{\mathrm{T}} & \cdots & \sum_{j=1}^n r_jA_{2j}A_{nj}^{\mathrm{T}}\\
\vdots & \vdots & & \vdots\\
\sum_{j=1}^n r_jr_jA_{nj}A_{1j}^{\mathrm{T}} & \sum_{j=1}^n r_jA_{nj}A_{2j}^{\mathrm{T}} & \cdots & \sum_{j=1}^n r_jA_{nj}A_{nj}^{\mathrm{T}}
\end{pmatrix}+M\\
&=\oplus_{i=1}^n s_iI_2.
\end{aligned}
$$

这蕴涵, 对于任意数对 $(k,l)$,

$$\sum_{j=1}^n r_jA_{kj}A_{kj}^{\mathrm{T}}+M_{kk}=s_kI_2;$$

$$\sum_{j=1}^n r_jA_{kj}A_{lj}^{\mathrm{T}}+M_{kl}=0\quad(k\neq l).$$

进一步, 由 $(r_1,\cdots,r_n)$ 的任意性, 有 $M_{kl}=0\ (k\neq l)$,

$$A_{kj}A_{lj}^{\mathrm{T}}=0\quad(k\neq l)\tag{6.3.4}$$

且

$$M_{kk}=m_kI_2,\quad A_{kj}=t_{kj}\mathcal{O}_{kj}\tag{6.3.5}$$

对于某实数 $m_k,t_{kj}$ 与 $2\times2$ 正交矩阵 $\mathcal{O}_{kj}$ 成立, $j=1,2,\cdots,n$. 再由 $s_k>0$ 以及 (6.3.4)—(6.3.5) 式可知, 对每个 $k$, 存在唯一的 $j_k$ 使得 $t_{kj_k}\neq0$; 即, 除 $A_{kj_k}=t_{kj_k}\mathcal{O}_{kj_k}$ 外, 对每个 $k$, $A_{kj}=0$. 当 $l\neq k$ 时 $j_k\neq j_l$. 所以存在置换 $\pi$ 使得 $j_k=\pi(k)$.

记 $t_{\pi(k)}=t_{k\pi(k)}$, $\lambda_{\pi(k)}=m_k$, $\mathcal{O}_{k\pi(k)}=\mathcal{O}_{\pi(k)}$ 且令 $P_\pi$ 是相应的 $n\times n$ 置换矩阵. 记

$$K=(P_\pi\otimes I_2)(\oplus_{i=1}^n t_i\mathcal{O}_i)\tag{6.3.6}$$

且

$$M=\oplus_{i=1}^n\lambda_{\pi(i)}I_2.\tag{6.3.7}$$

由于 $M\geqslant\pm\frac{i}{2}(\Delta-K\Delta K^{\mathrm{T}})$, 所以 $\lambda_iI_2\geqslant\pm\frac{1}{2}\left(\begin{pmatrix}0&1\\-1&0\end{pmatrix}-t_i^2\mathcal{O}_i\begin{pmatrix}0&1\\-1&0\end{pmatrix}\mathcal{O}_i^{\mathrm{T}}\right)$,

而且计算可得上式等价于: 当 $\mathcal{O}_i\begin{pmatrix}0&1\\-1&0\end{pmatrix}\mathcal{O}_i^{\mathrm{T}}=\begin{pmatrix}0&1\\-1&0\end{pmatrix}$ 时 $\lambda_i\geqslant\frac{1}{2}|t_i^2-1|$; 或者, 当 $\mathcal{O}_i\begin{pmatrix}0&1\\-1&0\end{pmatrix}\mathcal{O}_i^{\mathrm{T}}=\begin{pmatrix}0&-1\\1&0\end{pmatrix}$ 时 $\lambda_i\geqslant\frac{1}{2}(t_i^2+1)$.

反过来, 设 $\Phi=\Phi(K,M,\bar{d})$ 是高斯信道且 $K=(P_\pi\otimes I_2)(\oplus_{i=1}^n t_i\mathcal{O}_i)$, $M=\oplus_{i=1}^n\lambda_{\pi(i)}I_2$ 且 $\bar{d}=0$, 其中 $\pi$ 是 $(1,2,\cdots,n)$ 上的置换, $\mathcal{O}_i$ 是 $2\times2$ 实正交矩阵且 $\lambda_i\geqslant\frac{1}{2}|t_i^2\mp1|$ (当 $\mathcal{O}_i$ 是辛矩阵时取 $+$; 否则取 $-$), 则 $\Phi=\otimes_{i=1}^n\Phi_{i\to\pi(i)}(t_{\pi(i)}\mathcal{O}_{\pi(i)},\lambda_{\pi(i)}I_2,0)$, 所以 $\Phi$ 把 $n$-模高斯非相干态映为本身. □

若 $K$ 与 $M$ 分别具有 (6.3.2) 式与 (6.3.3) 式的形式我们记 $\Phi_{i\to\pi(i)}=\Phi(K_{\pi(i)},\lambda_{\pi(i)}I_2,0)$ 为从第 $i$ 模到第 $\pi(i)$ 模的高斯信道, 其形式为 $K_{\pi(i)}$, $\lambda_{\pi(i)}I_2$ 且 $\bar{d}=0$. 则 $\Phi(K,M,\bar{d})=\otimes_{i=1}^n\Phi_{i\mapsto\pi(i)}$ 且 $\Phi_{i\to\pi(i)}$ 是非相干信道. 我们有下列直接的结论.

**引理 6.3.2** 一个 $n$-模高斯信道 $\Phi$ 满足 $\Phi(\mathcal{I}_C^G)\subseteq\mathcal{I}_C^G$ 的充分必要条件是存在 $\{1,2,\cdots,n\}$ 上的置换 $\pi$ 与从第 $i$ 模到第 $\pi(i)$ 模的单模非相干高斯信道 $\Phi_{i\mapsto\pi(i)}$ 使得

$$\Phi=\otimes_{i=1}^n\Phi_{i\mapsto\pi(i)}.$$

通过引理 6.3.1 的证明可知, 对于一个多模高斯信道 $\Phi=\Phi(K,M,\bar{d})$, 若存在 $\{1,2,\cdots,n\}$ 上的置换 $\pi$ 使得 $K=(P_\pi\otimes I_2)(\oplus_{i=1}^n K_i)$, $M=\oplus_{i=1}^n M_{\pi(i)}$, 其中 $P_\pi$ 对应于 $\pi$ 的 $n\times n$ 置换矩阵, 则 $\Phi$ 把高斯乘积态映为其本身. 这也就等价于 $\Phi=\otimes_{i=1}^n\Phi_{i\mapsto\pi(i)}$, 其中, 对每个 $i$, $\Phi_{i\mapsto\pi(i)}$ 是从第 $i$ 模到第 $\pi(i)$ 模的单模高斯信道. 事实上, 若 $K,M$ 具有上述形式, 则对于任意 $n$-模乘积高斯态 $\rho=\otimes_{i=1}^n\rho_i$, 其相关矩阵为 $\oplus_{i=1}^n\nu_i$, $\Phi(\rho)$ 的相关矩阵

$$K(\oplus_{i=1}^n\nu_i)K^{\mathrm{T}}+M=\oplus_{i=1}^n(K_{\pi(i)}\nu_iK_{\pi(i)}^{\mathrm{T}}+M_{\pi(i)}),\tag{6.3.8}$$

这蕴涵 $\Phi(\rho)$ 是乘积态.

下面我们给出 $n$-模高斯相干破坏信道的刻画.

**定理 6.3.3** 一个 $n$-模高斯信道 $\Phi(K,M,\bar{d})$ 是相干破坏信道的充分必要条件是 $K=0$, $\bar{d}=0$ 且存在 $\lambda_i\geqslant\frac{1}{2}$ 使得

$$M=\mathrm{diag}(\lambda_1I_2,\lambda_2I_2,\cdots,\lambda_nI_2).$$

**证明** 充分性显然, 下证必要性. 设 $n$-高斯信道 $\Phi=\Phi(K,M,\bar{d})$, 若它是相干破坏信道, 则 $\Phi$ 是非相干信道. 由引理 6.3.1 与引理 6.3.2 可知, $\Phi=\otimes_{i=1}^n\Phi_{i\mapsto\pi(i)}$,

其中 $\Phi_{i\mapsto\pi(i)}=\Phi_{i\mapsto\pi(i)}(K_{\pi(i)},M_{\pi(i)},0)$,

$$K_i=t_i\mathcal{O}_i,\quad M_i=\begin{pmatrix}\lambda_i & 0\\ 0 & \lambda_i\end{pmatrix}, \tag{6.3.9}$$

其中, 每个 $\mathcal{O}_i$ 是 2×2 实正交矩阵且 $t_i$ 是实数, $\lambda_i\geqslant\frac{1}{2}|t_i^2\mp 1|$. 下证 $t_i=0$, 则定理成立. 显然 $\Phi_{i\mapsto\pi(i)}$ 是高斯相干破坏信道. 用反证法, 设存在某个 $i$ 使得 $t_i\neq 0$. 注意到 2×2 实正交矩阵具有下列形式之一:

$$\begin{pmatrix}\cos\theta & \sin\theta\\ -\sin\theta & \cos\theta\end{pmatrix},\quad\begin{pmatrix}\cos\theta & \sin\theta\\ \sin\theta & -\cos\theta\end{pmatrix}. \tag{6.3.10}$$

对于第 $\pi^{-1}(i)$ 模高斯态 $\rho$, 其相关矩阵为

$$\nu_\rho=\begin{pmatrix}a & c\\ c & b\end{pmatrix},$$

其中 $a\geqslant 0,b\geqslant 0$, 且 $ab\geqslant c^2+\frac{1}{4}$.

若 $\mathcal{O}_i$ 具有第一种形式, 则对于任意态 $\rho$, $t_i\mathcal{O}_i\nu_\rho\mathcal{O}_i^{\mathrm{T}}+M_i$ 总是对角矩阵. 计算可知

$$t_i[-a\cos\theta\sin\theta-c\sin^2\theta+c\cos^2\theta+b\cos\theta\sin\theta]=0 \tag{6.3.11}$$

对所有满足 $a\geqslant 0,b\geqslant 0$ 且 $ab\geqslant c^2+\frac{1}{4}$ 的实数 $a,b,c$ 成立. 由于 $t_i\neq 0$, 现取 $c\neq 0$ 且 $a=b$ 可得 $\cos^2\theta=\sin^2\theta$, 即, $\cos\theta=\pm\sin\theta$. 所以 $(b-a)\cos\theta\sin\theta$ 总是零. 另一方面, 若取 $a\neq b$, 可得 $\cos\theta=0$ 或者 $\sin\theta=0$. 再利用 $\cos\theta=\pm\sin\theta$ 可得 $\cos\theta=\sin\theta=0$, 这是个矛盾.

当 $\mathcal{O}_i$ 取第二种情形时, 同样可得到矛盾. 所以, $t_i=0$ 对所有 $i$ 成立且因此 $K=0$. 定理得证. □

下面我们介绍几类高斯信道子集的包含关系, 包括高斯相干破坏信道、PPT 信道、纠缠破坏信道、经典–量子信道. 为了便于表述我们总假设以下涉及的高斯信道具有零位移向量. 首先介绍以上几类高斯信道的概念与表示.

设 $H_A,H_B,H_E$ 是可分无限维 Hilbert 空间. 一个高斯信道 $\Phi:\mathcal{T}(H_A)\to\mathcal{T}(H_B)$ 若满足对所有两体输入态 $\rho^{AE}\in\mathcal{T}(H_A\otimes H_E)$, $\Phi\otimes I(\rho^{AE})$ 总是可分态, 则称其为高斯纠缠破坏信道 (简记为 GEBC); 若 $\Phi$ 满足 $\Phi\otimes I(\rho^{AE})$ 的偏转置后总是正的, 则称其为正偏转置信道 (简记为 GPPTC)([87]); 若 $\Phi(\rho)=\int_X\langle x|\rho|x\rangle\rho_x\mathrm{d}x$, 其中 $\mathrm{d}x$ 勒贝格测度且 $\{|x\rangle:x\in X\}$ 是满足 $\langle x|y\rangle=\delta(x-y)\Phi$ 的狄拉克系统, 则称其为高

斯经典 - 量子信道 (简记为 GCQC)(Ref. [106], [107]). 下面我们用 $\Omega^G_{\rm PPT}, \Omega^G_{\rm EB}, \Omega^G_{\rm CQ}$ 与 $\Omega^G_{\rm CB}$ 分别表示 GPPTC, GEBC, GCQC, GCBC 组成的集合.

为了揭示以上几类高斯信道的包含关系, 我们介绍它们的表示. 设一般 $n$ 模高斯信道 $\Phi(K, M)$,

$$M \geqslant \pm\frac{i}{2}(\Delta - K\Delta K^{\rm T}),$$

其中 $\Delta = \oplus_{i=1}^n \Delta_i$, $\Delta_i = \begin{pmatrix} 0 & 1 \\ -1 & 0 \end{pmatrix}$. $\Phi(K, M)$ 是纠缠破坏信道的充分必要条件是存在 $M_1, M_2$ 使得 ([108])

$$M = M_1 + M_2,\ M_1 \geqslant \pm\frac{i}{2}\Delta,\ M_2 \geqslant \pm\frac{i}{2}K\Delta K^{\rm T}.$$

$\Phi$ 是正偏转置信道的充分必要条件是 $M \geqslant \frac{i}{2}(\Delta \pm K\Delta K^{\rm T})$ ([108]). 所以

$$\Omega^G_{\rm EB} \subseteq \Omega^G_{\rm PPT}.$$

由 [106] 可知 $\Phi(K, M, \bar{d})$ 是高斯经典–量子信道当且仅当 $K\Delta K^{\rm T} = 0$. 所以由定理 6.3.3 可知

$$\Omega^G_{\rm CB} \subseteq \Omega^G_{\rm CQ}.$$

下面验证 $\Omega^G_{\rm CQ} \subseteq \Omega^G_{\rm EB}$. 若 $M$ 满足 $M \geqslant \pm\frac{i}{2}K\Delta K^{\rm T}$, 取 $M_1 = M - \left(\pm\frac{i}{2}K\Delta K^{\rm T}\right)$ 且 $M_2 = \pm\frac{i}{2}K\Delta K^{\rm T}$. 则 $M_1 \geqslant 0$. 所以 $\Omega^G_{\rm CQ} \subseteq \Omega^G_{\rm EB}$.

综上, 我们有下列包含关系:

$$\Omega^G_{\rm CB} \subseteq \Omega^G_{\rm CQ} \subseteq \Omega^G_{\rm EB} \subseteq \Omega^G_{\rm PPT}. \tag{6.3.12}$$

最后我们讨论高斯相干破坏信道的容量性质. 我们首先证明以下结果.

**定理 6.3.4** 对系统 $H_E$ 上的任意高斯信道 $\Psi$ 与系统 $H_A$ 上的任意 $n$-模高斯相干破坏信道 $\Phi$, $\Phi\otimes\Psi(\rho^{AE})$ 总是乘积态, 其中 $\rho^{AE}$ 是两体系统 $H_A\otimes H_E$ 上的任意高斯态.

**证明** 设 $\Psi = \Psi(X_\Psi, Y_\Psi)$ 且 $\rho_{AE}$ 的相关矩阵为 $\begin{pmatrix} A & C \\ C^{\rm T} & E \end{pmatrix}$. 则输出态 $\Phi\otimes\Psi(\rho^{AE})$ 具有相关矩阵 $\nu_{\rm out}$ 形式为

$$\nu_{\rm out} = \begin{pmatrix} 0 & 0 \\ 0 & X_\Psi \end{pmatrix}\begin{pmatrix} A & C \\ C^{\rm T} & E \end{pmatrix}\begin{pmatrix} 0 & 0 \\ 0 & X_\Psi^{\rm T} \end{pmatrix} + \begin{pmatrix} \oplus_{i=1}^n \lambda_i I_2 & 0 \\ 0 & Y_\Psi \end{pmatrix},$$

其中, $\lambda_i$ 是系统 $A$ 第 $i$ 模上的热态的特征值. 这蕴涵

$$\nu_{\rm out} = (\oplus_{i=1}^n \omega_i I_2) \oplus (X_\Psi E X_\Psi^{\rm T} + Y_\Psi).$$

所以, $\Phi\otimes\Psi(\rho^{AE})=\Phi(\rho_A)\otimes\Psi(\rho_E)$ 是乘积态. □

这个结果也再次说明高斯相干破坏信道集合是高斯纠缠破坏信道的真子集. 为了研究高斯相干信道的容量性质, 需要讨论高斯相干破坏信道 $k$ 张量积的纠缠输入性质. 由于高斯信道的容量与其平移向量无关, 不妨设其平移向量为零.

设高斯信道 $\Psi$ 具有形式 $\Psi(X_\Psi,Y_\Psi)$, $\Phi\otimes\Psi$ 是两体系统 $H_A\otimes H_B$ 上的信道. 所以 $(\Phi\otimes\Psi)^{\otimes k}$ 具有下列变化规则

$$\nu_{\text{in}}\mapsto\begin{pmatrix}0&0\\0&X_\Psi\end{pmatrix}^{\oplus k}\nu_{\text{in}}\begin{pmatrix}0&0\\0&X_\Psi^{\mathrm{T}}\end{pmatrix}^{\oplus k}+\begin{pmatrix}\oplus_{i=1}^n\omega_iI_2&0\\0&Y_\Psi\end{pmatrix}^{\oplus k},$$

其中, $\operatorname{diag}\nu_{\text{in}}=\operatorname{diag}(\nu_{AB},\nu_{AB},\cdots,\nu_{AB})$, $\nu_{AB}=\begin{pmatrix}A&C\\C^{\mathrm{T}}&B\end{pmatrix}$ 是两体输入态的相关矩阵, $\omega_i$ 是系统 $A$ 第 $i$ 模上的热态的特征值. 这蕴涵输出态的相关矩阵

$$\nu_{\text{out}}=\begin{pmatrix}\oplus_{i=1}^n\omega_iI_2&0\\0&X_\Psi BX_\Psi^{\mathrm{T}}+Y_\Psi\end{pmatrix}^{\oplus k}.$$

不失一般性, 记 $\nu_{\text{mod}}=(m_{ij})$ 是高斯信道 $(\Phi\otimes\Psi)^{\otimes k}$ 的模相关矩阵 ([184, 185]). 由 [184, 185] 的相关理论可知经信道 $(\Phi\otimes\Psi)^{\otimes k}$ 作用后的模输出态的相关矩阵 $\bar{\nu}_{\text{out}}$ 具有形式:

$$\bar{\nu}_{\text{out}}=\nu_{(\Phi\otimes\Psi)^{\otimes k}(\rho[\nu_{\text{in}}+\nu_{\text{mod}}])}=\begin{pmatrix}\oplus_{i=1}^n\omega_iI_2&0\\0&X_\Psi(B+\nu'_{\text{mod}})X_\Psi^{\mathrm{T}}+Y_\Psi\end{pmatrix}^{\oplus k},\tag{6.3.13}$$

其中 $\nu'_{\text{mod}}$ 是对应于 $B$ 系统的 $\nu_{\text{mod}}$ 的子矩阵.

回顾量子信道容量相关理论 ([173]). 信道 $\Phi$ 的 $\chi$-容量定义为

$$C_\chi(\Phi)=\sup_{\{p_i,\rho_i\}}\left[S\left(\sum_i p_i(\Phi(\rho_i))\right)-\sum_i p_iS(\Phi(\rho_i)\right],\tag{6.3.14}$$

其中, $S$ 代表量子熵. 其经典容量 $C(\Phi)$ 定义为

$$C(\Phi)=\lim_{k\to\infty}\frac{1}{k}C_\chi(\Phi^{\otimes k}).\tag{6.3.15}$$

若 $\Phi$ 是高斯信道, 其高斯 $\chi$-容量定义为

$$C_\chi^G(\Phi)=\sup_{\mu,\bar{\rho}}S(\Phi(\bar{\rho}))-\int\mu(\mathrm{d}\omega)S(\Phi(\rho(\omega))),\tag{6.3.16}$$

其中, 输入态 $\rho(\omega)$ 是 $n$-模高斯态, $\bar{\rho}=\displaystyle\int\mu(\mathrm{d}z)\rho(z)$ 是所谓的平均符号态, $\mu$ 是一个

概率测度. 注意到式 (6.3.16) 可能无限. 显然高斯经典容量是一般经典容量的下界. 在信道容量理论中有一重要问题是所谓的容量可加问题, 即, 下列等式是否成立:

$$\mathcal{C}(\Phi\otimes\Psi)=\mathcal{C}(\Phi)+\mathcal{C}(\Psi),\tag{6.3.17}$$

其中, $\Phi$ 与 $\Psi$ 是量子信道, $\mathcal{C}$ 代表某个信道容量. 下面我们讨论当式 (6.3.17) 中两个信道之一为高斯相干破坏信道时该式是否成立? 对于任意高斯信道 $\Psi=\Psi(X_\Psi,Y_\Psi)$ 与高斯相干破坏信道 $\Phi$, 由式 (6.3.13) 可知

$$\begin{aligned}
&C_\chi((\Phi\otimes\Psi)^{\otimes k})\\
&=S(\rho[\bar{\nu}_{\text{out}}])-S(\rho[\nu_{\text{out}}])\\
&=kS(\rho[\oplus_{i=1}^n\omega_iI_2]\otimes\rho[X_\Psi(B+\nu'_{\text{mod}})X_\Psi^{\mathrm{T}}+Y_\Psi])\\
&\quad-kS(\rho[\oplus_{i=1}^n\omega_iI_2]\otimes\rho[X_\Psi BX_\Psi^{\mathrm{T}}+Y_\Psi])\\
&=kS(\Phi(\bar{\rho}_A))+kS(\Psi(\bar{\rho}_E))-kS(\Phi(\rho_A))-kS(\Psi(\rho_E))\\
&=kC_\chi(\Phi)+kC_\chi(\Psi).
\end{aligned}$$

这蕴涵高斯经典容量与高斯经典 $\chi$-容量对于相干破坏信道与任意高斯信道的张量积是可加的.

## 6.4　量子信道可完全恢复的条件

在本节, 我们介绍一类保距映射的刻画结果在量子信道纠错理论中的应用.

对于一个量子信道 $\Phi$, 量子纠错理论研究的核心问题是是否存在另一个信道 $\Psi$ 使得

$$\Psi\circ\Phi(\rho)=\rho,\quad\forall\ \rho\in\mathcal{C}\subseteq\mathcal{S}(H).$$

若存在, 则我们称信道 $\Phi$ 对于量子态 $\rho$ 是可恢复的; 若 $\Phi$ 对 $\mathcal{C}$ 中所有量子态都可恢复, 则称 $\Phi$ 在集合 $\mathcal{C}$ 上可恢复. $\mathcal{C}$ 是量子态集合 $\mathcal{S}(H)$ 的子集, 称为量子纠错码. 易验证若 $\Phi$ 对于 $\rho,\sigma$ 可恢复, 则 $\Phi$ 对于 $\rho,\sigma$ 的任意凸组合都可恢复. 所以量子纠错码 $\mathcal{C}$ 必为凸集. 量子纠错理论是量子信息理论核心问题之一 ([84, 118]). 量子态之间的度量在量子信道恢复理论中具有重要应用, 譬如 Helstrom 度量.

**定义 6.4.1**　对于 $\lambda\in[0,1]$, 量子态 $\rho,\sigma$ 的 Helstrom 度量

$$P_H(\rho,\sigma,\lambda)=\frac{1}{2}(1+\|\lambda\rho-(1-\lambda)\sigma\|_1),$$

其中 $\|A\|_1=\operatorname{tr}(\sqrt{AA^*})$.

**定义 6.4.2** 若映射 $\Phi:\mathcal{B}(H)\to\mathcal{B}(H)$ 满足对于量子态 $\rho,\sigma$,

$$P_H(\rho,\sigma,\lambda)=P_H(\Phi(\rho),\Phi(\sigma),\lambda),$$

则称 $\Phi$ 保持 Helstrom 度量. 这也等价于 $\|\lambda\Phi(\rho)-(1-\lambda)\Phi(\sigma)\|_1=\|\lambda\rho-(1-\lambda)\sigma\|_1$ 对于任意 $\lambda\in[0,1]$ 成立.

在文献 [15], 首先用 Helstrom 度量作为量子信道恢复的判据, 但需要对量子纠错码附加一定的限制条件. 去掉附加条件, 本节利用算子代数上保迹距离映射 (此时映射不具有满射或单射条件) 的刻画给出了一个量子信道对所有量子态都可恢复的充分必要条件.

**定义 6.4.3** 对于一个量子信道 $\Phi:\mathcal{B}(H)\to\mathcal{B}(H)$, 若存在信道 $\Psi$ 使得 $\Psi\circ\Phi(\rho)=\rho$ 对所有量子态 $\rho$ 成立, 则称 $\Phi$ 是可完全恢复信道.

**定义 6.4.4** 若映射 $\Phi:\mathcal{B}(H)\to\mathcal{B}(H)$ 满足

$$\|\Phi(\rho)-\Phi(\sigma)\|_1=\|\rho-\sigma\|_1$$

对所有 $\rho,\sigma\in\mathcal{S}(H)$ 成立, 则称 $\Phi$ 保持迹范数距离.

**定义 6.4.5** 若映射 $\Phi:\mathcal{B}(H)\to\mathcal{B}(H)$ 满足

$$\|\Phi(P)-\Phi(Q)\|_1=\|P-Q\|_1$$

对所有纯态 $P,Q\in\mathcal{P}_1(H)$ 成立, 则称 $\Phi$ 保持纯态迹范数距离.

下面是我们的主要结果.

**定理 6.4.1** 设 $H$ 是有限维复 Hilbert 空间, $\dim H=n$, $\Phi:\mathcal{B}(H)\to\mathcal{B}(H)$ 是一个量子信道, 则下列叙述等价:

(I) $\Phi$ 是可完全恢复的;

(II) $\Phi$ 保持纯态凸组合的迹距离, 即, $\|\lambda\Phi(P)-(1-\lambda)\Phi(Q)\|_1=\|\lambda P-(1-\lambda)Q\|_1$ 对所有纯态 $P,Q$ 以及 $\lambda\in[0,1]$ 成立;

(III) $\Phi$ 保持纯态的迹范数距离, 即, $\|\Phi(P)-\Phi(Q)\|_1=\|P-Q\|_1$ 对所有纯态 $P,Q$ 成立;

(IV) $\Phi$ 是酉变换, 即, 存在 $H$ 上的酉算子 $U$ 使得 $\Phi(\rho)=U\rho U^*$ 对所有量子态 $\rho$ 成立.

在证明上述定理之前, 我们需要下列引理.

**引理 6.4.2** 对于量子态 $\rho\in\mathcal{S}(H)$, $\dim H=n<\infty$, $\rho$ 是纯态的充分必要条件是存在 $n-1$ 个相互正交的量子态 $\rho_1,\cdots,\rho_{n-1}$ 使得 $\rho\rho_i=0$, $1\leqslant i\leqslant n-1$.

**证明** 若 $\rho$ 是纯态, 则 $\mathrm{rank}\rho=1$, 再由 $\dim H=n$ 可知存在 $n-1$ 个两两正交纯态 $\rho_1,\cdots,\rho_{n-1}$ 使得 $\rho\rho_i=0$, $1\leqslant i\leqslant n-1$.

反过来, 用反证法, 设 $\text{rank}\rho \geqslant 2$, 则存在 $x, y \in \text{ran}\rho$ 且 $x \perp y$. 若存在 $n-1$ 个两两正交的量子态 $\rho_1, \cdots, \rho_{n-1}$ 使得 $\rho\rho_i = 0, 1 \leqslant i \leqslant n-1$, 则存在 $n-1$ 个两两正交的非零向量 $e_i \in \text{ran}\rho_i$ 使得 $e_i \perp [x, y]$. 这蕴涵 $\dim H > n$. 这与 $\dim H = n$ 矛盾. 证毕. □

**引理 6.4.3**　设 $H$ 是有限维复 Hilbert 空间, $\dim H = n$, $\Phi : \mathcal{B}(H) \to \mathcal{B}(H)$ 保迹正线性映射, 则下列叙述等价:

(I) $\Phi$ 保持量子态的迹范数距离, 即, $\|\Phi(\rho) - \Phi(\sigma)\|_1 = \|\rho - \sigma\|_1$ 对所有量子态 $\rho, \sigma \in \mathcal{S}(H)$ 成立;

(II) $\Phi$ 保纯态及其迹范数距离, 即, $\|\Phi(P) - \Phi(Q)\|_1 = \|P - Q\|_1$ 对所有纯态 $P, Q$ 成立;

(III) 存在 $H$ 上的酉算子 $U$ 使得 $\Phi(\rho) = U\rho U^*$ 对所有 $\rho \in \mathcal{S}(H)$ 成立或者 $\Phi(\rho) = U\rho^{\mathrm{T}}U^*$ 对所有 $\rho \in \mathcal{S}(H)$ 成立, 其中 $\rho^{\mathrm{T}}$ 是 $\rho$ 的转置.

**证明**　(III)⇒ (I) 易证, 下面验证 (I)⇒ (II) 与 (II)⇒ (III). 先证明 (I)⇒ (II), 我们分下面几个断言来证明.

**断言 1**　$\Phi(\mathcal{S}(H)) \subseteq \mathcal{S}(H)$ 且 $\Phi$ 是单射.

由于 $\Phi$ 是保迹的正映射, 所以 $\Phi(\mathcal{S}(H)) \subseteq \mathcal{S}(H)$. 再利用 $\Phi$ 在 $\mathcal{S}(H)$ 的保距性可知 $\Phi$ 是单射.

**断言 2**　$\Phi$ 在 $\mathcal{S}(H)$ 上保持正交性, 即, 对于量子态 $\rho, \sigma$, $\rho\sigma = 0 \Rightarrow \Phi(\rho)\Phi(\sigma) = 0$.

注意到对于任意 $A, B \in \mathcal{B}(H)$, $A^*B = B^*A = 0$ 的充分必要条件是 $\|A+B\|_1 + \|A-B\|_1 = 2(\|A\|_1 + \|B\|_1)$(参加本书引理 5.5.6). 对于量子态 $\rho, \sigma$, 可验证

$$\|\rho\|_1 = \text{tr}(\rho) = 1, \quad \|\rho + \sigma\|_1 = \text{tr}(\rho + \sigma) = 2.$$

由于量子态是正算子, 所以 $\rho\sigma = 0$ 当且仅当 $\|\rho - \sigma\|_1 = 2$. 再利用 $\|\Phi(\rho) - \Phi(\sigma)\|_1 = \|\rho - \sigma\|_1$ 可知 $\|\rho - \sigma\|_1 = 2 \Rightarrow \|\Phi(\rho) - \Phi(\sigma)\|_1 = 2$, 即, $\rho\sigma = 0 \Rightarrow \Phi(\rho)\Phi(\sigma) = 0$.

**断言 3**　$\Phi$ 保纯态.

若 $\rho$ 是纯态, 即, 其秩为一, 由引理 6.4.2, 存在 $n-1$ 个两两正交的量子态 $\rho_1, \cdots, \rho_{n-1}$ 使得 $\rho_i\rho = 0, 1 \leqslant i \leqslant n-1$. 由断言 1 与 2 可知 $\Phi(\rho_1), \cdots, \Phi(\rho_{n-1})$ 是量子态且两两正交, 即, $\Phi(\rho_i)\Phi(\rho) = 0, 1 \leqslant i \leqslant n-1$. 再利用引理 6.4.2 可知, $\Phi(\rho)$ 是纯态.

到此我们证明了 (I)⇒ (II). 接下来的断言帮助我们验证 (II)⇒ (III).

**断言 4**　$\Phi(\mathcal{S}(H)) \subseteq \mathcal{S}(H)$ 且 $\Phi$ 在 $\mathcal{S}(H)$ 是单射. $\Phi$ 在 $\mathcal{S}(H)$ 上保正交且保纯态.

证明类似于断言 1 和断言 2.

**断言 5**　$\Phi(\rho) = U\rho U^*$ 对所有 $\rho \in \mathcal{S}(H)$ 成立或者 $\Phi(\rho) = U\rho^{\mathrm{T}}U^*$ 对所有 $\rho \in \mathcal{S}(H)$ 成立, 其中, $U$ 是酉算子.

现在我们知道 $\Phi$ 是线性映射且把纯态映为本身, 由文献 [53] 的引理 2.4 可知 $\Phi$ 有下列形式之一:

(I) 存在纯态 $R$ 使得 $\Phi(A)=\mathrm{tr}(A)R$ 对所有 $A\in\mathcal{B}(H)$ 成立;

(II) 存在酉算子 $U$ 使得 $\Phi(A)=UAU^*$ 对所有 $A\in\mathcal{B}(H)$ 成立或者 $\Phi(A)=UA^{\mathrm{T}}U^*$ 对所有 $A\in\mathcal{B}(H)$ 成立, 其中 $A^{\mathrm{T}}$ 是 $A$ 的转置.

然而由于 $\Phi$ 保持纯态的正交性, 所以情形 (I) 不发生. 所以断言成立. □

**定理 6.4.1 的证明**　由于 (IV)⇒ (I) 是显然的, 再利用引理 6.4.3 知 (II), (III), (IV) 是等价. 因此我们只需要证明 (I)⇒ (II) 即可.

若 $\Phi$ 是可完全恢复的, 则存在信道 $\Psi$ 使得 $\Psi\circ\Phi(\rho)=\rho$ 对所有量子态 $\rho$ 成立. 由文献 [170] 可知信道对迹范数是压缩的, 即, $\|\Delta(A)\|_1\leqslant\|A\|_1$ 对任意信道 $\Delta$ 与 $A\in\mathcal{B}(H)$ 成立, 因此对于所有量子态 $\rho,\sigma\in\mathcal{S}(H)$ 以及任意 $\lambda\in[0,1]$, 有

$$\begin{aligned}
\|\lambda\rho-(1-\lambda)\sigma\|_1 =&\|\lambda\Psi\circ\Phi(\rho)-(1-\lambda)\Psi\circ\Phi(\sigma)\|_1\\
\leqslant&\|\Psi(\lambda\Phi(\rho)-(1-\lambda)\Phi(\sigma))\|_1\\
\leqslant&\|\lambda\Phi(\rho)-(1-\lambda)\Phi(\sigma)\|_1\\
\leqslant&\|\Phi(\lambda\rho-(1-\lambda)\sigma)\|_1\\
\leqslant&\|\lambda\rho-(1-\lambda)\sigma\|_1.
\end{aligned}$$

所以 $\|\lambda\Phi(\rho)-(1-\lambda)\Phi(\sigma)\|_1=\|\lambda\rho-(1-\lambda)\sigma\|_1$, (II) 成立. □

## 6.5 注　记

量子信道是量子信息理论的核心概念之一. 对各类量子信道的刻画以及性质的研究是量子信息理论重要而热门的研究分支之一 ([108, 161]).

6.1 节取材于文献 [80], 给出了无限维系统强纠缠破坏信道的算子和表示. 有限维系统纠缠破坏信道首先由 Horodecki 等在文献 [87] 刻画, 证明了一个信道是纠缠破坏的当且仅当其 Kraus 算子是秩一的. 在无限维系统, 纠缠破坏信道的刻画及其相关问题也被许多学者研究 ([6, 104, 105]). 在文献 [105] 中, Holevo 给出了无限维纠缠破坏信道的刻画, 并证明了在无限维系统纠缠破坏信道不具有 Kraus 算子秩是一的性质. 我们提出了无限维强纠缠破坏信道的概念, 证明了此类信道的 Kraus 算子仍然是秩一的, 并有效地推广了 [87] 中部分结论.

6.2 节的内容来源于文献 [81], 基于量子不确定性关系给出一类多体高斯纠缠判据. 研究和刻画一般的高斯态的纠缠判据是一个新兴的重要课题 ([3] 及其相关参考文献), 例如 2000 年 Simon 的开创性研究工作 ([190]). 对于多模高斯态纠缠判据的研究方兴未艾, 目前仅十年时间 ([192]). Duan 等学者在文献 [43] 中创新性

地利用海森伯格不确定性原理给出两体连续变量系统纠缠的判据, 并得到满足这一判据是两模高斯态纠缠的充分必要条件. 不同于 [43] 的方法, Hofmann 等利用局部不确定性思想给出两模高斯态的纠缠判据 ([86]). Gillet 等在 [58] 中利用不确定性原理给出一类特殊的多模连续变量系统态的纠缠判据. 张成杰等在 [208] 中推广了 [86] 的结果. 文献 [135] 和 [181] 利用不确定性原理得到多体连续变量系统上一类基于动量算符和位置算符组合成的可观测量对的方差和不等式, 再利用这类不等式可以给出多模连续系统态的纠缠判据, 但其获得的纠缠判据在形式上较为复杂. 承接以上研究工作, 我们获得的不确定性关系给出多体连续系统态的一类纠缠判据, 特别是对于多模高斯态, 我们把获得的纠缠判据用其相关矩阵元素简洁地表示出来.

6.3 节的内容来源于文献 [82], 给出高斯相干破坏信道的刻画. 在有限维系统上, 文献 [20] 给出了相干破坏信道的完全刻画. 高斯系统作为无限维系统, 其相关理论也被许多学者研究 ([11, 206]). 一个高斯信道什么时候是相干破坏的? 6.3 节回答了这个问题.

6.4 节的内容来源于文献 [119], 利用线性保持问题的研究给出了一个信道可完全恢复的充分必要条件. 信道的可恢复理论即量子纠错理论, 是量子信息理论中核心课题之一. 文献 [15] 证明了在一定附加条件下, 一个信道可恢复的条件是它保持 Helstrom 距离. 在 6.4 节中, 我们去掉文献 [15] 中的附加条件, 证明了一个信道可完全恢复的条件是保持纯态的迹距离.

# 参考文献


[1] Adesso G, Illuminati F. Genuine multipartite entanglement of symmmetric Gaussian states: Strong monogamy, unitary localization, scaling behavior, and molecular sharing structure. Phys. Rev. A, 2008, 78: 042310.

[2] Adesso G, Serafini A, Illuminati F. Optical state engineering, quantum communication, and robustness of entanglement promiscuity in three-mode Gaussian states. New J. Phys., 2007, 9: 60.

[3] Adesso G. Entanglement of Gaussian states. University of Salerno doctoral dissertation, 2007, arXiv:quant-ph/0702069.

[4] Alfsen E, Shultz F. Unique decompositions, faces, and automorphisms of separable states. J. Math. Phys., 2010, 51: 052201.

[5] Arazy J. The isometries of $\mathcal{C}_p$. Israel J. Math., 1975, 22: 247-256.

[6] Augusiak R, Bae J, Czekaj L, Lewenstein M. On structural physical approximations and entanglement breaking maps. J. Phys. A: Math. Theor., 2011, 44: 185308.

[7] Bai Z F, Hou J C. Numerical radius distance preserving maps on $\mathcal{B}(H)$. Proc. Amer. Math. Soc., 2004, 132: 1453-1461.

[8] Bai Z F, Hou J C, Xu Z B. Maps preserving numerical radius on C*-algebras. Studia Math., 2004, 162: 97-104.

[9] Bai Z F, Hou J C. Distance preserving maps in nest algebras. Lin. Mult. Alg., 2011, 59(5): 571-594.

[10] Bai Z F, Hou J C, Du S P. Rank one preserving addtivie maps in nest algebras. Lin. Mult. Alg., 2010, 58(3): 269-283.

[11] Baumgratz T, Cramer M, Plenio M. Quantifying coherence. Phys. Rev. Lett., 2014, 113: 140401.

[12] Bennett C, Bernstein H, Popescu S, Schumacher B. Concentrating partial entanglement by local operations. Phys. Rev. A, 1996, 53: 2046.

[13] Bennett C, Fuchs C, Smolin J. Entanglement-enhanced classical communication on a noisy quantum channel//Hirota O, Holevo A S, Caves C M, ed. Quantum Communication, Computing and Measurement. Proc. QCM96. New York: Plenum, 1997: 79-88.

[14] Bengtsson I, Zyczkowski K. Geometry of Quantum States: An Introduction to Quantum Entanglement. Cambridge: Cambridge University Press, 2006.

[15] Blume-Kohout R, Ng H K, Poulin D, Viola L. Information-preserving structures: A general framework for quantum zero-error information. Phys. Rev. A, 2010, 82: 062306.

[16] Braunstein B L, van Loock P. Quantum information with continuous variables. Rev. Mod. Phys., 2005, 77: 514-577.

[17] Brooke A, Busch P, Pearson B. Commutativity up to a factor of bounded operators in complex Hilbert space. Proc. R. Soc. Lond. Ser. A, 2002, 458: 109-118.

[18] Broek P M. Group representations in indefinite metric spaces. J. Math. Phys., 1984, 25: 1205-1210.

[19] Broek P M. Symmetry transformations in indefinite metric spaces: A generalization of Wigner's theorem. Phys. A, 1984, 127: 599-612.

[20] Bu K F, Singh S U, Wu J D. Coherence-breaking channels and coherence sudden death. Phys. Rev. A, 2016, 94: 052335.

[21] Bunce L J, Wright J D M. The Mackey-Gleason problem. Bull. Amer. Math. Soc., 1992, 26(2): 288-293.

[22] Chaitanya K, Ghosh S, Srinivasan V. Entanglement criterion for multi-mode Gaussian states. 2015, arXiv:1501.06004.

[23] Chan J T. Numerical radius preserving operators on $\mathcal{B}(H)$. Proc. Amer. Math. Soc., 1995, 123: 1437-1439.

[24] Chan J T. Numerical radius preserving operators on C$^*$-algebras. Arch. Math. (Basel), 1998, 70: 486-488.

[25] Chan J T, Li C K, Sze N S. Mappings on matrices: Invariance of functional values of matrix products. J. Austral. Math. Soc. (Serie A), 2006, 81: 165-184.

[26] Chen B, Cao N, Fei S, et al. Variance-based uncertainty relations for incompatible observables. Quant. Inf. Proc., 2016, 15: 3909.

[27] Choi M D. Completely positive linear maps on complex matrices. Lin. Alg. Appl., 1975, 10: 285-290.

[28] Choi M D, Jafarian A A, Radjavi H. Linear maps preserving commutativity. Lin. Alg. Appl., 1987, 87: 227-241.

[29] Cui J L, Hou J C. Maps preserving functional values of operator products invariant. Lin. Alg. Appl., 2008, 428: 1649-1663.

[30] Cui J L, Hou J C. Linear maps preserving the closure of numerical range on nest algebras with maximal atomic nest. Int. Equ. Oper. Theo., 2003, 46: 253-266.

[31] Cui J L, Hou J C. Non-linear numerical radius isometries on atomic nest algebras and diagonal algebras. J. Funct. Anal., 2004, 206: 414-448.

[32] Cui J L, Hou J C, Park C G. Indefinite orthogonality preserving additive maps. Arch. Math., 2004, 83: 548-557.

[33] Davidson K R. Lifting positive elements in C$^*$-algebras. Int. Equ. Oper. Theo., 1991, 14(2): 183-191.

[34] Davidson K R. Nest Algebra. Ritman Research Notes in Mathematics, Vol. 191, London/New York: Longman, 1988.

[35] Deutsch D. Uncertainty in quantum measurements. Phys. Rev. Lett., 1983, 50: 631.

[36] De Vicente J, Spee C, Kraus B. Maximally entangled set of multipartite quantum

states. Phys. Rev. Lett., 2013, 111(11): 110502.

[37] Dobovisek M, Kuzma B, Lešnjak G, Li C K, Petek T. Mappings that preserve pairs of operators with zero triple jordan product. Lin. Alg. Appl., 2007, 426(2-3): 255-279.

[38] Dolinar G, Kuzma B. General preservers of quasi-commutativity on Hermitian matrices. Electron. J. Lin. Alg., 2008, 17: 436-444.

[39] Dolinar G, Kuzma B. General preservers of quasi-commutativity on self-adjoint operators. J. Math. Anal. Appl., 2010, 364: 567-575.

[40] Dolnar G, Molnár L. Sequential endomorphisms of finite-dimensional Hilbert space effect algebras. J. Phys. A: Math. Theor., 2012, 45: 065207.

[41] Donoghue W F. On the numerical range of a bounded operator. Michigan Math. J., 1957, 4: 261-263.

[42] Douglas R G. On majorization and range inclusion of operators in Hilbert space. Proc. Amer. Math. Soc., 1966, 17: 413-416.

[43] Duan L M, Giedke G, Cirac J I, Zoller P. Inseparability criterion for continuous variable systems. Phys. Rev. Lett., 2000, 84(12): 2722-2725.

[44] Dvurečenskij A. Tensor product of difference posets. Trans. Amer. Math. Soc., 1995, 347: 1043.

[45] Dvurečenskij A, Pulmannová S. Tensor products of D-posets and D-test spaces. Rep. Math. Phys., 1994, 34: 251.

[46] Dvurečenskij A, Pulmannová S. New Trends in Quantum Structures. Dol drecht/ Boston/London: Kluwer Acad. Publ., 2000.

[47] Eisert J, Wolf M M. Gaussian Quantum Channels//Cerf N J, Leachs G, Polzik E S, ed. Quantum information with continuous variables of atoms and light. London: Imperial College Press, 2007, 1: 23-42.

[48] Effros E G, Ruan Z J. Operator Spaces. London Math. Soc. Monographs, New Series 23, New York: Oxford University Press, 2000.

[49] Erdos J A. A simple proof of Arazy's theorem. Proc. Edinburgh Math. Soc., 1994, 37: 239-242.

[50] Faure C A. An elementary proof of the fundamental theorem of projective geometry. Geom. Dedicata, 2002, 90: 145-151.

[51] Fillmore P A, Willianms J P. On operator ranges. Advances in Math., 1971, 7: 254-281.

[52] Friedland S, Gheorghiu V, Gour G. Universal uncertainty relations. Phys. Rev. Lett., 2013, 111: 230401.

[53] Friedland S, Li C K, Poon Y T, Sze N S. The automorphism group of separable states in quantum information theory. J. Math. Phys., 2011, 52: 042203.

[54] Furuichi S. Schrödinger uncertainty relation with Wigner-Yanase skew information. Phys. Rev. A, 2010, 82: 034101.

[55] Gau H L, Li C K. C*-Isomorphisms, Jordan isomorphisms, and numerical range preserving maps. Proc. Amer. Math. Soc., 2007, 135: 2907-2914.
[56] Gau H L, Wu P Y. Condition for the numerical range to contain an elliptic disc. Lin. Alg. Appl., 2003, 364: 213-222.
[57] Gheorghiu V, Griffiths R B. Separable operations on pure states. Phys. Rev. A, 2008, 78: 020304.
[58] Gillet J, Bastin T, Agarwal G S. Multipartite entanglement criterion from uncertainty relations. Phys. Rev. A, 2008, 78(5): 052317.
[59] Giovannetti V, Guha S, Lloyd S, et al. Classical capacity of the lossy bosonic channel: The exact solution. Phys. Rev. Lett., 2009, 92(2): 0279021.
[60] Gudder S. A structure for quantum measurements. Rep. Math. Phys., 2005, 55(2): 249-267.
[61] Gudder S. Tensor products of sequential effect algebras. Math. Slovaca., 2004, 1:1-11.
[62] Gudder S, Greechie R. Sequentially products on effect algebras. Rep. Math. Phys., 2002, 49: 87-111.
[63] Gudder S, Greechie R. Uniqueness and order in sequential effect algebras. Int. J. Theor. Phys., 2005, 44 (7): 755-770.
[64] Gudder S, Nagy G. Sequential quantum measurements. J. Math. Phys., 2001, 42: 5212-5222.
[65] Gudder S. Open problems for sequential effect algebras. Int. J. Theor. Phys., 2005, 44(12): 2199-2206.
[66] Gudder S. Coexistence of quantum effects. Rep. Math. Phys., 2009, 63: 289.
[67] Gudder S. Morphisms, tensor products and $\sigma$-effect algebras. Rep. Math. Phys., 1998, 42: 321.
[68] Hadwin D W, Larson D R. Strong limits of similarities, operator theory: Advances and applications, 1998, 104: 139-146, Birkhauser Verlag Basel/Switzerland.
[69] Halmos P R. A Hilbert Space Problem Book. New York: Springer-Verlag, 1982.
[70] 贺衎, 侯晋川. Wigner 定理的一类推广. 数学物理学报, 2011, 31(6): 1633-1636.
[71] He K, Hou J C. A generalization of Uhlhorn's version of Wigner's theorem. J. Math. Study, 2012, 2: 107-114.
[72] He K, Hou J C, Zhang X L. Maps preserving numerical radius or cross norms of products of self-adjoint operators. Acta Math. Sin. English Series, 2010, 26: 1071-1086.
[73] 贺衎, 侯晋川, Gregor D, Bonja K. 自伴算子空间上保因子乘积数值域的映射. 数学学报, 2011,54(6):925-932.
[74] He K, Sun F G, Hou J C. Separability of sequential isomorphisms on quantum effects in multipartite systems. J. Phys. A: Math. Theor., 2015, 48: 075302.
[75] He K, Sun F G, Yuan Q. The witness set of coexistence of quantum efffects and its

preservers. Bull. Iran. Math. Soc., 2015, 41(7): 195-204.

[76] He K, Hou J C, Li C K. A geometric characterization of invertible quantum measurement maps. J. Funct. Anal., 2013, 264(2): 464-478.

[77] He K, Hou J C, Li M. A von Neumann entropy condition of unitary equivalence of quantum states. Appl. Math. Lett., 2012, 25: 1153-1156.

[78] He K, Yuan Q, Hou J C. Entropy-preserving maps on quantum states. Lin. Alg. Appl., 2015, 467: 243-253.

[79] He K, Yuan Q. Nonlinear isometries on Schatten-$p$ class in atomic nest algebras. Abstract Appl. Anal., 2014, 2: 810862.

[80] He K. On entanglement breaking channels for infinite dimensional quantum systems. Int. J. Theor. Phys., 2013, 52(6): 1886-1892.

[81] He K, Hou J C. Entanglement criterion independent on observables for multipartite Gaussian states based on uncertainty principle. 2017, arXiv:1801.02851.

[82] He K, Hou J C. Characterizing the Gaussian coherence-breaking channel and its property with assistant entanglement inputs. 2017, arXiv:1701.03859.

[83] Heisenberg W. Uber den anschaulichen Inhalt de quantentheoretischen Kinematik und Mechanik. Z. Phys., 1927, 43: 172. [英文版: Heisenberg W. The Physical Principles of Quantum Theory. Chicago: University of Chicago Press, 1930.]

[84] Hiai F, Mosonyi M, Petz D, Beny C. Quantum $f$-divergences and error correction. Rev. Math. Phys., 2011, 23(7): 691-747.

[85] Hiroshima T. Additivity and multiplicativity properties of some Gaussian channels for Gaussian Inputs. Phys. Rev. A, 2006, 73: 0123301-0123309.

[86] Hofmann H F, Takeuchi S. Violation of local uncertainty relations as a signature of entanglement. Phys. Rev. A, 2003, 68(3): 032103.

[87] Horodecki M, Shor P W, Ruskai M B. Entanglement breaking channels. Rev. Math. Phys., 2003, 15: 629.

[88] Horodecki R, Horodecki P, Horodecki M, Horodecki K. Quantum entanglement. Rev. Mod. Phys., 2009, 81: 865.

[89] Horn R A, Johnson C R. Topics in matrix Analysis. New York: Cambridge University Press, 1991.

[90] 侯晋川, 崔建莲. 算子代数上的线性映射引论. 北京: 科学出版社, 2002.

[91] Hou C J, Han D G. Derivations and isomorphisms of certain reflexive operator algebras. Acta Math. Sin., 1998, 41(5): 1003-1006.

[92] Hou J C, Gao M C. Elements of rank one and multiplications on von Neumann algebras. Chinese J. Comtemporary Math., 1994, 15(4): 367-374.

[93] Hou J C, Di Q H. Maps preserving numerical range of operator products. Proc. Amer. Math. Soc., 2006, 134: 1435-1446.

[94] Hou J C, He K. Non-linear maps on self-adjoint operators preserving numerical radius

and numerical range of Lie product. Lin. Mult. Alg., 2016, 64(1): 36-57.
[95] Hou J C, He K. Uncertainty relations for any multi observables. 2016, arXiv:1601.06338v1.
[96] Hou J C, Zhang X L, He K. Maps preserving numerical radius and cross norms of operator products. Lin. Mult. Alg., 2009, 5: 523-534.
[97] Hou J C, He K, Zhang X L. Nonlinear maps preserving numerical radius of indefinite skew products of operators. Lin. Alg. Appl., 2009, 430: 2240-2253.
[98] Hou J C, He K, Qi X F. Characterizing sequential isomorphisms on Hilbert space effect algebras. J. Phys. A: Math. Theor., 2009, 42: 345203.
[99] 侯晋川, 贺衎. Schatten-$p$ 类算子上的保距映射与完全保距映射. 山西大学学报, 2009, 4: 502-506.
[100] 侯晋川, 高明杵. 关于正算子矩阵. 系统科学与数学, 1994, 14(3): 252-267.
[101] Hou J C, Qi X F. Fidelity of states in infinite dimensional quantum systems. Sci. China G: Phys. Mech. Astr., 2012, 55: 1820-1827.
[102] Hou J C, Li C K, Wong N C. Jordan isomorphisms and maps preserving spectra of certain operator products. Studia Math., 2008, 184, 31-47.
[103] Hou J C. On operator inequalities and linear combinations of operators. Lin. Alg. Appl., 1991, 153: 35-51.
[104] Holevo A S. Entanglement-breaking channels in infinite dimensions. Probl. Inf. Transmiss, 2008, 44(3): 171-184.
[105] Holevo A S, Shirokov M E, Werner R F. Separability and entanglement-breaking in infinite dimensions. 2005, arXiv: quant-ph10504204.
[106] Holevo A S. Gaussian classical-quantum channels: Gain of entanglement-assistance. Probl. Inf. Transmiss, 2014, 50: 1-15.
[107] Holevo A S. Information capacity of a quantum observable. Probl. Inf. Transmiss, 2012, 48(1): 1-10.
[108] Holevo A S. Quantum Systems, Channels, Information: A Mathematical Introduction. De Gruyter Studies in Mathematical Physics. Berlin: Walter de Gruyter GmbH Co. KG, 2012.
[109] Holevo A S. Entanglement breaking channels in infinite dimensions. Probl. Inf. Transmiss, 2008, 44(3): 3-18.
[110] Hou J C, Li C K, Qi X F. Numerical range of Lie product of operators. Int. Equat. Oper. Theor., 2015, 83(4): 497-516.
[111] Hou J C, Liu L. Quantum measurement and maps preserving convex combinations of separable states. J. Phys. A: Math. Theor., 2012, 45: 205305.
[112] Hou J C, Qi X F. Linear maps preserving separability of pure states. Lin. Alg. Appl., 2013, 439: 1245-1257.
[113] Hou J C. A characterization of positive linear maps and criteria of entanglement for

quantum states. J. Phys. A: Math. Theor., 2011, 43: 385201.

[114] Hou J C. Linear interpolation and the elementary operators on $\mathcal{B}(X)$. Sci. in China (Ser. A), 1993, 36: 1025-1035.

[115] Hou J C. Rank preserving linear maps on $\mathcal{B}(X)$. Sci. in China(Ser. A), 1989, 32: 929-940.

[116] Ivan J S, Sabapathy K, Simon R. Operator-sum representation for bosonic Gaussian channels. Phys. Rev. A, 2011, 84(4): 042311.

[117] Ivan J S, Sabapathy K K, Simon R. Nonclassicality breaking is the same as entanglement breaking for bosonic Gaussian channels. Phys. Rev. A, 2013, 88: 032302.

[118] Jencova A. Reversibility conditions for quantum operations. Rev. Math. Phys., 2012, 24: 1250016.

[119] Jian L, He K. On partially trace distance preserving maps and reversible quantum channels. J. Appl. Math., 2013, 2: 474291.

[120] Joita M. On representations associated with completely $n$-positive linear maps on pro-C*-algebras. Chinese Ann. Math. Series B, 2008, 29(1): 55-64.

[121] Kadison R V. Isometries of operator algebras. Ann. of Math., 1951, 54(2): 325-338.

[122] Kadison R V, Ringrose J R. Fundamentals of the Theory of Operator Algebras. Vol. I, II, London: Academic Press, INC., 1986.

[123] Keeler D S, Rodman L, Spitkovsky I M. The numrical range of $3 \times 3$ matrices. Lin. Alg. Appl., 1997, 252: 115-139.

[124] Kechrimparis S, Weigert S. Heisenberg uncertainty relation for three canonical observables. Phys. Rev. A, 2014, 90: 062118.

[125] Kubo F, Ando T. Means of positive linear operators. Ann. of Math., 1980, 246: 205-224.

[126] Kuzma B, Lešnjak G, Li C K, Petek T, Rodman L. Conditions for Linear Dependence of Two Operators. Topics in Operator Theory. Volume 1. Operators, matrices and analytic functions, Oper. Theory Adv. Appl., 202, Basel: Birkhäuser Verlag, 2010.

[127] 李炳仁. Banach 代数. 北京: 科学出版社,1992.

[128] Li C K, Tsing N K. Linear preserver problems: A brief introduction and some special techniques. Lin. Alg. Appl., 1992, 162: 217-235.

[129] Li C K. A survey on linear preservers of numerical ranges and radii. Taiwanese J. Math., 2001, 5(3): 477-496.

[130] Li C K, Tsing N K. Linear preservers on numerical ranges, numerical radii and unitary similarity invariant norms. Lin. Mult. Alg., 1992, 33: 63-73.

[131] Li C K. A simple proof of the elliptical range theorem. Proc. Amer. Math. Soc., 1996, 124: 1985-1986.

[132] Li C K, Poon Y D, Sze N S. Preservers for norms of Lie products. Oper. Matr., 2009, 3: 187-203.

[133] Li C K, Sze N S. Product of operators and numerical range preserving maps. Studia Math., 2006, 174: 169-182.

[134] Liu W H, Wu J D. A uniqueness problem of the sequence product on Hilbert space effect algebra. J. Phys. A: Math. Theor., 2009, 42: 185206.

[135] Loock P V, Furusawa A. Detecting genuine multipartite continuous-variable entanglement. Phys. Rev. A, 2003, 67: 052315.

[136] 鲁世杰, 陆芳言, 李鹏同, 董浙. 非自伴算子代数. 北京: 科学出版社, 2004.

[137] Ludwig G. Foundations of Quantum Machanics Vol I. Berlin: Springer, 1983.

[138] Lupo C, Pilyavets O V, Mancini S. Capacities of lossy bosonic channel with correlated noise. New J. Phys., 2009, 11: 06302318.

[139] Maccone L, Pati A K. Stronger uncertainty relations for all incompatible observables. Phys. Rev. Lett., 2014, 113: 260401.

[140] Manko V I, Sergeevich A A. Separability and entanglement of four-mode Gaussian states. J. Russian Las. Res., 2007, 28: 516.

[141] Mazur S, Ulam S. Sur les transformations isométriques d'espaces vectoriels normés. C. R. Acad. Sci. Paris, 1932, 194: 946-948.

[142] McCarthy C A. $C_p$. Israel J. Math., 1967, 5: 249-271.

[143] Meng C H. A condition that a normal operator have a closed numerical range. Proc. Amer. Math. Soc., 1957, 8: 85-88.

[144] Miszczak J A, Puchala Z, Horodecki P, Uhlmann A, Życzkowski K. Sub-and super-fidelity as bounds for quantum fidelity. Quant. Inf. Comp., 2009, 9: 0103-0130.

[145] Miszczak J A. Singular value decomposition and matrix reordering in quantum information theory. Int. J. Mod. Phys. C, 2011, 22: 897-918.

[146] Miszczak J, Puchala Z. Bound on trace distance based on super-fidelity. Phys. Rev. A, 2009, 79: 024302.

[147] Molnár L, Šemrl P. Nonlinear commutativity preserving maps on self-adjoint operators. Quart. J. Math., 2005, 56: 589-595.

[148] Molnár L. Fidelity preserving maps on density operators. Rep. Math. Phys., 2001, 48: 299-303.

[149] Molnár L. A generalization of Wigner's unitary-antiunitary theorem to Hilbert modules. J. Math. Phys., 1999, 40: 5544-5554.

[150] Molnár L. A Wigner-type theorem on symmetry transformations in type II factor. Int. J. Theor. Phys., 2000, 39: 1463-1466.

[151] Molnár L. Maps on the $n$-dimensional subspaces of a Hilbert space preserving principal angles. Proc. Amer. Math. Soc., 2008, 136: 3205-3209.

[152] Molnár L, Timmermann W. Isometries of quantum states. J. Phys. A: Math. Gen., 2003, 36: 267-273.

[153] Molnár L. Orthogonality preserving transformations on indefinite inner product space:

Generalization of Uhlhorn's version of Wigner's theorem. J. Funct. Anal., 2002, 194: 248-262.

[154] Molnár L. Preservers on Hilbert space effect algebras. Lin. Alg. Appl., 2003, 370: 287-300.

[155] Molnár L. On some automorphisms of the set of efects on Hilbert space. Lett. Math. Phys., 2000, 51: 37-45.

[156] Molnár L. Selected preserver problems on algebraic structures of linear operators and on function spaces. Lecture Notes in Mathematics, Nol 1895, Spring, 2007.

[157] Molnár L. Maps on states preserving the relative entropy. J. Math. Phys., 2008, 49: 032114.

[158] Molnár L, Szokol P. Maps on states preserving the relative entropy II. Lin. Alg. Appl., 2010, 432: 3343-3350.

[159] Moore L, Trent T. Isometries on nest algebras. J. Func. Anal., 1989, 86: 180-209.

[160] Morozova E A, Chentsov N N. Markov invariant geometry on state manifolds (in Russian). Itogi Nauki i Tekhniki, 1990, 36: 69-102.

[161] Nielsen M, Chuang I. Quantum computation and quantum information. Cambridge: Cambridge University Press, 2000.

[162] Noussis M, Katavolos A. Isometries of $\mathcal{C}_p$ spaces in nest algebras. J. London. Math. Soc., 1995, 51(2): 175-188.

[163] Murphy G J. $C^*$-algebras and Operator Theory. New York, Boston, San Diedo: Academic Press, Inc., 1990.

[164] Ohya M, Petz D. Quantum Entropy and Its Use. Heidelberg: Springer-Verlag, 1993.

[165] Pati A K, Sahu P K. Sum uncertainty relation in quantum theory. Phys. Lett. A, 2007, 367: 177.

[166] Păles Z. Characterization of segment and convexity preserving maps. arXiv:1212.1268.

[167] Pearcy C, Topping D. Sums of small numbers of idempotents. Michigan Math. J., 1967, 14: 453-465.

[168] Petz D. Monotone metrics on matrix spaces. Lin. Alg. Appl., 1996, 244: 81-96.

[169] Petz D. Geometry of canonical correlation on the state space of a quantum system. J. Math. Phys., 1994, 35: 780-795.

[170] Perez-Garcia D, Wolf M M, Petz D, Ruskai M B. Contractivity of positive and trace-preserving maps under $L_p$ norms. J. Math. Phys., 2006, 47: 083506.

[171] Pietsch A. Operator Ideals. North-Holland Pub. Com., New York, oxford: Amsterdam, 1980.

[172] Pierce S, et al. A survey of linear preserver problems. Lin. Mult. Alg., 1992, 33: 1-129.

[173] Pilyavets O V, Lupo C, Mancini S. Methods for estimating capacities and rates of Gaussian quantum channels. IEEE Trans. Inf. Theor., 2012, 58(9): 6126-6164.

[174] Puchala Z, Miszczak J A, Gawron P, Gardas B. Experimentally feasible measures of

distance between quantum operations. Quant. Inf. Proc., 2011, 10: 1-12.

[175] Radjavi H, Rosenthal P. Invariant Subspaces. Berline, Heidelberg, New York: Springer-Verlag, 1973.

[176] Robertson H P. The uncertainty principle. Phys. Rev., 1929, 34: 163.

[177] Rudnicki L, Puchala Z, Zyczkowski K. Strong majorization entropic uncertainty relations. Phys. Rev. A, 2014, 89: 052115.

[178] Ruan Z J. Subspaces of C*-algebras. J. Funct. Anal., 1988, 76: 217-230.

[179] Ruan Z J. A classification for 2-isometries of noncommunative $L_p$-space. Israel J. Math., 2005, 150: 285-314.

[180] Russo B. Isometries of the trace class. Proc. Amer. Math. Soc., 1969, 23: 213.

[181] Saboia A, Avelar A T, Walborn S P, Toscano F. Systematic construction of genuine multipartite entanglement criteria using uncertainty relations. Phys. Rev. A, 2015, 92: 052316.

[182] Schreckenberg S. Symmetry and history quantum theory: An analog of Wigner's theorem. J. Math. Phys., 1996, 37: 6086-6105.

[183] Schrödinger E. Zum Heisenbergschen Unscharfeprinzip. Berl. Ber. 1930: 296-303. [英文版: Angelow A, Batoni M C. About Heisenberg uncertainty relation. Bulgarian J. Phys., 1999, 26(5/6): 193-203.]

[184] Schäfer J, Karpov E, García Patrón R, et al. Equivalence relations for the classical capacity of singlemode Gaussian quantum channels. Phys. Rev. Lett., 2013, 111: 0305031-0305035

[185] Schäfer J, Karpov E, García Patrón R, et al. Classical capacity of phase-sensitive Gaussian quantum channels. 2016, arXiv:1609.04119.

[186] Šemrl P. Applying projective geometry to trasformations on rank one idempotents. J. Func. Anal., 2004, 210: 248-257.

[187] Šemrl P. Non-linear communitavity preserving maps, preprint.

[188] Šemrl P. Maps on idempotents. Studia Math., 2005, 169: 21-44.

[189] Šemrl P. Maps on idempotent operators. Banach Cent. Publ., 2007, 75: 289-301.

[190] Simon R. Peres-horodecki separability criterion for continuous variable systems. Phys. Rev. Lett., 2000, 84: 2726.

[191] Shirokov M E. The Holevo capacity of infinite dimensional channels and the additivity problem. Comm. Math. Phys., 2006, 262: 131-159

[192] Shiv-Chaitanya K V S, Ghosh S, Srinivasan V. Separability Criterion for Multi-Mode Gaussian States. arXiv:1501.06004[quant-ph] 24 Jan 2015.

[193] Shen J, Wu J D. Sequential product on standard effect algebra. J. Phys. A: Math. Theor., 2009, 42: 345203.

[194] Streltsov A, Adesso G, Plenio M B. Colloquium: Quantum Coherence as a Resource. Rev. Mod. Phys., 2017, 89: 041003.

[195] Sperling J, Vogel W. Multipartite entanglement witnesses. Phys. Rev. Lett., 2013, 111(11): 110503.

[196] Tkenpohl H L. Handbook of Matrices. Chichester: John Wiley & Sons, 1996.

[197] Uhlhorn U. Representation of symmetry transformations in quantum mechanics. Ark. Fysik, 1963, 23: 307-340.

[198] von Neumann J, Beyer R T. Mathematical foundations of quantum mechanics. Princeton: Princeton University Press, 1955.

[199] Wang X B, Hiroshima T, Tomita A, Hayashi M. Quantum information with Gaussian states. Phys. Rep., 2007, 448(1-4):1-111.

[200] Wang L, Hou J C, He K. Fidelity, sub-fidelity, super-fidelity and their preservers. Int. J. Quant. Inf., 2015, 13(3): 1550027.

[201] Werner R F. Quantum states with Einstein-Podolsky-Rosen correlations admitting a hidden-variable Model. Phys. Rev. A, 1989, 40: 4277.

[202] Wigner E P. Group theory: And its application to the quantum mechanics of atomic spectra. Nwe York: Academic Press, 1959.

[203] Wu P Y. Numerical ranges as circular discs. Appl. Math. Lett., 2011, 24(12): 2115-2117.

[204] Werner R F. Quantum states with Einstein-Podolsky-Rosen correlations admitting a hidden-variable model. Phys. Rev. A, 1989, 40: 4277.

[205] Werner R F, Wolf M M. Bound entangled Gaussian states. Phys. Rev. Lett., 2001, 86: 3658.

[206] Xu J W. Quantifying coherence of Gaussian states. Phys. Rev. A, 2016, 93: 032111.

[207] Yuan Q, He K. Generalized Jordan semitriple maps on Hilbert space effect algebras. Adv. Math. Phys., 2014, 1: 216713.

[208] Zhang C J, Nha H, Zhang Y S, Guo G C. Entanglement detection via tighter local uncertainty relations. Phys. Rev. A, 2010, 81: 012324.

[209] Zhang Y R, Shao L H, Li Y M, Fan H. Quantifying coherence in infinite-dimensional systems. Phys. Rev. A, 2016, 93: 012334.

[210] 郑大钟, 赵千川. 量子计算与量子信息. 北京: 清华大学出版社, 2005.

[211] Zhu S, Ma Z H. Topologies on quantum states. Phys. Lett. A, 2010, 374: 1336-1341.